国家自然科学基金资助项目

5G移动通信关键技术

李　晖　张　见　于庆南　赵　东
杨成东　苏琳琳　黄　瑞　胡长雨　编著

西安电子科技大学出版社

内 容 简 介

本书主要讨论了5G移动通信中的若干关键技术，包括大规模MIMO通信系统的能效优化、MIMO时域均衡方法、MIMO-OFDM系统信道估计与信号检测方法、D2D通信功率控制方法、NOMA异构网络、NOMA下行链路设计、极化编码等。通过本书，读者可以对5G通信网络和技术有更为深刻、更为全面的了解，掌握5G中关键技术的原理和方法，而且能了解未来通信网络、6G通信和算网融合的专业知识。

本书的特点是内容新、概念清晰、理论性强，可作为综合性大学、理工科院校通信与信息系统学科、电子信息工程学科及相关学科研究生的参考书目，亦可作为通信工程领域科研与工程技术人员的参考书。

图书在版编目(CIP)数据

5G移动通信关键技术 / 李晖等编著. --西安：西安电子科技大学出版社，2024.3
(2025.1重印)
ISBN 978-7-5606-6999-1

Ⅰ. ①5… Ⅱ. ①李… Ⅲ. ①第五代移动通信系统 Ⅳ. ①TN929.53

中国国家版本馆CIP数据核字(2023)第152893号

策　　划　刘玉芳
责任编辑　买永莲
出版发行　西安电子科技大学出版社(西安市太白南路2号)
电　　话　(029)88202421　88201467　　邮　　编　710071
网　　址　www.xduph.com　　电子邮箱　xdupfxb001@163.com
经　　销　新华书店
印刷单位　西安日报社印务中心
版　　次　2024年3月第1版　2025年1月第2次印刷
开　　本　787毫米×1092毫米　1/16　印张 14
字　　数　325千字
定　　价　49.00元
ISBN 978-7-5606-6999-1

XDUP 7301001-2

Preface 前　言

21世纪初以来，随着科学技术的飞速发展，陆地通信技术从电到光、从有线到无线、从第一代移动通信系统(1G)到第六代移动通信系统(6G)迅速发展起来。已经商业运营的第五代移动通信系统(5G)在设备连接数量、数据速率以及频谱效率方面比传统通信系统提高了10～100倍。伴随着5G网络各项性能的提升，新兴通信技术成为当前研究的热点，如非正交多址接入技术(NOMA)、直通通信(D2D)、大规模多输入多输出技术(Massive MIMO)和极化编码技术等。

未来的6G将是一个地面无线与卫星通信集成的全连接世界，通过将卫星通信整合到6G移动通信中，实现全球无缝覆盖，网络信号能够抵达任何一个偏远的乡村，身处山区的病人能享受远程医疗，孩子们能接受远程教育。此外，在全球卫星定位系统、电信卫星系统、地球图像卫星系统和6G地面网络的联动支持下，星地全覆盖网络还能帮助人类预测天气、快速应对自然灾害等。6G通信技术不再是简单的网络容量和数据传输速率的突破，它更是为了跨越数字化的鸿沟，依靠太赫兹通信与人工智能(AI)技术实现万物互联这个“终极目标”。6G的数据传输速率可能达到5G的50倍，时延缩短到5G的十分之一，在峰值速率、时延、数据流量密度、连接数密度、移动性、频谱效率、定位能力等方面远优于5G。

本书是作者多年教学和科研工作的总结，既介绍了一些传统的通信理论(如OFDM)与通信技术外，还介绍了MIMO时域均衡、MIMO-OFDM信道估计与信号检测、D2D与NOMA协作通信以及NOMA异构网络等新兴技术，对未来地面无线通信的技术发展也进行了描述。

全书分为8章，各章内容安排如下：

第1章从下一代移动通信系统发展的主要方向出发，阐述了5G移动通信的技术发展现状，包括大规模天线技术、新型多址技术、新型多载波技术、Polar信道编码技术、全双工技术和直通通信技术等内容；给出了5G全球商用发展和产业化情况的简述，以及5G的主要应用领域，如车路协同与自动驾驶、远程医疗、元宇宙、智能电网、人工智能和算网融合等。

第2章主要就大规模MIMO通信系统的能效问题进行分析和研究，研究了大规模MIMO

系统的传输天线中存在的天线硬件损伤现象，然后对硬件损伤下的系统容量进行分析和仿真，验证了硬件损伤对系统的影响；对大规模 MIMO 系统中上行链路的能效问题进行研究，利用 Jensen 不等式、Wishart 矩阵分布等数学工具，得到了用户在上行链路可达速率的表达式；在获得可达速率的基础上，结合系统功率消耗模型，确定了系统能效优化模型；接着对大规模 MIMO 系统中下行链路的能效优化问题进行了研究，给出了天线数选择方案、发射功率优化方案、用户数选择方案，得到了系统能效在一定约束条件下的最优解。

第 3 章给出一种改进的非常数模半盲均衡方案，该方案结合 MIMO 信道先验知识，对半盲均衡器的初始值进行预设，采用变步长迭代更新均衡器权系数，寻找到最小目标函数值；改进后的非常数模算法可通过控制变步长降低剩余稳态误差，提高算法收敛速率，进而改善信道均衡效果。

第 4 章对 MIMO-OFDM 系统中常用的空时、空频和空时频编码作了分析，对信号进行信号检测和信道估计，以在接收端正确地恢复发送端发送的原始信息；研究了 MIMO-OFDM 系统常用的信道估计和信号检测技术方法，分析了 MIMO-OFDM 系统克服多径效应和频率选择性衰落时产生的不良影响，采用编码技术、信道估计和信号检测等技术，增强了系统的频谱效率和接收机的可靠性，从而获得更高的传输效率。

第 5 章在两种传统的分布式功率控制方案的基础上，通过增加偏置提高直通通信系统的性能，验证了在不损害系统性能的情况下，所提出的功率分配方案能有效地降低用户发射功率、抑制跨层干扰；给出了新的接纳控制方案，以应对容量需求上升时系统出现的不可达性，证明了该接纳控制算法的可行性。

第 6 章在齐次 PPP(HPPP)分布下，将 NOMA 异构网络系统下的通信方案分为单基站 NOMA 传输和协作基站 NOMA 传输，在理论上导出了复用在同一频段上的多个 NOMA 用户的覆盖性能和链路的速率表达式，得出了在网络规模趋于无限大情况下的渐进表达式，理论推导了用户之间的功率分配如何影响大规模网络环境中覆盖率和链路速率性能极限；构造了 ST-NOMA 和 CT-NOMA 方案下的性能优化问题，并阐释了优化问题的非凸性，引入基于网络的功率优化方案并证明了其存在最优值。

第 7 章研究 NOMA 系统中的关键技术，包括发送端的子载波分组方案和功率分配算法、接收端的信号检测技术，对比了 NOMA 技术与其他不限于利用功率域的新型非正交的多址接入原理的异同和性能优劣；利用由局部最优获得全局最优的贪婪算法，给出一种 NOMA 下行链路子载波分组实现算法、一种基于粒子群优化算法的功率分配算法，以及一种基于多用户调制星座图干扰消除算法的 NOMA 下行链路接收机设计方案。

第 8 章分析了生成矩阵及其组成部分置换矩阵的具体作用和内在机理，并给出了置换矩阵的具体形式和目标矩阵的排列规律，研究了非系统极化编码、系统极化编码和多维核矩阵编码等编码方法；研究了基于多维核矩阵的系统极化码的性能，分析了系统极化码和非系统极化码的性能差异；提出一种极化码性能评估方法，并比较了多维核矩阵的极化码之间的性能。

本书得到了国家自然科学基金(60672089、60772075、61071128、61661018)的支持，也

《电机与拖动》实验报告册

(上海宽射实验平台)

学校____________________

班级____________________

学号____________________

姓名____________________

指导老师________________

西安电子科技大学出版社

目　　录

实验一　励磁式单相交流发电机 …………………………………………………… 1
实验二　永磁式直流发电机 ………………………………………………………… 5
实验三　转极式三相交流发电机 …………………………………………………… 8
实验四　单相交流电动机(启动电容) …………………………………………… 12
实验五　三相一对极异步(感应式)电动机 ……………………………………… 15
实验六　三相一对极同步电动机 ………………………………………………… 18
实验七　直流并励电动机(二极绕线转子) ……………………………………… 21
实验八　直流无刷电动机(带位置传感器) ……………………………………… 25
实验九　三相变压器 ……………………………………………………………… 28

实验一　励磁式单相交流发电机

一、实验目的

(1) 掌握励磁式单相交流发电机的运行特性以及工作原理。

(2) 借助实验平台的方便组装性，激发学习兴趣，提升实际动手能力。

二、实验原理

发电机是利用电磁感应原理将机械能转换成电能的机器。简单的发电机由固定不动的磁体(定子)和转动的线圈(转子)组成。实际的发电机比模型发电机复杂得多，但仍由转子和定子两部分组成。大型发电机发的电，电压很高、电流很强，一般采取线圈不动、磁极旋转的方式来发电，为了得到较强的磁场，还要用电磁铁代替永磁体。

同样，本次实验组装的励磁式单相交流发电机也是利用电磁感应原理，使用带铁芯的定子绕组接通直流电压产生不变的磁场，使用手摇旋转式的绕线转子来切割磁感线，从而产生交流电压。

励磁式单相交流发电机运行时的电机工作模型如图 S1.1 所示，图中的铜环 A 和 B 间外接的是灯泡，且线圈的 a、b 端始终与铜环 A、B 滑动相连。发电机由原动机拖动以逆时针方向旋转。在图 S1.1 所示的瞬间，线圈 ab 的感应电势方向为 b 端到 a 端，线圈 cd 的感应电势方向为 d 端到 c 端，线圈中的电流 i 的方向为铜环 A→d→c→b→a→铜环 B，此时灯泡中电流的方向是由 1 流向 2。发电机在原动机的带动下以逆时针方向转过 180°的位置后，线圈中电流 i 的方向为铜环 B→a→b→c→d→铜环 A，此时灯泡中的电流方向是由 2 流向

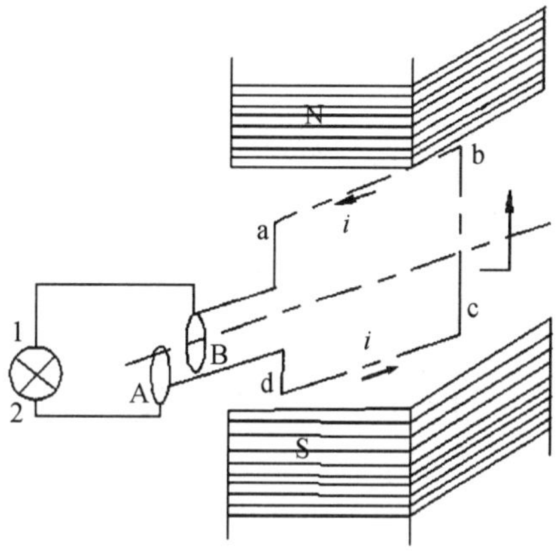

图 S1.1　励磁式单相交流发电机运行时的电机工作模型

1。可以发现，发电机在这个特殊的位置，使得灯泡两端的电压极性发生相对变化，因此，产生了单相交流电。

三、实验器件

本次实验所使用的实验器件如下。

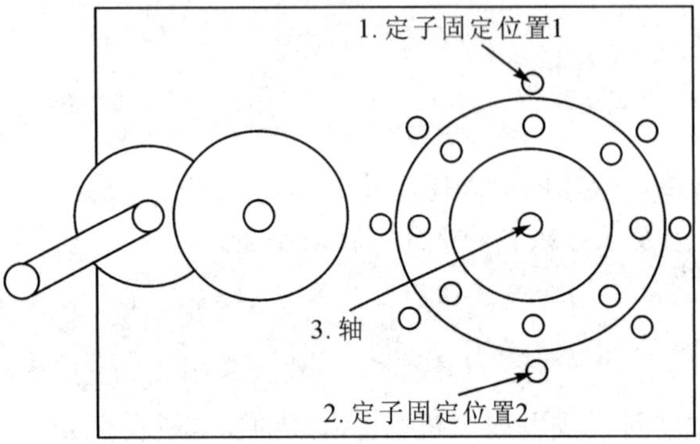

① 发电机基座

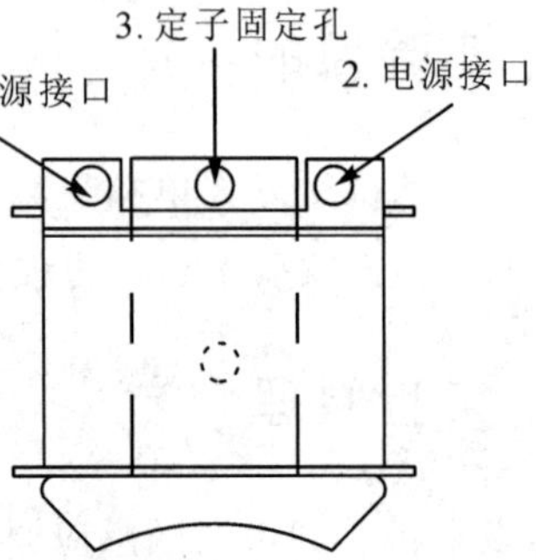

② 带铁芯定子绕组

③ 固定螺丝

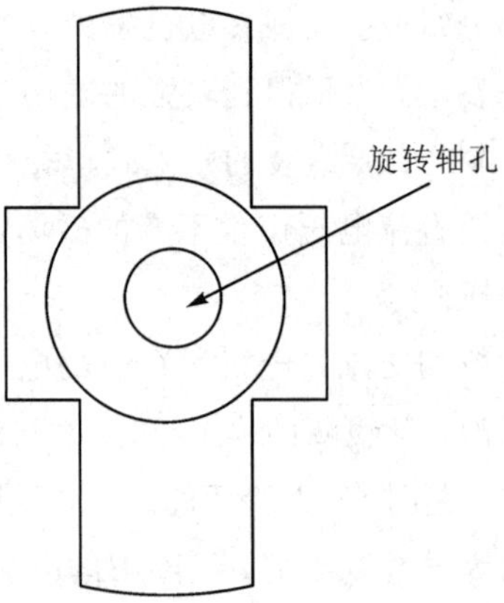

④ 二极绕线转子

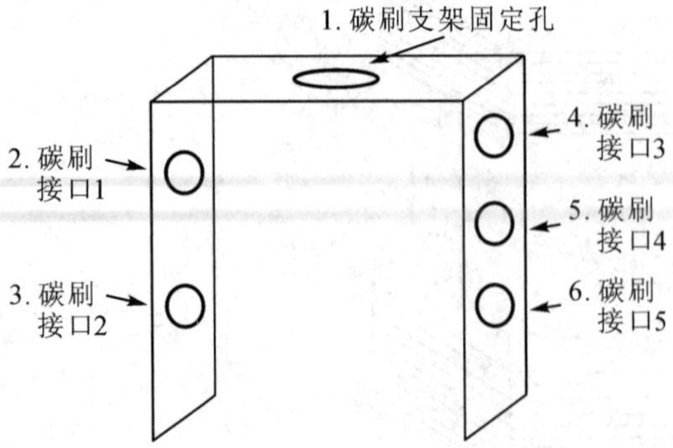

⑤ 碳刷支架

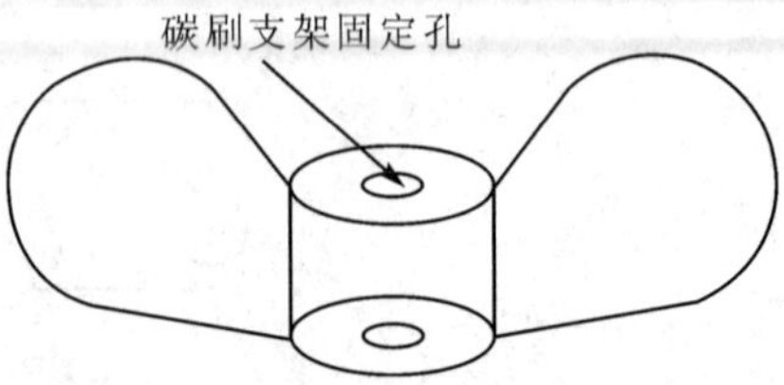

⑥固定螺帽

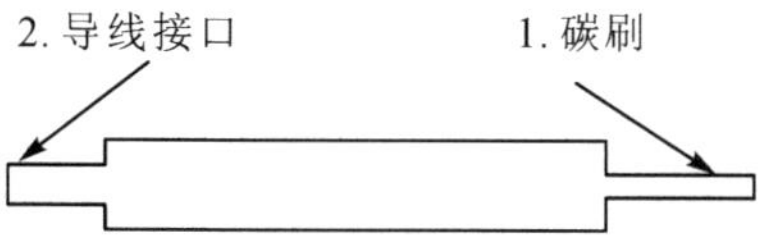

⑦碳刷

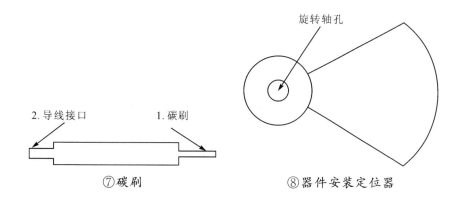

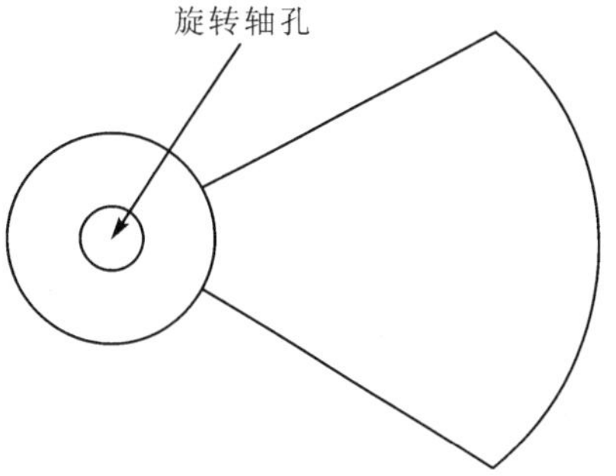

⑧器件安装定位器

四、实验步骤

进行励磁式单相交流发电机实验时，首先需要对发电机进行组装。具体的实验步骤如下：

(1) 在平坦坚固的桌面摆好发电机基座①。

(2) 在发电机基座①的 1、2 位置安装带铁芯的定子绕组② ，并把固定螺丝③ 插入②中 3 的位置进行固定，用于产生固定磁场。在安装定子绕组时应注意:需要在发电机基座①的 3 的位置套上器件安装定位器⑧，对定子绕组的安装位置进行精确定位。使得定位器可以在轴上任意位置自由旋转，则说明定子绕组安装完成。

(3) 把定位器从轴上取下来，然后把二极绕线转子④安装在发电机基座①的 3 位置上。如果步骤(2)中的永磁体套件安装位置正确，则此时的绕线转子是可以在轴上自由转动的，如不能自由转动的，则按照步骤(2)的流程进行检查。

(4) 把碳刷支架⑤的 1 位置安装在发电机基座①的 3 位置上，再把固定螺帽⑥也安装在发电机基座①的 3 位置上，将碳刷支架进行固定。然后把两个碳刷⑦ 的 1 位置分别插入碳刷支架⑤的 3、5 位置，使碳刷和铜环接触后固定。接下来用工具箱中的皮带，把发电机基座左边的摇手和右边的绕线转子联系起来。

(5) 打开直流可调电源，把电压调节到 10V 左右，把直流电压的正极连接到带铁芯的定子绕组②的 1 位置，负极连接到带铁芯的定子绕组②的 2 位置。其对称的定子绕组的直流电源接法和带铁芯的定子绕组②的接法一致(左边接正极，右边接负极）。

(6) 把两个碳刷⑦的 2 位置接上导线连接到 6V 灯座。此时，摇手用来提供动力，带动绕线转子旋转，从而进行磁感线的切割，产生电流。安装完成的发电机接线图如图 S1.2 所示。此时若旋转摇手到一定速度，则可以看到灯泡开始发光。

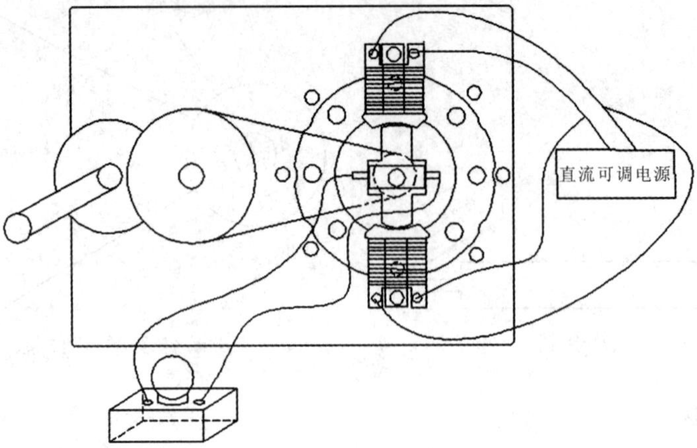

图 S1.2　励磁式单相交流发电机接线图

五、思考题

1. 如果两个对称励磁定子绕组的电压正、负极接法不一致，会出现什么现象？为什么？

2. 改变碳刷的位置，会出现什么现象？

实验二　永磁式直流发电机

一、实验目的

(1) 掌握永磁式直流发电机的运行特性以及工作原理。

(2) 借助实验平台的方便组装性，激发学习兴趣，提升实际动手能力。

二、实验原理

发电机是利用电磁感应原理将机械能转换成电能的机器。简单的发电机由固定不动的磁体(定子) 和转动的线圈(转子) 组成。实际的发电机比模型发电机复杂得多，但仍由转子和定子两部分组成。大型发电机发的电，电压很高、电流很强，一般采取线圈不动、磁极旋转的方式来发电，为了得到较强的磁场，还要用电磁铁代替永磁体。

同样，本次实验组装的永磁式直流发电机也是利用电磁感应原理，使用固定的永磁体产生不变的磁场，使用手摇旋转式的绕线转子来切割磁感线，从而产生直流电压。

永磁式直流发电机运行时的电机工作模型如图 S2.1 所示，图中的铜环 A 和 B 间外接的是灯泡。发电机由原动机拖动以逆时针方向旋转。在图中 S2.1 所示的瞬间，线圈 ab 的感应电势方向为 b 端到 a 端，线圈 cd 的感应电势方向为 d 端到 c 端，线圈中的电流 i 的方向为铜环 A→d→c→b→a→铜环 B，此时电灯泡中电流的方向是由 1 流向 2。发电机在原动机的带动下以逆时针方向转过 180°的位置后，铜环 A 以及 cd 线圈转到正上方，铜环 B 以及 ab 线圈转到正下方，此时线圈中电流 i 的方向为从铜环 B→a→b→c→d→铜环 A，由于 A、B 铜环是断开的，灯泡的两端通过电刷和铜环 A、B 滑动接触，所以此时灯泡中的电流方向还是由 1 流向 2。可以发现，发电机在这个特殊的位置，灯泡两端的电压极性并没有发生相对变化，因此，发电机产生了直流电。

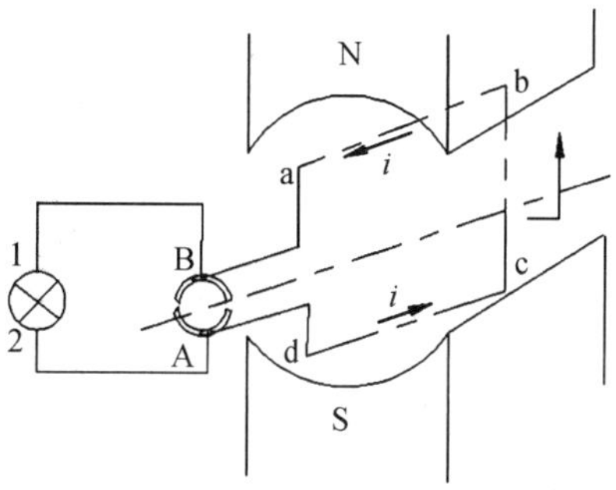

图 S2.1　永磁式直流发电机运行时的电机工作模型

三、实验器件

本次实验所使用的实验器件如下。

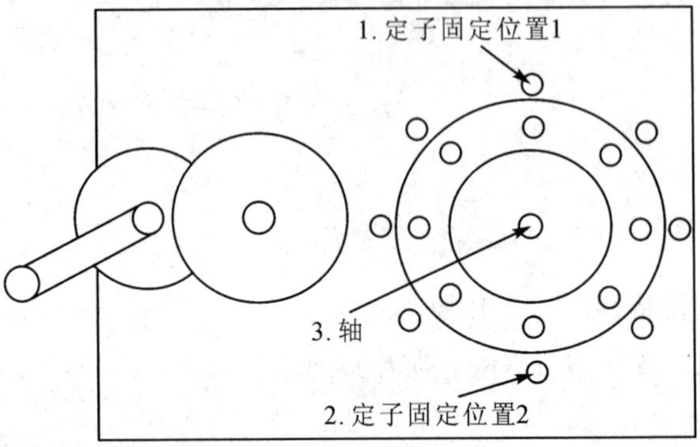

① 发电机基座

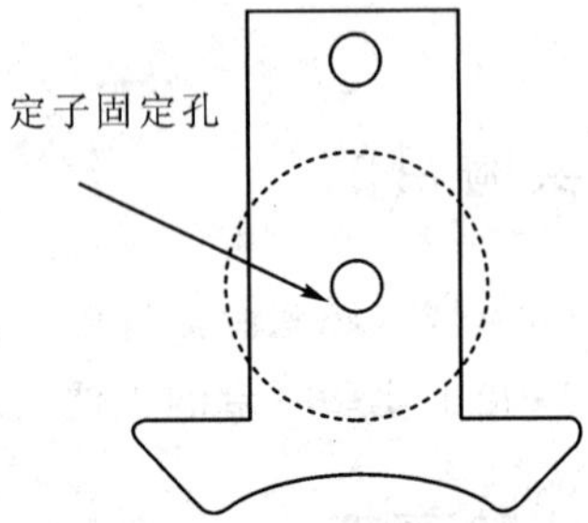

② 永磁体固定套件

③ 固定螺丝

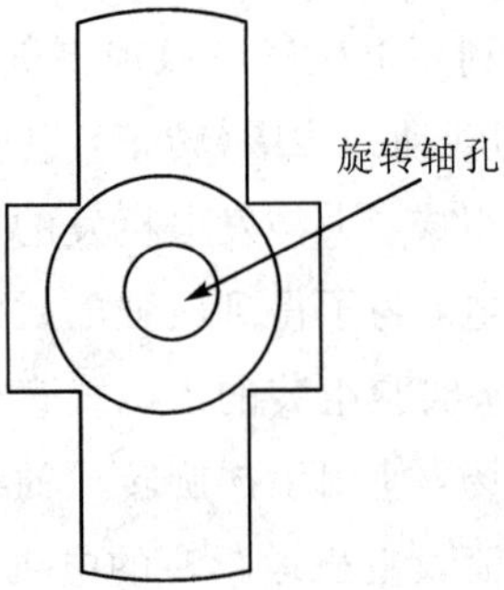

④ 二极绕线转子

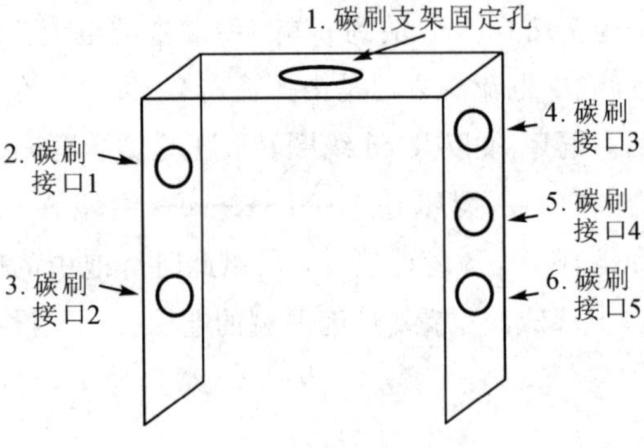

⑤ 碳刷支架

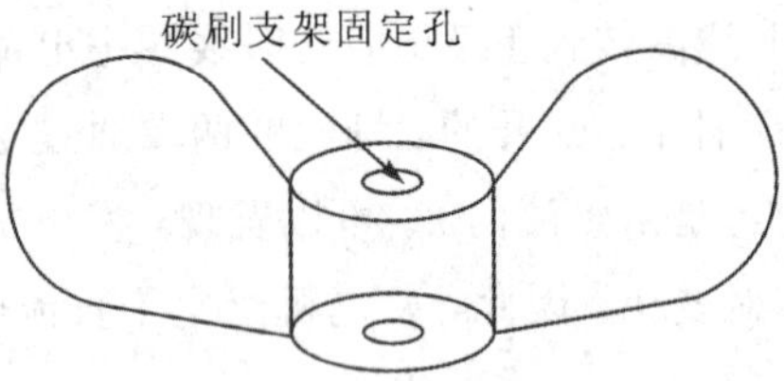

⑥ 固定螺帽

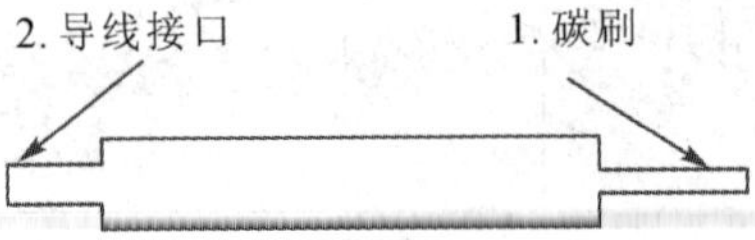

⑦ 碳刷

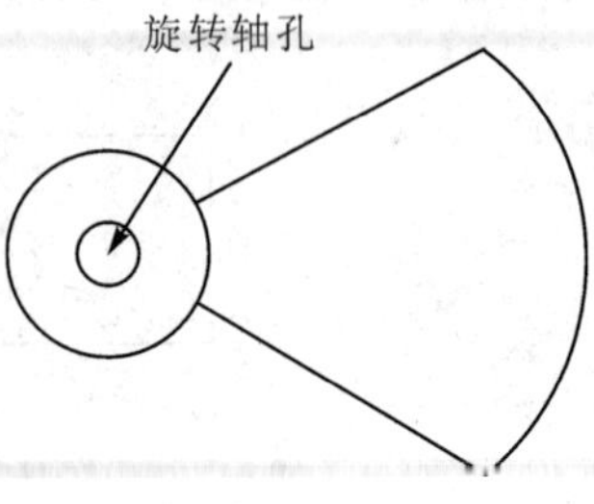

⑧ 器件安装定位器

四、实验步骤

进行永磁式单相直流发电机实验时，首先需要对发电机进行组装。具体的实验步骤如下：

（1）在平坦坚固的桌面摆好发电机基座①。

（2）在发电机基座①的1、2位置安装永磁体套件②，并把永磁体固定螺丝③插入②中1的位置进行固定，用于产生固定磁场。在安装永磁体时应注意：需要在发电机基座①的3的位置套上器件安装定位器⑧，对定子套件的安装位置进行精确定位。使得定位器可以在轴上任意位置自由旋转，则说明永磁体安装完成。

（3）把定位器从轴上取下来，然后把二极绕线转子④安装在发电机基座①的3位置上。如果步骤(2)中的永磁体套件安装位置正确，则此时的绕线转子是可以在轴上自由转动的，如不能自由转动，则按照步骤(2)的流程进行检查。

（4）把碳刷支架⑤的1位置安装在发电机基座①的3位置上，再把固定螺帽⑥也安装在发电机基座①的3位置上，将碳刷支架进行固定。然后把两个碳刷⑦ 的1位置分别插入碳刷支架⑤的2、4位置，使碳刷和铜环接触后固定。然后用工具箱中的皮带，把发电机基座左边的摇手和右边的绕线转子联系起来。

（5）把两个碳刷⑦ 的2位置接上导线连接到6V灯泡灯座。用摇手来提供动力，带动绕线转子旋转，从而进行磁感线的切割，产生电流。安装完成的发电机接线圈如图S2.2所示。此时若旋转摇手到一定速度，则可以看到灯泡开始发光。

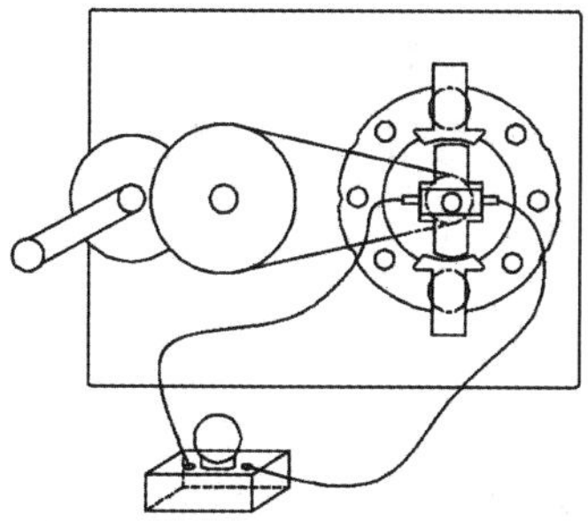

图 S2.2　永磁式直流发电机接线图

五、思考题

1. 如果在电机基座①的1、2位置安装的永磁体都是同一种颜色贴紧基座，灯泡还会亮吗？为什么？

2. 转速与电压、电流之间有什么关系？

实验三　转极式三相交流发电机

一、实验目的

(1) 掌握转极式三相交流发电机的运行特性以及工作原理。

(2) 借助实验平台的方便组装性，激发学习兴趣，提升实际动手能力。

二、实验原理

发电机是利用电磁感应原理将机械能转换成电能的机器。简单的发电机由固定不动的磁体(定子) 和转动的线圈(转子) 组成。实际的发电机比模型发电机复杂得多，但仍由转子和定子两部分组成。大型发电机发的电，电压很高、电流很强，一般采取线圈不动、磁极旋转的方式来发电，为了得到较强的磁场，还要用电磁铁代替永磁体。

同样，本次实验组装的转极式三相交流发电机也是利用电磁感应原理，使用二极永磁转子产生大小不变的旋转磁场，三个呈 120°均匀分布的带铁芯定子绕组被动地切割旋转永磁体产生的旋转磁场，从而产生三相交流电压。

转极式三相交流发电机运行时的电机工作模型如图 S3.1 所示。三个定子绕组呈 120°均匀分布，并且是星形联结。在图 S3.1 所示的瞬间，永磁体产生的磁场是由 N 极指向 S 极的磁感线簇，并且逆时针方向转动。此时，由 N 极产生的磁感线在 U 相的定子绕组中磁感线密度最大，切割磁感线所产生的感应电动势最大。若这时将产生的 U 相电压的相位设为 0°，当二极永磁转子以逆时针方向旋转 120°时，V 相的定子绕组中由 N 极产生的磁感线密度达到最大，此时 V 相绕组切割磁感线产生的感应电动势达到最大，V 相产生的电压相位相对于 U 相滞后 120°。这时将二极永磁转子以逆时针方向旋转 60°，S 极将正对 U 相绕组，这时 S 极产生的磁感线在 U 相中达到最大，U 相定子绕组切割磁感线所产生的感应电动势和 N 极在该位置产生的电动势一样大，只是感应电动势的相对方向不同(即 U 相绕组产生了单相交流电)，同理可以推出 V、W 定子绕组也产生了单相交流电。

当二极永磁转子再逆时针旋转 60°，W 相绕组中由 N 极产生的磁感线密度达到最大，此时 W 相切割磁感线产生的感应电动势也达到最大，则 W 相的相位则相对于 U 相滞后 240°(即 W 相超前 U 相 120°，相位的相对值都是在各相交流电压达到最大值时比较得出)。

因此，二极永磁转子旋转一圈将会产生三路电压相差120°的三相交流电。

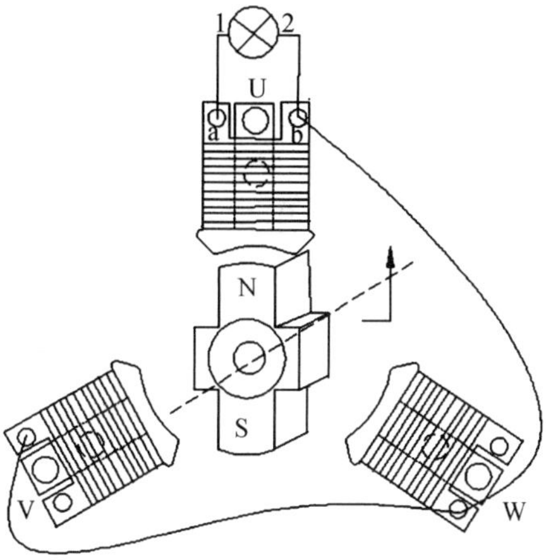

图 S3.1　转极式三相交流发电机工作模型

三、实验器件

本次实验所使用的实验器件如下。

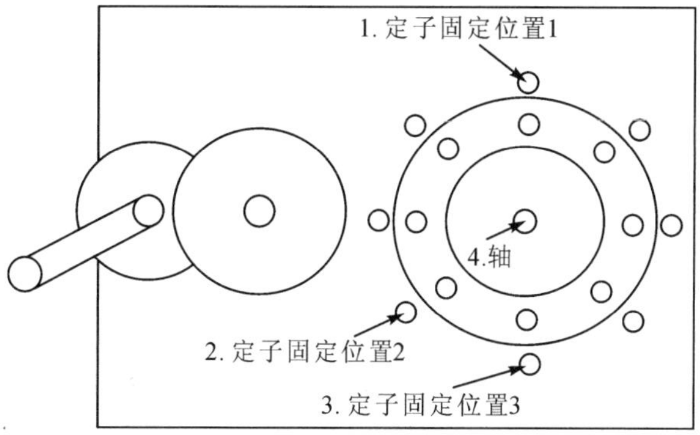

① 发电机基座

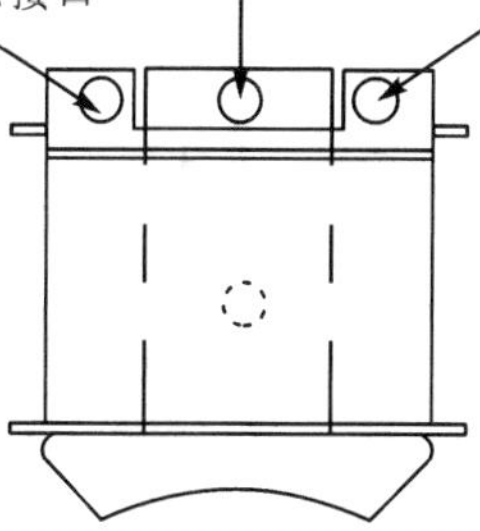

② 带铁芯的定子绕组

③ 固定螺丝

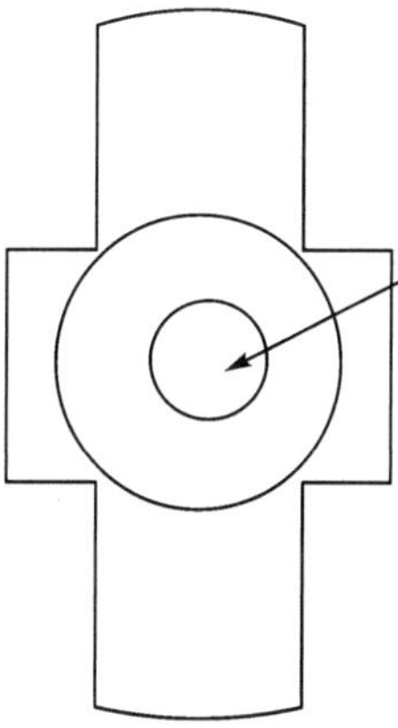

④ 二极永磁转子

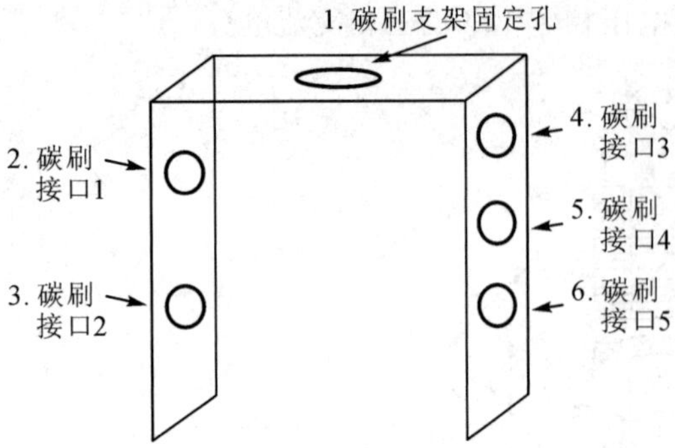

⑤ 碳刷支架

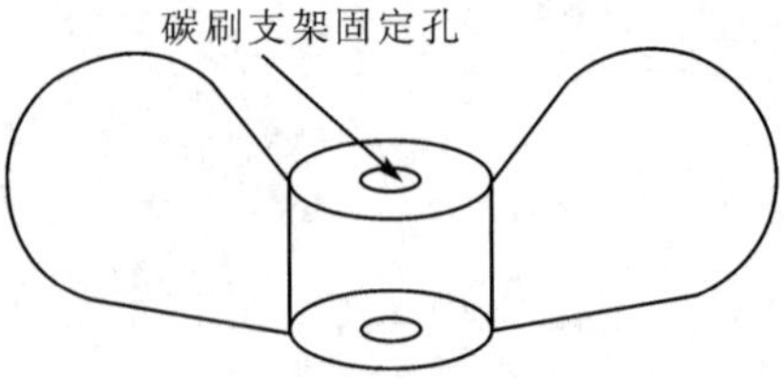

⑥ 固定螺帽

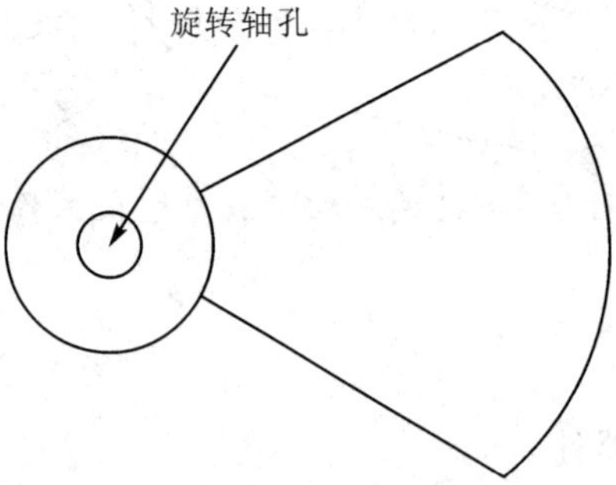

⑦ 器件安装定位器

四、实验步骤

进行转极式三相交流发电机实验时，首先需要对发电机进行组装。具体的实验步骤如下：

（1）在平坦坚固的桌面摆好发电机基座①。

（2）在发电机基座①的1、2、3位置安装带铁芯的定子绕组②，并把固定螺丝③插入②中3的位置进行固定。在安装定子绕组时应注意：需要在发电机基座①的4的位置套上器件安装定位器⑦，对定子绕组的安装位置进行精确定位。使得定位器可以在轴上任意位置自由旋转，则说明定子绕组安装完成。

（3）把定位器从轴上取下来，然后把二极永磁转子④安装在发电机基座①的4位置上。如果步骤(2)中的永磁体套件安装位置正确，则此时的绕线转子是可以在轴上自由转动的，如不能自由转动，则按照步骤(2)的流程进行检查。

（4）把碳刷支架⑤的1位置安装在发电机基座①的4位置上，再把固定螺帽⑥也安装在发电机基座①的4位置上，将把碳刷支架进行固定。接下来用工具箱中的皮带，把发电机基座左边的摇手和右边的绕线转子联系起来。

（5）把三个定子绕组产生的三相交流电星形联结引出，把三个定子绕组的黑色接口用导线连接到一起，再用三根导线分别连接到三个定子绕组的红色接口，可以在U、N，V、N，U、W的任意一组两端接6 V灯座；也可以把U、N，V、N，U、W中的任意两组两端分别接到示波器观察是否相差 120°。

（6）此时，用摇手带动永磁转子旋转，定子进行磁感线的切割，产生感应电动势。安装完成的发电机如图 S3.2 所示。若外接灯座，旋转摇手到一定速度就可以看到灯泡开始发光。

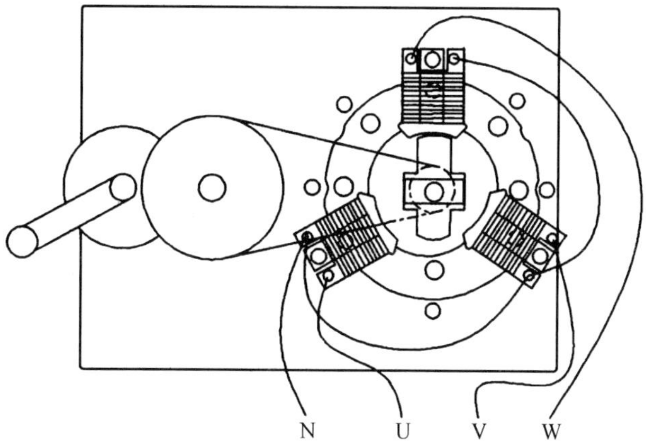

图 S3.2　转极式三相交流发电机接线图

五、思考题

1. 怎么连接才能把产生的三相交流电三角形引出？

2. 若切割磁感线的速度保持不变，使用三角形接法连接到灯座后和星形接法连接到灯座后两者的亮度如何变化？

实验四　单相交流电动机(启动电容)

一、实验目的

(1) 掌握单相交流电动机(启动电容) 的运行特性以及工作原理。

(2) 借助实验平台的方便组装性，激发学习兴趣，提升实际动手能力。

二、实验原理

1. 单相交流电动机(启动电容)的基本原理

单相交流电动机只有一个绕组，转子是鼠笼式转子，也可以是永磁转子。当单相正弦电流通过定子绕组时，电动机就会产生一个交变磁场，这个磁场的强弱和方向随时间作正弦规律变化，但在空间方位上是固定的，所以又称这个磁场是交变脉动磁场。这个交变脉动磁场可分解为两个转速相同、旋转方向相反的旋转磁场，当转子静止时，这两个旋转磁场在转子中产生两个大小相等、方向相反的转矩，使得合成转矩为零，所以电动机无法旋转。当用外力使电动机向某一方向旋转时(如顺时针方向旋转)，平衡就被打破了，转子所产生的总的电磁转矩不再是零，转子将顺着推动方向旋转起来。

要使单相电动机能自动旋转起来，可在定子中加上启动绕组。启动绕组与主绕组在空间上相差 90°，启动绕组要串接一个合适的电容，使得与主绕组的电流在相位上近似相差 90°，即所谓的分相原理。这样两个在时间上相差 90°的电流通入两个在空间上相差 90°的绕组，将会在空间上产生(两相) 旋转磁场，在这个旋转磁场的作用下，转子就能自动启动。很多时候，启动绕组并不断开，我们称这种电动机为电容式单相电动机，要改变这种电动机的转向，可通过改变电容器串接的位置来实现。

2. 启动(电容) 绕组的接线原理

单相交流电无法产生旋转的磁场，需要另外一组启动绕组来配合。因为只有单相交流电，所以在启动绕组上串联了一个电容，电容的特点是电压不能突变，所以会让启动线圈的电流超前于运行线圈 90°，这样在定子空间产生了旋转的磁场。如图 S4.1 所示，四个定子绕组的绕线方向是一样的，使用导线连接 2 与 6，4 与 8，形成两对定子绕组 A、C 和 B、D。把 A、C 当成主绕组，B、D 当成启动绕组。主绕组的单相交流电从 1 口进入，从 5 口流回电源，启动绕组的交流电由电容 9 口流入，从 10 到 3，通过 7 口流回电源，这样就可以使启动绕组的电压相位和主绕组的相位相差 90°，从而形成旋转磁场。

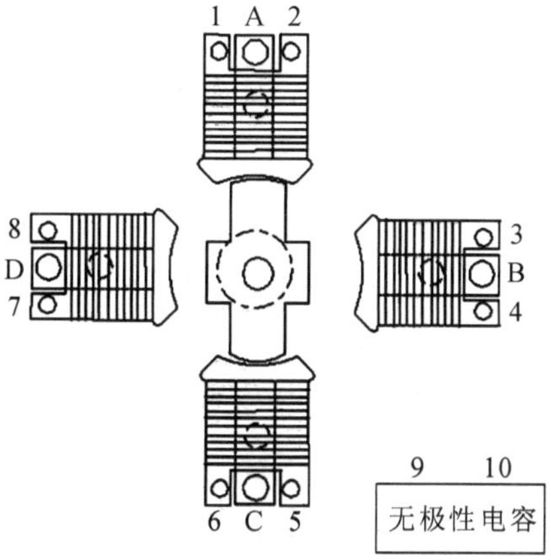

图 S4.1　转极式单相交流电动机的工作模型

三、实验器件

本次实验所使用的实验器件如下。

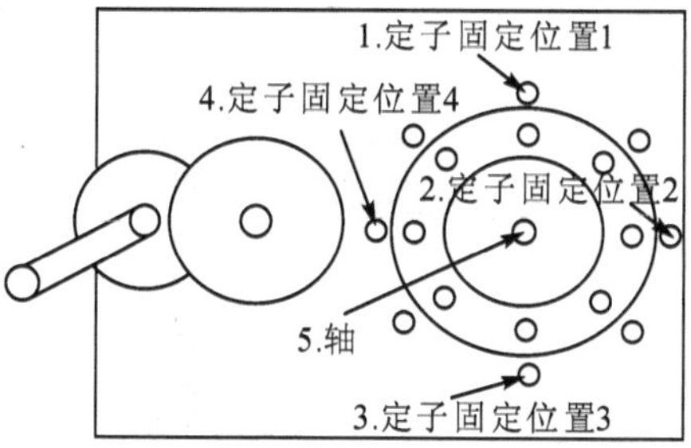

① 电动机基座

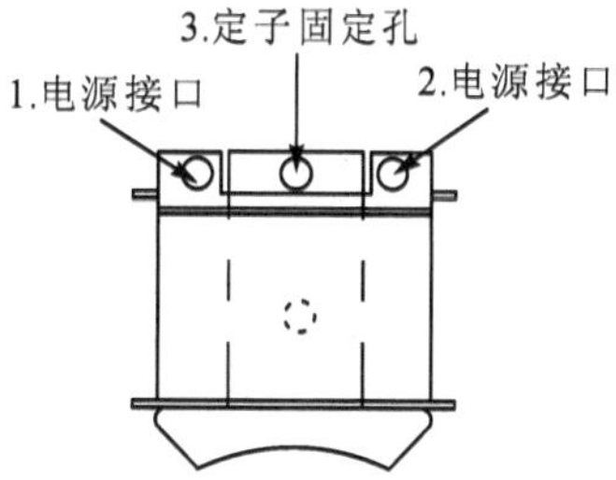

② 带铁芯的定子绕组

③ 固定螺丝

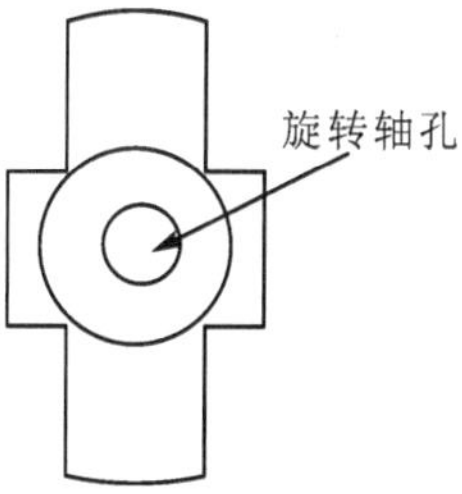

④ 二极永磁转子

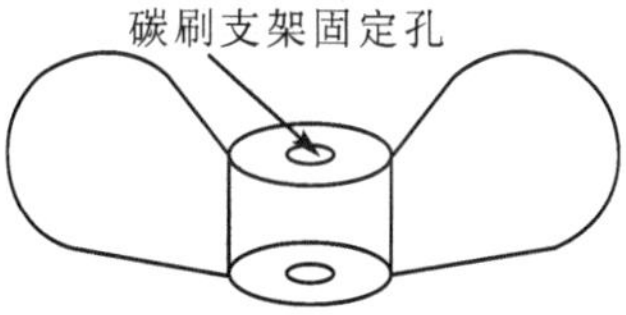

⑤ 固定螺帽

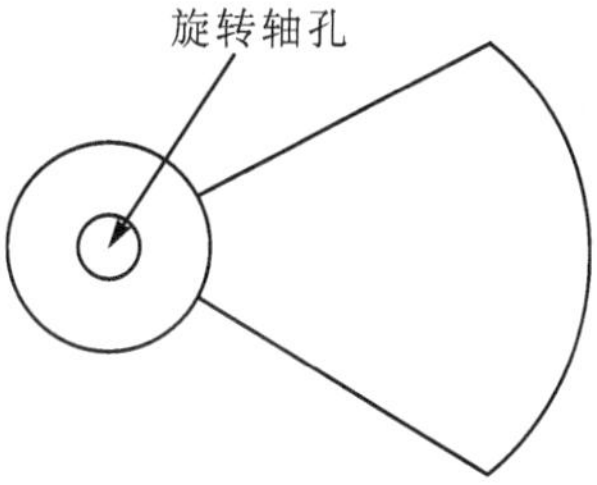

⑥ 器件安装定位器

四、实验步骤

进行单相交流电动机(启动电容)实验时，首先需要对电动机进行组装。具体的实验步骤如下：

(1) 在平坦坚固的桌面摆好电动机基座①。

(2) 在电动机基座①的1、2、3、4位置安装带铁芯的定子绕组②，并把固定螺丝③插入带铁芯的定子绕组②中3的位置进行固定。在安装定子绕组时应注意:需要在电动机基座①的5的位置套上器件安装定位器⑥，对定子绕组的安装位置进行精确定位。使得定位器可以在轴上任意位置自由旋转，则说明定子绕组安装完成。

(3) 把定位器从轴上取下来，然后把二极永磁转子④安装在电动机基座①的5位置上。如果步骤(2)中的永磁体套件安装位置正确，则此时的绕线转子是可以在轴上任意位置自由转动的，如不能自由转动，则按照步骤(2) 的流程进行检查。

(4) 把固定螺帽⑤安装在电动机基座①的5位置上，使其固定二极永磁转子。

(5) 把单相交流电引入电机，具体的导线连接如图S4.2中的序号所示，即2→6，4→8，U→1，5→V，U→9，10→3，7→V；然后逐渐增大可调电源，可以发现电动机开始旋转。

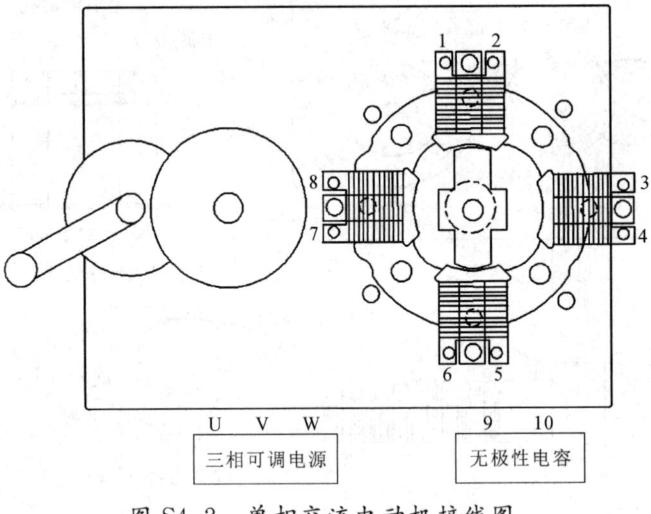

图 S4.2　单相交流电动机接线图

五、思考题

1. 电动机旋转后，若断开启动绕组，则电动机的运行性能有什么变化？

2. 电动机旋转后，若不断开启动绕组，则电动机的运行性能有什么变化？

实验五　三相一对极异步(感应式)电动机

一、实验目的

(1) 掌握三相一对极异步电动机的运行特性及工作原理。

(2) 借助实验平台的方便组装性，激发学习兴趣，提升实际动手能力。

二、实验原理

三相异步电动机是感应电动机的一种，是靠同时接入三相交流电流(相位差 120°)供电的一类电动机。由于三相异步电动机的转子与定子旋转磁场以相同的方向、不同的转速旋转，存在转差率，所以叫三相异步电动机。三相异步电动机转子的转速低于旋转磁场的转速，转子绕组因与磁场间存在相对运动而产生电动势和电流，并与磁场相互作用产生电磁转矩，实现能量变换。

三相异步电动机的工作原理是根据电磁感应原理工作的，定子绕组通入三相对称交流电，则在定子与转子间产生 $n_1=60f/p$(f 为电源频率，p 为磁极对数)转速的旋转磁场，它切割转子绕组并在其中感应出电动势，电动势的方向由右手定则决定。由于转子是闭合回路，转子中便有电流产生，电流方向和电动势方向一致，而转子绕组中导体在磁场中将产生电磁力 $\boldsymbol{F}$，其方向由左手定则决定。电机某时刻的转向和受力方向如图 S5.1 所示。

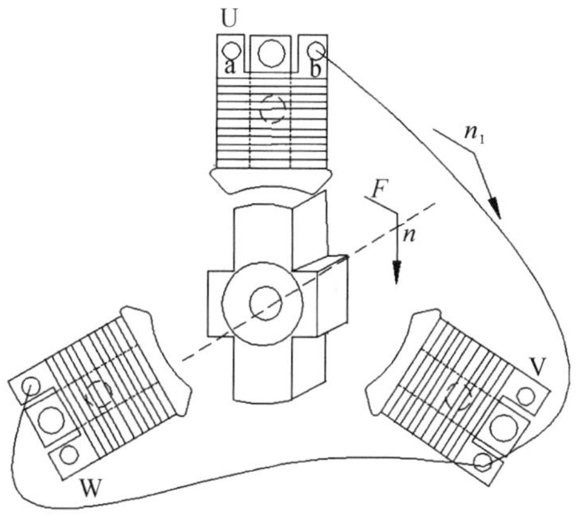

图 S5.1　三相一对极异步电动机运行时的电机工作模型

由电磁力形成的电磁转矩使转子旋转起来，转速为 n。不过转子转速达不到 n_1，因为转

子转速如果达到 n_1，则转子绕组和定子旋转磁场之间便无相对运动，不能在转子绕组中产生感应电动势，从而无法产生电流和转矩。因此，异步电机转子正常运行转速 n 不等于旋转磁场产生的同步转速 n_1，这是异步电机的主要特点。

三、实验器件

本次实验所使用的实验器件如下。

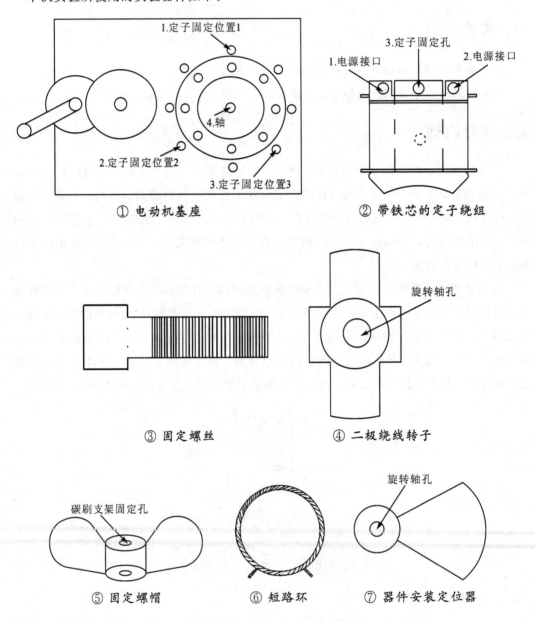

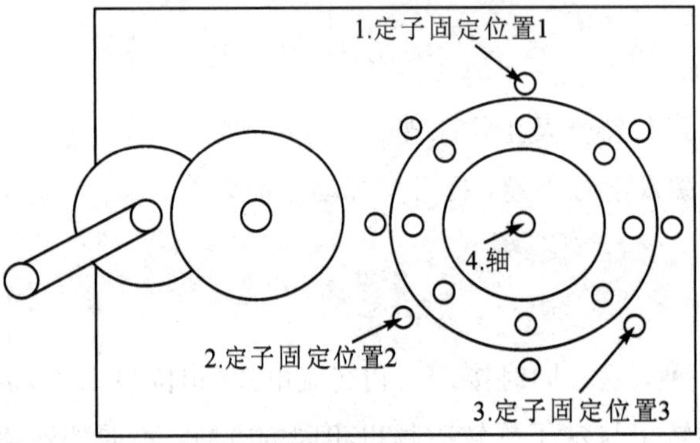

① 电动机基座

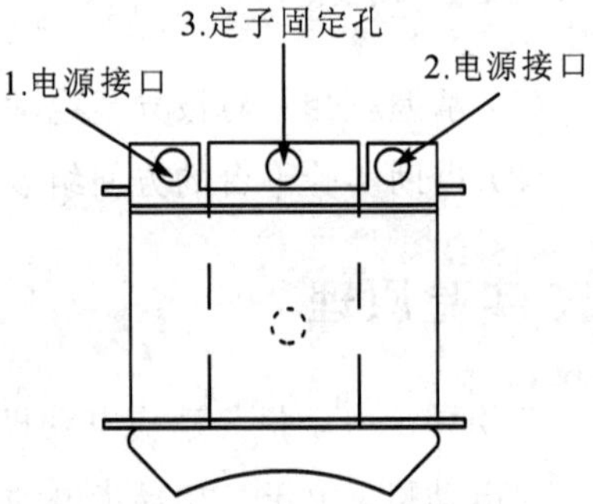

② 带铁芯的定子绕组

③ 固定螺丝

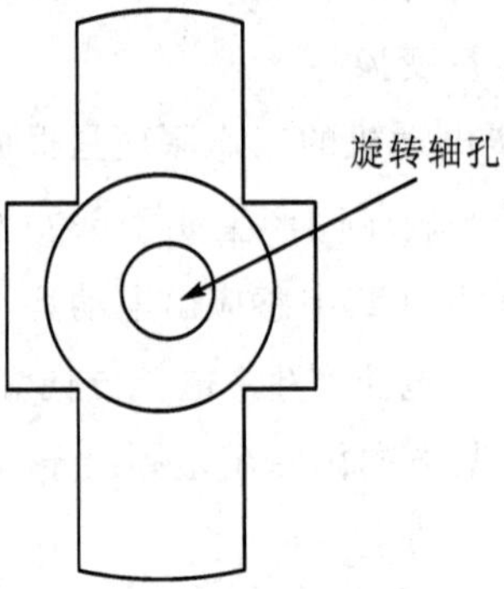

④ 二极绕线转子

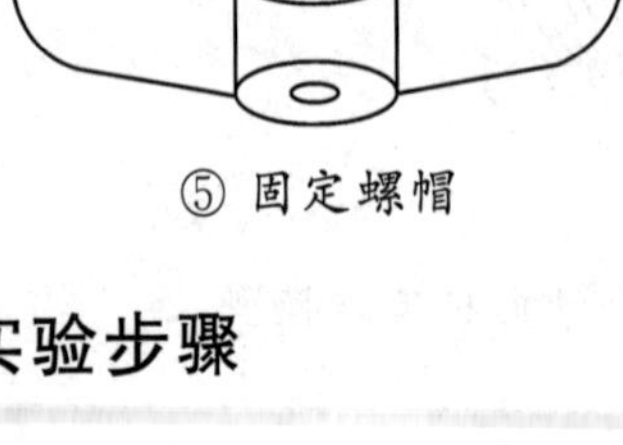

⑤ 固定螺帽

⑥ 短路环

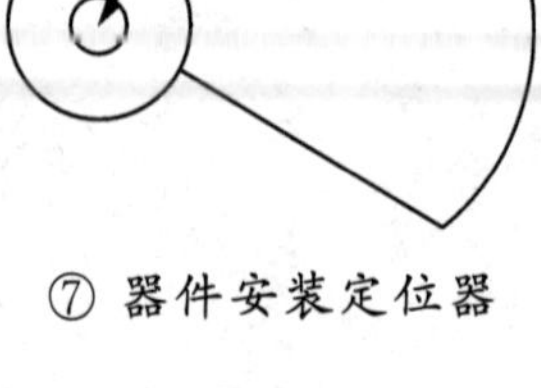

⑦ 器件安装定位器

四、实验步骤

进行三相一对极异步电动机实验时，首先需要对电动机进行组装。具体的实验步骤如下：

(1) 在平坦坚固的桌面摆好电动机基座①。

(2) 在电动机基座①的 1、2、3 位置安装带铁芯的定子绕组②，并把固定螺丝③插入带铁芯的定子绕组②中 3 的位置进行固定。在安装定子绕组时应注意：需要在电动机基座①的 4 的位置套上器件安装定位器⑦ ，对定子绕组的安装位置进行精确定位。使得定位器可以在轴上任意位置自由旋转，则说明定子绕组安装完成。

(3) 在二极绕线转子④的旋转轴孔外面套上短路环⑥使得二极绕线转子轴上的铜环短路，从而使绕组形成一个闭合的回路。

(4) 把定位器从轴上取下来，然后把二极绕线转子④安装在电动机基座①的 4 位置上。如果步骤(2)中的定子绕组位置安装正确，则此时的绕线转子是可以在轴上任意的位置自由转动的，如不能自由转动，则按照步骤(2)的流程进行检查。

(5) 把固定螺帽⑤安装在电动机基座①的 4 位置上，使其固定二级绕线转子。

(6) 把三相交流电引入绕线转子，本次实验采用星形联结，具体的导线连接如图 S5.2 中的序号所示：2→4→6；然后 U→1，V→3，W→5。这样连接就完成了三相异步电机的实验连线。此时，逐渐增加三相可调电源的电压值，当其达到 12 V 左右时，可以看见二极绕线转子将旋转起来。

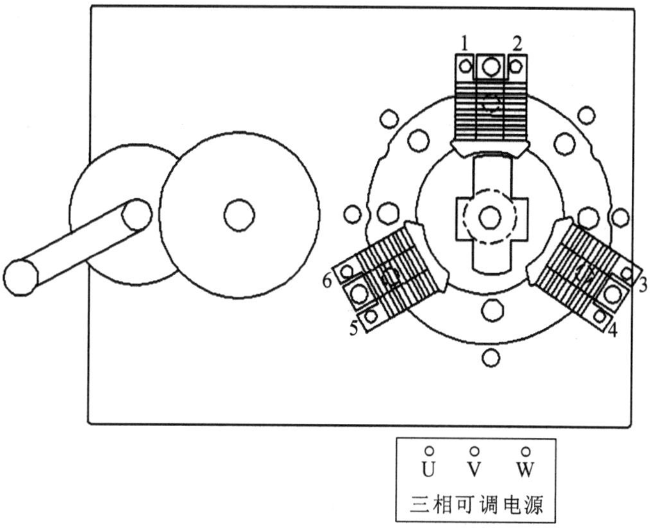

图 S5.2　三相一对极异步电动机接线图

五、思考题

1. 如果想要把三相交流电以三角形联结方式接入电动机，应该怎么连线？

2. 如何改变相序？改变相序后电压、电流会有什么变化？

实验六　三相一对极同步电动机

一、实验目的

(1) 掌握三相一对极同步电动机的运行特性以及工作原理。

(2) 借助实验平台的方便组装性，激发学习兴趣，提升实际动手能力。

二、实验原理

同步电动机定子结构与其他交流电动机的定子结构基本相同，即由定子的三相对称分布绕组与定子铁芯组成。当同步电动机的定子三相绕组通入三相交流电流时，将产生旋转磁场，在转子绕组内通入直流励磁电流则形成固定的磁极也可以采用永磁体充当转子。根据磁极异性相吸原理，这时转子磁极就会被旋转磁场所吸引，使得转子的转速和旋转磁场的转速相同，故称为同步电动机。

由电磁力形成的电磁转矩使转子旋转起来，转速 n_1 与磁极对数 p、电源频率 f 之间满足 $n_1=60f/p$。转速 n_1 决定于电源频率 f，故电源频率一定时，转速不变，且与负载无关。图 S6.1 为三相同步电动机某一个时刻转子的受力方向及旋转方向。

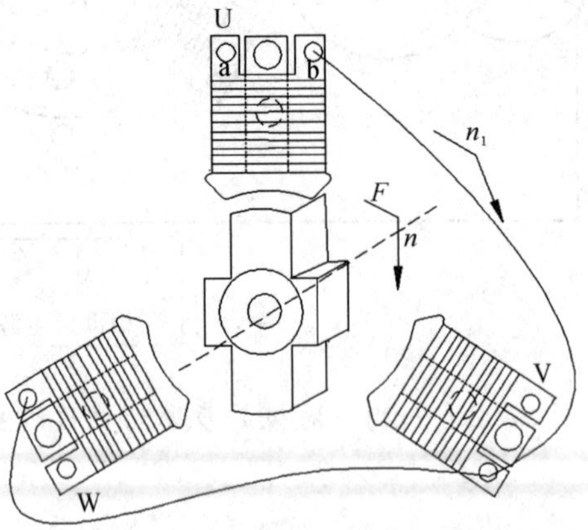

图 S6.1　三相一对极同步电动机运行时的电机工作模型

无论同步电动机处于何种稳态运行，定转子旋转磁场、气隙合成磁场、转子磁极均以相同的转速旋转，该转速便是同步转速，这就是同步电动机的特点。

三、实验器件

本次实验所使用的实验器件如下。

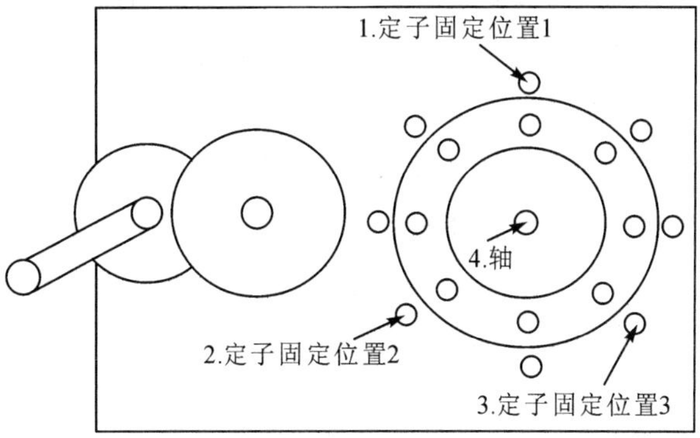

① 电动机基座

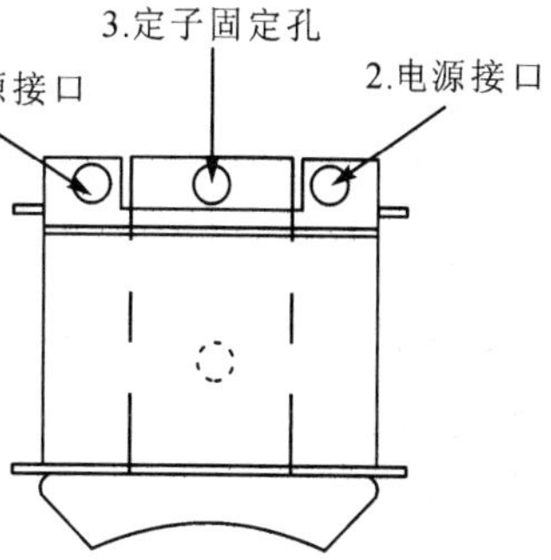

② 带铁芯的定子绕组

③ 固定螺丝

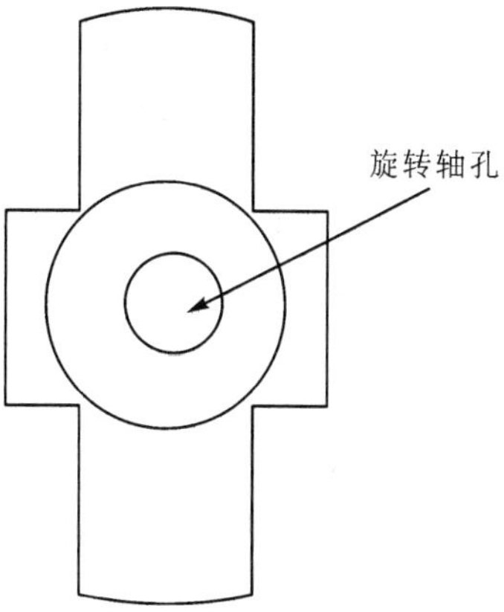

④ 二极永磁转子

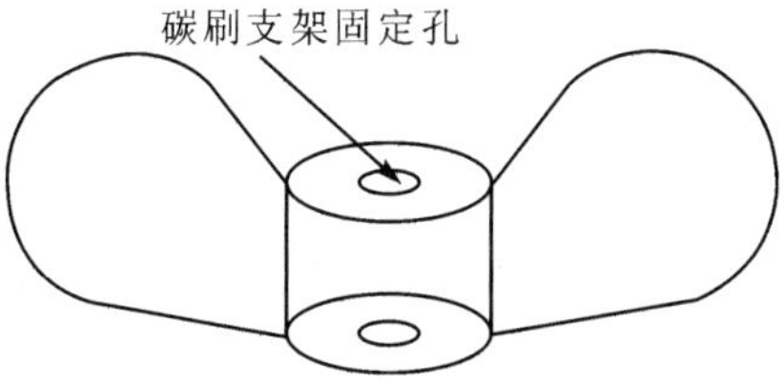

⑤ 固定螺帽

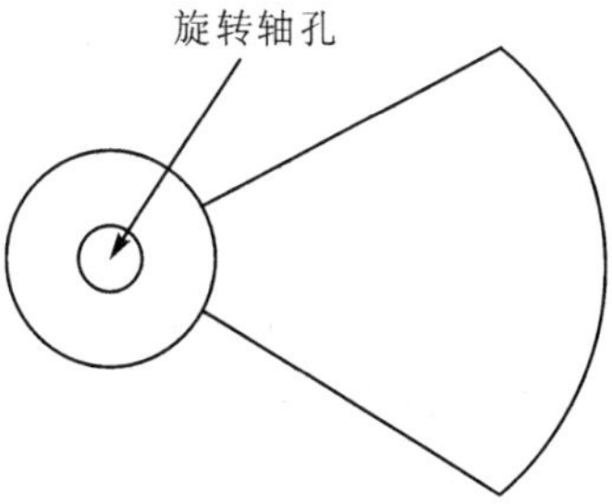

⑥ 器件安装定位器

四、实验步骤

进行三相一对极同步电动机实验时，首先需要对电动机进行组装。具体的实验步骤如下：

(1) 在平坦坚固的桌面摆好电动机基座①。

(2) 在电动机基座①的1、2、3位置安装带铁芯的定子绕组②，并把固定螺丝③插入带铁芯的定子绕组②中 3 的位置进行固定。在安装定子绕组时应注意:需要在电动机基座①的 4 的位置套上器件安装定位器⑦，对定子绕组的安装位置进行精确定位。使得定位器可以在轴上任意位置自由旋转，则说明定子绕组安装完成。

(3) 把定位器从轴上取下来，然后把二极永磁转子④套在电动机基座①的 4 位置上。如果步骤(2)中的定子绕组位置安装正确，则此时的绕线转子是可以在轴上任意的位置自由转动的，如不能自由转动，则按照步骤(2) 的流程进行检查。

(4) 把固定螺帽⑤安装在电动机基座①的 4 位置上，使其固定二级绕线转子。

(5) 把三相交流电引入绕线转子，本次实验采用星形联结，具体的导线连接如图 S6.2 中的序号所示:2→4→6；然后 U→1，V→3，W→5。这样连接就完成了三相异步电机的实验连线。此时，逐渐增加三相可调电源的电压值，当其达到 12V 左右时，可以看见二极绕线转子将旋转起来。

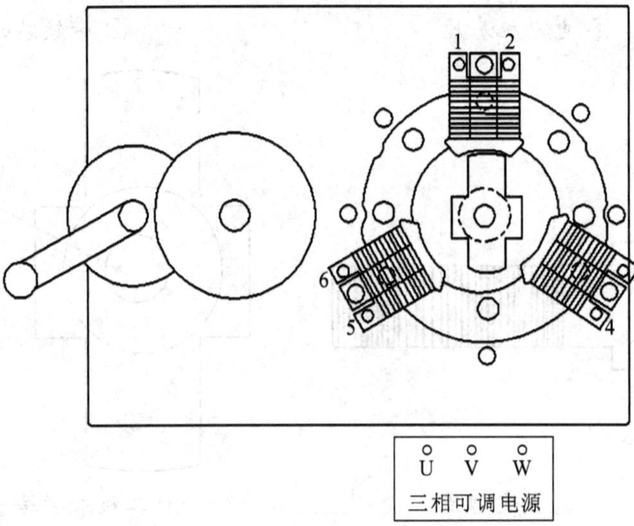

图 S6.2 三相一对极同步电动机接线图

五、思考题

1. 如果想要改变转子的旋转方向，应该怎么连线?

2. 如果三相可调电源的电压值只有 6 V，与电源电压达到 12 V 相比，电机的运行状态有什么变化?

实验七　直流并励电动机(二极绕线转子)

一、实验目的

(1) 掌握直流并励电动机的运行特性以及工作原理。

(2) 借助实验平台的方便组装性，激发学习兴趣，提升实际动手能力。

二、实验原理

直流电机是能实现直流电能和机械能互相转换的电机。直流电机由定子和转子两大部分组成。直流电机运行时静止不动的部分称为定子，定子的主要作用是产生磁场；运行时转动的部分称为转子，转子的主要作用是产生电磁转矩。直流电动机按励磁方式可分为他励和自励，其中自励又分为并励、串励等，并励式绕组的接线方式如图 S7.1 所示。

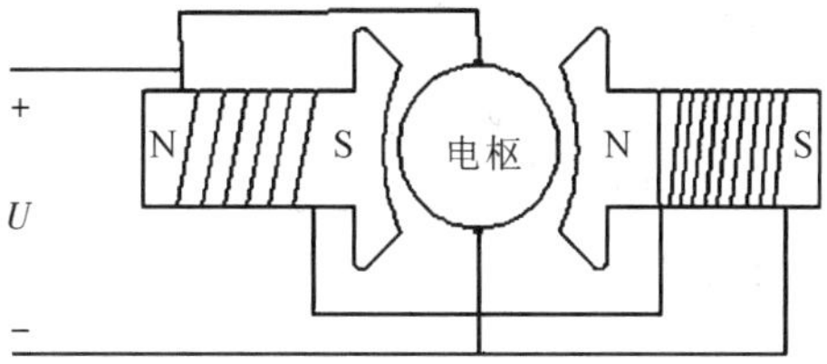

图 S7.1　并励式绕组接线图

同样，本次实验组装的并励式电动机就是使用定子绕组接通直流电产生大小不变的磁场，有直流电流通过磁场中的二极绕线转子，从而产生安培力(电磁力矩) 带动转子的旋转。

直流并励电动机运行时的电动机工作模型如图 S7.2 所示，图中的铜环 A 和 B 间外加直流电源，且线圈的 a、b 端始终与铜环 A、B 滑动相连。在图 S7.2 所示瞬间，线圈 ab 段中电流由 b 流向 a，线圈 cd 段中电流由 d 流向 c，线圈中的电流 i 的方向为铜环 A→d→c→b→a→铜环 B，由左手定则知，此时 ab 段导线受到向水平向右的力，cd 段导线受到水平向左的力，因此当外加电压到一定值时电动机将以顺时针方向旋转。顺时针方向转过 180°的位置后，此时，线圈中电流 i 的方向为从铜环 B→a→b→c→d→铜环 A，同理可以推出，cd 段导线受到向右的安培力，ab 段导线受到向左的力，电动机以顺时针方向旋转。因此，这种接法的电动机是以顺时针方向旋转。

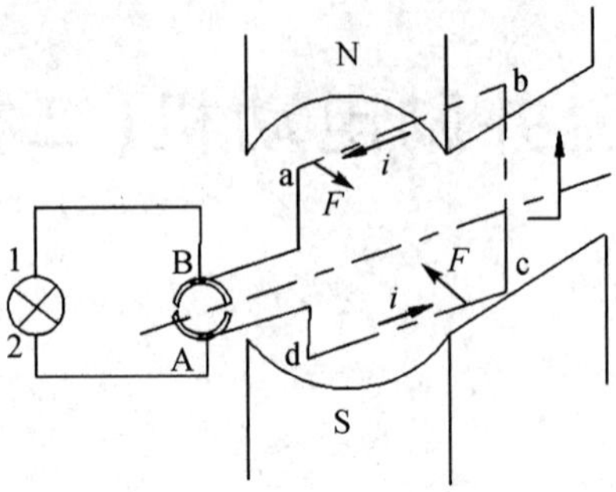

图 S7.2　直流并励电动机运行时的电机工作模型

三、实验器件

本次实验所使用的实验器件如下。

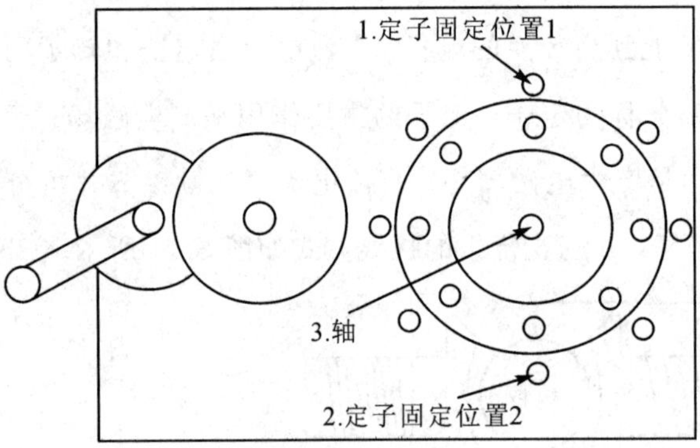

① 电动机基座

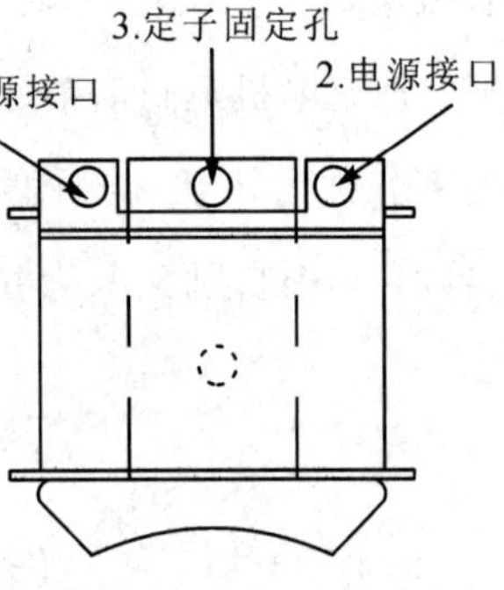

② 带铁芯的定子绕组

③ 固定螺丝

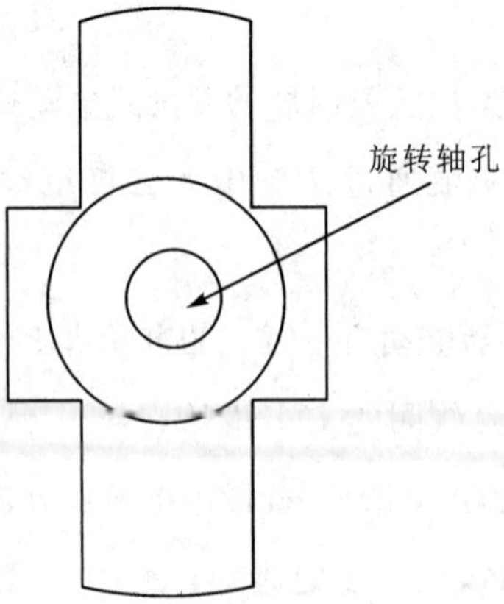

④ 二极绕线转子

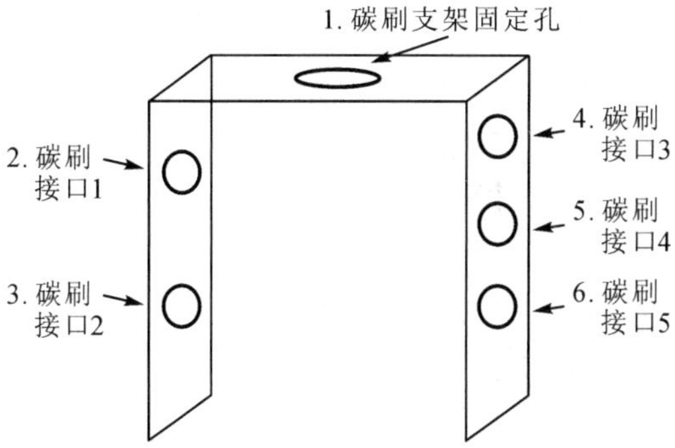

⑤ 碳刷支架

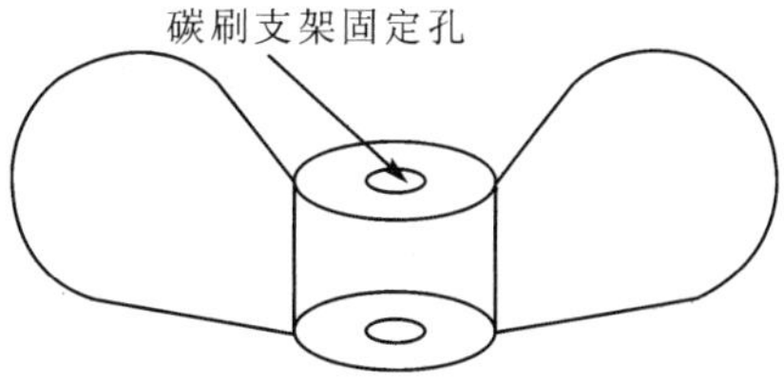

⑥ 碳刷支架固定螺帽

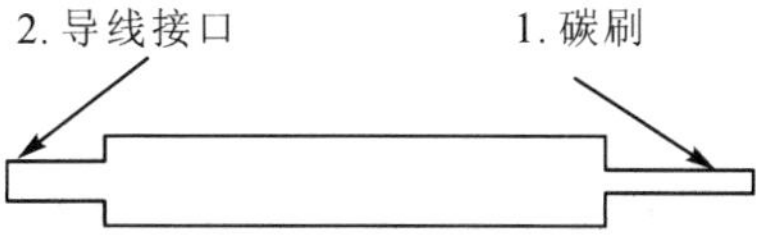

⑦ 碳刷

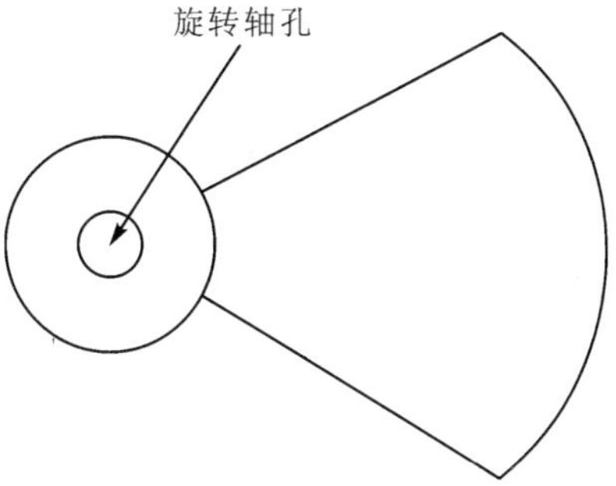

⑧ 器件安装定位器

四、实验步骤

进行直流并励电动机实验时，首先需要对电动机进行组装。具体的实验步骤如下：

(1) 在平坦坚固的桌面摆好电动机基座①。

(2) 在电动机基座①的 1、2 位置安装带铁芯的定子绕组② ，并把定子固定螺丝③插入带铁芯的定子绕组②中 3 的位置进行固定。在安装定子绕组时应注意:需要在电动机基座①的 3 的位置套上器件安装定位器⑧，对定子套件的安装位置进行精确定位。使得定位器可以在轴上任意位置自由旋转，则说明定子安装完成。

(3) 把定位器从轴上取下来，然后把二极绕线转子④安装在电动机基座①的 3 位置上。如果步骤(2)中的永磁体套件安装位置正确，则此时的绕线转子是可以在轴上任意的位置自由转动的，如不能自由转动，则按照步骤(2) 的流程进行检查。

(4) 把碳刷支架⑤安装到电动机基座①的 3 位置上，再把碳刷支架固定螺帽⑥也安装在电动机基座①的 3 位置上，把碳刷支架进行固定(一定要注意碳刷支架的倾斜位置如图 S7.3 所示，最佳位置是碳刷处于靠近两铜环的隔离出) 。然后把两个碳刷⑦的 1 位置分别插入到碳刷支架⑤的 2、4 位置上，使碳刷和铜环接触后固定。

(5) 把直流电引入定子和转子，具体的导线连接如图 S7.3 中的序号所示:电源正极→1，然后 2→3，4→电源负极，这时定子绕组接线完成，再把碳刷 5→1，碳刷 6→4，这样连接就完成了直流并励电动机的接线。此时，逐渐增加电压值当达到 10 V 左右时，轻轻向逆时针方向触碰一下二极绕线转子，可以看见二极绕组转子将向逆时针方向旋转起来。

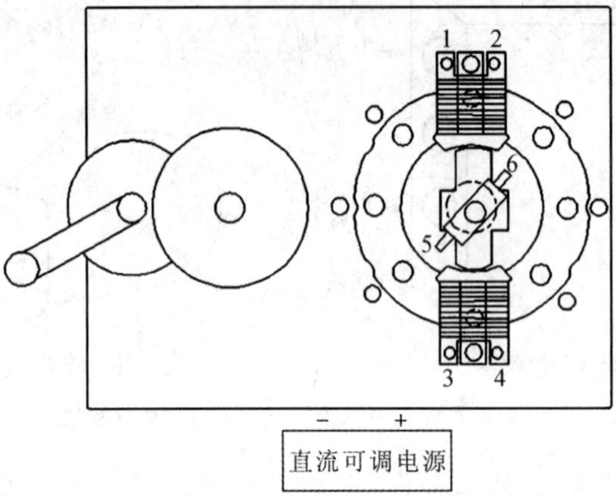

图 S7.3　直流并励电动机接线图

五、思考题

1. 为什么要使碳刷的位置最好固定在靠近两个铜环的隔离位置上？

2. 顺着(或逆着) 电机转动方向，移动电刷一个角度，电机的运行状态会有什么变化？

实验八　直流无刷电动机(带位置传感器)

一、实验目的

(1) 掌握直流无刷电动机的运行特性以及其工作原理。

(2) 借助实验平台的方便组装性，激发学习兴趣，提升实际动手能力。

二、实验原理

无刷直流电动机是永磁式同步电动机的一种，而并不是真正的直流电动机，英文简称BLDC。无刷直流电动机由电动机主体和驱动器组成，是一种典型的机电一体化产品。其定子绕组多做成三相对称星形接法，同三相异步电动机十分相似；电动机的转子是二极永磁体，为了检测电动机转子的位置，在转子的轴上装有位置传感器。

本次实验组装的直流无刷电动机的定子是线圈绕组，转子是二极永磁体。如果只给电动机通以固定的直流电流，则电动机只能产生不变的磁场，电动机不能转动起来，只有三个位置传感器时刻检测转子的位置，再根据检测出的转子位置来导通使得对应的绕组线圈（在任意时刻只有两个绕组通电产生磁场），从而定子产生的磁场方向也不断地变化，电机转子也跟着磁场变化转动起来，这就是无刷直流电动机的基本转动原理——检测转子的位置，依次给相应的绕组通电，使定子产生的磁场的方向连续均匀地变化。

直流无刷电动机运行时电机工作模型如图 S8.1 所示。三个定子绕组呈 120°均匀分布，并且是星形联结。在图 S8.1 所示瞬间，位置传感器检测到转子是垂直放置，为了使转子可以旋转起来，因此控制 W 相的电流断开，U、V 两相的电流导通，产生磁场，由于 U、V 两

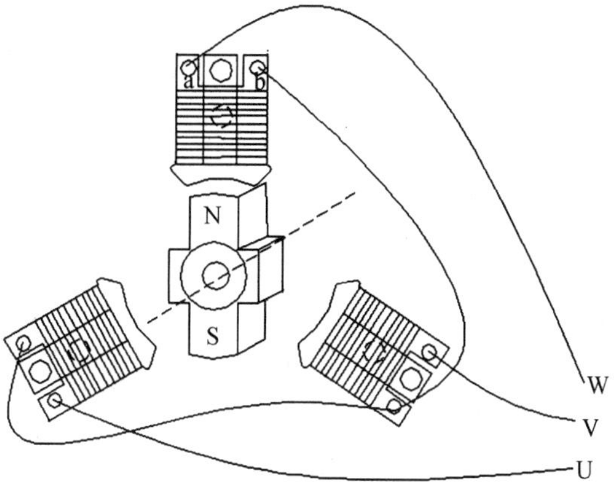

图 S8.1　直流无刷电动机运行时电机工作模型

相的交流电相位相差 120°，所以转子受到的向左和向右方向的分力有不同，最终会使得电机旋转。

假设在图 S8.1 所示瞬间之后，转子顺时针方向的分力大于逆时针方向的分力，所以转子是以顺时针方向旋转。因此，当 S 极正对 U 相时，同理要使 U 相的电流断开，W、V 相的电流导通，又会产生两个大小不等的分力，会促使转子继续以顺时针方向旋转。根据位置传感器检测出的不同位置，可以来控制不同相的电流导通与否，从而来控制直流无刷电动机的旋转。

三、实验器件

本次实验所使用的实验器件如下。

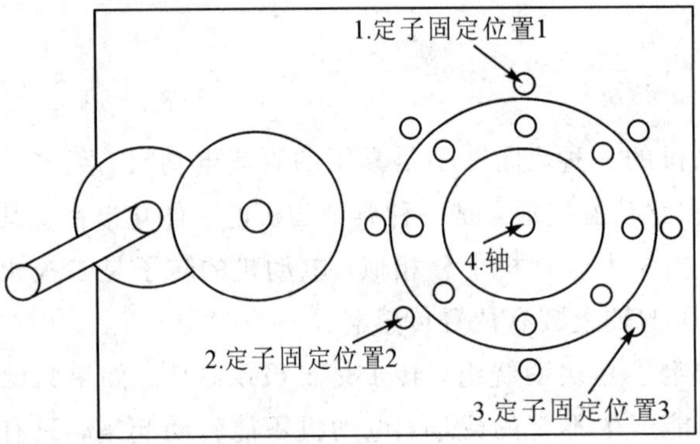

① 电机基座一台

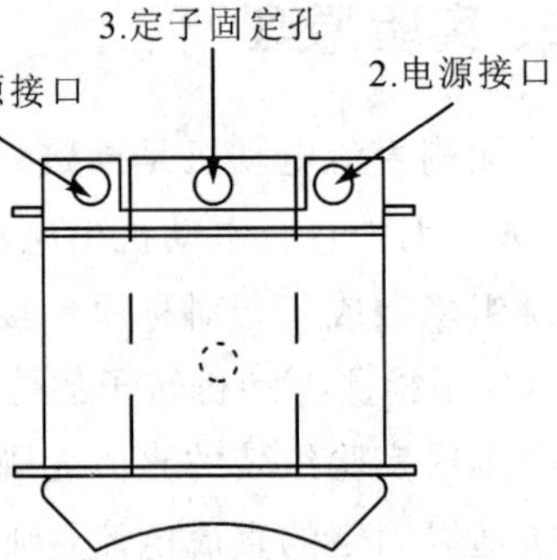

② 带铁芯的定子绕

③ 固定螺丝

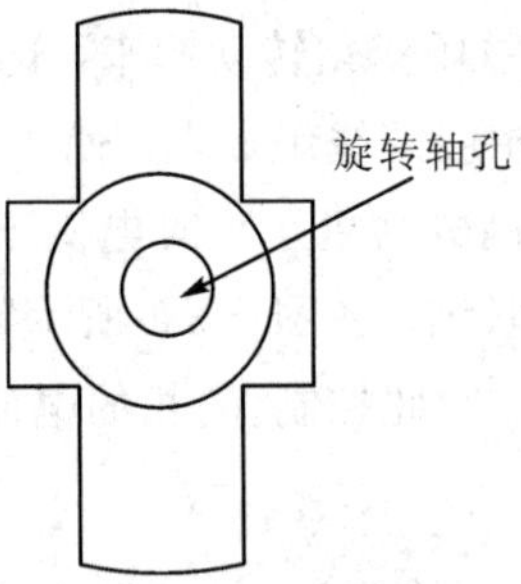

④ 二极永磁转子

⑤ 位置传感器

⑥ 固定螺帽

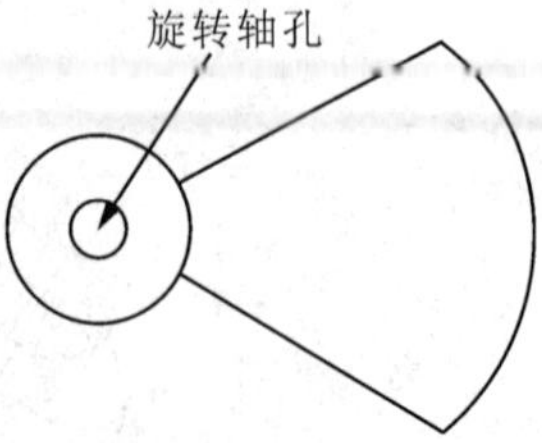

⑦ 器件安装定位器

四、实验步骤

进行直流无刷电动机实验时，首先需要对电动机进行组装。具体的实验步骤如下：

(1) 在平坦坚固的桌面摆好电动机基座①。

(2) 在电动机基座①的1、2、3位置安装带铁芯的定子绕组②，并把固定螺丝③插入带铁芯的定子绕组②中3的位置进行固定。在安装定子绕组时应注意：需要在电动机基座①的4的位置套上器件安装定位器⑦，对定子绕组的安装位置进行精确定位。使得定位器可以在轴上任意位置自由旋转，则说明定子绕组安装完成。

(3) 把定位器从轴上取下来，然后把二极永磁转子④安装在电动机基座①的4位置上。如果步骤(2)中的永磁体套件安装位置正确，则此时的绕线转子是可以在轴上任意位置自由转动的，如不能自由转动，则按照步骤(2)的流程进行检查。

(4) 位置传感器⑤安装到电动机基座①的4位置（注意：带传感器的一侧面向转子，有接口的一侧朝外），再把固定螺帽⑥也安装在电动机基座①的3位置上，把位置传感器进行固定。

(5) 把三个定子绕组进行星形联结，把所有的黑色接口连接到一起，三个红色接口依次接到可调电源的U、V、W相(注意：U、V、W三相须连接到正确的绕组，否则电机不能正常转动)，导线连接示意图如图S8.2所示。

(6) 用工具箱中提供的排线把图S8.2中的1与2连接起来，这样位置传感器检测的位置就可以返回到控制器，从而控制不同相电压的通断。这时调节可调电源面板上BLDC旋钮，就可以发现直流无刷电动机平稳地运行。

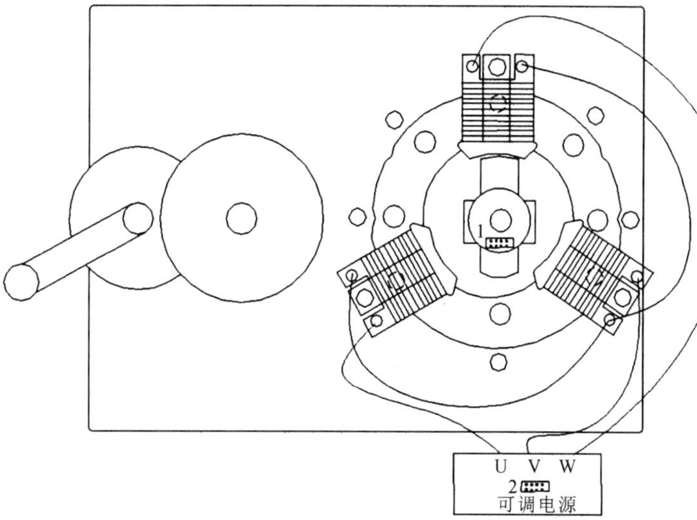

图S8.2 直流无刷电动机接线图

五、思考题

1. 直流无刷电机有哪些优点？

2. 怎么控制直流无刷电机的速度？

实验九　三相变压器

一、实验目的

(1) 会简单接线，会直接测量电压、计算变比。

(2) 通过空载和短路实验，掌握三相变压器的变比和参数测定方法。

(3) 通过负载实验，掌握三相变压器的运行特性。

二、实验原理

在变压器中，一、二次绕组感应电动势有效值 E_1 与 E_2 之比，就是变压器的变比 K，即 $K=\dfrac{E_1}{E_2}=\dfrac{4.44fN_1\Phi_m}{4.44fN_2\Phi_m}=\dfrac{N_1}{N_2}$，由此可知，变比等于一、二次绕组匝数之比。

在忽略绕组电阻和漏磁通时，根据电路的基尔霍夫电压定律，空载运行的变压器一次侧、二次侧电压分别为$\dot{U}_1=-\dot{E}_1$，$\dot{U}_{20}=\dot{E}_2$，仅仅比较一、二次绕组电压的大小，就得到

$$\frac{U_1}{U_2}=\frac{U_1}{U_{20}}=\frac{E_1}{E_2}=K$$

变压器的参数可通过空载实验与短路实验测定。

三、实验器件

本次实验所使用的实验器件(可选用浙江天煌实验台)有：交流电压表、交流电流表各1块，单相、三相智能功率因数表各1块，三相心式变压器试验箱1个，三相可调电阻器1个，波形测试及开关板1件。

四、实验步骤

1. 直接测定变比实验

直接测定变比实验接线图如图 S9.1 所示，被测变压器选用浙江天煌实验台中的 DJ12 三相三线圈心式变压器挂箱，额定容量 $P_N=152/152/152$ W，$U_N=220/63.6/55$ V，$I_N=0.4/1.38/1.6$ A，Y/△/Y 接法。实验时只用高、低压两组线圈，低压线圈接电源，高压线

圈开路。将三相交流电源调到输出电压为零的位置。开启控制屏上的电源总开关，按下“开”按钮，电源接通后，调节外施电压$U=0.5U_N=27.5$ V，测取高、低线圈的线电压U_{AB}、U_{BC}、U_{CA}、U_{ab}、U_{bc}、U_{ca}，记录于表S9.1中。

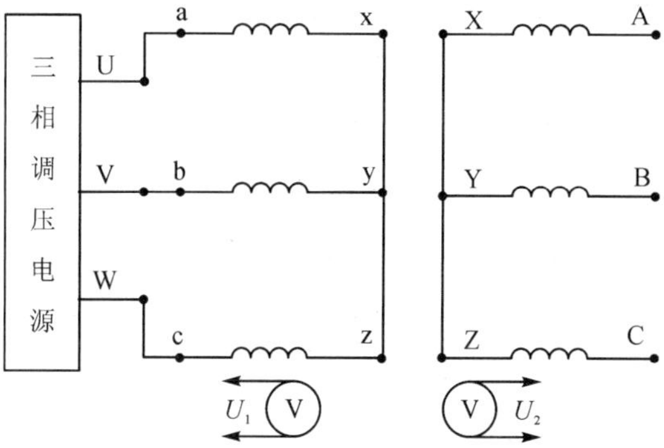

图 S9.1　直接测定变比实验接线图

表 S9.1　直接测定变比实验结果

高压绕组线电压/V		低压绕组线电压/V		变比	
U_{AB}		U_{ab}		K_{AB}	
U_{BC}		U_{bc}		K_{BC}	
U_{CA}		U_{ca}		K_{CA}	

2. 空载实验

(1) 将控制屏左侧三相交流电源的调压旋钮调到输出电压为零的位置，按下“关”按钮，在断电的条件下，按图S9.2接线。变压器低压线圈接电源，高压线圈开路。

(2) 按下“开”按钮，接通三相交流电源，调节电压，使变压器的空载电压$U_{0L}=1.2U_N$。

(3) 逐次降低电源电压，在(1.2～0.2)U_N的范围内，测取变压器三相线电压、线电流和功率。

(4) 测取数据时，其中$U_0=U_N$的点必测，且在其附近多测几组。共取数据8至9组，记录于表S9.2中。

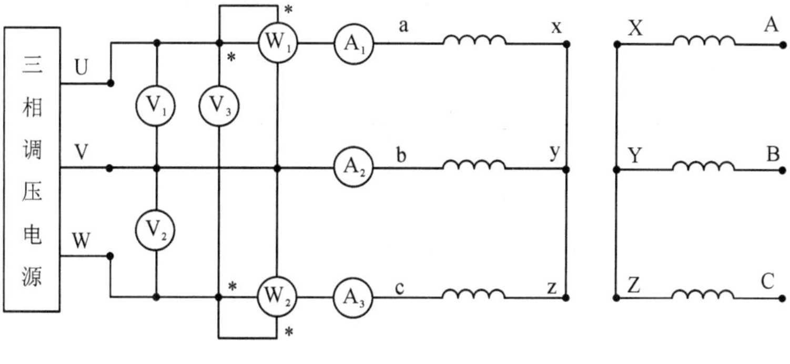

图 S9.2　空载实验接线图

表 S9.2　空载实验结果

序号	实验数据								计算数据			
	U_{0L}/V			I_{0L}/A			P_0/W		U_{0L}/V	I_{0L}/A	P_0/W	$\cos\varphi_0$
	U_{ab}	U_{bc}	U_{ca}	I_{a0}	I_{b0}	I_{c0}	P_{01}	P_{02}				

3. 短路实验

(1) 将三相交流电源的输出电压调至零值。按下“关”按钮，在断电的条件下，按图 S9.3 接线。变压器高压线圈接电源，低压线圈直接短路。

(2) 按下“开”按钮，接通三相交流电源，缓慢增大电源电压，使变压器的短路电流 $I_{KL}=1.1\ I_N$。

(3) 逐次降低电源电压，在(1.1～0.2) I_N的范围内，测取变压器的三相输入电压、电流及功率。

(4) 测取数据时，其中 $I_{KL}=I_N$的点必测。共取数据 5 至 6 组，记录于表 S9.3 中。实验时记下周围环境温度(℃)，作为线圈的实际温度。

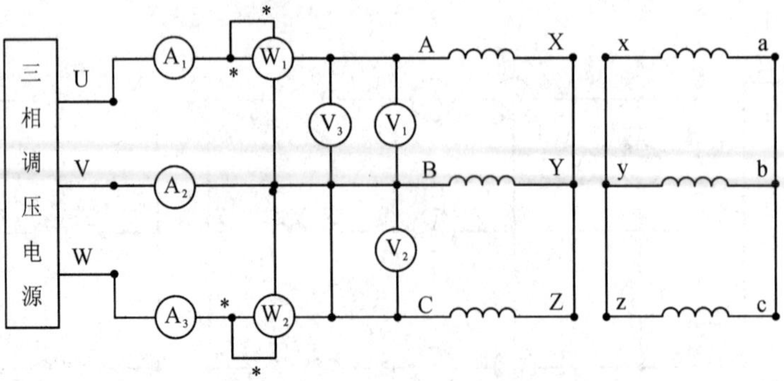

图 S9.3　短路实验接线图

表 S9.3　短路实验结果　　　　室温：________℃

序号	实验数据								计算数据			
	U_{KL}/V			I_{KL}/A			P_K/W		U_{KL}/V	I_{KL}/A	P_K/W	$\cos\varphi_K$
	U_{AB}	U_{BC}	U_{CA}	I_{AK}	I_{BK}	I_{CK}	P_{K1}	P_{K2}				

4. 纯电阻实验

(1) 将电源电压调至零值，按下“关”按钮，按图 S9.4 接线。变压器低压线圈接电源，高压线圈经开关 S 接负载电阻 R_L，R_L选用 D42 的 1800Ω 变阻器，共三只，开关 S 选用 D51 挂件。将负载电阻 R_L阻值调至最大，打开开关 S。

(2) 按下“开”按钮，接通电源，调节交流电压，使变压器的输入电压 $U_1=U_{1N}$。

(3) 在保持 $U_1=U_{1N}$的条件下，合上开关 S，逐次增加负载电流，从空载到额定负载范围内，测取三相变压器输出线电压和相电流。

(4) 测取数据时，其中 $I_2=0$ 和 $I_2=I_N$ 的两点必测。共取数据 7 至 8 组，记录于表 S9.4 中。

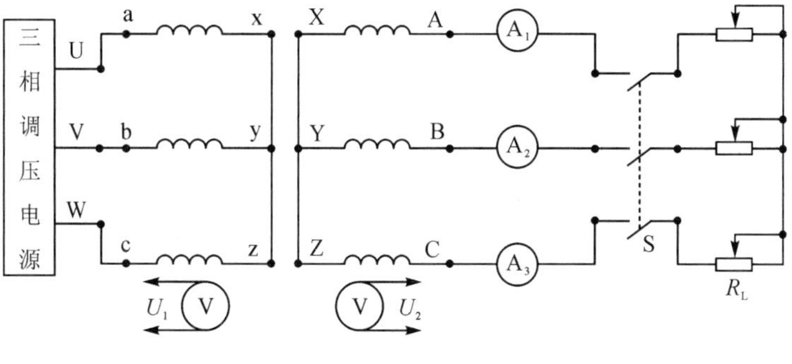

图 S9.4　纯电阻实验接线图

表 S9.4　纯电阻实验结果　　$U_1 = U_{1N} =$ ______ V；$\cos\varphi_2 = 1$

序号	U_2/V				I_2/A			
	U_{AB}	U_{BC}	U_{CA}	U_2	I_A	I_B	I_C	I_2

五、思考题

1. 空载实验时电源的接线与短路实验时电源的接线有何差异？为什么会有如此的差异？

2. 改变负载 R_L，负载侧的电压电流的变化规律是什么？

得到了海南省重点研发计划高新技术项目（ZDYF2016010、ZDYF2018012）、海南省自然科学基金高层次人才项目（2019RC036）、江苏省基础研究计划青年基金项目（BK20210064）、江苏省“双创博士”人才（JSSCBS20210863）项目和南京信息工程大学滨江学院人才启动经费资助项目（2021r006）的支持。

本书由中国航空研究院研究生院、无锡学院和海南大学的李晖、张见、于庆南、赵东、杨成东、苏琳琳、黄瑞、胡长雨编写完成。李晖编写了第1章、前言、附录和全文缩略语列表并进行了统稿，张见编写了第2章，于庆南编写了第3章，赵东编写了第4章，杨成东编写了第5章，苏琳琳编写了第6章，黄瑞编写了第7章，胡长雨编写了第8章。此外，研究生张瑞清、肖可馨、李鹏翔、杨亚飞、程杰、郭云翔和叶铭的研究对本书的内容亦有帮助，在此致以诚挚的谢意。

由于编者学识有限，书中难免有不当之处，敬请各位读者不吝赐教。

编著者

2023年3月

目录
CONTENTS

第 1 章 概述 …… 1
1.1 5G 移动通信技术的发展 …… 1
1.1.1 大规模天线技术 …… 1
1.1.2 新型多址技术 …… 2
1.1.3 新型多载波技术 …… 2
1.1.4 Polar 信道编码技术 …… 3
1.1.5 全双工技术 …… 4
1.1.6 直通通信技术 …… 4
1.2 5G 全球商用发展和产业化 …… 4
1.3 5G 应用领域 …… 7
本章小结 …… 11
第 2 章 大规模 MIMO 能效优化 …… 12
2.1 大规模 MIMO 技术与系统 …… 12
2.1.1 单用户 MIMO 技术 …… 12
2.1.2 多用户 MIMO 技术 …… 13
2.1.3 大规模 MIMO 技术 …… 14
2.2 MIMO 通信中的关键技术 …… 16
2.2.1 大规模 MIMO 信道估计技术 …… 16
2.2.2 大规模 MIMO 信号检测技术 …… 18
2.2.3 大规模 MIMO 预编码技术 …… 19
2.3 基于硬件损伤的大规模 MIMO 系统传输模型 …… 20
2.3.1 基于硬件损伤的系统模型 …… 21
2.3.2 系统容量分析 …… 21
2.3.3 仿真结果及分析 …… 23
2.4 系统能效分析 …… 25
2.4.1 系统功耗模型 …… 25
2.4.2 系统能效模型 …… 27
2.5 大规模 MIMO 系统中上行链路的能效优化 …… 28
2.5.1 系统模型 …… 28

2.5.2 系统能效最大化分析 …… 30
2.5.3 仿真结果及分析 …… 33
2.6 大规模 MIMO 系统中下行链路能效优化 …… 34
2.6.1 系统模型 …… 35
2.6.2 能效优化方案 …… 36
2.6.3 联合优化方案 …… 39
2.6.4 仿真结果及分析 …… 39
本章小结 …… 41
第 3 章 MIMO 时域均衡 …… 42
3.1 MIMO 系统组合时域均衡器 …… 42
3.2 MIMO 系统的半盲时域均衡 …… 43
3.2.1 半盲时域均衡算法 …… 44
3.2.2 改进的非常数模半盲均衡方案 …… 45
3.2.3 均衡系统仿真验证与分析 …… 50
3.3 基于相关性的 MIMO 信道均衡 …… 53
3.3.1 基于相关性的海上 MIMO 信道建模 …… 54
3.3.2 基于相关性的海上均衡系统仿真验证与分析 …… 58
本章小结 …… 60
第 4 章 MIMO-OFDM 信道估计与信号检测 …… 61
4.1 MIMO-OFDM 技术 …… 61
4.1.1 MIMO-OFDM 基本原理 …… 61
4.1.2 MIMO-OFDM 系统收/发信机模型 …… 62
4.1.3 MIMO-OFDM 系统性能分析 …… 63
4.2 MIMO-OFDM 编码技术 …… 64
4.2.1 MIMO-OFDM 空时编码 …… 65
4.2.2 MIMO-OFDM 空频编码 …… 67
4.2.3 MIMO-OFDM 空时频编码 …… 69
4.3 MIMO-OFDM 信道估计 …… 71
4.3.1 信道估计算法 …… 72
4.3.2 MIMO-OFDM 系统信道估计 …… 75
4.4 MIMO-OFDM 信号检测 …… 79
4.4.1 线性信号检测 …… 79
4.4.2 非线性信号检测 …… 82
本章小结 …… 86
第 5 章 直通通信功率控制与干扰抑制 …… 88
5.1 直通通信技术 …… 88
5.2 D2D 通信模式及其应用前景 …… 89
5.3 D2D 通信中干扰分析及功率控制 …… 90
5.3.1 D2D 通信复用模式下的干扰分析 …… 90
5.3.2 D2D 通信中用户复用上、下行链路的干扰分析 …… 92

5.3.3 D2D 通信的功率控制方式 …… 93
5.4 基于分布式功率控制的 D2D 通信 …… 101
5.4.1 基于 TPC 的分布式功率控制方案 …… 101
5.4.2 机会式功率控制方案 …… 101
5.4.3 增加接纳控制算法 …… 105
本章小结 …… 107
第 6 章 NOMA 异构网络 …… 108
6.1 大规模异构网络 …… 108
6.2 NOMA 多址技术 …… 109
6.3 多点协作通信 …… 111
6.4 空间泊松点过程 …… 113
6.4.1 齐次 PPP …… 113
6.4.2 泊松簇过程 …… 114
6.5 常用信道衰落分布 …… 116
6.5.1 瑞利信道及其分布 …… 116
6.5.2 莱斯信道及其分布 …… 116
6.5.3 伽马分布 …… 116
6.6 干扰的拉普拉斯变换 …… 116
6.7 基于 PPP 过程的 NOMA 异构网络 …… 117
6.7.1 网络场景介绍 …… 117
6.7.2 CT-NOMA 传输系统性能分析 …… 123
6.7.3 基于 PPP 过程的系统性能优化 …… 126
6.7.4 数值仿真结果分析 …… 128
6.8 基于 PCP 过程的 NOMA 异构网络 …… 131
6.8.1 系统模型 …… 131
6.8.2 相关距离分布和级联概率 …… 134
6.8.3 性能分析 …… 135
6.8.4 性能优化 …… 138
6.8.5 数值与仿真分析 …… 142
本章小结 …… 145
第 7 章 非正交多址接入系统下行链路设计 …… 148
7.1 非正交多址技术的发展 …… 148
7.1.1 NOMA 与 MIMO 的联合 …… 148
7.1.2 NOMA 与 D2D 通信的联合 …… 149
7.1.3 基于软件定义无线电的 NOMA 系统设计 …… 149
7.2 NOMA 下行链路子载波分组策略 …… 150
7.2.1 子载波分组的意义 …… 150
7.2.2 现有的子载波分组算法 …… 150

7.2.3 基于贪婪算法的子载波分组策略 …… 152
7.2.4 仿真与性能分析 …… 155
7.3 NOMA 下行链路功率分配方案 …… 156
7.3.1 功率分配的意义 …… 156
7.3.2 现有功率分配算法 …… 156
7.3.3 基于粒子群算法的功率分配方案 …… 158
7.3.4 仿真和性能分析 …… 160
7.4 NOMA 下行链路接收检测 …… 161
7.4.1 SIC 接收检测机的工作原理 …… 161
7.4.2 多用户调制星座图干扰消除算法 …… 164
7.4.3 接收机设计与可行性分析 …… 167
7.4.4 仿真与性能分析 …… 168
本章小结 …… 170
第 8 章 极化编码 …… 171
8.1 极化码 …… 171
8.1.1 信道极化 …… 172
8.1.2 生成矩阵中的置换矩阵 …… 176
8.2 极化码的编码和译码 …… 180
8.2.1 概码的编码 …… 180
8.2.2 极化码的译码算法 …… 183
8.3 极化码的性能分析 …… 188
8.3.1 SC 译码算法仿真分析 …… 188
8.3.2 改进的 SC 译码算法仿真分析 …… 193
8.3.3 其他辅助 SC 或 SCL 译码算法仿真分析 …… 194
8.3.4 多维核矩阵构造的系统极化码与非系统极化码性能分析 …… 195
8.4 极化码性能评估 …… 196
8.4.1 基于距离谱的极化码性能评估 …… 196
8.4.2 基于码长近似度的极化码性能评估 …… 200
本章小结 …… 204
附录 …… 206
附录 A 用户 U_k 覆盖率紧缩下界的证明 …… 206
附录 B 当 $\mu\to\infty$ 时，$\rho_{m,k}$ 极限的求解 …… 207
附录 C $C_{m,k}$ 和 $C_{m,K}$ 精确紧缩下界引理的证明 …… 207
附录 D $\rho_{m,k}$ 和 $\rho_{m,K}$ 表述方式引理的证明 …… 208
附录 E U_K 吞吐量渐进表达式的证明 …… 210
附录 F 关联事件 $A_m(v_0)$ 表达式的推导过程 …… 210
缩略语列表 …… 211

第1章 概　述

自 20 世纪 80 年代以来，移动通信成为现代通信中发展最快的通信方式之一。随着其应用领域的不断扩大和性能的不断提升，移动通信在技术上和理论上都迈向了更高的发展水平。

从市场需求来看，移动互联网、物联网和星-地协同通信是下一代移动通信系统发展的主要方向，其中移动互联网颠覆了传统的移动通信业务模式，物联网扩展了移动通信的服务边界，星-地协同通信则将卫星通信网络和地面移动通信网络一体化。与 4G 通信系统相比，5G 通信系统在三方面大幅度提升了通信能力：传输速度提升了 1000 倍，平均传输速率达到 100 Mb/s～1 Gb/s；数据流量提升了 1000 倍；频谱效率和能量效率提升了 1000 倍。

1.1 5G 移动通信技术的发展

1.1.1 大规模天线技术

大规模天线技术是 5G 的关键技术之一，是唯一可以十倍、百倍提升系统容量的技术。相较于之前的单一天线及 4G 广泛采用的 4/8 根的天线系统，大规模天线技术能够通过不同的维度(空域、时域、频域和极化域等)提升频谱效率和能量效率。

大规模天线阵列可以自适应地调整各天线单元的功率与相位，显著提升多输入多输出(MIMO，Multiple Input and Multiple Output)系统的空间分辨率。多个天线单元的动态调整，天然地采用波束赋形技术，从而让能量集中在一个区域，将信号强度集中于特定方向和特定用户群，因而可以显著降低小区内的自扰、相邻小区的互扰，提高用户的载干比。

从结合 5G 其他技术的测试、验证和应用的过程来看，大规模天线技术在高分辨信道状态信息反馈、多 TRP 传输、波束管理、上下行信道互易增强等关键技术问题上仍需进一步研究。由于 5G 基站天线数量的极大增加，大规模天线技术需要使用大量的天线单元，而在工业生产中必须严格控制成本，因此需要在理论上研究不同场景下最优的天线数量、能耗和能效这一课题。

天线单元的组合及用户终端的移动性导致传统的发送端位置固定的信道估计方法和建模方式不再适用。多个用户在地理位置上的随机分布将显著影响天线单元的分配，而基站需要依赖信道的移动性以及能量在空间的连续性，尽快完成信道估计。

频分双工系统发展大规模天线技术，需要考虑信道估计的优化算法、信道状态信息、反馈增强、干扰抑制及降低反馈占用的资源量等一系列问题。上行信道估计容易被相邻小区的非正交序列干扰，基于受污染的信道估计，下行链路波束赋形将会对使用同一导频序列的终端造成持续的定向干扰，从而降低系统容量。

1.1.2 新型多址技术

多址技术又称为多址接入技术，多用于无线通信中，其目的是实现小区内多用户之间、小区内外多用户之间通信地址的识别。早期的无线通信广泛采用频分多址（FDMA，Frequency Division Multiple Access）、时分多址（TDMA，Time Division Multiple Access）、码分多址（CDMA，Code Division Multiple Access）和空分多址（SDMA，Space Division Multiple Access）等正交多址接入技术，将频率、时间、码本、空间等共享资源按照一定的策略分配给用户使用，也出现了两种或者多种接入技术的融合，如空分-码分多址接入等。4G中采用了单载波频分多址（SC-FDMA，Single Carrier-FDMA）和正交频分多址（Orthogonal Frequency Division Multiple Access，OFDMA）作为上、下行链路的接入方式，有效提升了正交多址方式中频率资源的利用率，增大了频谱效率。

通信技术迈进5G时代，2016年国际电联的第三代合作伙伴计划（3GPP，3rd Generation Partnership Project）决定，将基于正交的多址方式作为增强移动宽带（eMBB，enhanced Mobile BroadBand）场景的多址接入方式，非正交的多址技术只限于大规模机器通信（mMTC，massive Machine Type Communication）的上行场景。这意味着eMBB的多址技术将更可能采用离散傅里叶变换扩展正交频分复用（DFT-S-OFDMA，Discrete Fourier Transform-Spread-Orthogonal Frequency Division Multiple Access）和正交频分多址（OFDMA）。华为的稀疏码分多址（SCMA，Sparse Code Multiple Access）、中兴的多用户共享接入（MUSA，Multi-User Shared Access）和大唐的图样分割多址接入（PDMA，Pattern Division Multiple Access）等则在2017年竞争mMTC的上行多址方案。

SCMA、MUSA、PDMA和非正交多址接入（NOMA，Non-Orthogonal Multiple Access）等非正交多址方案均依赖连续干扰消除（SIC，Successive Interference Cancellation）技术，该技术虽然有良好的信号检测能力，但如果要应用于5G系统中，仍需要解决以下问题：5G的大连接数需要更为复杂的SIC接收机，这就要求系统在可接受的功耗水平内装配具有更强信号处理能力的芯片。功率域、空域、编码域单独或联合编码传输，要求SIC技术具有能够不断对用户特征进行排序的强大能力。在多级处理中，SIC技术将引入较大的处理时延，因此必须通过算法降低其影响。

然而，上述备选多址技术也都具有一定的局限性。以SCMA为例，它需要进行如下的优化设计：代价合理的码本设计、低复杂度信号的接收算法、系统处理速率和链路预算的优化、大量用户短时接入时的峰值比等。

1.1.3 新型多载波技术

多载波技术是用多个载波传输高速数据信息的技术。传统的数字信号传输都是将信息流一次通过一条通道进行传输，属于串行传输的方式。多载波技术采用的是并行传输方式，它把串行的高速信息流进行串/并变换，分隔成多个并行的低速信息流，然后把它们叠加起来进行传输，这就形成了一个多载波的传输系统。

5G新空口多载波技术将全面满足互联网和物联网的业务需求。选择新的波形类型时要考虑许多因素，包括频谱效率、时延、计算复杂性、能量效率、相邻信道共存性能和实施成本。滤波正交频分复用(F-OFDM, Filtered-Orthogonal Frequency Division Multiplexing)、基于滤波器组的正交频分复用(FB-OFDM, Filter Bank-OFDM)和通用滤波正交频分复用(UF-OFDM, Universal Filtered-OFDM)三种多载波技术均采用滤波器机制,具有较低的带外泄露,可以减少保护带开销。

子带间能量隔离,不再需要严格的时间同步,有益于减少保护带开销,但良好的滤波器设计及滤波器输入参数是三种技术实施的关键。最优的滤波器设计,要求带内近似平坦并且带外陡峭,滤波器所带来的信噪比和误包率损失可忽略,而陡峭的带外泄露也可以大幅降低保护带的开销。另外,还需要考虑实现复杂度、算法复杂度等约束条件。

FB-OFDM 原理方案中所使用的滤波器组是以每个子载波为粒度的,通过优化的原型滤波器设计,FB-OFDM 可以极大地抑制信号的旁瓣。而且,与 UF-OFDM 类似,FB-OFDM 也通过去掉循环前缀(CP, Cyclic Prefix)的方式来降低开销。

UF-OFDM 和 F-OFDM 原理方案中的滤波器组都是以一个子带为粒度的,两者的主要差别是:UF-OFDM 使用的滤波器阶数较短,F-OFDM 则需要使用较长的滤波器阶数;UF-OFDM 不需要使用 CP,而考虑到后向兼容问题的 F-OFDM 仍然需要 CP,UF-OFDM 的信号处理流程与传统的 OFDM 基本相同。另外,FB-OFDM 旁瓣水平低,降低了对同步的要求,但是滤波器的冲击响应长度很长,因此,FB-OFDM 的帧较长,不适用于短包类通信业务。UF-OFDM 是对一组连续的子载波进行滤波处理,可以使用较短长度的滤波器,支持短包类业务,但 UF-OFDM 没有 CP,因此,UF-OFDM 对需要松散时间同步以节约能源的应用场景不适用。

1.1.4 Polar 信道编码技术

极化码(Polar Code)的核心是通过信道极化处理,在编码侧采用相应方法使各子信道呈现出不同的可靠性,当码长持续增加时,一部分信道趋近于完美信道(无误码,容量接近于1),另一部分信道则趋向于容量接近于0的纯噪声信道;选择在容量接近于1的信道上直接传输信息以逼近信道容量,是唯一能够被严格证明可以达到香农极限的方法。在解码侧,极化后的信道可用简单的逐次干扰抵消解码的方法,以较低的复杂度获得与最大似然解码相近的性能。极化码是 3GPP 标准制定中的一种候选编码技术方案,通过对华为极化码试验样机在静止和移动场景下的性能测试,针对短码长和长码长两种场景,在相同信道条件下,相对于 Turbo 码,可以获得 0.3~0.6 dB 的误包率性能增益;同时,华为还通过极化码与高频段通信相结合的测试,实现了 20 Gb/s 以上的数据传输速率,验证了极化码可有效支持国际电信联盟(ITU, International Telecommunication Union)所定义的三大应用场景——eMBB、mMTC 和 uRLLC(低延时高可靠通信, ultra-Reliable Low Latency Communications)。

3GPP RAN1 在 2016 年的两次会议决议中,规定 eMBB 场景的上行、下行数据信道均采用灵活的低密度奇偶校验码(LDPC, Low Density Parity Check)方案;eMBB 场景的上行控制信道采用极化码方案;eMBB 场景的下行控制信道倾向于采用极化码方案而非咬尾卷积码(TBCC, Tail Biting Conventional Coding)方案,但需后续确认;uRLLC 和 mMTC 场景的数据信道和控制信道编码方案还需要进一步改进。

Turbo 码 2.0、LDPC 和极化码方案各有优劣,在编码效率上均可以接近或达到香农容量,并且有较低的编码和译码复杂度,对芯片的性能要求不高,功耗也不高。但是由于

LDPC和极化码更适用于5G的高速率、低时延、大容量数据传输和多种场景的应用需求，因此 Turbo 码 2.0 方案已退出了竞争。

1.1.5 全双工技术

全双工技术使通信终端设备能够在同一时间、同一频段发送和接收信号。理论上，它比传统的时分双工(TDD，Time Division Duplexing)和频分双工(FDD，Frequency Division Duplexing)模式能够提高一倍的频谱效率，同时还能有效降低端到端的传输时延和减小信令开销。全双工技术的核心问题是如何有效抑制和消除强烈的自干扰。

全双工技术与基站系统在进行融合时，还需要解决如下问题：物理层的全双工帧结构、数据编码、调制、功率分配、波束赋形、信道估计、均衡等问题；多址接入信道(MAC，Multiple Access Channel)层的同步、检测、侦听、冲突避免、确认/否定确认(ACK/NAK，Acknowledgement/Negative Acknowledgement)等问题；调整或设计更高层的协议，确保全双工系统中的干扰协调策略、网络资源管理等；与 massive MIMO 技术的有效结合、接收、反馈等问题，以及如何在此条件下优化 MIMO 算法。考虑到4G 空口的演进，全双工和半双工动态切换的控制面优化以及对现有帧结构和控制信令的优化问题，也需要进一步研究。

1.1.6 直通通信技术

直通通信(D2D，Device-to-Device)具有潜在的提升系统性能、增强用户体验、减轻基站压力、提高频谱利用率的前景，它是一种基于蜂窝系统的近距离数据直接传输技术。D2D 会话的数据直接在终端之间传输，不需要通过基站转发，而相关的控制信令，例如，会话的建立和维持、无线资源的分配，以及计费、鉴权、识别、移动性管理等仍由蜂窝网络负责。蜂窝网络引入 D2D 通信，可以减轻基站的负担，降低端到端的传输时延，提升频谱效率，降低终端的发射功率。当无线通信基础设施损坏或者无线网络有覆盖盲区时，终端可以借助 D2D 实现端到端通信甚至接入蜂窝网络。在 5G 网络中，既可以在授权频段部署 D2D 通信，也可以在非授权频段部署 D2D 通信。

与传统的移动通信系统不同，5G 系统将不仅仅把点对点的物理层传输与信道编译码等经典技术作为核心目标，而且将更为广阔的多点、多用户、多天线、多小区协作组网作为突破的重点，力求在体系结构上寻求系统性能的大幅度提升。总体而言，未来移动通信系统将不断推出新业务和新技术，网络高度融合，而其主要的技术突破点仍然是新频段、无线传输技术和蜂窝组网技术。

1.2 5G全球商用发展和产业化

自 2017 年开始，各国政府纷纷将 5G 网络建设及应用推广视为国家的重要目标，各技术阵营的 5G 电信运营商及设备制造商蓄势待发。

1. 中国

在政府的大力推动下，我国 5G 通信产业迎来了巨大的政策红利，关键技术加速突破。相关政策为 5G 通信产业的发展指明了方向，例如按照《国家信息化发展战略纲要》的要求，

5G自2020年至今已经取得突破性进展；《中华人民共和国国民经济和社会发展第十三个五年规划纲要》要求加快构建高速、移动、安全、泛在的新一代信息基础设施，积极推进5G商用；《国务院关于进一步扩大和升级信息消费 持续释放内需潜力的指导意见》要求进一步扩大和升级信息消费。2020年5G通信网络已经全面商用。事实上，在推进5G通信基础设施建设方面，我国已经处于领先地位，我国5G研发已经进入第二个实验/验证阶段和应用/服务阶段。

中国5G产业发展前景广阔。根据中国信息通信研究院的统计数据，2020年我国5G产业带动直接经济产出5000亿元，间接经济产出1.2万亿元。至2025年，预计5G带动下的直接经济产出将达到3.3万亿元，间接经济产出将达到6.3万亿元。至2030年，预计5G带动直接经济产出6.3万亿元，间接经济产出10.6万亿元。在就业方面，预计到2025年、2030年，5G的商用将分别提供350万、800万个就业岗位。

从2018年开始，除广电之外的三大电信运营商的5G年度基站建设总量如图1.1所示。

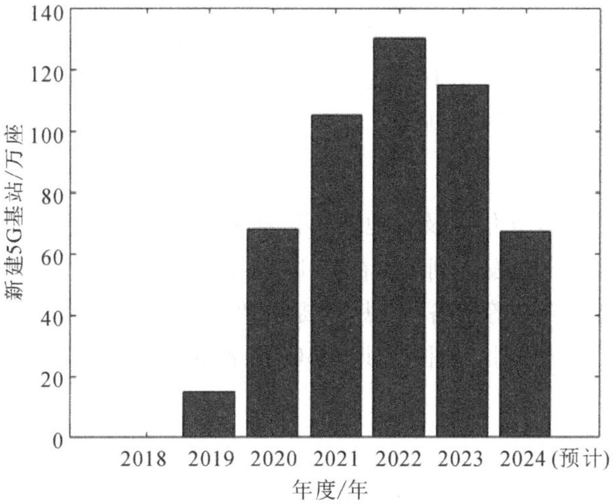

图1.1 中国5G基站年度建设数量

在我国，5G产业发展趋势如下：

(1) 5G拉动了相关产业，不同产业链的企业发展态势良好。中国5G产业发展稳步推进，企业发展态势良好。从产业规划、基础设施建设到网络运营和应用覆盖，5G产业链相关企业的营收实现同步增长；在5G技术的带动下，智能制造、车联网、智慧医疗、物联网等产业发展迅猛。

(2) 5G融合多项技术，驱动传统产业变革。5G技术的日益成熟开启了万物互联的新时代，融入了人工智能、大数据、云-边-端服务、区块链、Web 3.0和元宇宙等多项技术。5G已成为推动智慧交通、智慧农业、智慧矿山等传统行业向智能化、数字化、信息化和无线化等方面转变的引擎。

(3) 在其他行业的应用将成为5G经济产出的主要部分。在5G建设初期，中国基础电信运营商和其他5G生态系统的参与者的重点工作是增强宽带业务，支持5G个人应用场景，具体包括高清视频、增强/虚拟/混合/扩展现实(AR/VR/MR/XR, Argument Reality/Virtual Reality/Mixed Reality/Extended Reality)等。随着5G生态系统的成熟，更广泛的部署将带来更清晰的商业模式和营收机会。

(4) 5G技术的发展、创新，促进内容提供商和垂直行业价值链日益成熟。泛在化的5G网络连接了从用户到网络、到包括内容提供商在内的众多垂直行业与领域，无论是网络连接、个人应用场景的内容提供，还是大规模行业应用场景的支撑，5G技术的改进和创新都是推动相关领域价值链进一步成熟的关键。

2. 美国

美国政府在2016年就对5G系统的频谱进行了配置，在4座城市进行了5G的先期试验，在2018年实现了5G商用。2018年，美国运营商Verizon在美国部分地区部署5G商用无线网和5G核心网。通信设备供应商爱立信提供5G核心网、接入网、传输网以及相关服务，加快了基于3GPP标准的5G解决方案的商用。

3. 欧盟

在2017年7月初步签订的协议中，欧盟确定了5G发展路线图，并给出了欧盟关于5G网络敷设的时间框架、关键节点和主要活动内容。通过该路线图，欧盟就5G频谱的技术使用目的，以及向电信运营商分配的计划达成一致。欧盟电信委员会的成员国代表同意了2025年在欧洲各城市推出5G的计划。

4. 韩国

2017年，韩国KT和爱立信以及其他技术伙伴就5G试验网络部署和优化的步骤与细节达成共识，包括技术联合开发计划等。在2018年平昌冬奥会期间，KT联合爱立信(提供基站等设备)、三星(提供终端等设备)、思科(提供数据设备)、英特尔(提供芯片)、高通(提供芯片)等产业链各环节的公司，全程提供了5G网络服务，成为在全球范围内首个成功部署的5G准商用网络。

5. 日本

为配合2020年的东京奥运会，日本各移动运营商在东京、京都等地区部署了5G商用网络，随后逐步扩大部署区域。日本三大电信运营商NTT DoCoMo、KDDI和软银陆续在日本的不同区域启动了5G服务，2023年5G的商业应用范围已扩大至日本的所有区域，例如NTT DoCoMo升级了其全国范围内的IP核心骨干网，并在推出新的5G移动服务时实现了承载网络的切片技术。这次网络能力的提升将支持细粒度的服务级别协议、更大的网络规模和网络容量以及灵活性，同时提高能耗比和资源效率。KDDI在东京的开发基地设有利用5G技术体验模拟远程手术的设备，据悉已有350家公司前往KDDI的尖端技术基地参观接洽，与KDDI共同致力于新项目的开发，这些公司涉及制造、交通、人才派遣等各个行业。软银正在创建一个互联的数据中心网络，用于共享资源并托管一系列生成式AI应用。相比以往的数据中心，这些新数据中心需要能够同时处理AI和5G工作负载。

6. 其他国家

俄罗斯的两家电信运营商MegaFon和Rostelecom计划使用3.4～3.6 GHz和26 GHz频段推出5G技术。巴西科技创新通信部已经与不同国家的科技公司签订了技术发展协议，共同发展5G网络。澳大利亚紧跟5G发展步伐，澳大利亚电信表示将致力于推动全球5G网络标准的建立，参与5G标准的制定和技术开发，大力推进本国网络系统的升级。

1.3 5G应用领域

除了传统移动通信领域，5G通信还可以在如下几个方面拓展其应用。

1. 5G车-路协同自动驾驶

5G时代的车-路协同是在5G信息技术支持下，开展基于道路信息辅助的自动驾驶，促使汽车能够和相应道路形成良好的协同发展效果，它具备全过程以及全方位的特点，可确保“车-车”“车-人”以及“车-路”具备更高的信息交互水平，以此更好地实现汽车行驶的无人化，降低驾驶负担。由于当前车辆行驶环境的复杂性较为突出，为了形成较为理想的车-路协同自动驾驶效果，必然需要确保海量数据信息资料的及时采集和融合运用，以便更好地作出准确的智能化判断，保障车辆自动化行驶的准确性和安全性。这也必然会对相应的网络信息技术提出较高的要求，因而融入5G技术的必要性突出显现，5G是推动车-路协同自动驾驶发展的关键力量。

相对于以往我国车-路协同系统的运行，基于5G的车-路协同自动驾驶技术具备明显优势，信息交流沟通、决策及控制的自动化水平都相对较高，且不容易出现较为严重的故障问题。因此基于5G的自动驾驶技术成为未来车-路协同自动驾驶研究的重要方向。

5G车-路协同自动驾驶技术主要借助于5G通信技术、北斗导航技术、车联网、路况采集系统相关技术。5G通信技术的高速率、低延时、大连接三大特性能够满足汽车自动驾驶数据交互实时性的要求。比如汽车驾驶过程中所需要的定位信息、五维时空信息以及道路边缘信息等，都需要在自动驾驶过程中予以实时掌握，以此更好地提升汽车自动驾驶效果，切实解决可能出现的驾驶问题和缺陷。这也需要借助于5G相关技术对汽车驾驶过程中的相关信息予以实时传输和高效分析。

在5G车-路协同自动驾驶中，车-路协同系统的研发和构建应该作为核心内容，同时还需要重点考虑到车辆驾驶的顺畅度，以便有效规避可能因为车辆驾驶中的不当因素导致的安全事故，最终还应充分考虑司乘人员的体验感，以此更好地优化5G车-路协同自动驾驶，确保其更为安全、智能、高效，符合各方面的诉求。

车联网技术经历了有线通信的路侧单元以及2G、3G、4G网络承载车载信息服务的阶段，正在依托车-路协同等技术逐步进入自动驾驶时代。根据中国、美国、日本等国家的汽车发展规划，基于传输速率更高、时延更低的5G网络，将在2025年全面实现自动驾驶汽车的量产达到10000亿美元以上的市场规模。

2. 5G远程医疗

用5G推动医疗变革是个巨大的工程，不仅可以帮助远程医疗供应商提高整体医疗质量，更重要的是，能让患者享受到更优质的医疗服务。5G的高带宽和低时延特性支持更高分辨率的视频和图像传输，可以提升虚拟互动的质量和价值。这些提升能够在不必要或者不方便的情况下减少到医务室就诊的次数，同时也可以让那些因身处偏远地区而不方便前往医疗机构就医的病患从中受益。医疗服务领域的技术创新能否发挥效用，取决于患者能否真正用上这些技术创新，而5G所提供的连接性，可以让更多患者真正享受到技术创新带来的好处。

5G最直接的应用是改善视频通话和操作体验，如操控机器人进行远程手术，使专业的外科医生为世界各地需要手术的人们实施手术。5G远程超声诊断、5G远程影像诊断、5G远程心电诊断是5G远程医疗的三大应用场景。5G医疗虚拟专网的搭建，将支持方舱医院临床实时高清视频、高清远程会诊、远程影像诊断、大容量数据交互和医疗设备远程操作协同等；“云-网-边-端”架构的采用，将实现医疗终端即插即用，业务即开即用。未来所有医疗资源将统一管理和调度，边缘节点根据实际需求弹性扩容，并支撑业务拓展需要，提供持续稳定的医疗服务。

3. 5G助推元宇宙

从5G的特性来看，5G可以满足元宇宙的众多需求，这一方面有赖于5G自身具备的大带宽、低时延、高可靠、广连接等特性，另一方面则有赖于5G和云计算、人工智能、区块链、大视频等新技术的有机结合。

AR/VR/MR是目前人们体验沉浸式感受的主要方式。此外，全息投影、8K视频都是感知元宇宙的方式。5G标准组织已经对XR开展专门研究和标准化工作，直接面对虚实相融世界的多个痛点，将对XR的容量、功耗、覆盖、移动性等性能进行评估，并在不同流量模型和无线电频谱范围条件下进行各种性能的评估。目前，增强多媒体和触感网络的工作已经完成，以应对沉浸式VR、远程控制和机器人协作等场景。当前，5G标准组织正在研究支持XR及触感业务(如手、肘、膝等部位)的多流协同传输，实现满足业务需求的超低时延、低抖动、服务质量控制，以保证端到端的体验。

5G采用边缘计算，让云端的计算、存储能力和内容更接近用户侧，使网络时延更低，用户体验更极致。元宇宙的终端应该是“轻便”的，依靠5G低时延、大带宽能力，终端侧的计算能力可以下移到边缘云，从而使VR头盔等终端更轻量化、更省电，而且成本更低。5G标准组织正在评估这种“边缘云+轻量化终端”的分布式架构，以优化网络时延、处理能力和功耗等。这种模式将大幅降低终端的价格，摆脱有线的束缚，让元宇宙和互联网一样走入每一个人的生活。

连接力和算力将是元宇宙发展的两个重要的能力资源。

5G是一种业务的基础连接能力，安全是业务的基础保障能力。目前的安全技术很多，如区块链、量子加密等。在区块链方面，5G可以大幅度提升区块链系统的交易速度和稳定性，提升元宇宙金融交易的安全性，万物互联的终端可以给区块链带来更多上链数据。5G与量子加密的结合，可以提升元宇宙中点对点通信的安全私密性。此外，5G自身也采用了全面的安全性技术，从用户和信息两个维度进行了加密和完整性保护，成为元宇宙的一个安全的信息通道。

4. 5G赋能智能电网

传统无线公网通信等方式已无法满足电力传输的实时性、安全性、可靠性要求，5G具备高速率、低时延以及海量连接等特点，同时具备网络切片、边缘计算等创新功能，能够满足电力业务“发”“输”“变”“配”“用”等各环节对于安全性、可靠性和灵活性的要求，有望解决电力通信痛点、难点以及末端海量终端接入的“卡脖子”问题，提供差异化服务保障，进一步提升电网企业对自身业务的自主可控能力。

电力系统对安全性要求较高，故障需要实时响应，因此对通信系统要求更为严格，5G端到端网络传输时延小于10 ms，是4G的10倍；5G网络切片具有高强度隔离承载特性，可实现不同分区电力切片间互不影响、业务公平调度，质量也可以保障；基于5G网络的精准时延控制、微秒级高精度的网络授时能力，能满足配网差动保护等生产控制类业务的严苛通信需求，可实现故障精确定位和快速隔离，使用户停电“零感知”。

2021年工信部等十部门联合发布《5G应用“扬帆”行动计划（2021—2023年）》，提出在智慧电力领域突破电力行业重点场景5G各项关键技术，通过搭建融合5G的电力通信管理支撑系统和边缘计算平台，结合配电自动化、输电线/变电站巡检、用电信息采集等场景应用，全面提升电力业务各环节的运行水平，为5G在智能电网中的应用指明了方向。

5G机器人巡检可实时发现故障设备点，通过高清视频远程判断故障原因，并对现场作业进行在线指导，快速清除故障，保证业务连续运行。与此同时，在电力抢险救灾中，5G还能发挥更强的应急保障作用。电力抢修就是“跟时间赛跑”，5G应急通信车能为灾害区域迅速提供半径为2～6 km的5G网络覆盖，支撑现场高清视频、集群通信、指挥决策，为电网应急抢修赢得宝贵的时间。

随着新型电力系统构建的不断深入，分布式电源、分布式负荷、分布式储能等大量增长，电力系统逐步呈现终端设备海量接入、采集的信息爆炸式增长、运行控制高度灵活等特点，传统通信模式面临全新挑战。网络切片技术是5G有别于4G的技术特征之一，是5G赋能行业的关键要素。基于业务需求和网络切片技术的理念，山东移动联合山东电力构建了一张覆盖全省的端到端的5G电力切片网络。根据各应用场景的不同，以及网络性能和安全隔离需求，构建了生产控制大区、管理信息大区、互联网大区三类5G电力切片网络，部署了电力专用的统一功耗管理设备。

5. 5G与人工智能

为了给用户提供更好的服务，设备需要在大数据基础上进行机器学习、数据挖掘，使通信网络具有智能，增大用户的服务质量/服务体验（QoS/QoE，Quality of Service/Experience）。人工智能（AI，Artificial Intelligence）是下一次工业革命潜在的关键技术之一。借助人工智能，通信网络将具有自主思考、学习和数据处理的能力。5G旨在将人与人的通信连接扩展到万物互联，其超高速率和超大连接能力将助力人工智能充分发挥其魅力。人工智能和5G结合起来，可以让5G端到端的传输能力从中受益。

5G为AI提供了高速通道，扩大了AI的适用范围，使得AI的触角可以延伸到5G网络以至各个角落，将极大地扩展AI的应用，加快行业的数字化与智能化转型。

AI模型的训练需要大规模的算力，一般都是在大型的数据中心来进行训练，训练完成以后，通过5G网络，快速把算法部署到相关的生产领域，以便于生产领域采用最新的算法，提高AI的效能，提高生产效率。

在语音识别、图像识别等应用领域，通过5G网络，客户端可以把采集到的语音与图像高速传递到AI处理中心进行处理，再把结果返回到客户端，这样就可以极大地简化客户端的硬件设计，降低客户端的成本。5G的高带宽特性，使得客户端的体验并不会受到影响。

AI模型的训练需要采集大量数据，而采用高清摄像头的5G终端，可以在有线网络部署成本高的生产环境中，快捷地利用5G网络采集实际生产数据并传递到AI训练中心，加快AI算法的训练与更新。

5G终端集成了AI处理芯片，结合AI算法，可以大幅提升终端的智能化水平，扩大终端的应用范围，使得终端可以实现图像处理、照片美化等应用。在工业应用领域，智能终端与AI结合，可以在终端进行预处理，再把处理后的数据送到业务处理中心，从而大幅降低数据的存储容量，节约成本。

5G网络结合AI技术，可以提升5G网络本身的运维效率，降低能耗，使得5G网络自身的智能化水平得到大幅提高。

6. 算网融合

随着数字化的深入和升级，无所不在的智能化算力需求推动算力和网络进一步融合。网络不仅能够感知业务算力需求，提供最优路由和可信服务，而且成为算力的边缘载体，实现"计算＋网络"综合能效的最佳匹配，满足未来行业创新的需求。

早在2015年，随着5G、云计算、大数据、人工智能等技术的逐步发展，国内信息与通信技术(ICT，Information and Communications Technology)行业正式提出了"云-网融合"的发展战略，旨在通过打破云、网两张皮的刚性业务模式，打造云、网融合的一体化的新型基础设施。进入2020年以来，ICT行业更是从以云为中心全面向着以用户为中心升级，面向"计算＋网络"融合发展的技术演进，基于"云＋网"注入更多合作内涵。2021年，中国电信、中国移动、中国联通先后提出"算力网络"的发展理念，要求综合"网""云""数""智""安""边""端""链"多维度内涵，建设支持数-网协同、数-云协同、云-边协同、绿色智能的多层次算力设施体系；与此同时，国内的高性能计算、超级计算等先进计算领域陆续提出"超算互联网"的发展思路，聚焦超算中心、高性能计算中心等传统算力提供节点从以"资源服务为中心"向以"应用服务为中心"转变，实现计算资源之间的统一调度和服务。综合来看，助力"计算＋网络"融合发展的算网融合已经成为当前ICT产业的焦点话题。

随着边缘计算业务的逐步展开，各类行业用户对于边缘计算的需求也日益明确，特别是在多个边缘计算节点可选的情况下，用户希望能够根据其位置到计算节点之间的时延以及用户自身业务的需求情况，综合选择计算与网络资源，即将计算资源与网络资源融合后提供给上层业务调用，实现算网融合。

考虑到数字化的智能应用场景对于泛在连接、实时计算等方面的共性要求，"计算＋网络"全面融合已成为ICT技术全面发展的重要锚点。一方面，多样性计算将朝着网络化的方向全面发展，边缘计算需求驱动实时计算、分布式云等技术方案成为行业热点，产业边缘侧、5G边缘侧和云边缘侧均提出了高水平的网络服务能力要求。另一方面，综合云计算、边缘计算、AI计算、类脑计算、量子计算等的异构计算技术难以在技术架构和服务方式方面实现能力统一，智能化算力连接是融合差异化计算能力的唯一方法。因此，充分发挥算力连接的使能效应，统筹"云""网""边""端"于一体的新一代计算技术得到了业界的高度认同。同时，计算化是信息通信网络演进的重要方向。当前，通信网络正步入"云-网"深度协同发展的新阶段，以软件定义广域网（SD-WAN，Software Defined Wide Area Network）、SRv6（Segment Routing IPv6）为代表的底层/上层（Underlay/Overlay）网络技术日益成熟。然而，计算服务无感知、算力应用不亲和，导致现有网络能力无法发挥智能连接的作用。因此，聚焦基础网络设施，全面提升底层网络对于计算服务/应用的感知性和亲和性的要求，不仅符合网络服务创新发展的根本需求，还可以带动网络技术朝向全面智能化的方向演进。

本章小结

本章简述了5G移动通信的技术发展趋势和若干关键技术，包括大规模天线技术、新型多址技术、新型多载波技术、Polar信道编码技术、全双工技术和直通通信技术等；接着，就5G通信的全球商用发展和产业化情况，给出了当前主要国家和地区的5G网络建设和应用情况；最后，将5G网络与未来的某些应用领域相结合，勾勒出了5G通信与其他行业的美好前景。

第2章 大规模 MIMO 能效优化

传统的无线通信系统中，收、发两端均采用单天线进行数据传输，这样的系统被称为 SISO(Single Input and Single Output，单输入单输出)系统。但多径传播在信号传输中一直被视为一种不良因素，不同时延多径信号的叠加会对通信链路产生严重干扰，深入影响了正常通信链路的性能。在无线通信系统中一般是多种分集技术并存的，如天线分集、时间分集、频率分集等等。为改善通信链路的性能，一般也会采用不同维度的分集效应来进行数据传输。天线分集技术可以有效地对抗多径效应并提高链路的通信性能和质量。因此，传统的单天线系统朝着多天线系统的方向发展是一种趋势。

2.1 大规模 MIMO 技术与系统

2.1.1 单用户 MIMO 技术

单输入多输出(SIMO，Single Input and Multiple Output)和多输入单输出(MISO，Multiple Input and Single Output)是 MIMO 技术的研究基础。MIMO 技术的优势在于空间资源的极限利用，可以有效对抗多径传播。该技术在未额外使用频谱资源、保持原有的发射功率下，整合运用了一系列的无损传输和信号处理技术，构建合理节能的传输机制，来达到大幅度提升信道容量的目的。采用了该技术的系统需要在发送端、接收端依靠多天线单元来完成各部分的信息发送、接收。每一对天线组合的空间位置、极化状态不同，信号的编码设计可以在时间、空间的二维集合中进行，可以通过空间、时间这两个角度对信号的发送、接收进行合理的优化升级，这样更容易获得高传输效率、高可靠性。这种时空结合的处理方式，还能有效对抗随机衰落产生的多径环境以及引起的延时扩展等不良影响，可以获得远高于传统 SISO 系统的信道容量。

早期对 MIMO 技术的研究切入点是单用户 MIMO 系统，即点对点 MIMO 系统。单用户 MIMO 技术一般可以分成两种：第一种是发射分集技术，用来提高系统性能；第二种是空间复用技术，用来获取高频谱利用率。发射分集技术是在不同的天线上发射同一数据流的不同副本，然后达到空间分集的效果。常见的 MIMO 空间分集技术是以空时格形码(STTC，Space Time Trellis Code)、空时分组码(STBC，Space Time Block Code)为主的空时编码技术。STTC 不会使用更多的系统带宽，依然可以提供极限的分集增益、编码增益，缺点是译码复杂、难以实现。1998 年，贝尔实验室的 Alamouti 为克服 STTC 译码复杂的问题，想出了用两个发射天线的复正交设计方案。该方案的优点是译码简单，兼顾了全分集增益、全编码速率。空间复用技术是在不同天线上以同时同频的方式来传输内容不一致的数据流。由于该技术是在不同的天线上不重复发送信息，因此得到了很高的频谱利用率，这一点体现了 MIMO 系统以天线数量为优势提高容量的本质。这一技术的典型代表就是美国贝尔实验室的空时分层(BLAST，Bell Laboratories Layered Space Time)结构。

图 2.1 是单用户 MIMO 系统模型，图中发射天线有 M 根，接收天线有 N 根。信号先进行预编码，然后经过发射端的多天线发送，在无线信道中传播，最后被接收端的天线接收，然后通过解调、检测等步骤来恢复原始有效信号。

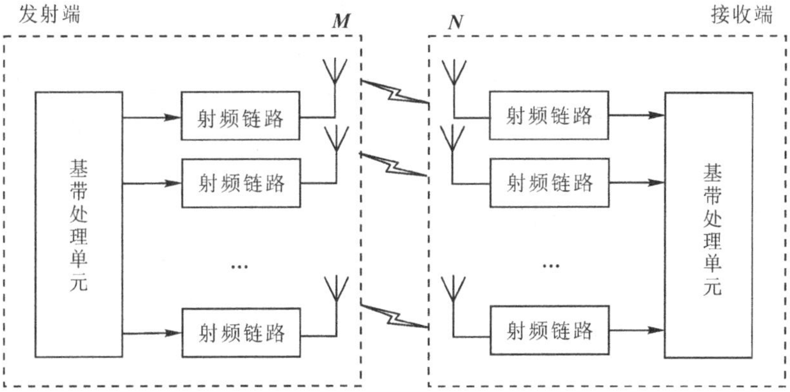

图 2.1　单用户 MIMO 系统模型

2.1.2　多用户 MIMO 技术

单用户 MIMO“系统和速率”与其发送、接收天线数中的最小值存在正比例关系，考虑现实场景中受限于移动设备的体积、自身储备能源以及计算处理能力的客观条件无法安装多根天线，在大多数情况下，用户端天线数远远少于基站的天线数。基于以上原因，多用户 MIMO 技术应运而生。多用户 MIMO 系统中用户占用同一时-频资源与基站之间进行数据传输，那么这样的系统被视为多用户 MIMO 系统。多用户 MIMO 系统既满足了单用户 MIMO 系统中单个独立天线用户的通信需求，也解决了用户端通常只有一根天线的问题。多用户 MIMO 系统模型如图 2.2 所示。

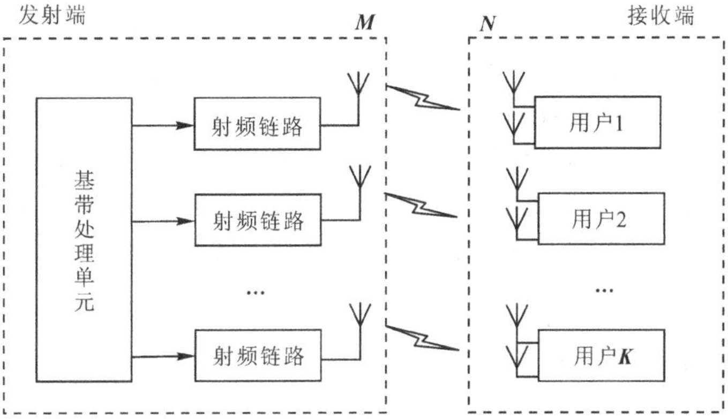

图 2.2　多用户 MIMO 系统模型

多用户 MIMO 系统的上、下行链路也被称为多址接入信道(MAC, Multiple Access Channel)、广播信道(BC, Broadcast Channel)。每个用户同时向基站发送独立的数据流的信道称为多址接入信道。基站向多个用户同时发送数据的信道称为广播信道。

多用户 MIMO 多址接入信道有一种特殊的形式，即每个用户终端是单天线模式，但是彼此之间存在一定的协作关系。全球微波接入互操作性(WiMAX, World interoperability for Microwave Access)中已经采用了这种技术，称为虚拟 MIMO(V-MIMO, Virtual MIMO)。其基本原理是每个单天线用户设备有一个以上的合作设备，不仅需要完成自身信息的传输，也协作完成其他设备信息的传输。如此设计构建出的系统模式相当于每个参与的用户设备共享对方的天线，构成 V-MIMO 模式。在 V-MIMO 系统中，每个用户设备在收、发信息的过程中共用自己和其他设备空间信道，额外获取到一部分空间分集增益，简单地实现了单天线通信设备的空间分集。在平坦衰落信道模型中，V-MIMO 可以在一定程度上扩大系统容量，提高网络用户的服务质量。

MIMO 广播信道的情况比 MIMO 多址接入信道略显复杂。因为多用户 MIMO 的广播信道中所有终端都是独立的接收机，协同检测无法进行，多用户之间容易形成干扰，极大地影响了空间复用的性能。因此，需要在发送信号前进行预处理，将来自多用户之间的干扰噪声先进行消除。当前使用比较多的预编码技术主要是线性预编码、非线性预编码。相对于单用户 MIMO 而言，多用户 MIMO 存在许多明显的优势：

(1) 多用户 MIMO 可以采用合理调度策略，为系统提供分集增益。

(2) 多用户 MIMO 更容易适应复杂多变的传输环境。例如，在传输环境中天线间相关性较高，单用户系统在分集增益这一方面受到的影响较大，容易造成系统容量的损失；而对于多用户 MIMO 而言，只要采取适当的调度算法，仍可获取多用户分集增益。在很多非理想传播环境中，多用户 MIMO 比单用户 MIMO 更具有鲁棒性。

(3) 多用户 MIMO 对终端天线数目没有严格的限制，仅需在基站端配置多天线就能获得较高的空分复用增益，以此来降低系统成本。

多小区场景下的多用户 MIMO 技术称为多小区多用户 MIMO 技术。在单个蜂窝小区中，小区内干扰往往可以通过时间、频率、空间、编码等方面的技术来消除。但是，来自相邻小区的干扰难以被消除，是系统容量提升的阻碍。协作网络在保障小区边缘通信质量、减轻干扰等尝试中体现出了巨大的优势。在分布式协助网络系统中，位于不同地址的基站、远程天线阵列单元或无线中继站等节点，在完全相同的时频资源上通过协作的方式完成与多个用户设备的通信，形成了网络 MIMO 信道。网络 MIMO 克服了传统蜂窝网络中 MIMO 技术的局限，不仅提高了频谱效率、功率效率，也改善了小区边缘用户的通信质量。基于现有天线数的配置以及小区的设置情形，在实际操作中，网络传输系统的频谱与功率效率提升显得十分困难。为此，研究者们想出了在各节点采用大规模天线阵列来形成大规模无线通信环境的办法，以充分挖掘无线资源在空间维度上的更多可能性，从而有效解决无线通信的常见问题。

2.1.3 大规模 MIMO 技术

单用户 MIMO 和多用户 MIMO 被称为小规模 MIMO 系统。但是 2009 年之后，无线传输速率需求呈现大规模增长趋势。显然，这需要尽可能地扩充系统容量来满足数据传输需求。但是，在现有的 LTE 技术的后续演进(LTE-A，Long Term Evolution-Advanced)移动通信系统中，一般小区的基站配置天线数最多为 8 根，移动终端配置的天线数最多为 4 根，为此，各国的研究者们提出了不同的解决构想。

贝尔实验室的 Marzetta 教授在 2010 年提出采用大规模天线阵列建设基站，形成大规模 MIMO(Massive MIMO)无线通信系统，解决目前的容量紧张等问题。根据目前的研究显示，在 20 MHz 带宽的 TDD 系统中，无协作蜂窝小区基站中有 400 根天线，每个蜂窝小区可以满足 42 个用户的服务需求，用户之间用正交导频序列的方式来传输信息，上行接收、下行发送分别采用 MRC、MRT 时，平均单小区系统容量能够达到 1800 Mb/s 的水平。在大规模 MIMO 中小区基站天线数接近无限，多用户之间的信道间也几乎趋于正交状态。如此情形下，高斯噪声、区间干扰也可忽略不计，用户发送功率也可降低。单个用户接收到的信号仅仅会受到其他小区用户使用相同导频序列造成的干扰。

大规模 MIMO 技术继承了传统 MIMO 的核心技术并延伸了高容量、低干扰的优势，具有更加明显、突出的性能优势。与传统 MIMO 技术相比，大规模 MIMO 技术的优势具体如下：

(1) 大幅度提升了系统的性能。大规模 MIMO 技术改变了传统 MIMO 技术，通过减小覆盖范围、小区间协作等方式来提高系统性能。一般的，成百上千个在基站端的天线阵列是毫瓦量级的，能同时服务数十上百的终端用户。在 TDD 模式下，上、下行链路中有存在互易性的信道。用户只需要向基站传送导频序列，就能估计出上行链路的信道状态，再依靠互易性估计出下行链路的信道状态。所需导频序列的数目与基站的天线数目无关，只与每个小区的用户数目成比例，有效地减少了导频开销。

(2) 大规模 MIMO 系统的性能更加稳定。当单天线用户数远远小于基站天线数时，简单的预编码(最大比例传输(MRT，Maximum Ratio Transmission)、迫零(ZF，Zero Forcing)、规则化迫零(RZF，Regularized ZF))和信号检测(最大比合并(MRC，Maximum Ratio Combining)、ZF、最小均方误差(MMSE，Minimum Mean Square Error))算法将是最实用的传输方案。在理想情况下，小区内干扰、小区间干扰、信道估计误差、热噪声等将被有效消除，误码率可得到有效控制。系统性能受限的唯一因素为导频污染。由于基站端配置大量天线，可以运用大数定律和波束成型算法有效降低空中接口的延迟。

(3) 大规模 MIMO 提供了减少空口时延的可能。移动通信系统的性能普遍受到衰落的制约，衰落使得接收端接收的信号强度在某些时候很弱。信号由基站端发射出去后，在接收端接收前经历多径环境而产生衰落，信号受到多径破坏性的干扰。衰落特性促使了一个低延迟的无线链路的建立。5G 发展的重点在于不同网络的兼容与融合，低的空口时延提供了数据传输与信令控制的良好链路环境。

(4) 大规模 MIMO 简化了多址接入层的结构。当天线数量足够大时，根据大数定律，信道响应趋于稳定，以至于频域调度的贡献不再明显，最简单的线性预编码和线性检测器趋于最优，并且噪声和不相关干扰都可忽略不计。

(5) 大规模 MIMO 可将波束集中在很窄的范围内，从而大幅度降低干扰，提升针对无目的性人为干扰以及蓄意干扰的鲁棒性。

2.2 MIMO通信中的关键技术

2.2.1 大规模MIMO信道估计技术

在无线通信系统中，无线信道很容易受到阴影衰落、频率选择性衰落等环境方面的影响，会严重限制通信的整体性能，而对信道进行快速有效的估计，可以改善这一方面的缺点。信道估计指的是接收端在已收信号中对某个信道参数进行估计，主要有盲估计、基于导频的估计。在盲估计中，系统不必在发送端发送确定已知的导频序列，仅需针对接收信号进行信道估计。因其复杂度高、计算量大，不适用于信道状态信息(CSI，Channel State Information)复杂变化的情况。为了更好地适应复杂多变的无线信道，基于导频的估计会在发送信号时插入额外的导频序列。基于导频的估计常见的方法有最小二乘(LS，Least Squares)、MMSE。

当前针对大规模MIMO技术的研究主要采用的是TDD模式和FDD模式，如图2.3和图2.4所示。TDD和FDD属于两种工作方式不同的双工模式。在TDD模式下，信号的收、发均是在相同频率的信道(即载波不同时隙)，在不同的时间间隔里来进行信号的发送或接收。在FDD模式下，上、下行链路一般采用带宽相同的不同频带来传输信号。

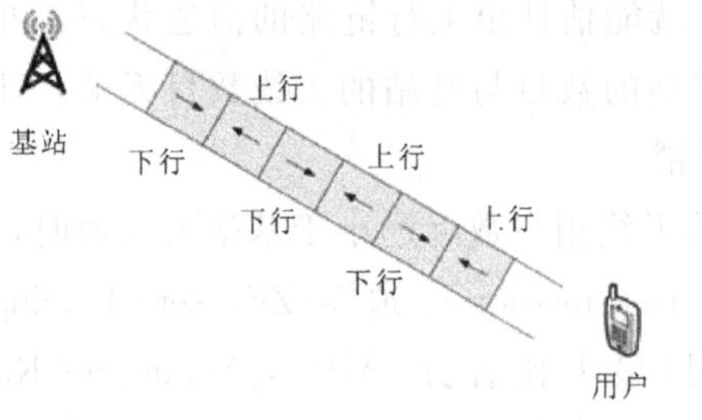

图 2.3　TDD模式

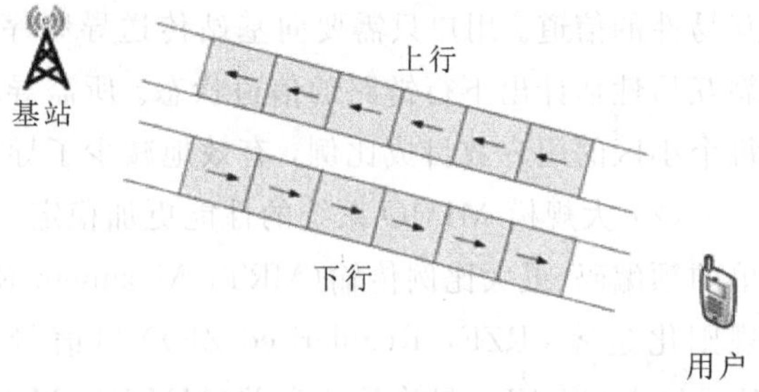

图 2.4　FDD模式

在TDD模式下，上、下行链路采用相同的频段，且信道具有互易性。以一个蜂窝小区为例，每个用户通过上行链路同步发送导频序列，基站接收这些导频序列并经过处理后得到上行信道的信道估计。接着再由下行链路传输信道信息与数据信息。其具体模式如图2.5所示。

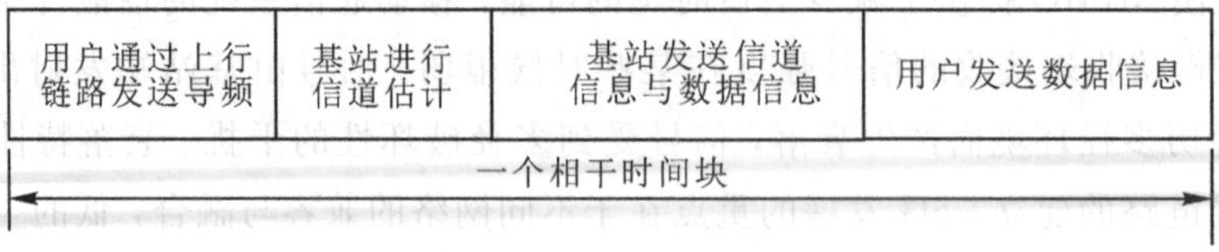

图 2.5　TDD模式下的信道估计

在FDD模式下，上行链路和下行链路信道之间不具有互易性。由于FDD模式是3G通信系统和4G通信系统中的主流模式，如果在FDD模式下运用MIMO，将有利于大规模MIMO在5G系统中推广。FDD模式下的信道估计时序如图2.6所示。下行链路时基站发送导频序列给小区内的用户，用户收到导频序列并处理后得到信道估计，再反馈给基站。基站获知信道信息后，再发送数据信息给用户。上行信道的信息传输也需要遵从相似的时序，具体流程如图2.6所示。由于基站天线数量较大，FDD模式下的信道估计需要的频谱开销比较大。

上行
用户通过上行链路发送导频
基站进行信道估计并反馈信道信息给用户
用户发送数据信息
下行
基站通过下行链路发送导频
用户进行信道估计并反馈信道信息给基站
基站发送数据信息
一个相干时间块

图2.6　FDD模式下的信道估计时序

假设无线传输中的信道是平坦衰落的，则基站接收到的信号可以表示为

$$\boldsymbol{Y}=\boldsymbol{HX}+\boldsymbol{N} \tag{2.1}$$

其中，$\boldsymbol{H}\in X^{M\times K}$表示信道矩阵，$M$表示基站配置的天线数，$K$表示当前小区用户数。$L$表示用户发送的导频长度，$\boldsymbol{X}\in X^{K\times L}$表示导频矩阵。$\boldsymbol{N}\in X^{M\times L}$表示信道中的加性白噪声。

1. LS估计算法

LS估计算法的目的是最小化测量值与模型值之间的加权误差。获取信道估计向量$\hat{\boldsymbol{H}}$时，LS估计算法下$\hat{\boldsymbol{H}}$的代价函数为

$$J(\hat{\boldsymbol{H}})=(\boldsymbol{Y}-\hat{\boldsymbol{H}}\boldsymbol{X})^{\mathrm{H}}(\boldsymbol{Y}-\hat{\boldsymbol{H}}\boldsymbol{X}) \tag{2.2}$$

求式(2.2)中$\hat{\boldsymbol{H}}$的偏导，令其等于0，则$\boldsymbol{H}$的LS估计值为

$$\hat{\boldsymbol{H}}_{\mathrm{LS}}=(\boldsymbol{XX}^{\mathrm{H}})^{-1}\boldsymbol{X}^{\mathrm{H}}\boldsymbol{Y}=\boldsymbol{X}^{-1}\boldsymbol{Y} \tag{2.3}$$

最终，该算法下的均方误差(MSE，Mean Square Error)为

$$\begin{aligned}\mathrm{MSE}_{\mathrm{LS}}&=E\{(\hat{\boldsymbol{H}}-\hat{\boldsymbol{H}}_{\mathrm{LS}})^{\mathrm{H}}(\hat{\boldsymbol{H}}-\hat{\boldsymbol{H}}_{\mathrm{LS}})\}\\&=E\{(\hat{\boldsymbol{H}}-\boldsymbol{X}^{-1}\boldsymbol{Y})^{\mathrm{H}}(\hat{\boldsymbol{H}}-\boldsymbol{X}^{-1}\boldsymbol{Y})\}\\&=E\{(\boldsymbol{X}^{-1}\boldsymbol{N})^{\mathrm{H}}(\boldsymbol{X}^{-1}\boldsymbol{N})\}\\&=E\{\boldsymbol{N}^{\mathrm{H}}(\boldsymbol{XX}^{\mathrm{H}})^{-1}\boldsymbol{N}\}\\&=\frac{\sigma_n^2}{\sigma_x^2}\end{aligned} \tag{2.4}$$

其中，σ_n^2和σ_x^2分别是噪声和信号的方差。

2. MMSE估计算法

LS估计算法是MMSE估计算法发展的基础，MMSE估计算法中误差率更低，其性能优于LS算法，但复杂度更高。定义MMSE估计为$\hat{\boldsymbol{H}}_{\mathrm{MMSE}}\triangleq\boldsymbol{W}\hat{\boldsymbol{H}}_{\mathrm{LS}}$，其中$\boldsymbol{W}$为加权矩阵。采用符号$\hat{\boldsymbol{H}}$表示MMSE估计值$\hat{\boldsymbol{H}}_{\mathrm{MMSE}}$，用符号$\tilde{\boldsymbol{H}}$表示LS估计值$\hat{\boldsymbol{H}}_{\mathrm{LS}}$，MMSE的MSE为

$$J(\hat{\boldsymbol{H}})=E\{\boldsymbol{e}^2\}=E\{\boldsymbol{H}-\hat{\boldsymbol{H}}^2\} \tag{2.5}$$

为了最小化式(2.5)中MMSE的MSE，使估计误差向量$\boldsymbol{e}=\boldsymbol{H}-\hat{\boldsymbol{H}}$与$\tilde{\boldsymbol{H}}$正交，则有

$$E\{\boldsymbol{e}\widetilde{\boldsymbol{H}}^{\mathrm{H}}\}=E\{(\boldsymbol{H}-\hat{\boldsymbol{H}})\widetilde{\boldsymbol{H}}^{\mathrm{H}}\}=E\{(\boldsymbol{H}-\boldsymbol{W}\widetilde{\boldsymbol{H}})\widetilde{\boldsymbol{H}}^{\mathrm{H}}\}$$
$$=E\{\boldsymbol{H}\widetilde{\boldsymbol{H}}^{\mathrm{H}}\}-\boldsymbol{W}E\{\widetilde{\boldsymbol{H}}\widetilde{\boldsymbol{H}}^{\mathrm{H}}\}$$
$$=\boldsymbol{R}_{\boldsymbol{H}\widetilde{\boldsymbol{H}}}-\boldsymbol{W}\boldsymbol{R}_{\widetilde{\boldsymbol{H}}\widetilde{\boldsymbol{H}}}=0 \tag{2.6}$$

其中 $\boldsymbol{R}_{\boldsymbol{AB}}=E\{\boldsymbol{A}\boldsymbol{B}^{\mathrm{H}}\}$为矩阵 $\boldsymbol{A}$ 和矩阵 $\boldsymbol{B}$ 的互相关矩阵，求解可得

$$\boldsymbol{W}=\boldsymbol{R}_{\boldsymbol{H}\widetilde{\boldsymbol{H}}}\boldsymbol{R}_{\widetilde{\boldsymbol{H}}\widetilde{\boldsymbol{H}}}^{-1} \tag{2.7}$$

其中，$\boldsymbol{R}_{\boldsymbol{H}\widetilde{\boldsymbol{H}}}$ 和 $\boldsymbol{R}_{\widetilde{\boldsymbol{H}}\widetilde{\boldsymbol{H}}}^{-1}$可以分别表示为

$$\boldsymbol{R}_{\boldsymbol{H}\widetilde{\boldsymbol{H}}}=E\{\boldsymbol{H}\widetilde{\boldsymbol{H}}^{\mathrm{H}}\}=E\{\boldsymbol{H}(\boldsymbol{X}^{-1}\boldsymbol{Y})^{\mathrm{H}}\}=E\{\boldsymbol{H}(\boldsymbol{H}+\boldsymbol{X}^{-1}\boldsymbol{N})^{\mathrm{H}}\}=E\{\boldsymbol{H}\boldsymbol{H}^{\mathrm{H}}\} \tag{2.8}$$

$$\boldsymbol{R}_{\widetilde{\boldsymbol{H}}\widetilde{\boldsymbol{H}}}^{-1}=E\{\widetilde{\boldsymbol{H}}\widetilde{\boldsymbol{H}}^{\mathrm{H}}\}=E\{\boldsymbol{X}^{-1}\boldsymbol{Y}(\boldsymbol{X}^{-1}\boldsymbol{Y})^{\mathrm{H}}\}$$
$$=E\{(\boldsymbol{H}+\boldsymbol{X}^{-1}\boldsymbol{N})(\boldsymbol{H}+\boldsymbol{X}^{-1}\boldsymbol{N})^{\mathrm{H}}\}$$
$$=E\{\boldsymbol{H}\boldsymbol{H}^{\mathrm{H}}+\boldsymbol{X}^{-1}\boldsymbol{N}\boldsymbol{H}^{\mathrm{H}}+\boldsymbol{H}\boldsymbol{N}^{\mathrm{H}}(\boldsymbol{X}^{-1})^{\mathrm{H}}+\boldsymbol{X}^{-1}\boldsymbol{N}\boldsymbol{N}^{\mathrm{H}}(\boldsymbol{X}^{-1})^{\mathrm{H}}\}$$
$$=E\{\boldsymbol{H}\boldsymbol{H}^{\mathrm{H}}\}+E\{\boldsymbol{X}^{-1}\boldsymbol{N}\boldsymbol{N}^{\mathrm{H}}(\boldsymbol{X}^{-1})^{\mathrm{H}}\}$$
$$=E\{\boldsymbol{H}\boldsymbol{H}^{\mathrm{H}}\}+\frac{\sigma_n^2}{\sigma_x^2}\boldsymbol{I} \tag{2.9}$$

MMSE 信道估计表示为

$$\hat{\boldsymbol{H}}=\boldsymbol{W}\widetilde{\boldsymbol{H}}=\boldsymbol{R}_{\boldsymbol{H}\widetilde{\boldsymbol{H}}}\boldsymbol{R}_{\widetilde{\boldsymbol{H}}\widetilde{\boldsymbol{H}}}^{1}\widetilde{\boldsymbol{H}}=\boldsymbol{R}_{\boldsymbol{H}\boldsymbol{H}}\left(\boldsymbol{R}_{\boldsymbol{H}\boldsymbol{H}}+\frac{\sigma_n^2}{\sigma_x^2}\boldsymbol{I}\right)\hat{\boldsymbol{H}}_{\mathrm{LS}} \tag{2.10}$$

2.2.2 大规模 MIMO 信号检测技术

在大规模 MIMO 系统中，存在着多个发射天线在同一时间段内传输信号的现象，因此空间干扰现象会比较严重。上行信道中基站的接收端需要对接收到的信号进行检测分析，从而获得用户发送过来的有用信息。常见的信号检测技术有线性检测技术、非线性检测技术。下面对这些常见的信号检测技术进行介绍。

1. 线性检测技术

从复杂的各类发射信号中分离出目标天线发射的期望信息就是线性信号检测方法的核心部分，这些期望信息流即接收端希望收到的有用信息。常见的线性检测技术主要有 ZF 检测和 MMSE 检测等。

信号检测在已知 CSI 下对接收到的信号矩阵进行分析，得到还原矩阵 $\boldsymbol{W}$，进一步还原原始信号 $\widetilde{\boldsymbol{X}}$ 的过程。其还原矩阵为

$$\boldsymbol{W}_{\mathrm{ZF}}=(\boldsymbol{H}^{\mathrm{H}}\boldsymbol{H})^{-1}\boldsymbol{H}^{\mathrm{H}} \tag{2.11}$$

$\widetilde{\boldsymbol{x}}_{\mathrm{ZF}}$是 ZF 算法下的还原信号，可以推导出其表达式：

$$\widetilde{\boldsymbol{x}}_{\mathrm{ZF}}=\boldsymbol{W}_{\mathrm{ZF}}\widetilde{\boldsymbol{y}}_k=\boldsymbol{x}+(\boldsymbol{H}^{\mathrm{H}}\boldsymbol{H})^{-1}\boldsymbol{H}^{\mathrm{H}}\boldsymbol{z} \tag{2.12}$$

式中，$\widetilde{\boldsymbol{y}}_k$ 为接收信号，$\boldsymbol{z}$ 为噪声信号。

若还原信号的误差值用 $\widetilde{\boldsymbol{z}}_{\mathrm{ZF}}$表示，则

$$\widetilde{\boldsymbol{z}}_{\mathrm{ZF}}=(\boldsymbol{H}^{\mathrm{H}}\boldsymbol{H})^{-1}\boldsymbol{H}^{\mathrm{H}}\boldsymbol{z} \tag{2.13}$$

求 $\widetilde{\boldsymbol{z}}_{\mathrm{ZF}}$的期望值，再进行奇异值分解(SVD，Singular Value Decomposition)，化简之后的表达式为

$$\|\widetilde{\boldsymbol{z}}_{\mathrm{ZF}}\|^2=\|(\boldsymbol{H}^{\mathrm{H}}\boldsymbol{H})^{-1}\boldsymbol{H}^{\mathrm{H}}\boldsymbol{z}\|^2=\|\boldsymbol{V}\boldsymbol{A}^{-1}\boldsymbol{U}^{\mathrm{H}}\boldsymbol{z}\|^2 \tag{2.14}$$

式(2.14)中，$\boldsymbol{U}$、$\boldsymbol{A}$、$\boldsymbol{V}$ 的含义分别是酉矩阵、对角阵、$\boldsymbol{H}$ 矩阵的特征向量。根据性质，可推得

$$E\{\|\tilde{\boldsymbol{z}}_{\mathrm{ZF}}\|^2\}=E\{\|(\boldsymbol{H}^{\mathrm{H}}\boldsymbol{H})^{-1}\boldsymbol{H}^{\mathrm{H}}\boldsymbol{z}\|^2\}=\|\boldsymbol{VAU}^{\mathrm{H}}\boldsymbol{z}\|^2=\sum_{i=1}^{N_{\mathrm{t}}}\frac{\sigma_z^2}{\sigma_i^2} \tag{2.15}$$

其中，σ_i^2 为发射天线 i 的信道噪声方差，σ_z^2 为当前的信道噪声方差，N_{t}表示信道数量。与 ZF 算法不同的是，MMSE 算法的核心是使后验检测信噪比最大化，减小还原信号与原始信号之间的差别。考虑到信道噪声方差 σ_z^2，其还原矩阵可表示为

$$\boldsymbol{W}_{\mathrm{MMSE}}=(\boldsymbol{H}^{\mathrm{H}}\boldsymbol{H}+\sigma_z^2\boldsymbol{I})^{-1}\boldsymbol{H}^{\mathrm{H}} \tag{2.16}$$

另外，在实现的过程中需要快速准确地得到还原矩阵，以此来更好地估计信道噪声。接着，对接收信号进行还原，其还原信号可表示为

$$\tilde{\boldsymbol{x}}_{\mathrm{MMSE}}=\boldsymbol{W}_{\mathrm{MMSE}}\tilde{\boldsymbol{y}}_k=\boldsymbol{x}+(\boldsymbol{H}^{\mathrm{H}}\boldsymbol{H}+\sigma_z^2\boldsymbol{I})^{-1}\boldsymbol{H}^{\mathrm{H}}\boldsymbol{z} \tag{2.17}$$

式中，$\boldsymbol{I}$ 为单位矩阵。

同理，这里的还原信号的误差值可以表示为

$$\tilde{\boldsymbol{z}}_{\mathrm{MMSE}}=(\boldsymbol{H}^{\mathrm{H}}\boldsymbol{H}+\sigma_z^2\boldsymbol{I})^{-1}\boldsymbol{H}^{\mathrm{H}}\boldsymbol{z} \tag{2.18}$$

求 $\tilde{\boldsymbol{z}}_{\mathrm{MMSE}}$的期望值并对其进行 SVD，化简后表示为

$$\|\tilde{\boldsymbol{z}}_{\mathrm{MMSE}}\|^2=\|(\boldsymbol{H}^{\mathrm{H}}\boldsymbol{H}+\sigma_z^2\boldsymbol{I})^{-1}\boldsymbol{H}^{\mathrm{H}}\boldsymbol{z}\|^2=\|\boldsymbol{V}(\boldsymbol{A}+\sigma_z^2\boldsymbol{A}^{-1})^{-1}\boldsymbol{H}^{\mathrm{H}}\boldsymbol{z}\|^2 \tag{2.19}$$

根据性质，可得

$$E\{\|\tilde{\boldsymbol{z}}_{\mathrm{MMSE}}\|^2\}=E\{\|(\boldsymbol{H}^{\mathrm{H}}\boldsymbol{H}+\sigma_z^2\boldsymbol{I})^{-1}\boldsymbol{H}^{\mathrm{H}}\boldsymbol{z}\|^2\}=\sum_{i=1}^{N_{\mathrm{t}}}\frac{\sigma_z^2\sigma_i^2}{(\sigma_i^2+\sigma_z^2)^2} \tag{2.20}$$

两种算法的主要区别在于噪声对于 MMSE 算法的影响更小些。但是当各信道的 σ_i^2 远大于σ_z^2 时，二者之间区别不大。

2. 非线性检测技术

非线性检测技术通常以更高的计算量为代价，来实现更好的检测性能。其突破点在于降低算法的复杂度。常见的非线性检测技术有最大似然(ML，Maximum Likelihood)信号检测、球形译码(SD，Sphere Decoding)和 SIC 算法等。

2.2.3　大规模 MIMO 预编码技术

在 MIMO 系统中，发送端若提前获知一些信道信息，就可以对即将发送的信号进行适当的预处理来加快传输速率，保障链路可靠性。预编码技术指的是利用发送端 CSI 对发送信号进行预处理过程中使用到的技术。对于单用户 MIMO 系统，可使用 BLAST 技术进行多路数据并行传输，获得空间复用增益，没有必要使用预编码技术。但是在系统的下行链路中，若没有使用预编码技术，基站在同一时-频资源上给多个用户发送信号就很容易造成用户间的干扰。同时，每个用户因其接收天线有限，很难独自清除来自其他用户的干扰，恢复出有效信号。为了解决这一干扰问题，基站需要根据 CSI 对发送信号进行预编码。除此之外，在系统下行链路中采用预编码技术还可以降低接收机的复杂度。

在已知 CSI 下，发送端可以对需要发送的数据向量 $\boldsymbol{s}$ 进行预处理后发送，即发送向量可以表示为

$$\boldsymbol{x}=g(\boldsymbol{s}) \tag{2.21}$$

其中，$g(\cdot)$是预处理函数。若$g(\cdot)$是非线性函数，就称为非线性预编码；反之，则称为线性预编码。下面以系统下行链路的线性预编码为例进行简要说明。

设基站向用户k发送的数据流为$L_k\left(L_k \leqslant N_k,\ \sum_{k=1}^{K} L_k = M\right)$路。若没有预编码方案，基站的发送信号向量为$\boldsymbol{x}=[\boldsymbol{s}_1^{\mathrm{T}}, \boldsymbol{s}_2^{\mathrm{T}}, \cdots, \boldsymbol{s}_K^{\mathrm{T}}]^{\mathrm{T}}$，用户$k$的接收信号向量为

$$\boldsymbol{y}_k=\boldsymbol{H}_k\boldsymbol{x}+\boldsymbol{n}_k \tag{2.22}$$

式中，$\boldsymbol{n}_k$为户k接收信道中的噪声。

可以看出，用户k的接收信号中有来自其他用户的干扰。由于各用户可能分散在小区的任何位置上，因此应用基站集中控制模式于现有的移动通信系统中，用户之间不发生协同工作。此外，由于各用户接收天线一般是小于基站发送天线数的，因此很难消除来自其他用户的干扰。所以采用预编码的形式在发送端对用户间干扰进行提前消除是十分必要的。

来自基站的信号$\boldsymbol{s}_k$经过预编码后发送，得到的发送向量为

$$\boldsymbol{x} = \sum_{k=1}^{K}\boldsymbol{W}_k\boldsymbol{s}_k = \boldsymbol{W}\boldsymbol{s} \tag{2.23}$$

其中，预编码矩阵为$\boldsymbol{W}_k$，$\boldsymbol{W}=[\boldsymbol{W}_1, \boldsymbol{W}_2, \cdots, \boldsymbol{W}_K]$，$\boldsymbol{s}=[\boldsymbol{s}_1^{\mathrm{T}}, \boldsymbol{s}_2^{\mathrm{T}}, \cdots, \boldsymbol{s}_K^{\mathrm{T}}]$。且向量$\boldsymbol{x}$须满足基站平均发射功率$P$的约束，即

$$E[\boldsymbol{x}^{\mathrm{H}}\boldsymbol{x}]=P \tag{2.24}$$

根据式(2.22)，则用户k的接收向量为

$$\boldsymbol{y}_k = \boldsymbol{H}_k\boldsymbol{W}_k\boldsymbol{s}_k + \boldsymbol{H}_k\sum_{j=1,\ j\neq k}^{K}\boldsymbol{W}_j\boldsymbol{s}_j + \boldsymbol{n}_k \tag{2.25}$$

在式(2.25)中，等号右边的累加项分别是用户k的期望信号、来自其他用户的干扰、加性高斯白噪声。可用矩阵形式表示总输入、输出：

$$\boldsymbol{y}=\boldsymbol{H}\boldsymbol{W}\boldsymbol{s}+\boldsymbol{n} \tag{2.26}$$

在理想CSI下，ZF预编码矩阵$\boldsymbol{W}$为

$$\boldsymbol{W}=c\boldsymbol{H}^{\mathrm{H}}(\boldsymbol{H}\boldsymbol{H}^{\mathrm{H}})^{-1} \tag{2.27}$$

其中，$c=\sqrt{P/\|(\boldsymbol{H}\boldsymbol{H}^{\mathrm{H}})^{-1}\|^2}$是功率归一化因子。将公式(2.27)代入公式(2.26)后，可以看出$[\boldsymbol{H}\boldsymbol{W}]_{k,j}=0$，$k\neq j$。在理想CSI下，MMSE预编码矩阵$\boldsymbol{W}$为

$$\boldsymbol{W}=\boldsymbol{H}^{\mathrm{H}}(\boldsymbol{H}\boldsymbol{H}^{\mathrm{H}}+\beta\boldsymbol{I})^{-1} \tag{2.28}$$

其中，β为正则化因子。ZF预编码的性能一般可以正则化伪逆之后得到提升。

2.3 基于硬件损伤的大规模MIMO系统传输模型

与4G系统中的4或8根天线数相比，大规模MIMO无线通信系统中的天线增加了一个量级以上。大规模MIMO因其拥有高信道容量、低能量消耗、精准空间区分度、廉价硬件实现等优点，获得了无线通信领域的广泛关注。大量的专家和学者进行了具有深刻意义的理论研究，并提出了一系列有价值的策略。但是，大部分关于大规模MIMO的研究都是在理想硬件的条件下进行的，这与现实通信系统中硬件并非理想存在一定矛盾。由于大规模MIMO中天线数量庞大，所以通常情况下需要用价格低廉的收/发器件来减少布置天线

列阵的成本。但这样的收/发器件性能一般，更容易造成相位噪声、I/Q 支路不平衡等一些非线性问题。这些由天线硬件所带来的问题统称为硬件损伤。一般情况下，硬件损伤对系统性能等方面的影响很大。因此硬件损伤是通信系统中必须考虑的现实问题。下面，首先考虑天线的硬件损伤程度对大规模 MIMO 系统性能的影响，将其模型定义为发送失真噪声、接收失真噪声；然后，研究硬件损伤下的系统容量；最后，定义系统能效的表达式，为后续研究内容做好铺垫。

2.3.1 基于硬件损伤的系统模型

假设系统是多用户大规模 MIMO 系统。这里仅分析单小区场景。小区中仅有一个基站(BS, Base Station)且天线数目为 M，小区内的用户数为 K，每个用户仅有一根天线；基站的配置天线数目远远大于小区用户数(即 $M \gg K$)，基站和用户是完全同步的；采用 TDD 工作模式，即上、下行链路传播系数是相同的。该系统模型如图 2.7 所示。

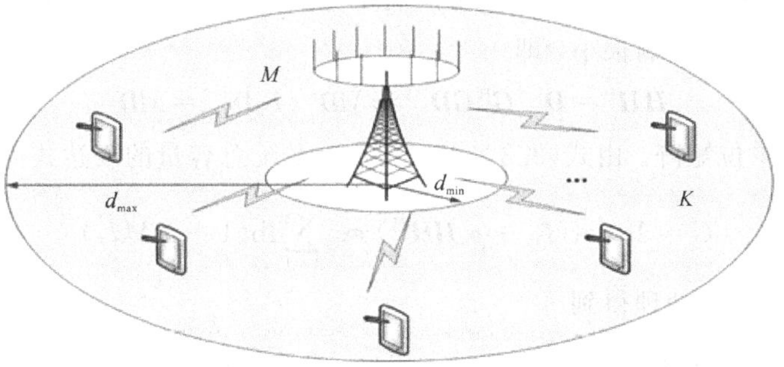

图 2.7　基于硬件损伤的系统模型

用户 k 在小区中的位置可以表示为 $x_k \in \mathrm{P}^2$。通过分配密度函数 $f(x)$，将用户 k 分配在最小小区半径为 $d_{\min}$ 和最大小区半径为 $d_{\max}$ 的区域中，$f(x)$ 的表达式为

$$f(x)=\begin{cases}\dfrac{1}{\pi(d_{\max}^2-d_{\min}^2)} & d_{\min} \leqslant \| x_k \| \leqslant d_{\max} \\ 0 & 其他\end{cases} \tag{2.29}$$

2.3.2 系统容量分析

假设基站同时为 K 个用户(均为单天线)提供服务，h_{km} 表示用户 k 到天线 m 的信道系数，其数值可以表示为大小规模衰落因子的乘积，表达式可写成

$$h_{km}=g_{km}\sqrt{d_k} \tag{2.30}$$

其中，小规模衰落因子为 g_{km} 表示、大规模衰落因子用 d_k 表示。上行信道矩阵用 $\boldsymbol{H}^{\mathrm{H}}$ 表示，表达式为

$$\boldsymbol{H}^{\mathrm{H}}=\boldsymbol{G}\boldsymbol{D}^{1/2} \tag{2.31}$$

其中，$\boldsymbol{G}$ 是 $M \times K$ 维小尺度衰落因子矩阵，$\boldsymbol{D}^{1/2}$ 是 $K \times K$ 维大尺度衰落因子对角矩阵。

1. 上行链路

在上行链路中，不同用户发送信号到基站，其接收信号可以表示为

$$\boldsymbol{y}_{\mathrm{u}}=\sqrt{\rho_{\mathrm{u}}}\boldsymbol{H}^{\mathrm{H}}(\boldsymbol{x}_{\mathrm{u}}+\boldsymbol{t}_{\mathrm{u}})+\boldsymbol{n}_{\mathrm{R}}+\boldsymbol{r}_{\mathrm{R}} \tag{2.32}$$

其中，ρ_u 表示用户的发射功率，$\boldsymbol{H}^H \in X^{M\times K}$ 表示上行信道矩阵，$\boldsymbol{x}_u=[x_{u,1}, x_{u,2}, \cdots, x_{u,K}]^T$ 表示用户发送的信号传输向量，$\boldsymbol{t}_u$ 为用户发送信号时所用天线的失真噪声，$\boldsymbol{n}_R \in X^{M\times 1}$ 表示信道中的加性高斯白噪声，$\boldsymbol{r}_R$ 是基站接收到的失真噪声。向量 $\boldsymbol{x}_u=[x_{u,1}, x_{u,2}, \cdots, x_{u,K}]^T$ 中第 k 个元素为 $x_{u,k}$，表示第 k 个用户的发射信号，且满足 $E\{\| x_{u,k} \|^2\}=1$。

$\boldsymbol{t}_u$ 是一个功率正比于该天线上发送信号功率的高斯失真噪声，特点是独立零均值且伴随在每根发送天线上，满足关系 $\boldsymbol{t}_u \sim (0, \text{diag}(\xi_1 E[|x_{u,1}|^2], \xi_2 E[|x_{u,2}|^2], \cdots, \xi_K E[|x_{u,K}|^2]))$。与用户发送天线情况相似，在每根基站的接收天线上有一个方差正比于该天线上接收信号功率的高斯失真噪声，特点是独立零均值且伴随在每根接收天线上，满足关系 $\boldsymbol{r}_R \sim XN(0, \vartheta_R \text{diag}(E[\boldsymbol{y}_u \boldsymbol{y}_u^H]))$。当 $\xi_i=0$，$i=1, 2, \cdots, K$ 且 $\vartheta_R=0$ 时，天线的硬件损伤程度为 0，相当于理想模型中的收/发天线硬件情况。ξ_i 或 ϑ_R 数值越大，对系统的影响也随之增大。

使用大量阵列天线搭建的通信系统可以满足更多用户的业务需求，并且在小规模衰落环境下相互之间产生的影响很小，即

$$\boldsymbol{H}\boldsymbol{H}^H=\boldsymbol{D}^{1/2}\boldsymbol{G}^H\boldsymbol{G}\boldsymbol{D}^{1/2} \approx M\boldsymbol{D}^{1/2}\boldsymbol{I}_K\boldsymbol{D}^{1/2}=M\boldsymbol{D} \tag{2.33}$$

式中，$\boldsymbol{I}_K$ 为 K 阶单位矩阵。由式(2.33)可以得出，系统总容量的表达式为

$$C=\text{lb}\det(\boldsymbol{I}_K+\rho_u \boldsymbol{H}\boldsymbol{H}^H) \approx \sum_{k=1}^{K} \text{lb}(1+\rho_u M d_k) \tag{2.34}$$

通过 MF 检测方案处理得到

$$\boldsymbol{H}\boldsymbol{y}_u=\boldsymbol{H}[\sqrt{\rho_u}\boldsymbol{H}^H(\boldsymbol{x}_u+\boldsymbol{t}_u)+\boldsymbol{n}_R+\boldsymbol{r}_R] \approx M\sqrt{\rho_u}\boldsymbol{D}(\boldsymbol{x}_u+\boldsymbol{t}_u)+\boldsymbol{H}(\boldsymbol{n}_R+\boldsymbol{r}_R) \tag{2.35}$$

在式(2.35)中，$\boldsymbol{D}$ 为一个对角矩阵。此时可得 K 个用户的 SNR 向量为

$$\boldsymbol{\rho}=\frac{M^2\rho_u\boldsymbol{D}^2}{\boldsymbol{H}\boldsymbol{H}^H} \approx \frac{M^2\rho_u\boldsymbol{D}^2}{M\boldsymbol{D}}=M\rho_u\boldsymbol{D} \tag{2.36}$$

由式(2.36)可以看出，基站部署的天线数量可以大幅度影响系统容量和性能。当天线数量趋于无穷大时，可获得式(2.34)中的容量上限。

2. 下行链路

在已知 CSI 的情况下，可以轻松获得系统下行链路的信道矩阵信息。接收信号 $\boldsymbol{y}_d$ 可以表示为

$$\boldsymbol{y}_d=\sqrt{\rho_d}\boldsymbol{H}(\boldsymbol{x}_d+\boldsymbol{t}_d)+\boldsymbol{n}_{UE}+\boldsymbol{r}_{UE} \tag{2.37}$$

其中，ρ_d 表示基站天线在下行链路的发射功率，$\boldsymbol{H} \in X^{K\times M}$ 表示信道矩阵，$\boldsymbol{x}_d \in X^{M\times 1}$ 表示基站需要进行传输的信号，$\boldsymbol{t}_d$ 为基站发送天线的失真噪声，$\boldsymbol{n}_{UE} \in X^{K\times 1}$ 表示信道中的加性高斯白噪声，$\boldsymbol{r}_{UE}$为用户接收天线的失真噪声。与上行链路情况相似，$\boldsymbol{x}_d$ 中的元素满足关系 $E\{\| x_{d,k} \|^2\}=1$。

与上行链路的情况类似，噪声 $\boldsymbol{t}_d$ 的分布服从 $\boldsymbol{t}_d \sim XN(0, \xi_d \text{diag}(E[\boldsymbol{x}_d \boldsymbol{x}_d^H]))$。噪声 $\boldsymbol{r}_{UE}$ 的分布服从 $\boldsymbol{r}_{UE} \sim XN(0, \vartheta_k E[\boldsymbol{y}_d \boldsymbol{y}_d^H])$，$k=1, 2, \cdots, K$。当 $\vartheta_k=0$，$k=1, 2, \cdots, K$ 且 $\xi_d=0$ 时，天线的硬件损伤程度为 0，相当于传统模型中的理想收/发天线硬件。系统的性能会随着 ϑ_k 或 ξ_d 的增加而降低。

矩阵 $\boldsymbol{P}$ 是实对角矩阵，对角线上的元素是功率分配因子 p_1，p_2，…，p_K（满足 $\sum_{k=1}^{K} p_k = 1$），其余元素为 0。当 M 趋于无穷大时，系统容量表达式为

$$\begin{aligned} C &= \max \operatorname{lb} \det(\boldsymbol{I}_M + \rho_d \boldsymbol{H}^H \boldsymbol{P} \boldsymbol{H}) \\ &= \max \operatorname{lb} \det(\boldsymbol{I}_K + \rho_d \boldsymbol{P}^{1/2} \boldsymbol{H} \boldsymbol{H}^H \boldsymbol{P}^{1/2}) \\ &= \max \operatorname{lb} \det(\boldsymbol{I}_K + \rho_d M \boldsymbol{P} \boldsymbol{D}) \\ &= \max \sum_{k=1}^{K} \operatorname{lb}(1 + \rho_d M p_k d_k) \end{aligned} \tag{2.38}$$

对发射信号进行预编码后，信号向量 $\boldsymbol{x}_d$ 可表示为

$$\boldsymbol{x}_d = \frac{1}{\sqrt{M}} \boldsymbol{H}^* \boldsymbol{D}^{-1/2} \boldsymbol{P}^{1/2} (\boldsymbol{s}_d + \boldsymbol{t}_d) \tag{2.39}$$

在式(2.39)中，$\boldsymbol{s}_d \in X^{K \times 1}$ 表示基站所发射原始信号的向量。用户接收信号为 $\boldsymbol{y}_d$，当 M 趋于无穷大时，接收信号可以表示为

$$\begin{aligned} \boldsymbol{y}_d &= \sqrt{\frac{\rho_d}{M}} \boldsymbol{H}^T \boldsymbol{H} * \boldsymbol{D}^{-1/2} \boldsymbol{P}^{1/2} (\boldsymbol{s}_d + \boldsymbol{t}_d) + \boldsymbol{n}_{UE} + \boldsymbol{r}_{UE} \\ &\approx \sqrt{\rho_d M} \boldsymbol{D}^{1/2} \boldsymbol{P}^{1/2} (\boldsymbol{s}_d + \boldsymbol{t}_d) + \boldsymbol{n}_{UE} + \boldsymbol{r}_{UE} \end{aligned} \tag{2.40}$$

3. 系统和速率

为了尽量减少小区之间的信号干扰、导频污染，降低误码率，在大规模 MIMO 系统中通常会根据已知 CSI 对发射信号进行预编码，且在接收端对信号进行线性检测处理，以此来扩大系统的总容量。综合瑞利衰落、上下行链路的影响，特地将总的系统和速率的计算过程分为三步：

（1）计算上行链路中的系统和速率。用户 k 在上行链路的系统和速率为

$$R_k^{ul} = K \lambda^{ul} E\{\operatorname{lb}(1 + \gamma_k^{ul})\} \tag{2.41}$$

其中，λ_k^{ul} 是自适应调制中的控制参数，并且可以反馈系统信息；γ_k^{ul} 为有效的上行链路信干噪比(SINR，Signal to Interference and Noise Ratio)。

（2）计算下行链路中的系统和速率。TDD 系统中上行链路、下行链路具有互易性，得出 $\lambda_k^{ul} = \lambda_k^{dl}$，用户 k 在下行链路的系统和速率为

$$R_k^{dl} = K \lambda_k^{dl} E\{\operatorname{lb}(1 + \gamma_k^{dl})\} \tag{2.42}$$

（3）计算总的系统和速率。上、下行链路总的传输功率相同，但是不同用户所得到的功率分配是不同的。调节系统功率分配时，可以设置合理的功率控制系数。考虑到 $\lambda^{ul} + \lambda^{dl} = 1$，因此总的系统和速率可以表示为

$$R_k = R_k^{ul} + R_k^{dl} = K E\{\operatorname{lb}(1 + \gamma_k)\} \tag{2.43}$$

2.3.3 仿真结果及分析

图 2.8 和图 2.9 分别是瑞利信道、莱斯信道下不同天线对数与系统容量的关系图。图 2.8 和图 2.9 中的莱斯因子为 5 dB。可以看到，在不同的信噪比下，10×10、20×10、10×20、20×20、40×40、80×80 的 MIMO 系统中，收、发天线对数越多，系统容量呈明显递

增关系。信噪比大约在 5 dB 之后，天线对数多的系统拥有更大的系统容量。从图中可以得出大规模 MIMO 系统的优越性。

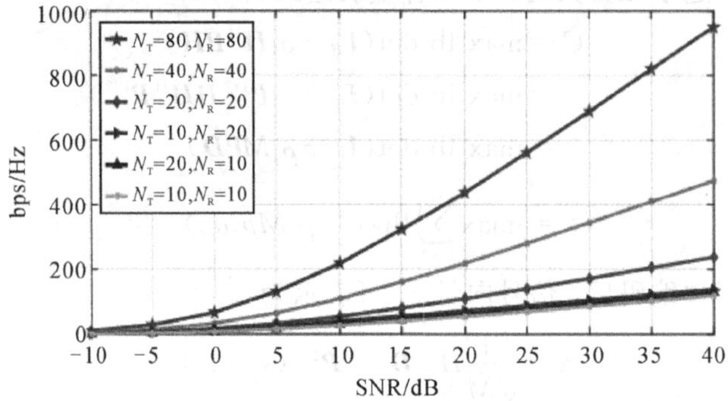

图 2.8 瑞利信道下的系统容量

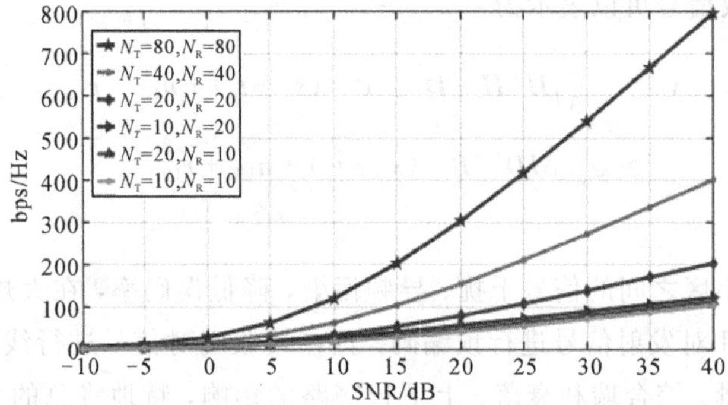

图 2.9 莱斯信道下的系统容量

在图 2.10 中，设置系统的发送天线数目、接收天线数目均为 4，且收、发端的天线损伤程度是一样的，即 $\xi_i=\vartheta_R=\xi_d=\vartheta_k$，$i$，$k$=1，2，…，$K$。仿真是在瑞利信道下进行的，使用两种线性检测方法来模拟不同程度下的硬件损伤模型。随着硬件损伤程度的增加(即从 0 到 0.005)，系统的误比特率曲线也随之向上移动。当硬件损伤程度为 0(理想状态)时，MMSE 检测要明显优于 ZF 检测。当硬件损伤不断加深时，ZF 检测和 MMSE 检测的性能逐渐重合，对比性逐渐减小。

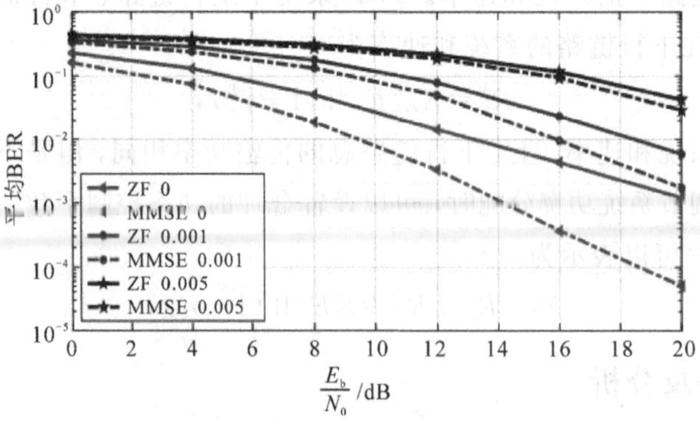

图 2.10 在不同硬件损伤、相同天线数目下的系统误比特率

预先设置硬件损伤程度为 0.001(即 $\xi_i=\vartheta_R=\xi_d=\vartheta_k=0.001$，$i$，$k$=1，2，…，$K$)时，

收、发端的天线数目为 4×4、8×8、16×16。从图 2.11 中可以看出，在相同的信噪比下，收、发天线数目越大，系统的误比特率越低，说明增加系统的天线数目可以使系统的误比特率保持在较低水平，有利于提高系统的性能。在相同信噪比、相同天线数目下，MMSE 检测方法的性能要优于 ZF 的。

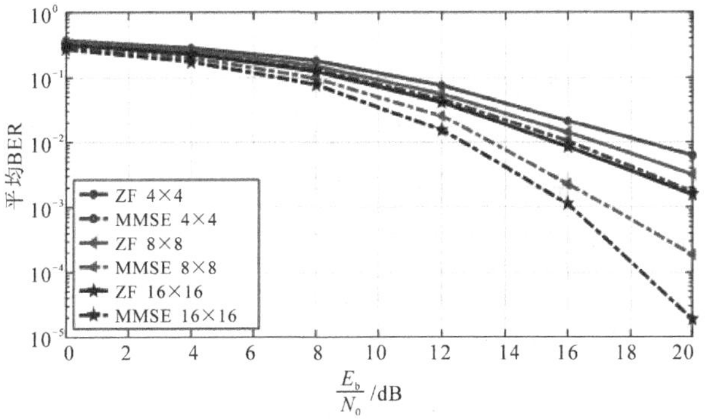

图 2.11　在不同天线数目、相同硬件损伤下的系统误比特率

2.4　系统能效分析

2.4.1　系统功耗模型

在 4G 通信系统中，最多有 8 根天线在基站，这 8 根天线的射频链路上产生功率消耗的数量级是远远小于发射功率的，因此在建立功耗模型时只考虑发射功率，忽略了电路功率。在这种情况下，发射功率越小，系统能效就越大，但是这与保证 QoS 的要求是相互矛盾的，因此，电路功耗是研究能效问题不得不考虑的一部分。但为方便计算，电路功耗用一常数 P_C 替代。在大规模 MIMO 中，基站的天线数目是成百上千的，信息传输的过程中需要同等数量的射频链路，而新射频链路带来的功耗比传统的要高出很多倍，再用一个常量来衡量一个变量显然是不太合适的。因此需要重新定义一种适用于大规模 MIMO 系统的功耗模型。图 2.12 和图 2.13 分别是发送端和接收端的射频链路模型。

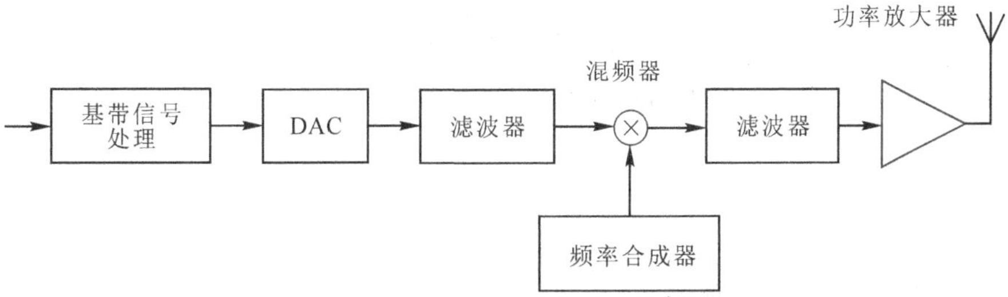

图 2.12　发送端的射频链路模型

由图 2.12 可以看出，D/A(Digital to Analogy)转换器、滤波器、混频器、频率合成器、功率放大器是发送端射频链路的重要组成部分，其中频率合成器被基站所有的天线所共用。

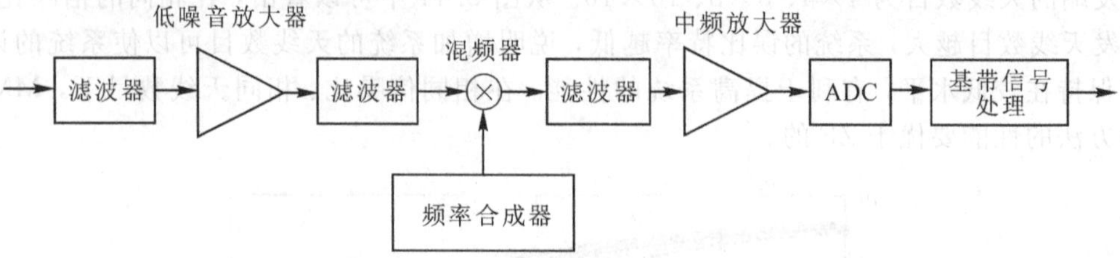

图 2.13 接收端的射频链路模型

滤波器、低噪声放大器、混频器、中频放大器、A/D(Analogy to Digital)转换器是接收端射频链路的重要组成部分，单根天线接收端射频链路的模型如图 2.13 所示。在图 2.12 中，发送信号的天线有 N_t 根，那么射频链路在发送信号时所产生的功耗可以表示为

$$P_{tx}=N_t(P_{DAC}+P_{mix}+P_{filt}) \tag{2.44}$$

其中，P_{DAC}表示数字信号转变为模拟信号时所需的功耗，P_{mix}表示混频器功耗，P_{filt}表示滤波器功耗。这些功耗均是射频电路中单天线时各模块的功耗。

在图 2.13 中，接收信号的天线有 N_r 根，那么射频链路在接收信号时所产生的功耗可以表示为

$$P_{rx}=N_r(P_{filt}+P_{LNA}+P_{mix}+P_{IFA}+P_{ADC}) \tag{2.45}$$

其中，P_{filt}、P_{LNA}、P_{mix}、P_{IFA}、P_{ADC}分别表示接收信号时滤波器产生的功耗、低噪声放大器放大信号产生的功耗、混频器的功耗、中频放大器的功耗、模拟信号转变为数字信号所产生的功耗。

由此可得，射频链路的总功耗为

$$P_C=P_{tx}+P_{rx} \tag{2.46}$$

用大规模 MIMO 的计算功耗模型 ψ(Gflops)来计算基带消耗功率 P_B。ψ(Gflops)是总计算速率，单位是 flops(Floating Point Operation Per Second)，表达式为

$$\psi=M\cdot B\cdot\left[\frac{T_u}{T_s}\cdot\left(1-\frac{T_p}{T_{sl}}\right)K+\frac{T_d}{T_{sl}}K^2+\frac{T_u}{T_s}\cdot\mathrm{lb}(T_u\cdot B)+\frac{T_u}{T_s}\cdot\frac{T_p}{T_{sl}}\mathrm{lb}\left(\frac{T_u}{T_s}\cdot\frac{T_p}{T_d}\right)\right] \tag{2.47}$$

其中，M 为基站天线数，B 为系统带宽，T_{sl}为时隙长度，T_p 为一个时隙内的导频长度，T_s 为信号间隔长度，T_u 为不含保护间隔的信号长度，T_d 为时延扩展。因此，P_B 和 ψ(Gflops)之间的关系表达式为

$$P_B=\frac{\psi(\mathrm{Gflops})}{\vartheta(\mathrm{Gflops/W})} \tag{2.48}$$

其中，ϑ 为大规模集成电路处理效率，W 为大规模集成电路的功耗。综上所述，系统的总功耗可以表示为

$$P_{total}=\frac{P_t}{\eta}+P_C+P_B=\frac{P_t}{\eta}+P_{tx}+P_{rx}+P_B \tag{2.49}$$

其中，P_t 为发射信号功率，η 表示功率放大器的效率。

2.4.2　系统能效模型

大规模 MIMO 系统的能量效率通常指的是上、下行链路和速率与各模块传输数据时消耗功率之和的比值，可简写为 EE(Energy Efficiency)。EE 表示系统传输每单位比特信息时所需要消耗功率的数量，其表达式为

$$\mathrm{EE}=\frac{C_{\text{total}}}{P_{\text{total}}}=\frac{\sum_{k=1}^{K}R_k}{\frac{P_{\mathrm{t}}}{\eta}+P_{\mathrm{C}}+P_{\mathrm{B}}} \tag{2.50}$$

式中，C_{total} 为系统传输数据总量。

由于频谱资源和发射功率在实际通信系统中是受限的，采用动态功率分配的方式可以满足在保证用户 QoS 条件下的信道容量的提升和系统能耗的降低，即通信系统中各子信道上的发射功率可根据信道状态自动调整。一般来说，系统能量效率计算的约束条件有以下两个。

1. 传输速率约束

为了保证用户的 QoS，不可无限制地降低传输速率，即考虑资源分配时必须保证满足传输速率大于其最低速率 $R_{\min}$。其表达式可以写为

$$\begin{cases}\max\limits_{p_i}\dfrac{\sum_{i=1}^{L}\mathrm{lb}\left(1+\dfrac{|h_i|^2}{\sigma^2}p_i\right)}{\sum_{i=1}^{L}p_i+P_{\mathrm{C}}+P_{\mathrm{B}}}\\ \text{s. t.}\ \sum_{i=1}^{L}\mathrm{lb}\left(1+\dfrac{|h_i|^2}{\sigma^2}p_i\right)\geqslant R_{\min}\\ \sum_{i=1}^{L}p_i\leqslant P_{\mathrm{T}}\\ 0\leqslant p_i\leqslant P_{\max},\ i=1,\ 2,\ \cdots,\ L\end{cases} \tag{2.51}$$

式中，h_i 表示路径 i 的衰减因子，设定的最低速率为 $R_{\min}$，L 表示 MIMO 系统的子信道数，p_i 为每个子信道的传输功率。P_{T} 和 $P_{\max}$ 表示 MIMO 系统总发射功率和单个信道的功率上限。

2. 发射功率约束

为了节约能源消耗，应设定最大的信号发射功率。在额定功率下，根据信道状态和用户使用情况，对发射功率进行合理分配，以减少能源浪费。能量效率的优化目标及约束条件可以表示为

$$\begin{cases}\max\limits_{p_i}\dfrac{\sum_{i=1}^{L}\mathrm{lb}\left(1+\dfrac{|h_i|}{\sigma^2}p_i\right)}{\sum_{i=1}^{L}p_i+P_{\mathrm{C}}+P_{\mathrm{B}}}\\ \text{s. t.}\ \sum_{i=1}^{L}p_i\leqslant P_{\mathrm{T}}\\ 0\leqslant p_i\leqslant P_{\max},\ i=1,\ 2,\ \cdots,\ L\end{cases} \tag{2.52}$$

2.5 大规模MIMO系统中上行链路的能效优化

系统的数据吞吐量是传统无线通信系统设计的影响因素，但这样的关注点显然是片面的。资源匮乏、环境恶化这二者是制约全球经济快速增长的瓶颈，无线通信领域也难以摆脱限制，因此对通信系统的研究需要看重能量效率这一方面，为节约能源贡献一份力量。常规的系统天线都会有一定的损耗，在大规模天线系统中这样的劣势会更加明显。在实际中，大规模天线系统的天线一般是毫瓦特级别的，但加上各个射频链路时的能量消耗则是十分巨大的。由此可见，系统的总能量消耗模型需要进行计算和建立。此外，由于小区内在线用户量的激增，系统的总功耗也必然增加。未来的基站天线和小区用户数量都将是翻倍式增长的，需要消耗的能源也必然越来越多。因此，无论从通信系统全局还是局部考虑，优化无线通信系统能量效率都将是十分有意义的。

这里主要考虑以基带消耗功率、小区基站天线的射频链路功率、用户发射功率为主的功率消耗模型，基站接收端采用ZF线性接收检测技术，从而给出一种更加贴近实际的系统上行链路能量效率优化方法。下面主要使用到的数学工具是Dinkelbach分式优化理论和凸函数优化理论等，通过一系列的推导和证明，最终得到最优发射功率、小区最佳天线数目的闭式表达式。

2.5.1 系统模型

多用户大规模MIMO系统的上行链路模型如图2.14所示。蜂窝小区的半径为350 km，小区内有一个提供数据传输服务的基站。基站的天线有M根，随机分布的用户有K个，每个用户有且仅有一根天线。

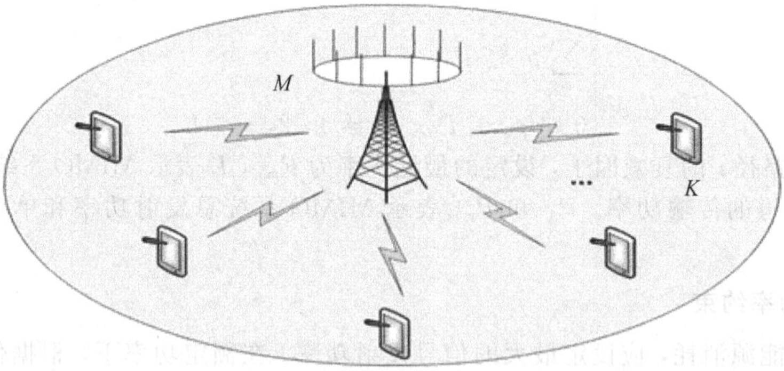

图2.14 多用户大规模MIMO系统的上行链路模型

用矩阵$\boldsymbol{H}$表示基站与每个用户进行通信的传输信道，即

$$\boldsymbol{H}=\boldsymbol{G}\boldsymbol{D}^{1/2} \tag{2.53}$$

其中，$\boldsymbol{G}$表示$M\times K$维的小尺度衰落系数矩阵，则有矩阵

$$\boldsymbol{D}=\mathrm{diag}\{\beta_1, \beta_2, \cdots, \beta_K\} \tag{2.54}$$

表示包含了路径损耗和阴影衰落的大尺度衰落矩阵，其中$\beta_k=\mu\delta/d_k^{\alpha}$，分子上的$\mu$、$\delta$分别表示阴影衰落系数(且服从正态分布)、信道常数(与载波频率和天线增益相关)，分母上的d_k、α分别表示用户k到基站的距离、路径损耗指数。小区内的基站经过接收检测后得到的

传输信号为

$$\boldsymbol{y}=\boldsymbol{V}^{\mathrm{H}}\boldsymbol{H}\boldsymbol{P}^{1/2}\boldsymbol{x}+\boldsymbol{V}^{\mathrm{H}}n \tag{2.55}$$

其中，$\boldsymbol{y}=[y_1, y_2, \cdots, y_K]^{\mathrm{T}}$，$y$ 表示 M 根天线接收到经过检测后的传输信号；$\boldsymbol{V}^{\mathrm{H}}$表示上行链路的信号接收矩阵；若用户 k 的发射功率为 p_k，那么上行链路的发射功率矩阵可表示为 $\boldsymbol{P}=\mathrm{diag}\{p_1, p_2, \cdots, p_K\}$；$\boldsymbol{x}=[x_1, x_2, \cdots, x_K]^{\mathrm{T}}$，表示上行链路各个用户的发射信号；$n$ 表示 $M\times 1$ 维加性高斯白噪声，其均值为零、方差为 N_0。由上述公式可知，y_k 可以表示为

$$y_k = \sqrt{p_k}\boldsymbol{v}_k^{\mathrm{H}}\boldsymbol{h}_k x_k + \sum_{l=1,\, l\neq k}^{K} \sqrt{p_l}\boldsymbol{v}_k^{\mathrm{H}}\boldsymbol{h}_l x_l + \boldsymbol{v}_k^{\mathrm{H}} n \tag{2.56}$$

其中，$\boldsymbol{h}_k$ 和 $\boldsymbol{h}_l$ 是信道传输矩阵 $\boldsymbol{H}$ 的第 k 列和第 l 列的向量元素，$\boldsymbol{v}_k$ 是用户 k 的接收矩阵，x_k 和 x_l 是用户 k 和 l 的发射信号，n 为噪声，p_k 和 p_l 为第 k 个和第 l 个上行链路的发射功率。期望信号、其他用户的干扰噪声、信道噪声分别是公式(2.56)中等号右边每个累加项的含义。那么，系统的信干噪比 SINR 为

$$\gamma_k = \frac{p_k\,|\boldsymbol{v}_k^{\mathrm{H}}\boldsymbol{h}_k|^2}{\sum_{l=1,\, l\neq k}^{K} p_l\,|\boldsymbol{v}_k^{\mathrm{H}}\boldsymbol{h}_l|^2 + \|\boldsymbol{v}_k\|^2} \tag{2.57}$$

当信道为遍历信道、噪声方差为 1(即 $N_0=1$)时，用户 k 的上行链路可实现速率的下界为

$$r_k = E\left\{\mathrm{lb}\left(1 + \frac{p_k\,|\boldsymbol{v}_k^{\mathrm{H}}\boldsymbol{h}_k|^2}{\sum_{l=1,\, l\neq k}^{K} p_l\,|\boldsymbol{v}_k^{\mathrm{H}}\boldsymbol{h}_l|^2 + \|\boldsymbol{v}_k\|^2}\right)\right\} \tag{2.58}$$

为了推导出最终的速率表达式，首先引入以下两个定理：

定理 1(Jensen 不等式)　若 f 是凸函数，X 是随机变量，$E\{\cdot\}$表示求取平均值，则

$$E[f(X)]\geqslant f(EX) \tag{2.59}$$

定理 2　若 $W\sim W(n, \boldsymbol{I}_n)$服从 $m\times m$ 维中心 Wishart 矩阵分布($n>m$)，n 表示自由度，则

$$E\{\mathrm{tr}(\boldsymbol{W}^{-1})\}=\frac{m}{n-m} \tag{2.60}$$

就平衡系统性能、复杂度方面，以下研究内容主要采用 ZF 检测技术，即 $\boldsymbol{V}=\boldsymbol{H}(\boldsymbol{H}^{\mathrm{H}}\boldsymbol{H})^{-1}$，则 $\boldsymbol{V}^{\mathrm{H}}=(\boldsymbol{H}^{\mathrm{H}}\boldsymbol{H})^{-1}\boldsymbol{H}^{\mathrm{H}}$，$\boldsymbol{V}^{\mathrm{H}}\boldsymbol{H}=\boldsymbol{I}_K$。结合式(2.59)，用户 k 在上行链路的可达速率为

$$r_k^{\mathrm{ZF}}=E\left\{\mathrm{lb}\left(1+\frac{p_k}{[(\boldsymbol{H}^{\mathrm{H}}\boldsymbol{H})^{-1}]_{kk}}\right)\right\} \tag{2.61}$$

由定理 1 可知

$$r_k^{\mathrm{ZF}}\geqslant \tilde{r}_k^{\mathrm{ZF}}=\mathrm{lb}\left(1+\frac{p_k}{E\{[(\boldsymbol{H}^{\mathrm{H}}\boldsymbol{H})^{-1}]_{kk}\}}\right) \tag{2.62}$$

当 $M\geqslant K+1$ 时，根据定理 2，可以将 $E\{[(\boldsymbol{H}^{\mathrm{H}}\boldsymbol{H})^{-1}]_{kk}\}$化简为

$$\begin{aligned}E\{[(\boldsymbol{H}^{\mathrm{H}}\boldsymbol{H})^{-1}]_{kk}\} &= \frac{1}{\beta_k}E\{[(\boldsymbol{G}^{\mathrm{H}}\boldsymbol{G})^{-1}]_{kk}\}\\ &=\frac{1}{K\beta_k}E\{\mathrm{tr}[(\boldsymbol{G}^{\mathrm{H}}\boldsymbol{G})^{-1}]\}\\ &=\frac{1}{(M-K)\beta_k}\end{aligned} \tag{2.63}$$

结合式(2.62)和式(2.63)，可以得到用户 k 在上行链路可达速率的最终表达式为

$$r_k^{\mathrm{ZF}}=\mathrm{lb}[1+p_k(M-K)\beta_k] \tag{2.64}$$

若系统的信道条件较好，则接收信噪比较高时，用户 k 的上行链路的可达速率为

$$r_k^{\mathrm{ZF}} \geqslant \hat{r}_k^{\mathrm{ZF}} \geqslant \tilde{r}_k^{\mathrm{ZF}} = \mathrm{lb}[1 + p_k(M-K)\beta_k] \tag{2.65}$$

系统信噪比处于较低范围时用户 k 的上行速率下界为

$$r_k^{\mathrm{ZF}} \geqslant \hat{r}_k^{\mathrm{ZF}} \geqslant \bar{r}_k^{\mathrm{ZF}} = a + b\,\mathrm{lb}[1 + p_k(M-K)\beta_k] \tag{2.66}$$

其中，a、b 均是近似常数，与接收信号的 SINR 有关。

通过对比较好信噪比和低信噪比，可以发现两者是线性关系，在方程图像上是平移的关系，因此两个公式中的凹凸性是一样的。为简化后续运算的计算过程且使得计算出的模型更具有实际意义，故直接采用较好信噪比的计算公式。

2.5.2 系统能效最大化分析

1. 能效优化模型的建立

在 CSI 已知的条件下，系统吞吐量下界是以参数发射功率 $\boldsymbol{p}$、基站天线 M 为主的函数：

$$R(\boldsymbol{p}, M) = \sum_{k=1}^{K} r_k = \sum_{k=1}^{K} \mathrm{lb}[1 + p_k(M-K)\beta_k] \tag{2.67}$$

系统能效表示的是系统和速率与系统中所有传输模块功耗之和的比值，表示了系统中每传输单位比特信息所消耗的系统功耗的大小。$P_{\mathrm{T}}(\boldsymbol{p})$表示总的发射功率，即 K 个用户的总发射功率，其表达式为

$$P_{\mathrm{T}}(\boldsymbol{p}) = \sum_{k=1}^{K} p_k \tag{2.68}$$

信号在基站链路的传输过程中包括数模/模数转换器、射频链路、混频器、信号放大器等功率消耗。为了简化模型，可将基站天线射频链路的消耗功率 $P_{\mathrm{C}}(M)$近似等价为和天线数成正比的表达式：

$$P_{\mathrm{C}}(M) \approx M p_{\mathrm{C}} \tag{2.69}$$

其中，p_{C}表示每根基站天线在链路上的平均消耗功率。

$P_{\mathrm{B}}(M)$表示基带消耗功率。现实生活中的小区基站基带处理中心有大量不同的电子元件，比如滤波器、调制/解调模块、数字化预失真处理模块、信号检测模块、信道编码/解码模块等。为了将这个模型简化，将基带总体功率消耗表示如下：

$$P_{\mathrm{B}}(M) = M \cdot \varepsilon \Psi \tag{2.70}$$

其中，ε 表示信号检测算法中复数计算的复杂度，Ψ 表示基带在每一次复数计算中消耗的功率。

综上所述，在对公式(2.67)～公式(2.70)进行计算推导后，可以得到大规模 MIMO 上行链路系统能效函数的表达式为

$$\mathrm{EE}(\boldsymbol{p}, M) = \frac{\sum_{k=1}^{K} r_k^{\mathrm{ZF}}}{P_{\mathrm{T}}(\boldsymbol{p}) + P_{\mathrm{C}}(M) + P_{\mathrm{B}}(M)} \tag{2.71}$$

其中，$\boldsymbol{p} = [p_1, p_2, \cdots, p_K]$，$p_k$ 表示计算具体的功率分配参数后给定用户 k 的发射功率，M 表示基站可使用的天线数。

在实际的通信系统中，考虑到系统的硬件条件限制和其他用户通信质量的要求，需要对目标函数 EE 作出相应的条件约束，比如每个用户最高可发射功率、最低数据可传输速率等。基于最高可发射功率和最低数据传输速率，上行链路通信系统中的能效优化问题可

以归纳成式(2.72)所示的条件优化问题：

$$\begin{cases}\max\ \mathrm{EE}(\boldsymbol{p},\ M)\\ \mathrm{s.\,t.}\ \ \mathrm{C1}：p_k \leqslant P_{\mathrm{T},k}\\ \qquad\ \mathrm{C2}：r_k^{\mathrm{ZF}} \geqslant R_{\mathrm{T},k}\end{cases} \tag{2.72}$$

其中，C1、C2 为两个约束条件，$P_{\mathrm{T},k}$表示每个用户的最高可发射功率，$R_{\mathrm{T},k}$表示每个用户的最低数据可传输速率。

增加这两个约束条件的目的在于保证每个用户的通信质量和尽可能降低用户使用设备的功率消耗。穷举算法一般是非凸优化问题在求取全局最优解时常用到的算法。然而，使用穷举算法时，用户数 K 在计算过程中为指数形式，复杂度较高。因此要求得能效优化的解，需要对目标问题进行一系列的等式转换，把目标函数的分数形式转换成一次线性形式，再对简化的线性形式进行分析并求解得到最优值。

2. 能效优化的求解

1) Dinkelbach 分式优化理论

令 E^n 表示 n 维 Euclidean 空间，E^n 中连续的子集用 S 表示，$A(x)$、$B(x)$均表示连续存在的实函数，$x\in S$，且对于定义域 $x\in S$ 内的所有 x 均满足

$$B(x)>0 \tag{2.73}$$

对于问题(1)和(2)：

(1) $\max\{A(x)/B(x)\mid x\in S\}$；

(2) $\max\{A(x)-\alpha B(x)\mid x\in S\}$，$\alpha\in E^1$。

因为 $A(x)$、$B(x)$均为连续函数，可以确定问题(1)和(2)均有解。S 是连续的空间，唯一使 $B(x)=0$ 成立的奇点已被排除。由此，可以得到以下几个结论：

① $F(\alpha)=\max\{A(x)-\alpha B(x)\mid x\in S\}$在空间 E^n 上是凸函数。

证明　当 $\alpha=x_0$ 时，函数 $F(t\alpha'+(1-t)\alpha'')$取得最大值，$\alpha'\neq\alpha''$且 $0\leqslant t\leqslant 1$。

$$\begin{aligned}F(t\alpha'+(1-t)\alpha'')&=A(x_0)-(t\alpha'+(1-t)\alpha'')B(x_0)\\&=t[A(x_0)-\alpha'B(x_0)]+(1-t)[A(x_0)-\alpha''B(x_0)]\\&\leqslant t\max[A(x)-\alpha'B(x)]+(1-t)\max[A(x)-\alpha''B(x)]\\&=tF(\alpha')+(1-t)F(\alpha'')\end{aligned}$$

② 函数 $F(\alpha)=\max\{A(x)-\alpha B(x)\mid x\in S\}$在定义域内严格单调递减，即 $\alpha'<\alpha''$时，$F(\alpha')>F(\alpha'')$。

证明　当 $\alpha=x''$时，函数 $F(\alpha'')$取得极大值。

$$\begin{aligned}F(\alpha'')&=\max[A(x)-\alpha''B(x)\mid x\in S]=A(x'')-\alpha''B(x'')\\&<A(x'')-\alpha'B(x'')\\&\leqslant\max[A(x)-\alpha'B(x)]\\&=F(\alpha')\end{aligned}$$

③ 假设 $\alpha^+=A(x^+)/B(x^+)\quad(x^+\in S)$，则 $F(\alpha^+)\geqslant 0$。

证明　$F(\alpha^+)=\max[A(x)-\alpha^+B(x)\mid x\in S]\geqslant A(x^+)-\alpha^+B(x^+)=0$

故 $F(\alpha^+)\geqslant 0$。

④ 如果等式 $\alpha^*=A(x^*)/B(x^*)=\max\{A(x)/B(x)\mid x\in S\}$，那么当且仅当 $F(\alpha^*)=F(\alpha^*, x^*)=\max\{A(x)-\alpha^* B(x)\mid x\in S\}=0$ 成立。

证明

第一步，x^* 是问题(1)的解，则对于所有 $x\in S$，存在

$$\alpha^*=\frac{A(x^*)}{B(x^*)}\geqslant\frac{A(x)}{B(x)}$$

由此可得：

(i) $A(x)-\alpha^* B(x)\leqslant 0$；

(ii) $A(x^*)-\alpha^* B(x^*)=0$。

综上可知，$F(\alpha^*)=\max[A(x)-\alpha^* B(x)\mid x\in S]=0$ 且当 $x=x^*$ 时取得最大值。

第二步，若 x^* 是问题(1)的解，那么 $A(x^*)-\alpha^* B(x^*)=0$；对于所有 $x\in S$，均存在 $A(x)-\alpha^* B(x)\leqslant A(x^*)-\alpha^* B(x^*)=0$。

同理可以得到结论(i)和(ii)。从(i)得出 $\alpha^*\geqslant A(x)/B(x)$，即 α^* 是问题(1)的最大解。从(ii)得出 $\alpha^*=A(x^*)/B(x^*)$，即 x^* 是问题(1)的解。

2) 能效最优值求解

若 $\alpha^*=\mathrm{EE}(\boldsymbol{p}^*, M^*)=\max\limits_{\boldsymbol{p}, M}\left\{\sum_{k=1}^{K} r_k^{\mathrm{ZF}}/(P_{\mathrm{T}}(\boldsymbol{p})+P_{\mathrm{C}}(M)+P_{\mathrm{B}}(M))\right\}$，则当且仅当

$$\max_{\{\boldsymbol{p}, M\}}\left\{\sum_{k=1}^{K} r_k^{\mathrm{ZF}}-\alpha^*\left[P_{\mathrm{T}}(\boldsymbol{p})+P_{\mathrm{C}}(M)+P_{\mathrm{B}}(M)\right]\right\}=0 \tag{2.74}$$

其中，$p_k\geqslant 0(k=1, 2, \cdots, K)$，$M>0$，$P_{\mathrm{T}}(\boldsymbol{p})+P_{\mathrm{C}}(M)+P_{\mathrm{B}}(M)>0$。

系统能效函数的分数形式由此转化成公式(2.74)中的减式形式。结合初始带有约束条件的能效函数，将其转化成如下的等价形式：

$$\begin{cases}\max\limits_{\{\boldsymbol{p}, M\}}\left\{\sum\limits_{k=1}^{K} r_k^{\mathrm{ZF}}-\alpha\left(\sum\limits_{k=1}^{K} p_k+Mp_{\mathrm{C}}+M\varepsilon\Psi\right)\right\}\\ \text{s.t. C1}: p_k\leqslant P_{\mathrm{T},k}\\ \qquad \text{C2}: r_k^{\mathrm{ZF}}\leqslant R_{\mathrm{T},k}\end{cases} \tag{2.75}$$

其中，$P_{\mathrm{T},k}$、$R_{\mathrm{T},k}$ 为常数，那么式(2.75)中的两个约束条件均为线性约束。

令

$$\Gamma(\boldsymbol{p}, M)=\sum_{k=1}^{K} r_k^{\mathrm{ZF}}-\alpha\left(\sum_{k=1}^{K} p_k+Mp_{\mathrm{C}}+M\varepsilon\Psi\right)$$

通过对其求解关于 $\boldsymbol{p}$ 的二阶偏导，可得

$$\frac{\partial^2\Gamma(\boldsymbol{p}, M)}{\partial p^2}<0,\ \frac{\partial^2\Gamma(\boldsymbol{p}, M)}{\partial M^2}<0$$

因此可判定函数 Γ 的海森矩阵负定，函数 Γ 是关于变量($\boldsymbol{p}$, M)的联合凹函数。又条件 C1、C2 均为线性约束，故经转化后的能效优化问题属于凸优化问题。

根据拉格朗日函数的对偶性质，求解带约束条件的凸函数最优值可以等效为求解无约束函数的最优值。式(2.75)中描述能效优化问题的拉格朗日函数用符号 L 表示，则

$$\begin{aligned}L(\boldsymbol{\lambda}, \boldsymbol{\omega}, \boldsymbol{p}, M)=&-\left[\sum_{k=1}^{K} r_k^{\mathrm{ZF}}-\alpha\left(\sum_{k=1}^{K} p_k+Mp_{\mathrm{C}}+M\varepsilon\Psi\right)\right]-\\&\sum_{k=1}^{K}\lambda_k(r_k^{\mathrm{ZF}}-R_{\mathrm{T},k})-\sum_{k=1}^{K}\omega_k(P_{\mathrm{T},k}-p_k)\end{aligned} \tag{2.76}$$

其中，$\boldsymbol{\lambda}=[\lambda_1, \lambda_2, \cdots, \lambda_K]$，$\boldsymbol{\omega}=[\omega_1, \omega_2, \cdots, \omega_K]$，$\lambda_k \geqslant 0$、$\omega_k \geqslant 0$ 分别表示数据速率约束、发射功率约束的拉格朗日乘子。根据对偶性，公式(2.76)变形为

$$\min_{\boldsymbol{\lambda}, \boldsymbol{\omega} \geqslant 0} \max_{\boldsymbol{p}, M} L(\boldsymbol{\lambda}, \boldsymbol{\omega}, \boldsymbol{p}, M) \tag{2.77}$$

给定 λ 和 ω，采用 KKT(Karush-Kuhn-Tucker)条件，分别对 p_k 和 M 进行求导，则

$$\frac{\partial L}{\partial p_k} = \sum_{k=1}^{K} \beta_k (1+\lambda_k) - \frac{1+\lambda_k}{p_k \ln 2} + \alpha + \omega_k = 0 \tag{2.78}$$

可得

$$p_k = \frac{1+\lambda_k}{(\beta_k + \beta_k \lambda_k + \alpha + \omega_k)\ln 2} \tag{2.79}$$

$$\frac{\partial L}{\partial M} = \sum_{k=1}^{K} (1+\lambda_k) \frac{1}{(M-K)\ln 2} - \alpha(p_C + \varepsilon \Psi) = 0 \tag{2.80}$$

可得

$$M = \left\lceil \frac{\sum_{k=1}^{K} (1+\lambda_k)}{\alpha(p_C + \varepsilon \Psi)\ln 2} + K \right\rceil \tag{2.81}$$

其中，$\lceil \cdot \rceil$表示向上取整。

2.5.3　仿真结果及分析

仿真场景设置为单小区下多用户大规模 MIMO 通信系统的上行链路。小区的半径为 350 km，用户距小区基站的最小距离为 50 km，最大距离为 350 km。用户随机分布在小区基站周围。基站振荡器功率为 2 W，基站电路功率为 1 W，用户端电路功率为 0.5 W。

不同基站天线数目下的系统总功耗情况如图 2.15 所示。基站天线数目 M 的取值范围在 1～300 之间，当用户数为一固定值时，系统的总功耗不断增加。系统总功耗随着用户数 K 和基站天线数 M 的增加而变大。因此，需要合理地配置基站天线数目，尽可能服务更多的用户并减少浪费。

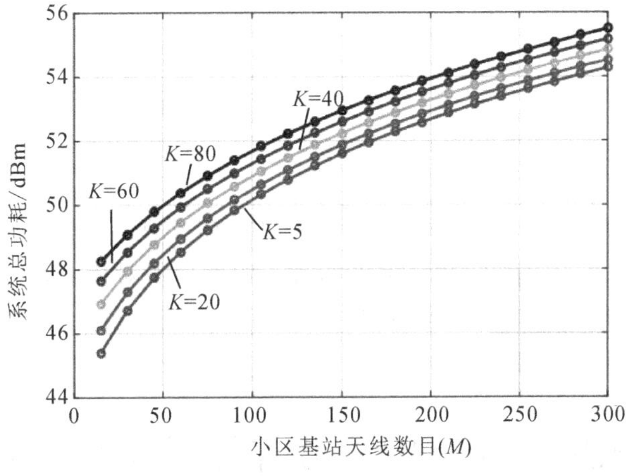

图 2.15　不同基站天线数目下的系统总功耗情况

系统带宽、发射功率与系统能效之间的关系如图 2.16 所示。带宽一定时，发射功率与

系统能效之间的函数为凸函数。发射功率逐渐增加时，系统能效先增大至最大值，再减小。系统能效会随带宽的增加而增加。

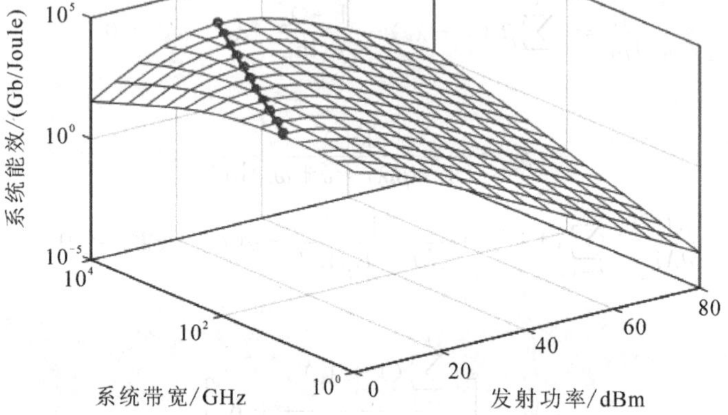

图 2.16　不同系统带宽和发射功率下的系统能效

数据传输速率受系统带宽、发射功率二者影响的关系如图 2.17 所示。发射功率为常数时，带宽增加，系统数据传输速率亦增加。带宽不变时，数据传输速率先是随着发射功率的增加而迅速增加，后增长缓慢，逐渐趋于稳定水平。

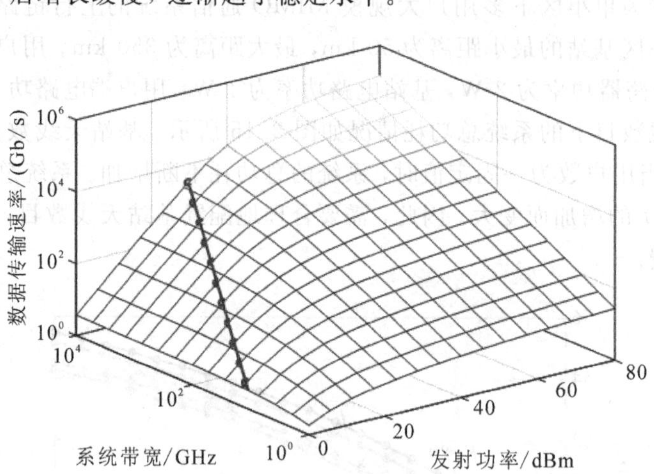

图 2.17　不同系统带宽和发射功率下的数据传输速率

结合图 2.16 和图 2.17 可知，由于系统带宽、发射功率对传输速率的影响，系统能效不可能无限增大。在最大发射功率、最小传输速率的约束下，系统能效存在最优值，这为实际场景的布置提供了一定的参考。

2.6　大规模 MIMO 系统中下行链路能效优化

对大规模 MIMO 系统中下行链路进行分析，采用与上一节相似的电路功耗模型，建立下行链路的能效表达式。这里将分数优化问题转化为非分式优化问题进行求解，给出了三个能效优化方案，即天线数选择方案、发射功率优化方案、用户选择方案，并在此基础上给出了一种关于天线数、用户数的联合优化方案。

2.6.1　系统模型

考虑多用户大规模 MIMO 系统的下行链路，如图 2.18 所示。系统模型为单小区场景，小区内仅有一个基站工作并提供数据传输服务，共有 M 个天线，用户数为 K，且均为单天线用户。

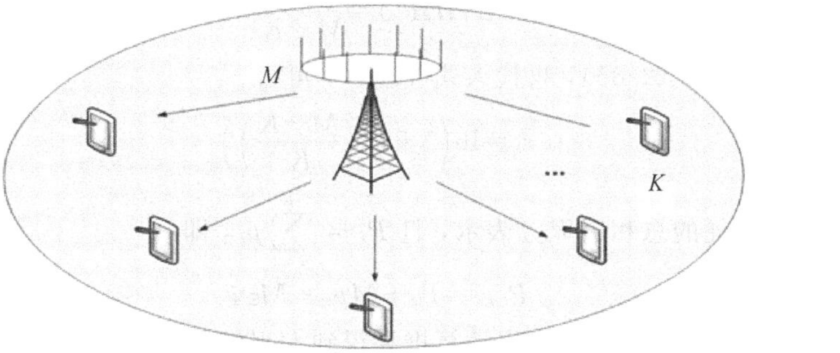

图 2.18　大规模 MIMO 系统的下行链路

为了减小甚至消除来自其他用户的干扰，基站先对信号进行预编码，再发送。若用户的预编码向量为 $\boldsymbol{W}$，则用户 $\boldsymbol{k}$ 接收到的信号 $\boldsymbol{y}$ 可以表示为

$$\boldsymbol{y}=\sqrt{\frac{P_{\mathrm{t}}}{\delta}}\boldsymbol{h}_k\boldsymbol{w}_k\boldsymbol{x}_k+\sum_{i=1,\ i\neq k}^{K}\sqrt{\frac{P_{\mathrm{t}}}{\delta}}\boldsymbol{h}_k\boldsymbol{w}_i\boldsymbol{x}_i+\boldsymbol{n}_k \tag{2.82}$$

式中，$\boldsymbol{x}_k$ 为基站发送给用户 k 的信号，$\boldsymbol{w}_k$ 为用户 k 的权重因子，小区基站到用户 k 之间的信道矩阵为 $\boldsymbol{h}_k=[h_{k,1},\ h_{k,2},\ \cdots,\ h_{k,M}]\in \mathrm{X}^{1\times M}$，是符合小尺度衰落的瑞利分布模型。$\boldsymbol{h}_k$ 中的所有元素均为独立同分布的复高斯变量，均值为 0 且方差为 1，即 $h_{k,M}\sim \mathrm{XN}(0,\ 1)$。由此，下行链路的信道矩阵可以表示为 $\boldsymbol{H}=[\boldsymbol{h}_1^{\mathrm{T}},\ \boldsymbol{h}_2^{\mathrm{T}},\ \cdots,\ \boldsymbol{h}_K^{\mathrm{T}}]\in X^{K\times M}$。$P_{\mathrm{t}}$ 代表发射功率，$\delta=\mathrm{tr}(\boldsymbol{W}^{\mathrm{H}}\boldsymbol{W})/K$ 是发射功率归一化因子，$\boldsymbol{n}_k\sim \mathrm{XN}(0,\ 1)$表示均值为 0、方差为 1 的高斯白噪声。第 k 个用户的期望信号是$\sqrt{\frac{P_t}{\delta}}\boldsymbol{h}_k\boldsymbol{w}_k\boldsymbol{x}_k$，接收到来自其他用户发出的干扰信号噪声是 $\sum_{i=1,\ i\neq k}^{K}\sqrt{\frac{P_{\mathrm{t}}}{\delta}}\boldsymbol{h}_k\boldsymbol{w}_i\boldsymbol{x}_i$。

如果想要在大规模 MIMO 系统中拥有尽可能大的系统容量且干扰极小，那么就需要提前使用低复杂性的线性预编码技术，来有效清除或减弱来自其他用户的干扰。为平衡系统性能、复杂度两方面，选择 ZF 预编码方案。在 ZF 下，信道矩阵 $\boldsymbol{H}$ 和预编码矩阵 $\boldsymbol{W}$ 满足关系 $\boldsymbol{HW}=\boldsymbol{I}$。这说明在信道矩阵求伪逆的过程中可以得到 ZF 预编码矩阵。如此一来，预编码矩阵可以表示为

$$\boldsymbol{W}=[w_1,\ w_2,\ \cdots,\ w_K]=\boldsymbol{H}^{\mathrm{H}}(\boldsymbol{H}\boldsymbol{H}^{\mathrm{H}})^{-1} \tag{2.83}$$

将 ZF 预编码矩阵代入式(2.82)后，可消除来自其他用户的干扰，此时第 k 个用户接收到的信号可以表示为

$$\boldsymbol{y}_k^{\mathrm{ZF}}=\sqrt{\frac{P_{\mathrm{t}}}{\delta}}\boldsymbol{x}_k+\boldsymbol{n}_k \tag{2.84}$$

那么，第 k 个用户接收信号的信干噪比可以写为

$$\gamma_k^{\mathrm{ZF}}=\frac{P_{\mathrm{t}}}{K\delta}=\frac{P_{\mathrm{t}}}{\mathrm{tr}(\boldsymbol{W}^{\mathrm{H}}\boldsymbol{W})}=\frac{P_{\mathrm{t}}}{\mathrm{tr}(\boldsymbol{H}^{\mathrm{H}}\boldsymbol{H})^{-1}} \tag{2.85}$$

ZF 预编码后每个用户的等效传输信道功率一致，每个用户接收的信号的信干噪比也是一致的。根据香农定理，每个用户的信息速率可以表示为

$$r_k=\mathrm{lb}(1+\gamma_k) \tag{2.86}$$

由第 2.5.1 小节的定理 2 的 Wishart 矩阵分布可知

$$\mathrm{tr}(\boldsymbol{H}\boldsymbol{H}^{\mathrm{H}})=\frac{K}{M-K} \tag{2.87}$$

将式(2.87)代入式(2.85)，再代入式(2.86)，可得

$$r_k=\mathrm{lb}\left(1+P_{\mathrm{t}}\left(\frac{M-K}{K}\right)\right) \tag{2.88}$$

各传输模块功耗的总和用 P_{total} 表示，且 $P_{\mathrm{t}}=\sum_{k=1}^{K}p_k$，即

$$P_{\mathrm{total}}=P_{\mathrm{t}}+Mp_{\mathrm{C}}+M\varepsilon\Psi \tag{2.89}$$

结合式(2.82)～式(2.89)，可以计算推导得到大规模 MIMO 下行链路的能效函数表达式为

$$\mathrm{EE}=\frac{\sum_{k=1}^{K}r_k}{P_{\mathrm{total}}}=\frac{K\mathrm{lb}\left(1+P_{\mathrm{t}}\left(\frac{M-K}{K}\right)\right)}{P_{\mathrm{t}}+Mp_{\mathrm{C}}+M\varepsilon\Psi} \tag{2.90}$$

2.6.2 能效优化方案

1. 天线数选择方案

根据下行链路系统能效的表达式(2.90)，可以将天线数优化问题的表达式写为

$$\begin{cases}\arg\max\limits_{M}\dfrac{K\,\mathrm{lb}\left(1+P_{\mathrm{t}}\left(\dfrac{M-K}{K}\right)\right)}{P_{\mathrm{t}}+Mp_{\mathrm{C}}+M\varepsilon\Psi}\\ \text{s. t. } M<K\\ \qquad P_{\mathrm{t}}+Mp_{\mathrm{C}}+M\varepsilon\Psi<P_{\max}\end{cases} \tag{2.91}$$

式(2.91)为分式优化问题，令 $g_1(M)=K\mathrm{lb}\left(1+P_{\mathrm{t}}\left(\frac{M-K}{K}\right)\right)$，$g_2(M)=P_{\mathrm{t}}+Mp_{\mathrm{C}}+M\varepsilon\Psi$。对函数 $g_1(M)$ 求二阶导数，得

$$g_1'(M)=\frac{P_{\mathrm{t}}}{\left(1+P_{\mathrm{t}}\dfrac{M-K}{K}\right)\ln 2} \tag{2.92}$$

$$g_1''(M)=-\frac{P_{\mathrm{t}}^2/K}{\left(1+P_{\mathrm{t}}\dfrac{M-K}{K}\right)^2\ln 2} \tag{2.93}$$

因为 $g_1''(M)<0$，则函数 $g_1(M)$ 是凹函数。又因为 $g_2(M)$ 是一个凸函数，根据 Dinkelbach 分式优化理论，式(2.91)的优化问题可以转化为下面的非分式优化问题来求解：

$$F(\alpha)=\max_{M} g_1(M)-\alpha g_2(M)=0 \tag{2.94}$$

式(2.94)的求解分为两步，外部使用牛顿法迭代能效 α：

$$\alpha=\alpha_0-\frac{F(\alpha_0)}{F'(\alpha_0)}=\alpha_0-\frac{g_1(M^*)-\alpha_0 g_2(M^*)}{-g_2(M^*)}=\frac{g_1(M^*)}{g_2(M^*)} \tag{2.95}$$

内层求解 M^*。M^* 满足条件

$$M^*=\arg\max_M g_1(M)-\alpha g_2(M) \tag{2.96}$$

对式(2.96)进行分析，记作

$$G(M)=g_1(M)-\alpha g_2(M) \tag{2.97}$$

对 $G(M)$ 求二阶导数，得

$$G'(M)=g_1'(M)-\alpha(p_C+\varepsilon\Psi) \tag{2.98}$$

$$G''(M)=g_1''(M) \tag{2.99}$$

因为 $G''(M)=g_1''(M)<0$，那么函数 $G(M)$ 是一个凹函数。由凹函数的性质可知，函数在驻点时取得最大值，即当 $G'(M)=0$ 时函数 $G(M)$ 取得最大值。那么 M 的表达式为

$$M=\left(\frac{1}{\alpha(p_C+\varepsilon\Psi)\ln 2}-\frac{1}{P_t}+1\right)K \tag{2.100}$$

最优天线数是能效 α 收敛到最优能效时，对应的 M^* 值。

2. 发射功率优化方案

根据下行链路系统能效的表达式(2.90)，可以将天线数优化问题的表达式写为

$$\begin{cases}\arg\max\limits_{P_t}\dfrac{K\mathrm{lb}\left(1+P_t\left(\dfrac{M-K}{K}\right)\right)}{P_t+Mp_C+M\varepsilon\Psi}\\ \text{s.t.}\quad M<K\\ \qquad P_t+Mp_C+M\varepsilon\Psi<P_{\max}\end{cases} \tag{2.101}$$

式(2.101)为分式优化问题，令 $t_1(P_t)=K\mathrm{lb}\left(1+P_t\left(\dfrac{M-K}{K}\right)\right)$，$t_2(P_t)=P_t+Mp_C+M\varepsilon\Psi$。对函数 $t_1(P_t)$ 求二阶导数，得

$$\begin{cases}t_1'(P_t)=\dfrac{M-K}{\left(1+P_t\dfrac{M-K}{K}\right)\ln 2}\\ t_1''(P_t)=-\dfrac{(M-K)^2}{\left(1+P_t\dfrac{M-K}{K}\right)^2 K\ln 2}\end{cases} \tag{2.102}$$

因为 $t_1''(P_t)<0$，则函数 $t_1(P_t)$ 是凹函数。又因为 $t_2(P_t)$ 是一个凸函数，根据 Dinkelbach 分式优化理论，式(2.101)的优化问题可以转化为下面的非分式优化问题来求解：

$$P(\alpha)=\max_{P_t} t_1(P_t)-\beta t_2(P_t)=0 \tag{2.103}$$

式(2.103)的求解分为两步，外部使用牛顿法迭代能效 α：

$$\alpha=\alpha_0-\frac{P(\alpha_0)}{P'(\alpha_0)}=\alpha_0-\frac{t_1(P_t^*)-\alpha_0 t_2(P_t^*)}{-t_2(P_t^*)}=\frac{t_1(P_t^*)}{t_2(P_t^*)} \tag{2.104}$$

内层求解 P_t^*。P_t^* 满足条件

$$P_t^*=\arg\max_M t_1(P_t)-\alpha t_2(P_t) \tag{2.105}$$

对式(2.105)进行分析，记作

$$T(P_t)=t_1(P_t)-\alpha t_2(P_t) \tag{2.106}$$

对 $T(P_t)$ 求二阶导数，得

$$T'(P_t)=t_1'(P_t)-\alpha \tag{2.107}$$

$$T''(P_t)=t_1''(P_t) \tag{2.108}$$

因为 $T''(P_t)=t_1''(P_t)<0$，那么函数 $T(P_t)$ 是一个凹函数。同理，根据凹函数的性质，即当 $T'(P_t)=0$ 时函数 $T(P_t)$ 取得最大值，此时，P_t 的表达式为

$$P_t=K\left(\frac{1}{\alpha\ln2}-\frac{K}{M-K}\right) \tag{2.109}$$

最优发射功率是能效 α 收敛到最优能效时，对应的 P_t^* 值。

3. 用户数选择方案

根据下行链路系统能效的表达式(2.90)，可以将天线数优化问题的表达式写为

$$\begin{cases}\arg\max\limits_{K}\dfrac{K\,\mathrm{lb}\left(1+P_t\left(\dfrac{M-K}{K}\right)\right)}{P_t+Mp_C+M\varepsilon\Psi}\\ \text{s.t.}\ \ M<K\\ \qquad P_t+Mp_C+M\varepsilon\Psi<P_{\max}\end{cases} \tag{2.110}$$

式(2.110)中，$P_t=\sum\limits_{k=1}^{K}p_k=Kp_k$，则公式(2.110)可重新表示为

$$\begin{cases}\arg\max\limits_{K}\dfrac{K\,\mathrm{lb}\left(1+P_t\left(\dfrac{M-K}{K}\right)\right)}{Kp_k+Mp_C+M\varepsilon\Psi}\\ \text{s.t.}\ \ M<K\\ \qquad Kp_k+Mp_C+M\varepsilon\Psi<P_{\max}\end{cases} \tag{2.111}$$

令 $v_1(K)=K\mathrm{lb}\left(1+P_t\left(\dfrac{M-K}{K}\right)\right)$，$v_2(K)=Kp_k+Mp_C+M\varepsilon\Psi$。对函数 $v_1(K)$ 求二阶导数，得

$$v_1'(K)=\mathrm{lb}\theta-\frac{P_tM}{\theta K\ln2} \tag{2.112}$$

$$v_1''(K)=-\frac{P_t^2M^2}{K^3\theta^2\ln2} \tag{2.113}$$

式(2.112)和式(2.113)中，$\theta=1+P_t\cdot\dfrac{M-K}{K}$。因为 $v_1''(K)<0$，则函数 $v_1(K)$ 是凹函数。又因为 $v_2(K)$ 是一个凸函数，根据 Dinkelbach 分式优化理论，式(2.111)的优化问题可以转化为下面的非分式优化问题来求解：

$$Q(\alpha)=\max_{K}v_1(K)-\alpha v_2(K)=0 \tag{2.114}$$

式(2.114)的求解分为两步，外部使用牛顿法迭代能效 α：

$$\alpha=\alpha_0-\frac{Q(\alpha_0)}{Q'(\alpha_0)}=\alpha_0-\frac{v_1(K^*)-\alpha_0v_2(K^*)}{-v_2(K^*)}=\frac{v_1(K^*)}{v_2(K^*)} \tag{2.115}$$

内层求解 K^*。K^* 满足条件

$$K^*=\arg\max_{K}v_1(K)-\alpha v_2(K) \tag{2.116}$$

对公式(2.116)进行分析，记作

$$V(K)=v_1(K)-\alpha v_2(K) \tag{2.117}$$

对 $V(K)$ 求二阶导数，得

$$V'(K)=v_1'(K)-\alpha \cdot p_k \tag{2.118}$$

$$V''(K)=v_1''(K) \tag{2.119}$$

因为 $V''(K)=v_1''(K)<0$，则函数 $V(K)$ 是一个凹函数。函数 $V(K)$ 在驻点取得最大值，即 $V'(K)=0$，则 K 的表达式为

$$K=\frac{P_t M}{(\mathrm{lb}\theta-\alpha p_k)\theta\ln 2} \tag{2.120}$$

最优用户数是能效 α 收敛到最优能效时，对应的 K^* 值。

2.6.3　联合优化方案

这里主要考虑一种基于天线数、用户数的能效联合优化算法，具体步骤如下：

(1) 初始化。令 $\alpha_0=\alpha_{\text{initial}}$，其中 $\alpha_{\text{initial}}>0$ 且 $\alpha_{\text{initial}}\to 0$。初始化天线数为 $M_0^*=2$。根据公式(2.119)计算 K_0^*，计数器 $n=1$。

(2) 根据公式(2.115)和 α_{n-1}、K_{n-1}^* 值，计算 α_n。

(3) 根据公式(2.116)和 α_n，计算 K_n^*，计数器 $n=n+1$。

(4) 如果 $|\alpha_n-\alpha_{n-1}|>\mu$，则返回步骤(2)，否则根据公式(2.100)计算 M_n^*。

(5) 根据公式(2.95)和 α_{n-1}、M_{n-1}^* 的值，计算 α_n。

(6) 根据公式(2.100)和 α_n 的值，计算 M_n^*。

(7) 如果 $|\alpha_n-\alpha_{n-1}|>\mu$，则返回步骤(2)；否则算法终止。

天线数和用户数的最优解为 $M^*=M_n^*$，$K^*=K_n^*$。

2.6.4　仿真结果及分析

为了验证上述分析，利用 MATLAB 平台进行仿真。在仿真中，考虑的是单小区多用户大规模 MIMO 系统的下行链路模型场景。仿真系统中的信道是小尺度多径瑞利衰落信道模型，使用的主要参数见表 2.1。

表 2.1　仿真参数列表

系统参数	取　值
小区半径 $d_{\max}$	350 km
参考距离 d_0	50 km
传输带宽 B	20 MHz
总的功率噪声	−80 dBm
固定功率	25 W
基站振荡器功率	2 W
基站电路功率	1 W
用户端电路功率	0.5 W

由于上述理论分析是在 ZF 预编码的基础上进行的，因此仿真结果主要是验证 ZF 预编码下的系统能效性能，并简单地和 MRT/MRC 处理下的系统进行比较。基于 $M\gg K$ 的原则，选取小区内的天线数目最大值为 300，用户数目为 150，且均为正整数。利用蒙特卡罗仿真随机产生用户位置分布和小尺度衰落系数，得到同参数下的系统能效值。其仿真结果如图 2.19 所示。从图 2.19 中可以发现，当变量为小区基站天线数目时，函数图像为凸函数。因此，系统能效存在最优值。ZF 预编码下的系统能效取得最大值 25.562 Mb/Joule时，小区天线数目为 199(即 $M=199$)。MRT 预编码下的系统能效取得最大值 2.734 Mb/Joule时，小区天线数目为 10(即 $M=10$)。ZF 预编码的性能整体上是优于 MRT 的。

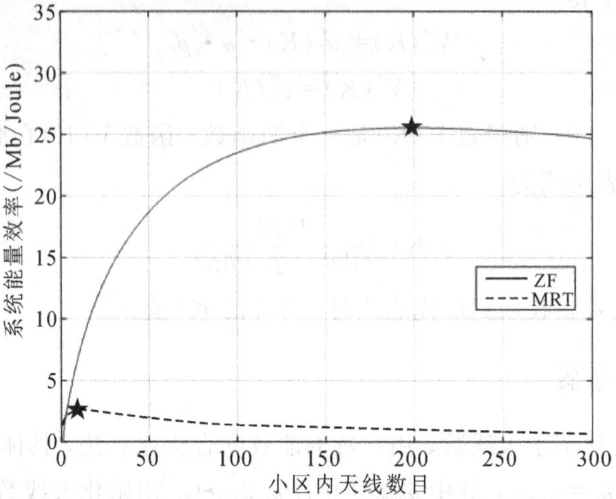

图 2.19 不同基站天线数目的系统能效

同理，可以得到用户数目与系统能效之间的关系图，如图 2.20 所示。当小区用户数目为 150(即 $K=150$)时，ZF 预编码下的系统能效的最优值为 25.180 Mb/Joule。MRT 预编码下的系统能效也存在最优值，即 2.734 Mb/Joule，对应的用户数目为 10。对比图 2.19 和图 2.20 可知，在线性预编码下，系统能效存在最优值。在同时考虑复杂度和可行性的情况下，ZF 预编码的性能要优于 MRT 的。

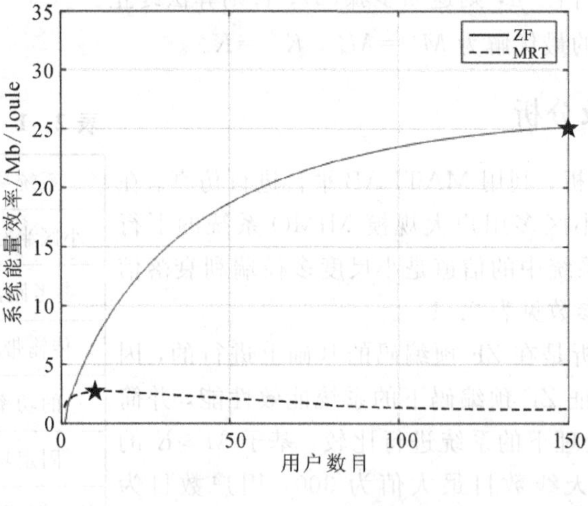

图 2.20 不同用户数目的系统能效

本节中的基于能效的联合优化算法，是先优化用户数目 K，再逐步优化小区基站数目 M。通过穷举搜索，从而得到了 $M \geqslant K+1$ 情况下合理有效的用户数目 K 和小区基站数目 M 的组合及其 ZF 预编码下对应的系统能效值。其仿真结果如图 2.21 所示。当用户数自为 177(即 $K=177$)且小区基站数目 $M=199$ 时，系统的能效最优值为 25.562 Mb/Joule。当用户确定时，盲目地增加小区基站天线数目对系统能效增加没有实际意义。因此，要根据实际需要，合理规划小区基站天线数目，避免不必要的浪费。

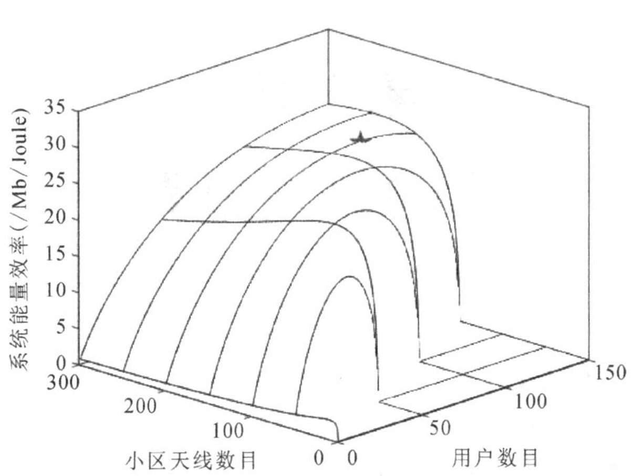

图 2.21 随基站天线数目和用户数目变化的系统能效

本章小结

本章阐述了未来移动通信系统中的关键技术之一——大规模 MIMO 技术，以及其发展过程、突出优点。通过在蜂窝小区基站处配置多个低功耗的天线列阵，采用大数定律和波束成型算法降低空中接口延迟，便可大幅度提高频谱效率、能量效率；同时，简单地通过举例的方式介绍了大规模 MIMO 系统中的信道估计技术、信道检测技术、预编码技术。然后，将硬件损伤带来的发送失真噪声和接收失真噪声添加至理想大规模 MIMO 系统中，使研究模型更加具有实际意义。通过仿真，验证了硬件损伤对系统容量的影响，在实际建模中需要考虑这一因素并进行完善。此外，对上行链路、下行链路分别建模分析，得到了系统能效函数。通过引入 Dinkelbach 分式优化理论，构造拉格朗日函数，迭代优化算法等对能效函数进行了求解。通过理论推导和仿真可知，在一定条件下，系统能效并不会无限增大，在天线数、用户数、发射功率等重要参数影响下，存在最优值。

本章的特色之处在于将天线硬件损伤模型应用到大规模 MIMO 系统的研究中，弥补了当前研究多是基于理想硬件条件的不足，对研究大规模 MIMO 系统中存在的成百上千根天线具有实际意义。

本章中的硬件损伤模型是将相位噪声、I/Q 支路不平衡和高功率放大器等一些非线性问题近似地建模成发送和接收失真噪声，即在每根发送或接收天线上添加一个独立且功率正比于当前信号功率的零均值高斯失真噪声。

除此之外，本章重新定义了大规模 MIMO 系统的功耗模型。电路功耗不再使用简单的常数来表示，而是替换成更为详细的发送和接收链路的各模块功耗来表示。总系统功耗是一个线性函数，与小区基站天线数、小区内用户数密切相关。在此基础上，利用线性接收检测方法和预编码技术，分别分析和整合上行、下行通信链路模型，建立了上、下行系统能效模型，并在一定条件下论证了系统能效函数非单调函数，存在最优值。

第3章 MIMO时域均衡

传统的线性自适应均衡技术需要发送训练序列，该技术虽然计算简单、均衡性能良好，但是频谱资源利用率较低。而盲均衡技术无须发送训练序列，可有效解决前者占用较大带宽的问题，但同时会增加计算复杂度以及降低均衡性能。1975年时，日本学者Sato首次提出了"自恢复均衡"的概念，即后来的盲均衡技术。在盲均衡技术的基础上，半盲均衡技术综合线性自适应均衡技术和盲均衡技术的优、缺点，可利用各种先验信息估计均衡器初始值，结合盲均衡算法，得到最优均衡器。2000年，Carvalho和Slock提出了半盲均衡的概念，同年Li和Zoltowski提出了如何在宽带码分多址(WCDMA，Wideband Code Division Multiple Access)中识别半盲信道的方法。另外，为解决宽带MIMO信道识别问题，Christophe等人采用先进的马尔科夫链蒙特卡罗(MCMC，Markov Chains Monte Carlo)方法，提出了一种基于随机采样的宽带MIMO信道半盲识别技术。

2015年，薛海伟等人提出了一种组合的半盲均衡算法，算法收敛速度快、稳态性能好。该算法是利用软决策算法的选择性以及正交振幅调制(QAM，Quadrature Amplitude Modulation)信号星座图的几何特征来实现的。随后，2018年李程等人针对接收信号存在多天线干扰、多径衰落和加性噪声的问题，提出了不同调制方式下基于线性规划(LP，Linear Programming)的联合半盲均衡与解码算法；同年，有学者利用均衡器输出与训练序列之间的距离关系，提出了一种优于基于高阶统计量的半盲算法。2019年，齐祥明通过叠加训练序列来优化半盲估计信道的结果。另外，考虑到单小区大规模MIMO系统中用户与基站间的大尺度衰落系数，何文旭等人在2021年提出了两种基于期望最大化(EM，Expectation Maximization)估计的半盲迭代改进算法，从而降低了计算复杂度并减小了导频开销，相比导频估计的极大似然(ML，Maximum Likelihood)算法，优化了系统的均方误差。

信道均衡是一种减小信道中相位失真，从而达到提高无线通信传输性能的过程。其基本工作是MIMO信道接收端的均衡器产生与信道相反的特性，减小时变信道、多径传播特性的影响，从而达到抗衰落的效果。本章主要介绍盲均衡算法原理，半盲均衡中的常数模算法(CMA，Constant Modulus Algorithm)，使用均衡算法对信号进行均衡处理和分析。

3.1 MIMO系统组合时域均衡器

均衡技术是一种可有效补偿由于MIMO通信导致信号失真的方法，因此可将均衡技术运用于MIMO通信中。其中，时域均衡可通过调节整个内在系统的冲激响应来满足无ISI条件，即可直接校正已失真的响应波形。相比于频域均衡，它更易实现、简单且均衡效果更好。因此本章采用时域均衡器，后面涉及的均衡算法都是在时域均衡器的基础上实现的。图 3.1 是 MIMO 系统组合时域均衡器的原理框图。如图所示，该系统输入 4-QAM 调制方式的信号，运用时域均衡器直接校正已失真的信号波形。

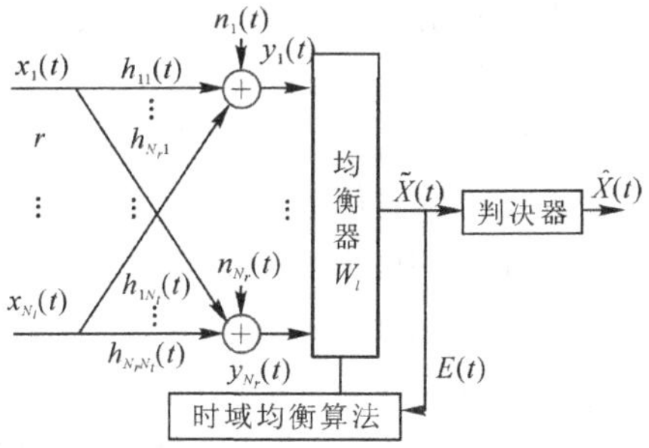

图 3.1　MIMO 系统组合时域均衡器原理框图

图 3.1 中，该系统输入 4-QAM 调制方式的信号，运用时域均衡器直接校正已失真的信号波形，图中 $x_i(t)$为 MIMO 系统输入信号，$h_{ij}(t)$为 MIMO 信道矩阵中的元素，$y_i(t)$为 MIMO 系统输出信号，W_l 代表均衡器，$\widetilde{X}(t)$为均衡器的输出信号，$E(t)$为误差信号，$\hat{X}(t)$为最终的判决结果。该系统输入 4-QAM 信号的矢量表达式为

$$\boldsymbol{x}_i(t)=x_{i1}f_1(t)+x_{i2}f_2(t)\quad i=1,2,3,4 \tag{3.1}$$

即表示 x_{i1} 和 x_{i2} 两个独立的基带数字信号对两个互相正交的同频载波基函数 $f_1(t)$和 $f_2(t)$进行抑制载波的双边带调制。

将已经过正交振幅调制、功率归一化的输入信号 $x_i(t)$通过无线通信的 MIMO 信道传输，系统中接收信号 $y_j(t)$也可改写为

$$y_j(t)=\sum_{i=1}^{N_t}h_{ji}(t)\otimes x_i(t)+n_j(t)\quad i=1,2,3,\cdots,N_t;\ j=1,2,3,\cdots,N_r \tag{3.2}$$

$y_j(t)(j=1,2,\cdots,N_r)$也为均衡器的输入信号。在信号的传输过程中，尤其是在多天线传输中存在着大量的电磁波、空间散射物质、噪音以及路径间干扰，这些因素会影响从发到收的信号，使得天线接收端的信号出现严重的失真，进而影响整个系统传输数据的真实性和可靠性，使通信质量下降甚至不可用。因此，经 MIMO 信道传输后的接收信号 $y_j(t)$必须通过均衡器来校正信号错误，假设均衡器上的抽头系数表示为 $L\times 1$ 维列向量 $\boldsymbol{W}_l(t)$：

$$\boldsymbol{W}_l(t)=[w_1(t),w_2(t),w_3(t),\cdots,w_L(t)]^{\mathrm{T}} \tag{3.3}$$

其中，$w_l(t)$表示第 l 个均衡器的抽头加权系数。因此，均衡器的输出函数可表示为

$$\widetilde{X}(t)=\boldsymbol{W}_l^{\mathrm{T}}\boldsymbol{Y}_j(t-L+1) \tag{3.4}$$

3.2　MIMO 系统的半盲时域均衡

信道均衡的基本工作是 MIMO 信道接收端的均衡器产生与信道相反的特性，减小时变信道、多径传播特性的影响，从而达到抗衰落的效果。

3.2.1 半盲时域均衡算法

1. 盲均衡算法的基本原理

传统的线性自适应均衡技术的计算简单、均衡性能较好，但会占用较大的频谱资源，从而降低通信的有效传输速率。相比前者，盲均衡技术可有效解决线性自适应均衡技术占用较大带宽的问题。该技术无须发送训练序列，即可校正已失真的发送信号。它只需已知发送序列的统计特性以及信道接收端传输信号的特性，即可校正已失真的发送信号。盲均衡技术常被广泛用于MIMO无线通信中，解决MIMO系统通信过程中多径效应、符号间干扰(ISI，Inter Symbol Interference)以及噪声等问题。

盲均衡技术的算法可分为基于高阶统计量的盲均衡算法、基于非线性的均衡器的盲均衡算法以及Bussgang类盲均衡算法，最后一种算法也称为代阶函数算法。在盲均衡技术的众多算法中，Bussgang类盲均衡算法的目标是对均衡器输出端的信号进行非线性变换，通过设定代阶函数，运用自适应算法调整均衡器权系数。在该类算法中，Godard与Triechiar共同提出了CMA算法，CMA算法是Godard算法中参数R_P为2的特殊情况，即$R_2=2$。相比线性自适应均衡技术，盲均衡技术节省了更多的频谱资源，其中CMA算法更能提高信道利用率，在盲均衡技术中被研究者重点运用。然而，盲均衡技术带来了较复杂的计算度，并且牺牲了部分均衡性能和算法的收敛速度。

2. 常数模半盲均衡算法

半盲均衡技术是对线性自适应均衡技术和盲均衡技术的改进，能提高信道利用率，并保持计算不复杂、均衡性能优良。盲均衡技术或半盲均衡技术常常被广泛运用于MIMO无线通信中，用来解决MIMO系统通信过程中多径效应、ISI以及噪声等问题。同理，基于半盲均衡算法来校正已失真信号是可行的。其中CMA(常数模，Constant Modulus Algorithm)半盲时域均衡器原理框图如图3.2所示。半盲时域均衡器模型是在盲均衡器和自适应均衡器的基础上进行改进的模型，它的原理框图与盲均衡器的类似。大多数半盲均衡器设计偏于采用少量训练序列的方法，再结合盲均衡算法来实现半盲均衡算法，下面提到的CMA算法就是在半盲均衡器上实现的。

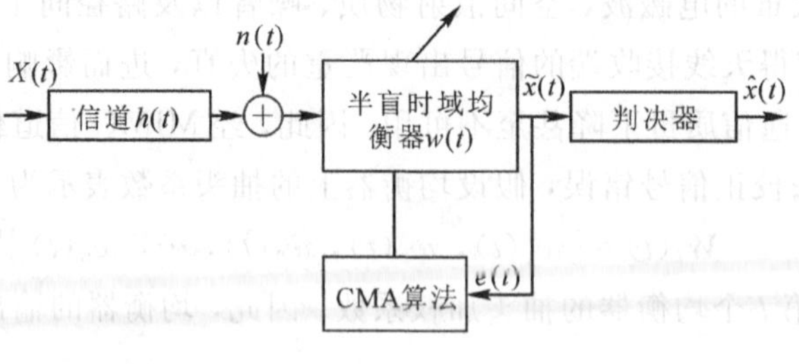

图3.2 常数模半盲时域均衡器原理框图

CMA算法通过选择合适的目标函数来调节均衡器的权系数，使均衡器的输出值$\tilde{x}(t)$尽可能接近发送值$X(t)$，从而达到均衡信道的目的。由于均衡器输入信号与均衡器输出信号都满足局部收敛的特性，因此目标函数可由系统的均方误差表示。目标函数为

$$\text{MSE}=J(t)=e(t)^2 \tag{3.5}$$

其中，$e(t)$为误差函数，即

$$e(t)=[X(t)+n(t)-|\tilde{x}(t)|^2] \tag{3.6}$$

采用最小均方(LMS，Least Mean Square)算法思想，使均衡器权系数迭代公式的每一步更新都能使目标函数值减小。因此，第 l 个均衡器抽头加权系数的迭代公式可定义为

$$w_l(t+1)=w_l(t)+\tilde{\mu}x(t)e(t)y_j(t-L+1) \tag{3.7}$$

其中，μ 为固定步长，在整个迭代过程中为一个常数值，y_j 为半盲均衡器抽头系数，L 为抽头个数。将式(3.6)代入式(3.7)中，第 l 个半盲均衡器抽头加权系数的迭代公式可改写为

$$w_l(t+1)=w_l(t)+\tilde{\mu}x(t)[X(t)+n(t)-|\tilde{x}(t)|^2]y_j(t-L+1) \tag{3.8}$$

3.2.2　改进的非常数模半盲均衡方案

本节推导出一种改进的非常数模 CMA(NCMA，Non-Constant Modulus Algorithm)半盲均衡方案，并采用各种算法对实际信号进行均衡处理与分析。本节通过模拟 MIMO 系统的时域均衡模型并进行仿真，比较均方差值，得到数值结果和星座图，并仿真验证信道均衡，从而提高 MIMO 系统的传输性能，同时给出该 NCMA 算法在瑞利衰落的 MIMO 信道中的传输性能。

1. 改进的非常数模半盲均衡算法

在先前的大多数研究中，基于少量的训练序列的半盲均衡设计仍存在一些缺点：

(1) 在实验中依旧考虑训练样本，无法良好解决计算复杂度和占用较大带宽的问题。

(2) 仅依赖训练样本的半盲均衡方案设计，无法体现均衡器与 MIMO 无线信道的关联，实验方法不太适用于本节 MIMO 系统的研究。

因此，本节对先前的半盲均衡进一步改进，提出一种结合 MIMO 信道先验特性的半盲均衡方案，该方案关联 MIMO 信道参数对均衡器初始值进行预设。

在该设计中，考虑到 MIMO 信道的随机性，构建 MIMO 系统信道模型，生成 MIMO 随机信道矩阵，在计算半盲均衡器初始值时，本节运用的半盲均衡方法为：均衡器抽头系数的初始值与满足 MIMO 信道的冲激响应值互逆。即采用解盲卷积的方法，对 MIMO 信道的每一个子信道的冲激响应值求逆，将得到的值作为均衡器的初始值，最后结合盲均衡算法，对 4-QAM 信号进行恢复。均衡器初始值的估计值$\overline{\boldsymbol{W}}_l(0)$为

$$\overline{\boldsymbol{W}}_l^{\mathrm{T}}(0)=[h_{11},\ \cdots,\ h_{N_r1},\ \cdots,\ h_{1N_t},\ \cdots,\ h_{N_rN_t}]^{-1} \tag{3.9}$$

式中，$h_{ji}(i=1,\ 2,\ \cdots,\ N_t;\ j=1,\ 2,\ \cdots,\ N_r)$表示第 j 根接收天线信号与第 i 根发射天线子信道的冲激响应，这里 h_{ji} 服从瑞利分布，$[\ ]^{-1}$表示求矢量的逆，均衡器抽头个数 l 为 $N_r\times N_t$。瑞利衰落的概率密度 p_{Ray}满足式

$$p_{\mathrm{Ray}}=\begin{cases}\dfrac{A_{\mathrm{r}}}{\sigma_0}\mathrm{e}^{\left(-\frac{A_{\mathrm{r}}^2}{2\sigma_0^2}\right)} & 0\leqslant A_{\mathrm{r}}\leqslant\infty\\ 0 & A_{\mathrm{r}}\leqslant 0\end{cases} \tag{3.10}$$

其中，A_r 表示接收信号振幅，A_r^2 表示接收信号瞬时功率，$2\sigma_0^2$ 表示信号平均功率。

相比利用尽量少的训练序列取得均衡器初始值的方法，该方法通过联合 MIMO 信道的衰落系数值 h_{ji}，预设均衡器初始值，计算量更精简；实验数据更能真实地反映具有随机时变性的 MIMO 系统的均衡效果，该方案更适用于 MIMO 无线信道的均衡处理。另外，

CMA 算法易实现、计算简单，但由于固定步长的限制，会导致系统在均衡过程中出现收敛慢、收敛后剩余误差大的缺点。因此，有研究者提出 NCMA 算法，将固定步长转换成一个非线性函数：

$$\mu(t)=b[1-\mathrm{e}^{(-a\,|\,e(t)\,|\,)}] \tag{3.11}$$

式中，a、b 为两个预先设定的因数，指数部分的 $e(t)$ 为误差函数值。

由式(3.11)可知，NCMA 均衡算法是在 CMA 算法的基础上改进的，它仍采用最陡梯度下降法，即最小均方(LMS，Least Mean Square)算法的思想来迭代均衡器的抽头系数，逐步寻找均方误差函数的最优解，但权系数迭代公式有所改变，将固定步长 μ 改为变量。本节为了进一步提高算法的收敛速度，并保持更好的均衡效果，对变步长公式进一步改进，提出了一种改进的 NCMA 均衡算法，变步长公式为

$$\mu(t)=\begin{cases} b\left(\dfrac{|e(t)|}{a^2}\right)\mathrm{e}^{\left(\frac{-e(t)^2}{2a^2}\right)} & |e(t)|<a \quad \text{(i)} \\ \dfrac{b}{a}\mathrm{e}^{\left(-\frac{1}{2}\right)} & |e(t)|\geqslant a \quad \text{(ii)} \end{cases} \tag{3.12}$$

调整式(3.12)中参数 a 和 b，可灵活实现不同步长下算法收敛速度的加快。根据式(3.12)，给出变步长 $\mu(t)$ 与误差 $e(t)$ 的关系，如图 3.3 所示。

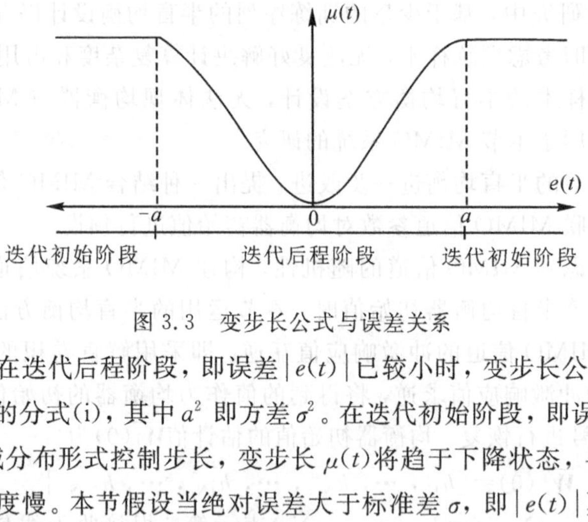

图 3.3　变步长公式与误差关系

由图 3.3 可知，在迭代后程阶段，即误差 $|e(t)|$ 已较小时，变步长公式满足莱斯分布函数的形式，即式(3.12)的分式(i)，其中 a^2 即方差 σ^2。在迭代初始阶段，即误差 $|e(t)|$ 较大时，若仍采用分式(i)的衰减分布形式控制步长，变步长 $\mu(t)$ 将趋于下降状态，导致在算法初始阶段步长小，算法收敛速度慢。本节假设当绝对误差大于标准差 σ，即 $|e(t)|\geqslant a$ 后，将 $|e(t)|=a$ 代入分式(i)，得到分式(ii)，实现误差 $|e(t)|$ 较大时变步长 $\mu(t)$ 仍能保持较大。

总体来说，对于改进的 NCMA 均衡算法，在算法的初始阶段，即误差较大时，仍能保持较大的步长以提高收敛速度；在算法的后程阶段，即误差已较小时，减小步长，有利于降低剩余稳态误差，提高收敛精确度。同时，改进后的变步长公式满足无线信道衰落分布的形式，使得和本节建立的各种 MIMO 信道衰落特性更吻合，以改善均衡性能。

2. 星座图对比

实验中，MIMO 信道收、发端天线数量 $N_r\times N_t=2\times 4$，信道矩阵服从瑞利衰落。信道的输入端采用 4-QAM 调制方式的信号，发送信源信号总数 $T=6000$ 个，信道接收端为高斯白噪声，信噪比(SNR，Signal to Noise Ratio)为 30 dB。

设置仿真实验次数为 500 次。对于每一次实验，半盲均衡器的抽头个数与 MIMO 信道收、发端天线个数有关(为 8 个)。根据式(3.9)，估计均衡器初始值，均衡器抽头加权系数初始值设定为与 MIMO 信道冲激响应值互逆，CMA 算法的固定步长 $\mu=0.0004$，改进的 NCMA 算法中参数设定为 $a=0.8$，$b=0.009$，代入式(3.12)。星座图仿真如图 3.4～图 3.7 所示。

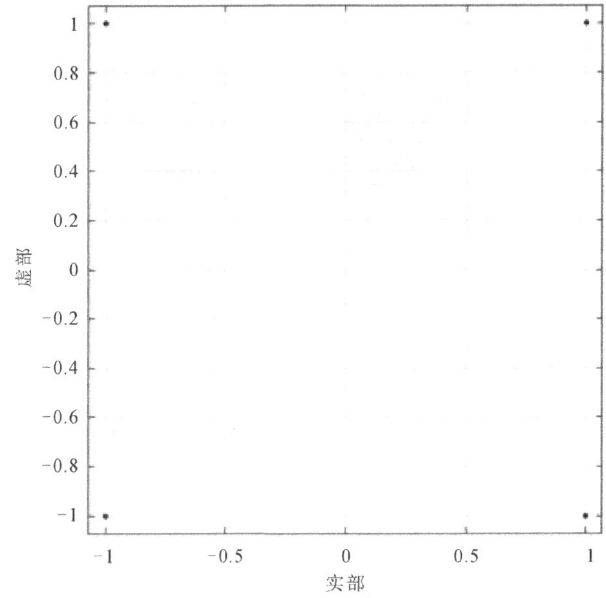

图 3.4　MIMO 系统输入 4-QAM 调制信号星座图

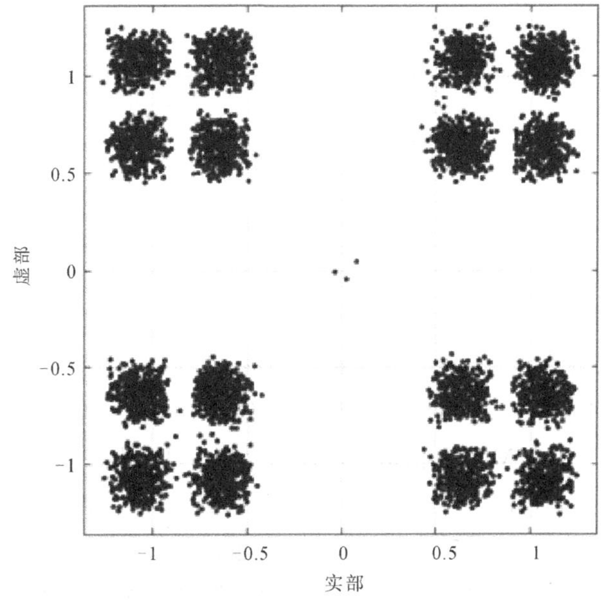

图 3.5　半盲均衡器输入信号星座图

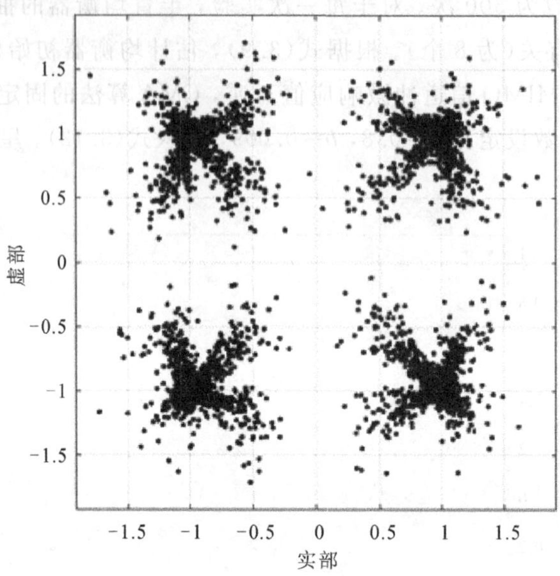

图 3.6 常数模半盲均衡器输出信号星座图

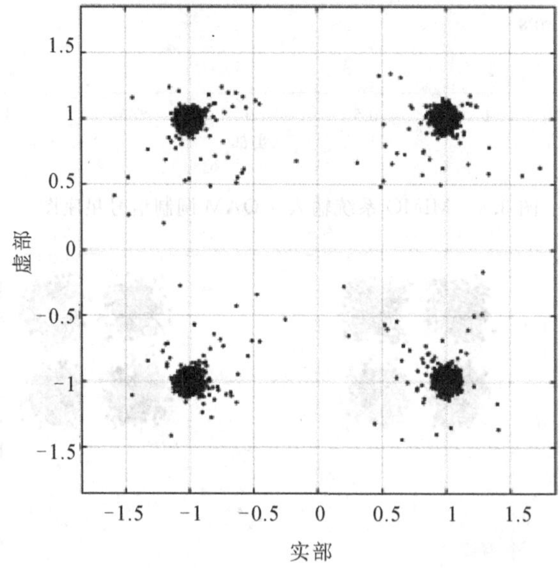

图 3.7 改进的非常数模半盲均衡器输出信号星座图

图 3.4 为 4-QAM 调制输入信号星座图，输入信号满足正交振幅调制。图 3.5 为半盲均衡器输入信号星座图，也为 MIMO 信道接收端信号星座图；由该图可以看出输入信号经过衰落信道和高斯白噪声后，QAM 信号星座点明显出现了扩散，星座点已和原始的 4 个星座点的位置不吻合。图 3.6 和图 3.7 均为半盲均衡器输出信号星座图，分别采用 CMA 算法、改进的 NCMA 算法。由图 3.6 和图 3.7 可以看出，两种半盲均衡算法均能弥补由 MIMO 信道传输造成的信号严重失真的问题，且均衡效果良好。但比较图 3.6 和图 3.7 可看出，明显地，改进后算法的均衡器输出信号星座图更紧密集中、清晰，QAM 信号星座点已基本

不偏离原始输入星座点的位置。这证明改进后的算法均衡效果更好，在稳态条件下具有更小的剩余稳态误差。

3. 均方误差比较

对于每一次实验，半盲均衡器的抽头个数与 MIMO 信道收、发端天线个数有关，即 8 个，根据式(3.9)，估计均衡器初始值。通过调整不同参数值 a、b，参数取值见表 3.1，分析改进的 NCMA 算法的收敛速度。改进后的 NCMA 算法的均方误差如图 3.8 所示。

表 3.1　改进的非常数模算法参数 a、b

参数 a	参数 b
1	0.003
1	0.005
1	0.007
1	0.009
0.4	0.009
0.8	0.009
1	0.009

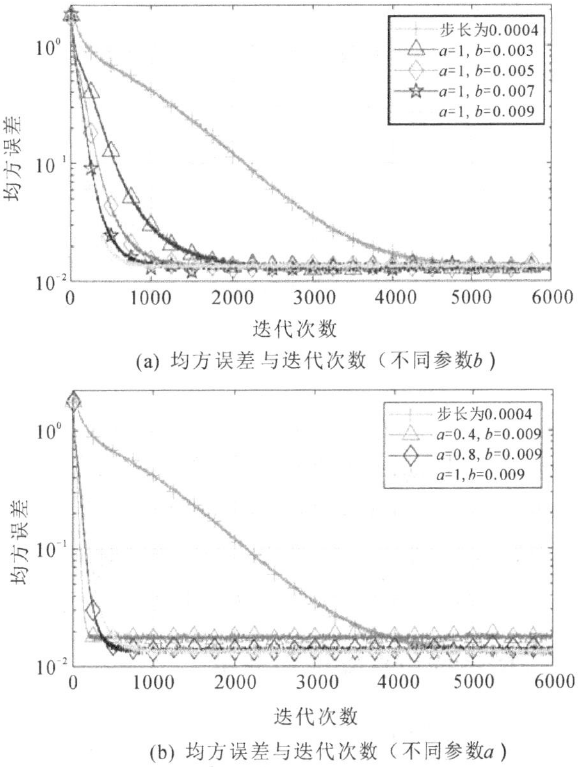

图 3.8　改进的非常数模算法的均方误差比较(不同参数 a 和 b)

由图 3.8 可以看出，给定合适范围的参数值 a、b，MIMO 系统半盲均衡后的均方误差随迭代次数的增加而快速减小，最后均趋于一个接近 0 的稳定值，此平稳值为最小均方误差。另外，与 CMA 算法相比，改进后算法的收敛速度明显更快。

图 3.8(a)给定参数 $a=1$，参数 b 分别为 0.003、0.005、0.007 和 0.009。由图 3.8(a)可以看出，当给定参数 a 值时，调整参数 b 值，算法的收敛速度随 b 值的增大而加快；当参数 $b=0.009$ 时，算法的收敛速度最快。同时，参数 b 对该系统剩余稳态误差几乎无影响，剩余稳态误差相同。因此，可选取参数 $b=0.009$，作为最优均衡器的参数设定。

图 3.8(b)给定参数 $b=0.009$，参数 a 分别为 0.4、0.8 和 1。由图 3.8(b)可以看出，当给定参数 b 值时，调整参数 a 值，算法的收敛速度随着 a 值的增大而减慢，系统剩余稳态误差随着 a 值的增大而减小；当参数 a 取 0.4 时，即参数 a 过小时，将会明显影响系统剩余稳态误差的大小；当参数 $a=0.8$ 时，该算法既可以维持较快的收敛速度，又可以保持较小的

剩余稳态误差。因此，考虑到算法的收敛速度和系统的剩余稳态误差，合理配置参数 a、b，可灵活实现不同步长下算法收敛速度的加快，并减小误差。

最后，在 MIMO 系统半盲均衡器基础上，假定 CMA 算法的固定步长 $\mu=0.0004$。参考图 3.8 仿真分析，选取 $a=0.8$，$b=0.009$，作为最优半盲均衡器参数，同时运用到 CMA 半盲均衡算法、NCMA 半盲均衡算法以及本节提出的改进的 NCMA 半盲均衡算法中。这三种算法的均方误差的比较如图 3.9 所示。

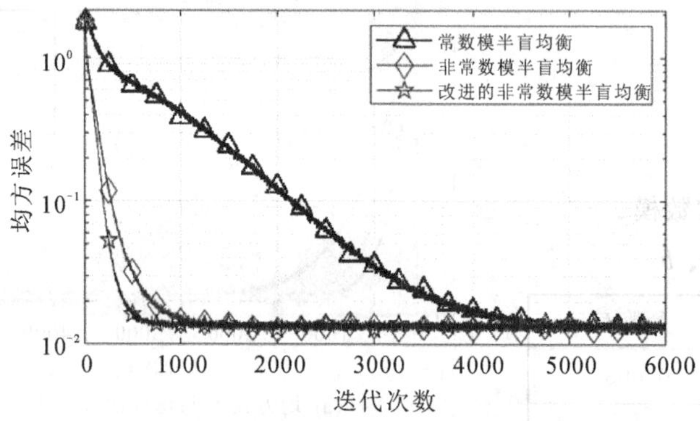

图 3.9　三种算法的均方误差比较

由图 3.9 可以看出，通过比较三种算法，发现 CMA 算法的收敛速度远远小于两种变步长算法的收敛速度。当 NCMA 算法以及改进的 NCMA 算法中参数 a、b 设置相同时，明显地，改进后算法的收敛速度更快。该算法同时能保证在算法的初始阶段，也就是误差较大时，仍能保持较大的步长来加快收敛速度。

3.2.3　均衡系统仿真验证与分析

本小节基于改进的 NCMA 算法、CMA 算法，采用半盲时域均衡的抗衰落技术来校正已畸变的波形，从而证明均衡系统能缓解复杂环境的一些负面影响，整体提升无线传输的质量；使用 MATLAB 软件进行仿真与分析，通过模拟理想状态下 MIMO 系统的均衡模型并进行仿真，通过信号波形和数值结果图，对比移动陆地信道，验证了改进的 NCMA 算法在双路径传输模型的 MIMO 信道下传输性能的好坏。

1. 信道衰落系数推导

MIMO 信道衰落会同时受到大尺度衰落引起的路径损耗 L_{cr}、多径效应造成的莱斯衰落的影响。MIMO 随机信道矩阵 $\boldsymbol{H}$ 的衰落系数 h_{ji} 可表示为

$$h_{ji}=h_{L}h_{Ric} \tag{3.13}$$

式中，h_{Ric} 为小尺度衰落系数，h_{L} 为大尺度衰落系数。

MIMO 应用于莱斯信道时其小尺度衰落服从莱斯分布。莱斯衰落系数 h_{Ric} 为

$$h_{Ric}=\left(\sqrt{\frac{K}{K+1}}h_{LOS}+\sqrt{\frac{1}{K+1}}h_{Ray}\right) \tag{3.14}$$

式中，h_{Ric} 服从莱斯分布，莱斯衰落的概率密度 p_{Ric} 满足式(3.10)；h_{LOS} 为直射信道矩阵分量

衰减系数；h_{Ray} 为瑞利信道矩阵分量衰减系数；K 为莱斯因子，可短时间内控制矩阵从瑞利信道到莱斯信道之间的转换。当 $K=0$ 时，短时间内衰落系数将完全服从瑞利分布；当 $K\to\infty$ 时，将完全只存在直射信号的衰减。

同时，MIMO 应用于大尺度衰落时服从 Longley-Rice 模型。大尺度衰落系数 h_{L} 定义为

$$h_{\text{L}}=\sqrt{L_{\text{cr}}\times 10^{\frac{n}{10}}} \tag{3.15}$$

式中，L_{cr} 为改进的双路径传输模型的传输损耗总和，n 为正态分布随机变量。正态分布随机变量 n 所服从的正态分布均值为 0。服从正态分布的概率密度函数 p_{Nor} 可以表示为

$$p_{\text{Nor}}=\begin{cases}\dfrac{1}{\sqrt{2\pi}\sigma}\text{e}^{\left(\frac{-n^2}{2\sigma^2}\right)} & n\geqslant 0\\ 0 & n<0\end{cases} \tag{3.16}$$

因此，该信道的衰落系数 h_{ji} 可由式(3.13)改写为

$$h_{ji}=\sqrt{L_{\text{cr}}\times 10^{\frac{m}{10}}}\left(\sqrt{\frac{K}{K+1}}h_{\text{LOS}}+\sqrt{\frac{1}{K+1}}h_{\text{Ray}}\right) \tag{3.17}$$

2. 信号波形对比

在仿真实验中，MIMO 信道的每一个子信道符合理想状态下双路径传输模型，其衰落系数 h_{ji} 由上一小节大尺度衰落系数和小尺度衰落系数结合而得，满足式(3.17)。大尺度衰落信道模型中陆地基站与移动站(航船)间的传输距离为 3 km，信道中 MIMO 的天线数量 $N_r\times N_t$ 设定为 4×4。信道的输入端采用 4-QAM 调制方式，信道接收端为高斯白噪声，SNR 为 30 dB。

设置发送信源信号总数 $T=3000$ 个，仿真实验次数为 1000 次。对于每一次实验，半盲均衡器的抽头个数与 MIMO 信道收、发端天线个数有关，即 16 个。沿用本章 CMA 算法和改进的 NCMA 算法校正复杂环境下已失真的波形信号。CMA 算法固定步长 $\mu=0.0004$，参考 3.2.2 小节设定的最优半盲均衡器参数，改进的 NCMA 算法参数设定为 $a=0.8$，$b=0.009$，代入式(3.12)。信号波形如图 3.10～图 3.12 所示。

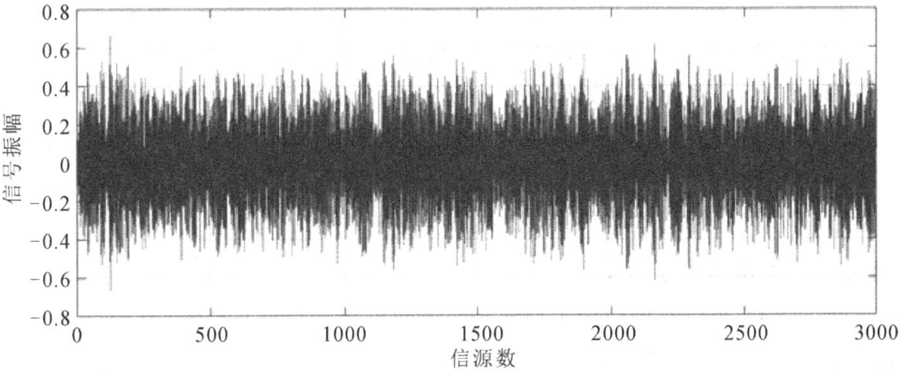

图 3.10　半盲均衡器输入信号波形

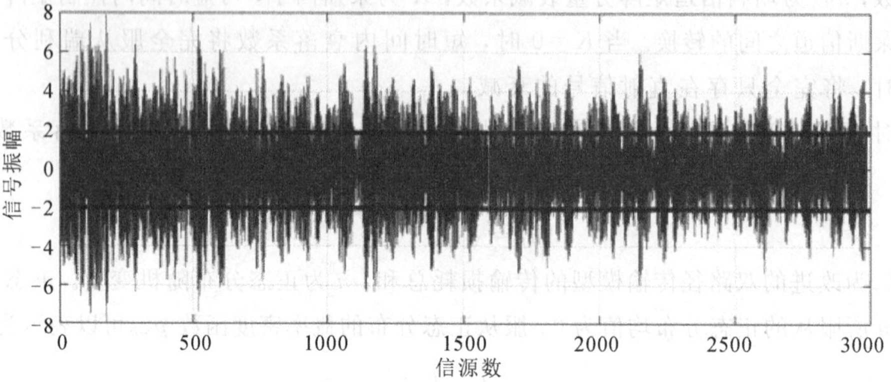

图 3.11 常数模半盲均衡器输出信号波形

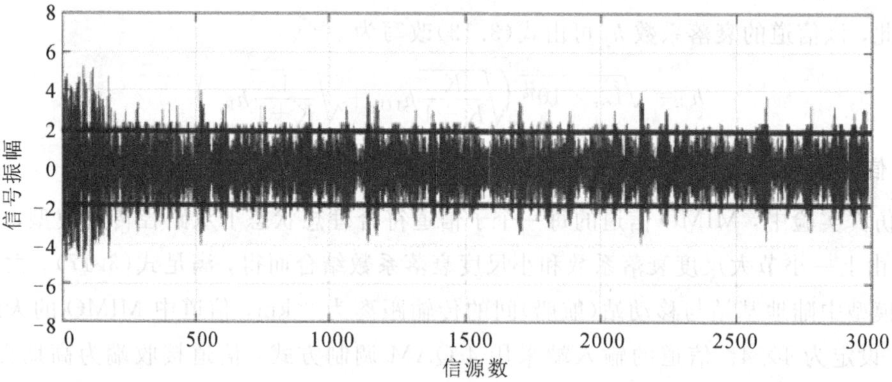

图 3.12 改进的非常数模半盲均衡器输出信号波形

图 3.10 为半盲均衡器输入信号波形，可以看出，4-QAM 调制过的信号通过 MIMO 信道和高斯白噪声后，信道接收端(均衡器输入端)信号波形出现了巨大的畸变。4-QAM 调制信号的原始幅值应在(−2，+2)区间，而图 3.10 显示信号波形在(−0.6，+0.6)区间不稳定浮动，信号包络不明显，信号幅度明显衰减。图 3.11 和图 3.12 均为半盲均衡器输出信号波形，分别采用 CMA 算法、改进的 NCMA 算法对一衰减的信号进行校正。由图 3.11 和图 3.12 可以看出，随着时间的增加，信号波形的包络都在逐渐恢复，证实了两种半盲均衡算法均能应用于 MIMO 信道，对 MIMO 信道传输造成信号严重失真的现象有了改善。但比较图 3.11 和图 3.12 可看出，改进后的 NCMA 算法的均衡器输出信号波形明显比 CMA 算法恢复得更快，效果更明显，从图 3.12 可以看出，失真波形的信号幅值能更精准、更快地恢复在(−2，+2)区间。这证明改进后的算法均衡效果更好，更适用于 MIMO 信道，可有效解决信号在近距离传输过程中造成的接收信号噪声大、波形畸变严重等问题。

3. 海上与陆地均衡效果对比

将改进的 NCMA 算法分别应用于普通的陆地信道和复杂的近距离海上信道，其中普通的陆地信道环境设定得与 3.2.2 小节中的相同，近距离海上信道仿真环境设定得与 3.3.2 小节中的相同。设发送信源信号总数 T=6000 个，实验仿真 1000 次。通过均方误差图，分析改进的 NCMA 算法在两种传输环境下均衡效果的差异。其均衡效果对比如图 3.13 所示。

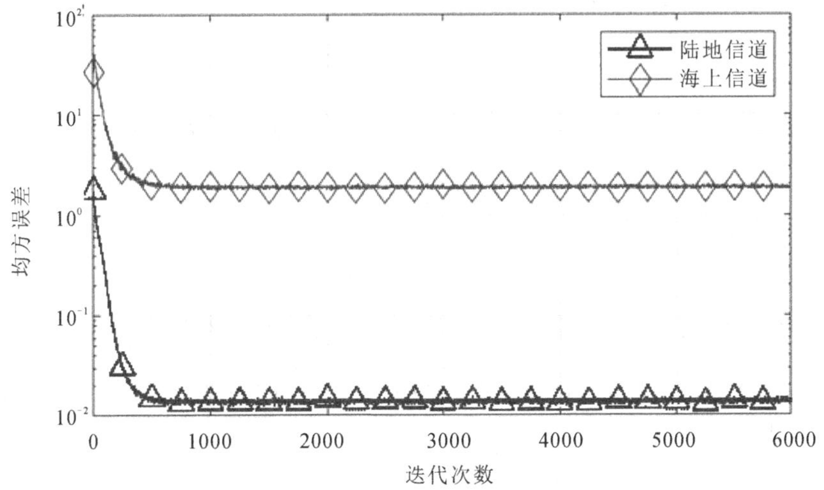

图 3.13　海上与陆地均衡效果对比

由图 3.13 可以看出，同时使用改进的 NCMA 算法，算法的收敛速度基本持平，但均衡效果却有明显的差异。海上均衡系统的最小均方误差明显大于陆上均衡系统的最小均方误差，即该算法应用于海上传输时，均衡效果变差。这是由于相比服从瑞利分布的陆上 MIMO 信道，海上 MIMO 均衡模型增加了更多的不确定性因素，海上传输空间为不规则地形，气候环境、海面折射率、电导率、传输路径、天线高度及标准等都将造成较大的传输损耗 L_{cr}；海上信道具有更强的随机性和不稳定性，会大大降低均衡技术的效果。但分析海上信号波形，基于改进的 NCMA 算法的半盲时域均衡方案已大大改善了均衡效果，提升了信息传输的可靠性。

3.3　基于相关性的 MIMO 信道均衡

在传统单一天线传输的 SISO 信道基础上，MIMO 信道扩宽到了多条传输路径。因此，为描述 MIMO 信道的统计特性，除信道中的多径效应、多普勒扩展、路径损耗外，角度功率谱、角度扩散(AS，Angular Spread)、平均到达角(AOA，Angle Of Arrival)和平均离开角(AOD，Angle Of Departure)等空间中存在的参数特性也不可忽略。这些参数特性有助于建立实际空间的 MIMO 信道模型。

3.3.1　基于相关性的海上 MIMO 信道建模

AS 用于描述散射的分散程度。在接收端，由于多径效应、散射角等诸多因素，到达接收端的信号会有一定的展宽，到达接收机的接收信号拥有不同的扩展方向。在发射端，发射角在空间方向上扩散。因此，在角度的扩展条件下，由于接收信号的大小与空间位置有关联，进而在空间上会产生选择性衰落。AS 倒数即为相干距离，相干距离表示天线间具有强相关性时的最大天线距离，用于描述空间的相关性。另外，AS 的取值范围为[0，2π]，通常定义为角度功率谱的二阶中心距的平方根。其中，AS 可定义为以下两种形式。

(1) 扩展角的均值(σ_{rms}):

$$(\sigma_{rms})=\sqrt{\langle\phi^2\rangle-\langle\phi\rangle^2} \tag{3.18}$$

其中,$\langle\phi\rangle=\dfrac{\int_0^{2\pi}\phi p_r(\phi)d\phi}{\int_0^{2\pi}p_r(\phi)d\phi}$,$\langle\phi^2\rangle=\dfrac{\int_0^{2\pi}\phi^2 p_r(\phi)d\phi}{\int_0^{2\pi}p_r(\phi)d\phi}$,$p_r(\phi)$表示在角度 ϕ 处的接收功率。

(2) 能量分布下扩展角的标准差(σ):

$$\sigma=\sqrt{\langle\phi^2\rangle-\bar{\phi}^2} \tag{3.19}$$

其中,$\sigma=\int_0^{2\pi}\phi^2 p(\phi)d\phi$,$p(\phi)$为散射多径的角度功率谱,$\bar{\phi}$ 为平均 AOA 或平均 AOD。

在空间上散射多径信号的 AS 为 2Δ,AOA 或 AOD 的角度域控制在($\bar{\phi}-\Delta$,$\bar{\phi}+\Delta$),对于高斯分布和拉氏分布的入射波角度功率谱,AS 使用式(3.19)表示。AOA 和 AOD 的取值范围分布在$[-\pi,+\pi]$区间;一般情况下,两者均服从均匀分布。

大部分的研究中都忽略了平均 AOA 和平均 AOD,并假设它们垂直于天线阵列。但在实际应用中,平均 AOA、平均 AOD 对 MIMO 系统空间性能的影响是不可忽视的。当平均 AOA、平均 AOD 离天线阵列的法线越远时,散射信号的相关性越强,可独立性越差,进而信道性能下降。本章将忽视平均 AOA 和平均 AOD,简化系统,提出将 AS 作为天线方位角的方案,分析 AS 对 MIMO 系统性能的影响。

目前,有许多创建 MIMO 无线信道模型的方式,主要包括确定性创建模型的方式和空时统计特性建立模型的方式。本章将采用空时相关统计特性建模法来创建 MIMO 无线衰落信道模型。该模型更能反映 MIMO 系统的空间相关性、MIMO 信道矩阵中的特征值分布等。

图 3.14 所示的反映 MIMO 衰落空间参数特性的无线信道模型中,收、发端天线均采用垂直极化方式的直线阵列,并在水平面内可随意转动。假设接收天线共有 N_r个,相邻间距为 d_r,AOA 为 ϕ_r,平均 AOA 为$\overline{\phi_r}$,定义到达散射信号方位 AS 为 $\Delta_r=\phi_r/2$;假设发射天线共有 N_t个,相邻间距为 d_t,AOD 为 ϕ_t,平均 AOD 为$\overline{\phi_t}$,离开散射信号方位 AS 为 $\Delta_t=\phi_t/2$。

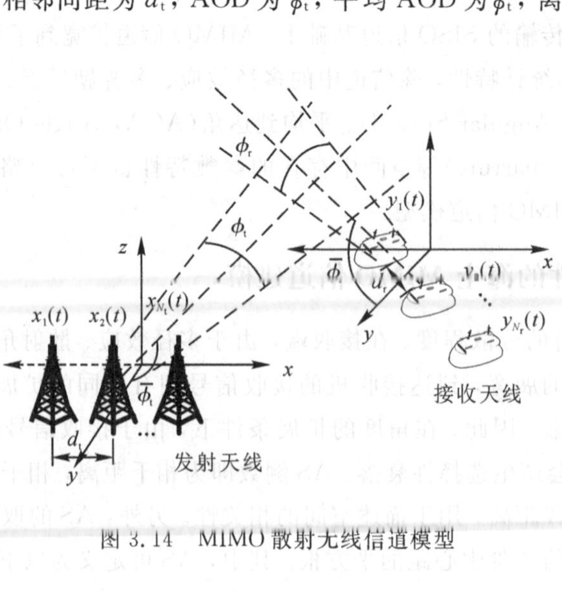

图 3.14　MIMO 散射无线信道模型

1. MIMO 系统相关性的实现

MIMO 系统的空间相关性会直接使系统性能变差。在现实空间中，除了天线数目，还需要考虑的空间因素包括天线间距、AS 等。假定 MIMO 信道两端均采用等间距线性阵列；相邻天线间隔/入射波波长表示为 d；天线的 AS 表示为 2Δ；平均 AOD 或平均 AOA 表示为 $\bar{\phi}$；AOA 或 AOD 的角度域控制在 $(\bar{\phi}-\Delta, \bar{\phi}+\Delta)$，它们的取值范围分布在$[-\pi, +\pi]$区间。因此，可得到第 m 根天线与第 k 根天线之间的相关系数为

$$r = \frac{1}{2\Delta}\int_{\bar{\phi}-\Delta}^{\bar{\phi}+\Delta} \mathrm{e}^{i2\pi(m-k)d\sin\theta_i}\,\mathrm{d}\theta_i \tag{3.20}$$

由于平均 AOD 和平均 AOA 对 MIMO 系统性能的影响较小，本节将忽略平均 AOA 和平均 AOD，以天线之间的 AS 代表天线方位角。最终得到第 m 根和第 k 根天线的相关系数为

$$r = \frac{1}{2\Delta}\int_{-\Delta}^{+\Delta} \mathrm{e}^{i2\pi(m-k)d\sin\theta_i}\,\mathrm{d}\theta_i \tag{3.21}$$

下一小节将研究天线 AS 和天线间隔对系统容量的影响，这里先引入相关矩阵。将随机信道矩阵 $\boldsymbol{H}$ 分解，定义为具有相关性的信道矩阵 $\boldsymbol{H}_{\mathrm{corr}}$：

$$\boldsymbol{H}_{\mathrm{corr}} = \boldsymbol{R}^{\frac{1}{2}}\boldsymbol{H}_{\mathrm{Ric}}\boldsymbol{T}^{\frac{1}{2}} \tag{3.22}$$

式中，$\boldsymbol{H}_{\mathrm{Ric}}$表示服从莱斯分布的随机矩阵；$\boldsymbol{R}$ 表示接收端 $N_{\mathrm{r}}\times N_{\mathrm{r}}$ 维的正相关矩阵；$\boldsymbol{T}$ 表示发送端 $N_{\mathrm{t}}\times N_{\mathrm{t}}$ 维的正相关矩阵。

由于在收、发端天线之间的莱斯衰落信道上存在较强的直射波信号和多径传播所产生的多径信号，例如反射分量。因此，在研究海上 MIMO 系统性能时，可只考虑小尺度衰落，将近距离海上 MIMO 信道模型简化为莱斯信道模型，其收、发端天线之间的衰落系数 h_{Ric} 满足式(3.14)。由相关系数的概念可推导出收、发两端的相关矩阵 $\boldsymbol{R}(r)$和 $\boldsymbol{T}(r)$：

$$\boldsymbol{R}(r) = \begin{pmatrix} 1 & r_{12} & \cdots & r_{1N_{\mathrm{r}}} \\ r_{21} & 1 & \cdots & r_{2N_{\mathrm{r}}} \\ \vdots & \vdots & \ddots & \vdots \\ r_{N_{\mathrm{r}}1} & r_{N_{\mathrm{r}}2} & \cdots & 1_{N_{\mathrm{r}}N_{\mathrm{r}}} \end{pmatrix} \tag{3.23}$$

$$\boldsymbol{T}(r) = \begin{pmatrix} 1 & r_{12} & \cdots & r_{1N_{\mathrm{t}}} \\ r_{21} & 1 & \cdots & r_{2N_{\mathrm{t}}} \\ \vdots & \vdots & \ddots & \vdots \\ r_{N_{\mathrm{t}}1} & r_{N_{\mathrm{t}}2} & \cdots & 1_{N_{\mathrm{t}}N_{\mathrm{t}}} \end{pmatrix} \tag{3.24}$$

其中，r_{mk} $(m=1, 2, 3, \cdots, N;\ k=1, 2, 3, \cdots, N)$表示接收端或发射设端的第 m 根与第 k 根天线之间的相关系数，即将式(3.21)代入即可。

2. MIMO 系统信道容量分析

MIMO 系统信道用于多用户中，不以增长带宽为前提，能大幅度增加容量和频谱利用率。信道容量是指信道能够传输的最大平均速率，其公式基于香农定理。下面将给出信道容量的推导公式，直观反映 MIMO 系统性能的好坏。

首先，给出理想状态下的 MIMO 系统信道容量。此时只需考虑收、发端天线数目以及 SNR 对信道容量大小的影响。因此，在未知信道的瞬时衰落系数情况下，信道容量可表示为

$$C = \mathrm{lb}\left[\det\left(\boldsymbol{I}_m + \frac{\mathrm{SNR}}{N_t}\right) \times \boldsymbol{H}\boldsymbol{H}^{\mathrm{H}}\right] \tag{3.25}$$

其中，$\boldsymbol{I}_m$ 为单位矩阵，$m=\min(N_t, N_r)$；$\boldsymbol{H}$ 为 $N_r \times N_t$ 莱斯衰落信道矩阵，$\boldsymbol{H}^{\mathrm{H}}$ 为 $\boldsymbol{H}$ 矩阵的共轭转置矩阵。

然而，在实际空间中，多径效应、信道衰落所产生的相关性会影响信道容量的大小。由上一节给出的随机信道矩阵 $\boldsymbol{H}$ 的分解公式，将式(3.22)代入式(3.25)中，信道容量为

$$C = \mathrm{lb}\left[\det\left(\boldsymbol{I}_m + \frac{\mathrm{SNR}}{N_t}\right) \times \boldsymbol{R}^{\frac{1}{2}} \boldsymbol{H}_{\mathrm{Ric}} \boldsymbol{T} \boldsymbol{H}_{\mathrm{Ric}}^{\mathrm{H}} \boldsymbol{R}^{\frac{\mathrm{H}}{2}}\right] \tag{3.26}$$

当未知的发射端信道状态将发射功率平均分配到每一个天线上时，接收端和发射端的相关矩阵对系统信道容量的影响是相同的。假设发射端的信道状态是已知的，则只考虑接收端相关矩阵 $\boldsymbol{R}$ 对系统信道容量的影响，最终信道容量为

$$C = \mathrm{lb}\left[\det\left(\boldsymbol{I}_m + \frac{\mathrm{SNR}}{N_t}\right) \times \boldsymbol{R} \boldsymbol{H}_{\mathrm{Ric}} \boldsymbol{H}_{\mathrm{Ric}}^{\mathrm{H}}\right] \tag{3.27}$$

3. MIMO信道的仿真结果与分析

1）信噪比和天线数量对信道容量的影响

假设收、发端天线数量 $N_r \times N_t$ 为 2×2、4×4、8×8 和 64×64 时，信道容量仿真图如图 3.15(a)所示。假设收、发两端的天线数量相等，SNR 分别为 5 dB、10 dB、20 dB 和 30 dB 时，信道容量仿真图如图 3.15(b)所示。

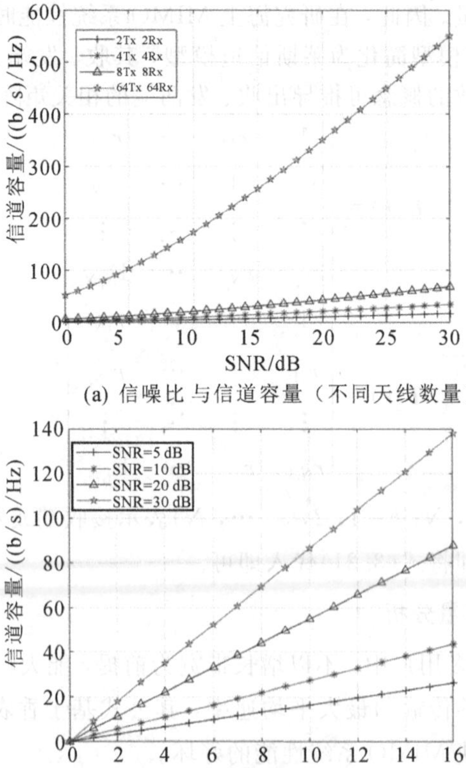

(a) 信噪比与信道容量（不同天线数量）

(b) 天线数量与信道容量（不同信噪比）

图 3.15 MIMO 信道容量与信噪比和天线数量的关系

在不考虑天线相关性的条件下，由图 3.15(a)可以看出，给定天线数量时信道容量随着 SNR 的增加而增加。当处于低 SNR 时，呈指数增加态势；当处于高 SNR 时，呈线性增加态势。当 $N_r \times N_t$ 配置为 2×2、4×4、8×8 时，信道容量增加缓慢，在信噪比增加为 30 dB 的情况下，信道容量仍均低于 100 (b/s)/Hz；当 $N_r \times N_t$ 设置为 64×64 时，信道容量有了显著的提升，证明 MIMO 技术可显著提升信息传输速率。由图 3.15(b)可以看出，给定 SNR，信道容量随着天线数量的增加而增加，并呈线性关系。另外，较高的 SNR 对系统信道容量的影响更显著。

2）扩展角度和天线间距对相关性的影响

假设收、发端天线数量 $N_r \times N_t$ 为 4×4，AS 分别为 60°、40°、20°和 10°时，天线间相关性仿真图如图 3.16(a)所示。另外，天线间隔分别为 2.5λ、6.5λ 和 28.5λ 时，相关性仿真图如图 3.16(b)所示。

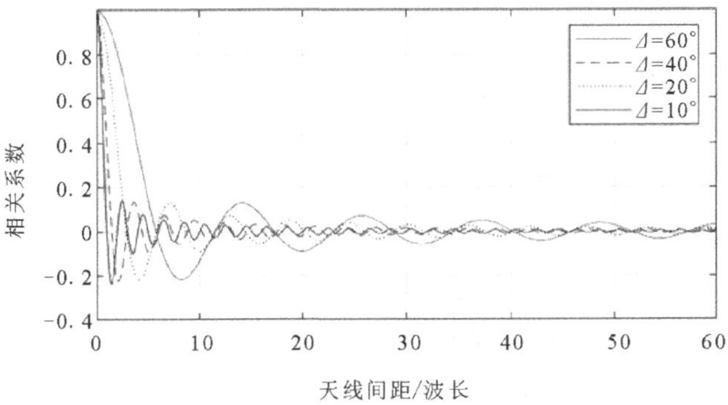

(a) 天线间距与相关系数（不同扩展角度）

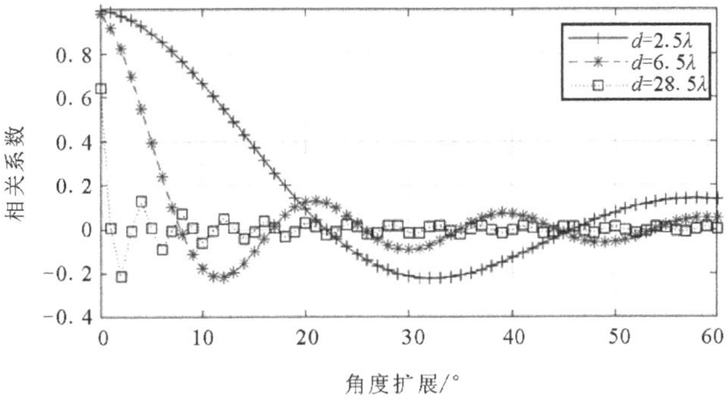

(b) 扩展角度与相关系数（不同天线间距）

图 3.16　MIMO 相关系数与天线间距和扩展角度的关系

由图 3.16 可以看出，天线之间存在着相关性，相关系数随着天线间距或 AS 的增加而减小。只要 AS 或天线间距其中之一足够大，即使另一因素还不够大，相关系数仍能很快地趋近于 0 值。由于 AS 足够大时会增大信号传输路径的增益，进而增多接收信号，因此对天线间隔的要求没那么高。另外，当相关系数为 1 时，MIMO 系统将不再拥有增加信道传输效率的作用。

3）扩展角度和天线间距对信道容量的影响

下面分析扩展角度和天线间距对信道容量的影响。假设收、发端天线数量 $N_r \times N_t$ 为 4×4，AS 分别为 $60°$、$40°$、$20°$ 和 $10°$ 时，信道容量仿真图如图 3.17(a) 所示；另外，天线间隔分别为 2.5λ、6.5λ 和 28.5λ 时，信道容量仿真图如图 3.17(b) 所示。

由图 3.17 可以看出，当考虑到天线之间的相关性时，信道容量随着天线距离或 AS 的增加而增加，最后趋于一个稳定值。此平稳值为相关系数接近 0，即相关性极小时的最大信道容量。AS 或天线间隔越大，信道容量趋近最大平稳值越快。比较图 3.17(a) 和图 3.17(b) 可以看出，两者平稳值最终相同。因此，此时的平稳值即为系统信道容量的最优值。

(a) 天线间距与信道容量（不同扩展角度）　　(b) 扩展角度与信道容量（不同天线间距）

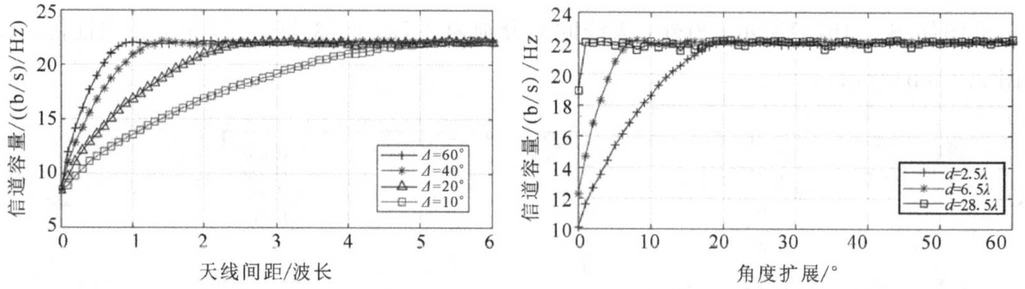

图 3.17　MIMO 信道容量与天线间距和扩展角度的关系

综上所述，由于无论是发射端还是接收端，天线之间都存在着相关性，相关性会影响到整个系统的性能。因此，增大 AS 和天线间隔可以改善系统的信道容量，AS 和天线间距越大，相关系数越小，进而信道容量就越大。但是，一味地增加 AS 和天线间隔将在硬件上难以实现，并且信道容量最后也不会一味地增大。因此，应配置一定的 AS 和天线间隔，尽可能地增加天线数量，提高 MIMO 系统的性能。

3.3.2　基于相关性的海上均衡系统仿真验证与分析

在实际的海上传输路径中，无论是陆地基站还是航船上的移动站，其内部天线之间的距离和天线散射发出的 AS 将会造成天线间较强的相关性。上一小节已整体分析了天线相关性对 MIMO 系统性能的影响，本小节将在设计基于相关性的海上均衡方案时，考虑将海上 MIMO 信道构建为基于相关性的信道矩阵 $\boldsymbol{H}_{corr}$，即式(3.22)。本小节假设发射端的信道状态是已知的，只考虑接收端相关矩阵 $\boldsymbol{R}$ 对 MIMO 系统的影响，则式(3.22)可改写为

$$\boldsymbol{H}_{corr} = \boldsymbol{R}^{\frac{1}{2}} \boldsymbol{H} \tag{3.28}$$

结合海上信道衰落系数 h_{ji}，即式(3.17)，以及上一节相关系数 r_{mk}，即式(3.21)，基于相关性的信道矩阵 $\boldsymbol{H}_{corr}$ 可具体表示为

$$\boldsymbol{H}_{corr} = \sqrt{L_{cr} \times 10^{\frac{n}{10}}} \times \begin{bmatrix} 1 & r_{12} & \cdots & r_{1N_t} \\ r_{21} & 1 & \cdots & r_{2N_t} \\ \vdots & \vdots & \ddots & \vdots \\ r_{N_t 1} & r_{N_t 2} & \cdots & 1_{N_t N_t} \end{bmatrix}^{\frac{1}{2}} \begin{bmatrix} h_{Ric11} & \cdots & h_{Ric1N_t} \\ \vdots & \ddots & \vdots \\ h_{RicN_t 1} & \cdots & h_{RicN_t N_t} \end{bmatrix} \tag{3.29}$$

在此类海上信道的基础上，组合半盲时域均衡器，设计出了一种基于相关性的海上 MIMO 均衡系统。该系统沿用 3.2 节提出的改进的 NCMA 半盲均衡算法，对海上信号进行均衡处理和分析。

这里使用 MATLAB 软件进行仿真与分析，陆地基站与海上移动站(航船)间的传输距离为 3 km，信道中 MIMO 的天线数量 $N_r \times N_t$ 为 4×4；信道的输入端采用 4-QAM 调制方式的信号作为海上信号，信道接收端为高斯白噪声，SNR 为 30 dB；发送信源信号总数 $T=6000$ 个，实验仿真 2000 次；改进的 NCMA 算法参数设定为 $a=0.8$，$b=0.009$，将改进的 NCMA 算法分别应用于无相关性的海上信道和基于相关性的海上信道，通过调整 AS 和天线间距的大小，观察均方误差变化，分析比较不同信道下改进的 NCMA 算法的收敛速度。其均衡效果对比如图 3.18 所示。

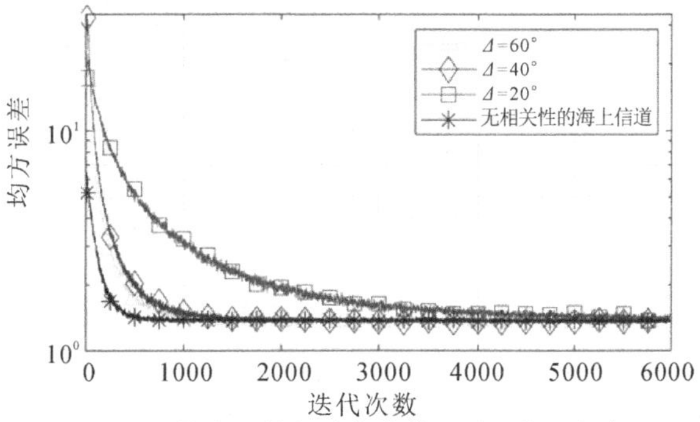

(a) 均方误差与迭代次数（不同扩展角度）

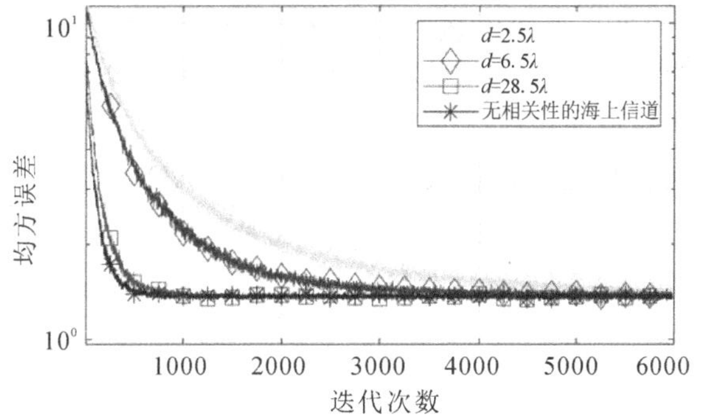

(b) 均方误差与迭代次数（不同天线间距）

图 3.18　基于相关性的海上均衡系统的均方误差比较

由图 3.18 可以看出，海上 MIMO 系统半盲均衡后的均方误差随迭代次数的增加而减小，最终，剩余稳态误差几乎相同。然而，相比理想状态下的海上信道，当信道中多考虑天线相关性这一现实因素后，该算法应用于该类信道模型时，收敛速度明显变慢。这是由于海上 MIMO 信道关联了更多的现实因素，包括 AS、天线间距。这些因素导致的天线相关性会直接影响无线传输的性能，进而影响整个均衡系统的恢复效果。

图 3.18(a)给定相同的天线间距，配置天线 AS 分别为 20°、40°和 60°；图 3.18(b)给定相同的 AS，配置天线间距分别为 2.5λ、6.5λ 和 28.5λ。算法的收敛速度随天线间距或 AS 的增大而加快。只要 AS 或天线间距其中某一因素足够大，即使另一因素还不够大，该算法

的收敛速度就能趋近于理想状态下海上均衡系统算法的收敛速度。因此，可参考图3.18，配置合适的AS和天线间距，减小天线间关联性，加快改进的NCMA算法的收敛速度，改善系统的均衡效果。

本章小结

本章在无线信道的大尺度衰落和小尺度衰落特性的基础上，比较分析Okumura-Hata以及Longley-Rice两种室外传播模型，预测其室外传输损耗，并结合海洋传播的特殊环境，选择了Longley-Rice模型预测海上真实传输环境。

结合Longley-Rice模型的传输特性，在相对平静的近海岸，本章提出了一种改进的双路径传输模型。该模型在传输距离内不仅考虑了直射路径，同时还考虑了近海内陆地基站与海上移动站(航船)间的海平面反射路径，更加精准地预测出了近海岸传输过程中大尺度衰落引起的传输损耗。

本章将双路径传输模型应用于MIMO信道的每一个子信道，构成了理想状态下的海上MIMO信道模型；最终构建了MIMO系统组合半盲时域均衡模型，使得该模型在海洋通信领域也能合理利用高效的均衡技术。

本章提出了一种基于MIMO信道的改进的NCMA半盲均衡方案。改进后的半盲均衡方案基于MIMO信道矩阵的衰落特性来估算半盲均衡器的初始值，采用变步长迭代更新均衡器权系数，寻找最小目标函数值。该算法可灵活配置多个参数调节变步长，实现在整个算法迭代过程中保持不同步长来加快算法的收敛速度，并减小剩余稳态误差。同时，该算法克服了其他算法的缺点，相比于CMA算法等，其收敛速度更快，信道均衡效果更好，并且更适用于MIMO无线信道的均衡处理。

将改进的NCMA算法应用于理想状态下的海上MIMO信道模型，该海上均衡模型能校正海上已失真的信号，可有效解决信号在海上近距离传输过程中造成的接收信号噪声大、波形畸变严重等问题，从而缓解海上复杂环境的一些负面影响，提升海上无线传输的整体质量。

第4章 MIMO-OFDM 信道估计与信号检测

一般而言，OFDM(Orthogonal Frequency-Division Multiplexing，正交频分复用)技术可以有效地削弱多径衰落的影响，而利用空间分级的 MIMO 技术可以同时进行多路数据的传输，从而极大地提升系统容量和频谱利用率。因此，将 MIMO 技术和 OFDM 结合起来，将能实现更快的传输速率并获得很高的可靠性。

当数据传输速率呈指数倍增加的时候，频率选择性衰落也就会占据信道衰落的很大一部分，这时仅仅增加发射信号的功率则是徒劳的。选择适当的子载波带宽并采用合理的信道编码技术，可以进一步消除多径衰落对系统通信的影响。OFDM 技术可以提供没有带宽和功率限制的任何传输速率，适用于高速无线局域网。MIMO 技术则增加了空间的维度，通过分集增大了系统的信道容量，提高了系统的可靠性。将 OFDM 和 MIMO 技术结合起来构成 MIMO-OFDM 系统，其基本思想是：首先对输入的比特流经过多载波进行 OFDM 处理，然后通过编码调制、插入导频，再接着进行傅里叶变换加循环前缀操作，最后通过天线发射出去。

由 MIMO 技术和 OFDM 技术合并而成的 MIMO-OFDM 无线通信系统，将一个数据流通过串/并转换，分为多个子数据流并生成 OFDM 符号，通过多个发射天线传送出去；在接收端再通过并/串转换将它们合并，然后通过多根接收天线传送给用户终端设备。MIMO-OFDM 运用了多个天线进行传输，同时也用了比较先进的数字信号处理技术，虽然它增加了执行的计算复杂度，但可以提升整体系统性能，包括提升系统容量、覆盖范围、频谱利用率和数据传输速率，从而降低了信道的误码率和误符号率。

4.1 MIMO-OFDM 技术

4.1.1 MIMO-OFDM 基本原理

假定有 N_t 组发射天线，其中每组均包含 N 个 OFDM 符号，每组分别在同一个时间上从 N_t 个天线上发送，$N\times N_t$ 符号可以按发射天线与时间划分，可以划分为 N 个 N_t 长的列矢量，因此每一个列矢量为

$$\boldsymbol{x}(i)=[\boldsymbol{x}_1^{\mathrm{T}}(i),\ \boldsymbol{x}_2^{\mathrm{T}}(i),\ \cdots,\ \boldsymbol{x}_{N_t}^{\mathrm{T}}(i)]^{\mathrm{T}} \tag{4.1}$$

其中，$i=1, 2, \cdots, N$，$\boldsymbol{x}_j=\mathrm{IFFT}_N(\boldsymbol{x}_j)=[x_{j,0},\ x_{j,1},\ \cdots,\ x_{j,N-1}]^{\mathrm{T}}$。接收到的 OFDM 符号能够构成 $(N+N_{\mathrm{cp}})N_r$ 个列矢量，即

$$\boldsymbol{y}(i)=[\boldsymbol{y}_1^{\mathrm{T}}(i),\ \boldsymbol{y}_2^{\mathrm{T}}(i),\ \cdots,\ \boldsymbol{y}_{N_r}^{\mathrm{T}}(i)]^{\mathrm{T}} \tag{4.2}$$

其中，$\boldsymbol{y}_j=[y_{j,0}, y_{j,1}, \cdots, y_{j,N+N_{\mathrm{ep}-1}}]^{\mathrm{T}}$，发射信号经过信道后的表达式为

$$\boldsymbol{y}=\boldsymbol{hx}+\boldsymbol{n} \tag{4.3}$$

其中，$\boldsymbol{h}$ 是$[(N+N_g)N_r]\times(NN_t)$的矩阵，其中有 $N_r\times N_t$ 个子矩阵。这时 $\boldsymbol{x}$ 为 $N\times N_t$ 个列矢量，$\boldsymbol{y}$ 为 $N\times N_r$ 个列矢量，所以 $\tilde{\boldsymbol{h}}$ 为$(NN_r)\times(NN_t)$阶矩阵，即

$$\tilde{\boldsymbol{h}}=\begin{bmatrix} \tilde{h}_{1,1} & \cdots & \tilde{h}_{1,N_t} \\ \tilde{h}_{2,1} & \cdots & \tilde{h}_{2,N_t} \\ \vdots & \ddots & \vdots \\ \tilde{h}_{N_r,1} & \cdots & \tilde{h}_{N_r,N_t} \end{bmatrix} \tag{4.4}$$

规定一个$(NN_r)\times(NN_t)$阶块对角矩阵，这个阶块对角矩阵的对角元素是 $N\times N$ IDFT (Inverse Discrete Fourier Transform)矩阵，即

$$\boldsymbol{F}^{*(N_t)}=\begin{bmatrix} F^* & 0 & \cdots & 0 \\ 0 & & & \\ \vdots & \ddots & & \vdots \\ & & & 0 \\ 0 & \cdots & 0 & F^* \end{bmatrix} \tag{4.5}$$

$\tilde{\boldsymbol{h}}$ 矩阵分别左乘、右乘 IDFT 矩阵。产生的矩阵有 $\tilde{h}$ 矩阵每一个循环块的特征值，即

$$\boldsymbol{F}^{(N_r)}\tilde{\boldsymbol{h}}\boldsymbol{F}^{*(N_t)}=\begin{bmatrix} D_{1,1} & \cdots & D_{1,N_t} \\ D_{2,1} & \cdots & D_{2,N_t} \\ \vdots & \ddots & \vdots \\ D_{N_r,1} & \cdots & D_{N_r,N_t} \end{bmatrix} \tag{4.6}$$

对于每一个天线都用 OFDM 技术，便有了 N 个一一对应 DFT 下标的平坦衰落信道。为了让无线通信系统获得 N 个 MIMO 信道，信道左乘矩阵 $\boldsymbol{P}_t$、右乘矩阵 $\boldsymbol{P}_r$。$\boldsymbol{P}_r$ 与 $\boldsymbol{P}_t$ 互为置换矩阵，目的是重新排列原属于相同 DFT 下标的输入与输出信号，则生成的矩阵为

$$\boldsymbol{H}=\boldsymbol{P}_r\boldsymbol{F}^{*(N_r)}\tilde{\boldsymbol{h}}\boldsymbol{F}^{*(N_t)}\boldsymbol{P}_t=\begin{bmatrix} \boldsymbol{H}(\mathrm{e}^{\mathrm{j}2\pi 0}) & \cdots & 0 \\ \vdots & \ddots & \vdots \\ 0 & \cdots & \boldsymbol{H}(\mathrm{e}^{\mathrm{j}2\pi(N-1)}) \end{bmatrix} \tag{4.7}$$

矩阵 $\boldsymbol{H}(\mathrm{e}^{\mathrm{j}2\pi 0})$对应着 DFT 下标为 n 的某个平坦衰落 MIMO 信道。因此输入和输出信号的联系为

$$\boldsymbol{Y}=\boldsymbol{HX}+\boldsymbol{N} \tag{4.8}$$

式中，$\boldsymbol{X}=[\boldsymbol{X}_1^{\mathrm{T}}(k), \boldsymbol{X}_2^{\mathrm{T}}(k), \cdots, \boldsymbol{X}_{N_t}^{\mathrm{T}}(k)]^{\mathrm{T}}$，$\boldsymbol{X}_j=[X_{j,0}, X_{j,1}, \cdots, X_{j,N-1}]^{\mathrm{T}}$，其中 $j=1, 2, \cdots, N_t$，$\boldsymbol{Y}$、$\boldsymbol{Y}_i$ 与 $\boldsymbol{X}$、$\boldsymbol{X}_j$ 有相同的含义。

4.1.2 MIMO-OFDM 系统收/发信机模型

在 $N_{\min}(N_t, N_r)$子信道中，式(4.8)将输入 $\boldsymbol{X}$ 与 $\boldsymbol{Y}$ 联系了起来。设发送天线的个数 N_t 等于接收天线的个数 N_r，这样一来就形成了 $N\times N_t$个平行信道。这些信道均互不相干，一个输入的符号只影响一个输出的符号。虽然 $\boldsymbol{F}$ 和 $\boldsymbol{P}_r$矩阵都要乘以信道噪声，但由于各个方向上 $\boldsymbol{F}$ 和 $\boldsymbol{P}_r$矩阵都有归一化的增益，所以噪声不会放大。

如图 4.1(a)所示，首先通过 N 个发射天线发射，将输入的数据符号流在串/并转换电路中分成 N 个子符号流，然后采用信道编码技术对其中的每个符号流进行无失真压缩，并加入一定的冗余信息；其次，调制器对经过编码后的数据进行调制，调制后的信号在 IFFT(Inverse Fast Fourier Transform)电路中经历将频域数据变换为时域数据的过程；最后，输出的 OFDM 符号前均加一个循环前缀，以弱化信道延迟产生的影响。处理过的信号流经平行传输，每个信号流与指定的发射天线一一对应，经数/模转换与射频模块处理后发射出去。图 4.1(b)所示的接收端与图 4.1(a)所示的发射端信号处理的过程相反。

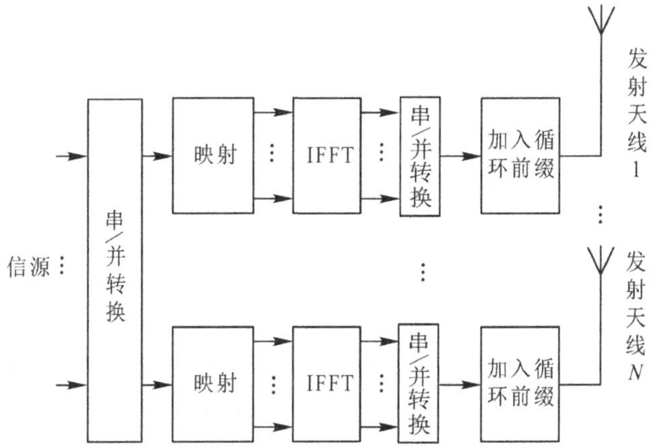

(a) 发射端

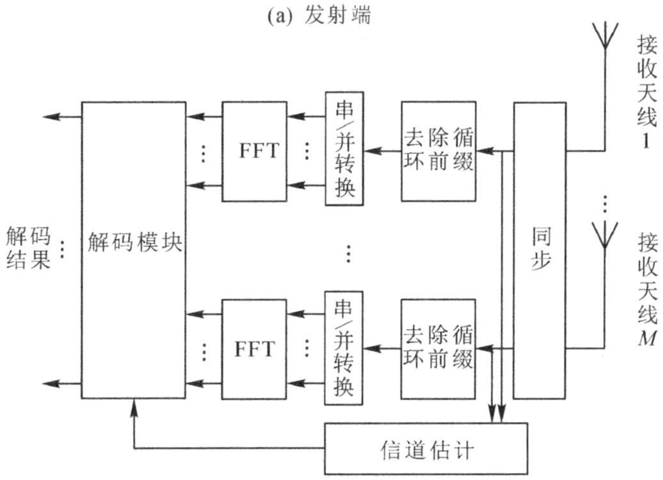

(b) 接收端

图 4.1　MIMO-OFDM 系统收/发信机模型

4.1.3　MIMO-OFDM 系统性能分析

图 4.2 是关于陆上 MIMO-OFDM 系统的传输性能曲线，图 4.2(a)展示了误码率与信噪比的关系，图 4.2(b)展示了符号错误率与信噪比的关系。由此可见，随着信噪比的增加，错误率逐渐减小。

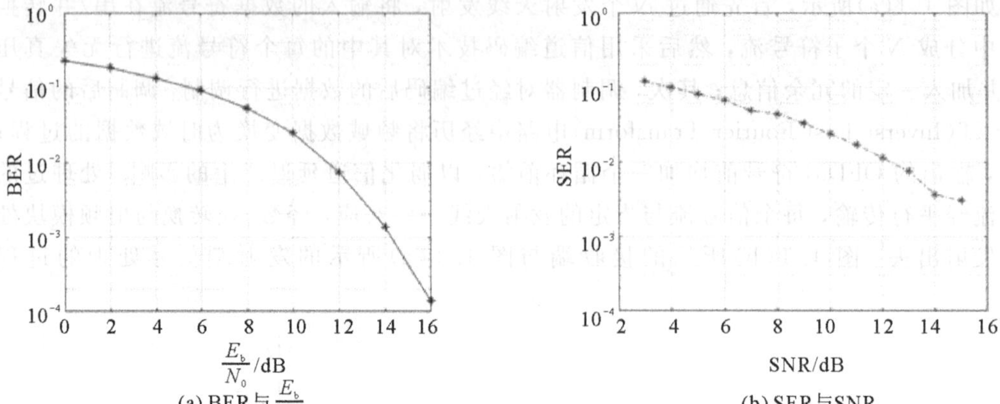

(a) BER与$\frac{E_b}{N_0}$ (b) SER与SNR

图 4.2 陆上 MIMO-OFDM 系统传输性能曲线

相较于陆地环境，海上的信道环境复杂多变，在传输距离是可视距离的情况下，直射波、反射波、散射衍射波以及多路波形叠加和重叠，进而形成复杂波，当到达移动终端时会出现时延以及功率损失。

图 4.3(a)曲线描述了在 2 根发射天线、1 根接收天线的情况下，MIMO-OFDM 系统误码率与信噪比的关系；图 4.3(b)描述的是在 2 根发射天线和 2 根接收天线的情况下，MIMO-OFDM 系统误符号率与信噪比的关系。虽然在某些性能指标上，海上的 MIMO-OFDM 技术应用在某种特定环境下不如陆上的，但是相比海上的其他多种传输方案，海上的 MIMO-OFDM 技术在误码率、上下行传输速率、时延和技术成本等方面都有绝对的优势。

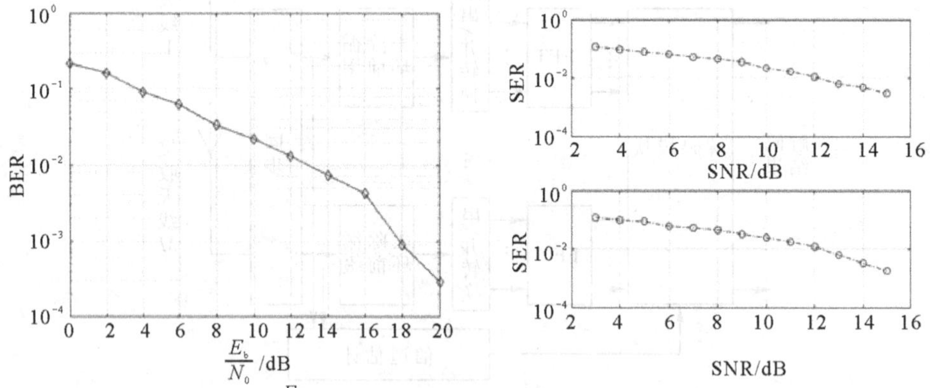

(a) BER与$\frac{E_b}{N_0}$ (b) SER与SNR

图 4.3 海上 MIMO-OFDM 系统传输性能曲线

4.2 MIMO-OFDM 编码技术

MIMO-OFDM 技术作为现今无线移动通信中的核心技术之一，可以在频谱带宽与发射功率不变的情况下提高传输可靠性与效率。要研究这项技术，就必须明确其中的编码方案。MIMO-OFDM 技术有三种常见的编码方案，收、发两端充分利用空间、时间和频率多个维度，任意两个维度就可以构建空时编码、空频编码和空时频编码方案。

4.2.1　MIMO-OFDM 空时编码

由于无线信道的时变性和频率选择特性会使信号历经衰落，同时信号在传输过程中会遇到各种复杂的噪声，导致信号产生很高的误符号率，为了降低这种不良影响，在发射端就要对传输的数据流进行空时(ST，Space and Time)编码。

从图 4.4 可以看出，相比无编码传输，MIMO-OFDM 系统中增加编码后的系统性能更好。当 MIMO 收、发天线为 4×1 且信噪比为 20 dB 时，相对于无编码技术传输，使用空时编码技术后的误码率降低为原来的 1%。

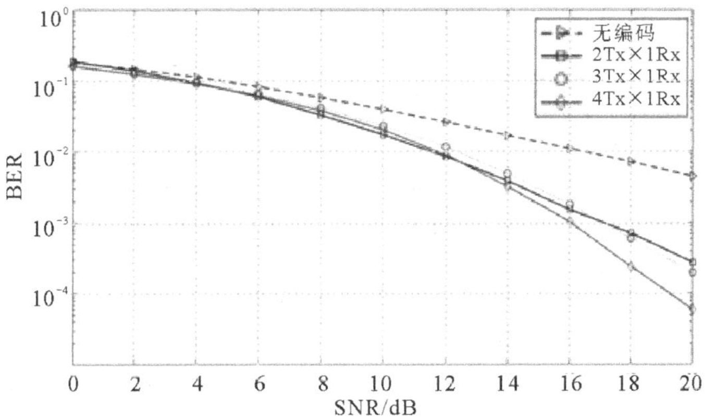

图 4.4　MIMO-OFDM 系统增加编码后的性能

在对不同天线发射的信号进行空时编码时，为了减小由于信道衰落以及噪声导致的符号错误概率，对数据流在发射端进行联合编码。这样虽然会增加信号冗余度，但是接收端能获得更大的编码增益和时空分集增益。由于信号不可能同时处在深衰落情况下，所以在多天线接收来自多信道的、承载同一信息的多个独立信号副本时，接收机总有信号副本可以使用，从而提高了接收信号的信噪比。利用额外的分集增益可以提高通信的可靠性，也可在不提高可靠性的情况下利用高阶调制方法来提高数据的传输速率与频谱利用率。

空时编码方式有 STTC(空时格码)、STBC(空时分组码)和 BLAST(贝尔分层空时结构)三大类。空时格码与空时分组码都可以实现满分集增益，其中空时格码具有抗衰落性能好的优点，而空时分组码的优点在于简化了接收机的结构。分层空时编码技术的关键是同时考虑了接收端信号处理、估计和解码算法。

空时编码技术与 OFDM 技术相结合，构成 ST-OFDM 系统。图 4.5 表示空时编码的数据流向，空时编码的系统模型如图 4.6 所示。假设发送天线和接收天线分别有 n_t个和 n_r个，在某时刻 t，$c^t_{n_t(k)}$为时刻 t 在第 n_t个发射天线的第 k 个子载波上传输的数据，将这些调制的信号由第 n_t个发射天线在时刻 t 同时发射出去，用空时编码器进行编码输出，码字为

$$c^t = c^t_{10},\ c^t_{20},\ \cdots,\ c^t_{n_t 0},\ c^t_{11},\ c^t_{21},\ \cdots,\ c^t_{n_t 1},\ \cdots,\ c^t_{1(N-1)},\ c^t_{2(N-1)},\ \cdots,\ c^t_{n_t(N-1)} \tag{4.9}$$

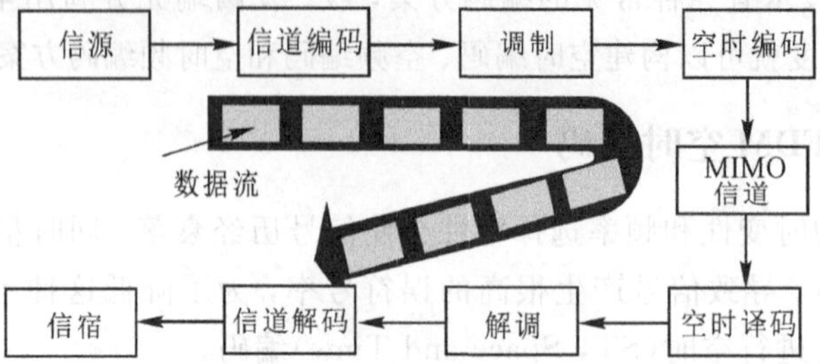

图 4.5　空时编码数据流向

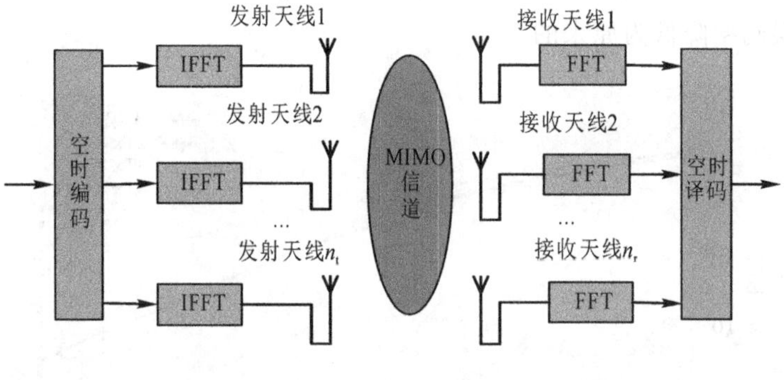

图 4.6　空时编码的系统模型

为了消除 OFDM 系统中的码间干扰，引入循环前缀。假定信道最大时延扩展小于循环前缀长度，且系统收、发端同步，则接收天线 n_r 上的接收信号经信号速率采样、去循环前缀及 FFT 解调后的输出为

$$r^t_{n_t k} = \sum_{n}^{N_t} H^t_{n_r n_t k} c^t_{n_t k} + \eta^t_{n_r k} \tag{4.10}$$

式中，$H^t_{n_r n_t k}$ 为 t 时刻从第 n_t 个发射天线到第 n_r 个接收天线之间的信道在第 k 个子载波频率处的频率响应，$\eta^t_{n_r k}$ 为一个复高斯随机变量。

在接收端，译码器运用最大似然检测算法，衡量值为

$$\sum_{n_r=1}^{N_r} \left| r^t_{n_r t} - \sum_{n_t=1}^{N_t} H^t_{n_r n_t k} c^t_{n_t k} \right|^2 \tag{4.11}$$

前提是假设接收端已知信道状态消息。

衡量值最小的码字 $\hat{c}^t$ 产生译码器的输出：

$$\hat{c}^t = \hat{c}^t_{10}, \hat{c}^t_{20}, \cdots, \hat{c}^t_{n_t 0}, \hat{c}^t_{11}, \hat{c}^t_{21}, \cdots, \hat{c}^t_{n_t 1}, \cdots, \hat{c}^t_{1(N-1)}, \hat{c}^t_{2(N-1)}, \cdots, \hat{c}^t_{n_t (N-1)} \tag{4.12}$$

到第 n_t 个发送天线与第 n_r 个接收天线之间的信道响应时，将时域中信道脉冲响应模型转化为抽头延时线，即

$$H^t_{n_r n_t}(t, \tau) = \sum_{l=1}^{L} H^{tl}_{n_r n_t} \delta(\tau - \tau_l) \tag{4.13}$$

式中，L 表示路径数，τ_l 表示第 l 条路径的时延；$H^{tl}_{n_r n_t}$ 表示第 l 条路径复幅度。每个 OFDM 符号的持续时间由 T_f 表示，OFDM 子载波之间的间隔由 Δf 表示，则有

$$T_f = NT_s, \ T_s = \frac{1}{N}\Delta f \tag{4.14}$$

式中，N 为 OFDM 符号数量，T_s为发射信号的持续时间。于是，第 l 条路径的时延可以表示为式(4.15)，其中 n_l 为整数。

$$\tau_l = n_l T_s \tag{4.15}$$

对信道脉冲响应进行傅氏变换，由此可以得到 t 时刻的信道频率响应为

$$H^t_{n_r n_t} = \sum_{l=1}^{L} h_{n_r n_t}(t, n_l)\exp\left(-\frac{j2\pi k n_l}{N}\right) \tag{4.16}$$

假设

$$h^t_{n_r n_t k}[h^{t1}_{n_r n_t}, h^{t2}_{n_r n_t}, \cdots, h^{tL}_{n_r n_t}]_{1\times L}$$

$$\boldsymbol{w}_k = \left[\exp\left(-\frac{j2\pi k n_1}{N}\right), \exp\left(-\frac{j2\pi k n_2}{N}\right), \cdots, \exp\left(-\frac{j2\pi k n_L}{N}\right)\right]^{\mathrm{T}}_{L\times 1} \tag{4.17}$$

其中，w_k 为权重因子。重写式(4.16)：

$$H^t_{n_r n_t k} = h^t_{n_r n_t k}\boldsymbol{w}_k \tag{4.18}$$

由式(4.18)可以看到，信道脉冲响应 $h^t_{n_r n_t k}$ 的傅氏变换即为信道频率响应 $H^t_{n_r n_t k}$，$\boldsymbol{w}_k$ 表示该变换针对的是第 k 个 OFDM 子载波。

4.2.2　MIMO-OFDM 空频编码

空频(SF, Space and Frequency)编码比空时编码的分集增益高，在 MIMO-OFDM 系统中，OFDM 系统本身就是一个将信号调制到多个不同频率上进行传输的多载波调制系统，所以这里本身就已经引入了频率域，这也是为什么要引入空频编码。在此，将空频编码与正交频分复用相结合，构成 SFBC-OFDM 系统，如图 4.7 所示。

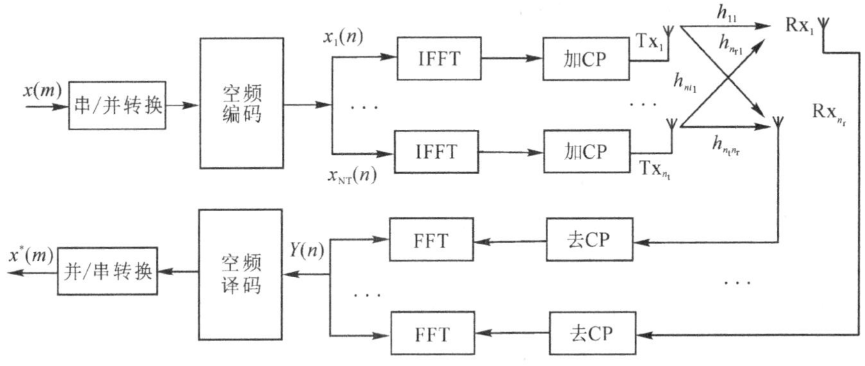

图 4.7　空频分组码的 MIMO-OFDM 系统结构

发送端和接收端各自分布 n_t个发送天线、n_r个接收天线。系统总带宽为 W Hz。经过编码和映射，变成信号星座集中的信号，由 $x(m)$表示，再将周期为 T_d的信号经过串/并转换后，形成长度为 N 的码元矢量，即

$$\boldsymbol{X}(n) = [x(nk), x(nk+1), \cdots, x(nk+N-1)]^{\mathrm{T}} \tag{4.19}$$

其周期为 NT_d。$\boldsymbol{X}(n)$进行空频编码，被映射为 n_t个并行数据流，即

$$\boldsymbol{X}(k) = [x_1(k), x_2(k), \cdots, x_{n_t}(k)] \tag{4.20}$$

若输入的 SFBC 编码器信息字符数量为 N_I 个，则编码器将输出 n_t个长度为 NN_I 的并行数据流。用 N 表示 OFDM 中的子载波数，OFDM 调制后，在第 n 个 OFDM 字符周期内、第 k 个子载波处，待发送的 $n_t\times 1$ 维信号矢量表示为式(4.21)，式中 $x^k_{n_t}(n)$为 OFDM 调制

后的复数据字符。

$$\boldsymbol{X}(k,n)=[x_1^k(n),x_1^k(n),\cdots,x_{N_t}^k(n)]^{\mathrm{T}} \tag{4.21}$$

在接收端，在匹配滤波之后对每个接收天线上的信号以 W Hz 的速率删除每一帧循环前缀的采样，然后输入这些采样值到 OFDM 解调器。第 n_r 个接收天线的第 k 个 OFDM 解调器的输出为

$$Y_{n_r}^k(n)=\sum_{n_t=1}^{N_t}H_{n_rn_t}^k(n)x_{n_t}^k(n)+Z_{n_r}^k(n) \tag{4.22}$$

在第 k 个子载波处、第 n 个 OFDM 字符周期内输出的 $n_r\times1$ 维接收信号的矢量可以表示为

$$\boldsymbol{Y}^k(n)=\boldsymbol{H}^k(n)\boldsymbol{X}^k(n)+\boldsymbol{Z}^k(n) \tag{4.23}$$

式中，$\boldsymbol{H}^k(n)$为 $n_t\times n_r$维 MIMO 信道的瞬时衰落频率响应矩阵。

OFDM 解调后，再根据信道估计获得的信道参数来进行空频译码，就可以得到原始数据。空频译码器需要采用最大似然译码估计出发送的空频码序列 $\hat{X}(n)$。假设信道在一个 OFDM 码元上保持不变且各个 OFDM 码元上信道互不相关，最大似然译码准则表示为

$$\hat{X}(n)=\arg\min_{\hat{X}}\sum_{n_r=1}^{N_r}\sum_{n=1}^{N}\left\|Y_{n_r}^k(n)-\sum_{n_t=1}^{N_t}H_{n_rn_t}^k(n)X_{n_t}^k(n)\right\|^2 \tag{4.24}$$

空频译码器会把 $\hat{X}(n)$按照空频编码的逆过程恢复出 $\hat{x}(m)$；$\|\cdot\|$表示 Frobenius 范数。

在 t 时刻，第 n_t 个发射天线到第 n_r 个接收天线间的无线信道脉冲响应为

$$h_{n_rn_t}(t;\tau)=\sum_{l=1}^{L}h_{n_rn_t}(t;l)\delta(\tau-\tau_l) \tag{4.25}$$

式中，L 为多径数；τ_l 为第 l 条路径的时延；$h_{n_rn_t}(t;l)$为第 l 条路径的复幅度。

若忽略边界效应，时域响应 $h_{n_rn_t}(t;l)$的傅里叶展开可以表示为

$$h_{n_rn_t}(t;l)=\sum_{n=-f_dT_s}^{f_dT_s}\beta(l;n)\mathrm{e}^{\mathrm{j}2\pi n_t/T_s} \tag{4.26}$$

式中，$\boldsymbol{h}_{n_rn_t}(t;l)=[h_{n_rn_t}(t;1),h_{n_rn_t}(t;2),\cdots,h_{n_rn_t}(t;L)]^{\mathrm{T}}$，$f_d$ 为发射信号的总数量，$\beta(l;n)$为以 n 为索引序号的独立循环对称复高斯随机变量，T_s 为发射信号的持续时间，L 为路径总数。

令每个 OFDM 帧持续时间以 T_f表示，OFDM 子载波之间的间隔由 Δf 表示，则有

$$T_f=NT_s,\ T_s=\frac{1}{w}=\frac{1}{N}\Delta f \tag{4.27}$$

式中，w 为发射信号的速率。于是，第 l 条路径的时延可以表示为式(4.28)，式中 n_l 为整数。

$$\tau_l=n_lT_s=\frac{n_l}{N\Delta f} \tag{4.28}$$

n 时刻的信道频率响应可由对信道脉冲响应进行傅里叶变换得到，即

$$\begin{aligned}FH_{n_rn_t}(k,n)&=H_{n_rn_t}(nT_f,k\Delta f)=\int_{-\infty}^{\infty}h_{n_rn_t}(nT_f,\tau)\mathrm{e}^{-\mathrm{j}2\pi k\Delta f\tau}\mathrm{d}\tau\\&=\sum_{l=1}^{L}h_{n_rn_t}(nT_f;n_lT_s)\mathrm{e}^{-\mathrm{j}2\pi kn_l/N}=\sum_{l=1}^{L}h_{n_rn_t}(n;n_l)\mathrm{e}^{-\mathrm{j}2\pi kn_l/N}\end{aligned} \tag{4.29}$$

可以重写为

$$\boldsymbol{H}_{n_rn_t}(k,n)=[h_{n_rn_t}(n)]^{\mathrm{H}}\boldsymbol{w}(k) \tag{4.30}$$

可以看出，信道频率响应 $H_{n_r n_t}(k, n)$是信道脉冲响应 $h_{n_r n_t}(n)$的离散傅里叶变换，矢量$\boldsymbol{w}(k)$表示该变换针对的是第 k 个 OFDM 子载波。

4.2.3　MIMO-OFDM 空时频编码

空时编码是提高 MIMO 系统中数据传输速率的有效方案。其编码跨越不同的数据流发射天线和时隙，使得数据流的多个冗余副本可以通过独立的衰落信道传输。它结合了编码发射分集，以在无线系统中实现高分集性能。由于 MIMO 信道会经历频率选择性衰落，因此符号间干扰 ISI 使得空时编码设计变得复杂。充分利用 MIMO 多径衰落信道中的分集，通过将输入信息流与离散傅里叶变换(DFT)矩阵的一部分相乘，可以得到空频编码。

定义 s_0 是某个从星座图调制其输出的符号，$f(s_0)$、$g(s_0)$表示包括了 s_0 因子在内的线性运算，同时保证到接收天线时 s_0、$f(s_0)$、$g(s_0)$是相互独立的，即符号 s_0、$f(s_0)$、$g(s_0)$处于不同的空时频坐标轴垂直截面上。空时、空频、空时频编码可由图 4.8 来解释。

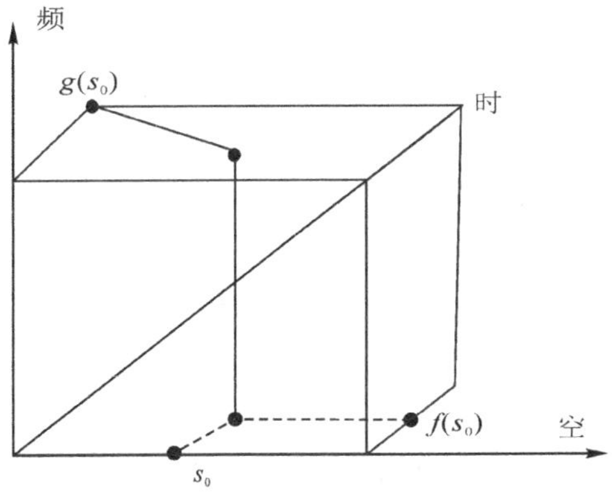

图 4.8　空时频理论框图

首个将空时编码技术应用于 OFDM 系统的方案采用的是格型码，其中 Alamouti 方案在 OFDM 系统应用正交空时码，其缺陷是解码复杂度比较大。Lindskog-Paulraj 方案的空时频编码是单载波发射的 Alamouti 方案的推广(简称 L-P 方案)。与 Alamouti 方案相比，L-P 方案采用频率选择性信道下的 FIR 滤波器表示来简化这种符号流。用 z^{-1}表示延迟算子，来自第 m 个发射天线阵元到接收天线阵元的信道脉冲响应可以记为

$$\boldsymbol{H}_m(z^{-1}) = \sum_{l=0}^{L-1} h_m[l]z^{-l} \tag{4.31}$$

式中，$h_m[l]$表示矢量 $\boldsymbol{h}[l]$的第 m 个元素。

发射天线的第一个阵元需要发射数据流 $x_1(k)$，第二个阵元需要发射数据流 $x_2(k)$。接收信号 $y_1(k)$在其所对应的相应时刻，可以用下列表达式表示：

$$y_1(k)=\sqrt{\frac{E_s}{2}}\left[H_1(\boldsymbol{W}^{-k})H_2(\boldsymbol{W}^{-k})\right]\begin{bmatrix}x_1(k)\\x_2(k)\end{bmatrix}+n_1(k) \tag{4.32}$$

式中，$\boldsymbol{W}$ 表示信道参数矩阵，E_s为每比特信号能量。

时间的保护间隔是由 L 个符号组成的，这样做的目的是避免与第二个时间节点传输的符号之间产生码间干扰。T 个符号中持续时间的第二个节点，发送数据流 $x_1(k)$、$x_2(k)$的时间反演和共轭变换形式。$x_1(k)$对应着 $x_1^*(N-k+1)$，$x_2(k)$对应着 $x_2^*(N-k+1)$；两者

分别位于发射天线的第一个、第二个阵元。接收信号 $y_2(k)$ 在其相对应的时刻，表达式为

$$y_2(k)=\sqrt{\frac{E_s}{2}}\left[H_1(\boldsymbol{W}^{-k})H_2(\boldsymbol{W}^{-k})\right]\begin{bmatrix}x_1^*(N-k+1)\\ x_2^*(N-k+1)\end{bmatrix}+n_2(k) \tag{4.33}$$

联合式(4.32)和式(4.33)，在第一个时间段内，第一个天线阵元、第二个天线阵元分别发送数据流，情况如下：

$$\begin{cases}\boldsymbol{X}_1=[x_1(1),\ x_1(2),\ \cdots,\ x_1(N)]\\ \boldsymbol{X}_2=[x_2(1),\ x_2(2),\ \cdots,\ x_2(N)]\end{cases} \tag{4.34}$$

在第二个时间段内，第一个天线阵元、第二个天线阵元分别发送数据流：

$$\begin{cases}-\widetilde{\boldsymbol{X}}_2^*=[-x_2^*(N),\ -x_2^*(N-1),\ \cdots,\ -x_2^*(2),\ -x_2^*(1)]\\ \widetilde{\boldsymbol{X}}_1^*=[x_1^*(N),\ x_1^*(N-1),\ \cdots,\ x_1^*(2),\ x_1^*(1)]\end{cases} \tag{4.35}$$

L-P 空频编码的相关传输方案，如若写成 Alamouti 形式，则如下：

$$\boldsymbol{\zeta}_{2,\mathrm{LP}}(k)=\begin{bmatrix}\boldsymbol{X}_1(k) & \boldsymbol{X}_2(k)\\ -\widetilde{\boldsymbol{X}}_2^*(k) & \widetilde{\boldsymbol{X}}_1^*(k)\end{bmatrix} \tag{4.36}$$

由 Alamouti 形式的传输方案得来的矩阵 $\boldsymbol{\zeta}_{2,\mathrm{LP}}(k)$ 具有空时分集效应。矩阵 $\boldsymbol{\zeta}_{2,\mathrm{LP}}(k)$ 中的 k 方向代表频率轴。综合(4.34)和(4.35)两式可知，式(4.36)的数据点 $\boldsymbol{X}_1(k)$ 必须通过不同载波的频率进行传输。这里选取归一频率的方案，所以 L-P 空频编码的传输方案有着空频分集效应。

通过时间反演、共轭变换，数据流 $y_2(k)$ 的表达式为

$$y_2^*(N-k+1)=\sqrt{\frac{E_s}{2}}\left[H_2^*(\boldsymbol{W}^{-(N-k+1)})-H_1^*(\boldsymbol{W}^{-(N-k+1)})\right]\begin{bmatrix}x_1(k)\\ x_2(k)\end{bmatrix}+n_2(k) \tag{4.37}$$

经过时间反演、共轭变换后的加性噪声 $n_2(k)$，具有统计特性不变的特性，仍用 $n_2(k)$ 表示。综合式(4.34)、式(4.35)和式(4.37)，对信道参数的时间反演、共轭变换处理就是对数据流 $y_2(k)$ 进行相关的处理。信道在不同频率点的采样可以用 $H_i^*(\boldsymbol{W}^{-k})$ 和 $H_i^*(\boldsymbol{W}^{-(T-k+1)})$ 表示。k 与 $T-k+1$ 差距越大，就表明 $H_i^*(\boldsymbol{W}^{-k})$ 和 $H_i^*(\boldsymbol{W}^{-(T-k+1)})$ 的相关性越小。这样的结果就可以确保在不同时间段内传输的独立性。联系 $y_1(k)$ 与 $y_2^*(N-k+1)$ 两式，可以得到

$$\begin{bmatrix}y_1(k)\\ y_2^*(N-k+1)\end{bmatrix}=\sqrt{\frac{E_s}{2}}\begin{bmatrix}H_1(\boldsymbol{W}^{-k}) & H_2(\boldsymbol{W}^{-k})\\ H_2^*(\boldsymbol{W}^{-(N-k+1)}) & -H_1^*(\boldsymbol{W}^{-(N-k+1)})\end{bmatrix}\begin{bmatrix}x_1(k)\\ x_2(k)\end{bmatrix}+\begin{bmatrix}n_1(k)\\ n_2(k)\end{bmatrix} \tag{4.38}$$

信道参数的表达式为

$$\boldsymbol{H}_{\mathrm{eff}}=\begin{bmatrix}H_1(\boldsymbol{W}^{-k}) & H_2(\boldsymbol{W}^{-k})\\ H_2^*(\boldsymbol{W}^{-(N-k+1)}) & -H_1^*(\boldsymbol{W}^{-(N-k+1)})\end{bmatrix} \tag{4.39}$$

此矩阵是信道参数的匹配滤波器矩阵。矩阵 $\boldsymbol{H}_{\mathrm{eff}}$ 的非正交特性很容易得到验证，即满足

$$\boldsymbol{H}_{\mathrm{eff}}^{\mathrm{H}}\boldsymbol{H}_{\mathrm{eff}}=\begin{bmatrix}a^2 & c\\ c^* & b^2\end{bmatrix} \tag{4.40}$$

其中，$a^2=\left|H_1(\boldsymbol{W}^{-k})\right|^2+\left|H_2(\boldsymbol{W}^{-(N-k+1)})\right|^2$，$b^2=\left|H_1(\boldsymbol{W}^{-(N-k+1)})\right|^2+\left|H_2(\boldsymbol{W}^{-k})\right|^2$，$c=H_1^*(\boldsymbol{W}^{-k})H_2(\boldsymbol{W}^{-k})-H_1^*(\boldsymbol{W}^{-(N-k+1)})H_2(\boldsymbol{W}^{-(N-k+1)})$。

观测数据经过匹配与信道参数的滤波器滤波后，表达式为

$$\begin{bmatrix} \hat{x}_1(k) \\ \hat{x}_2(k) \end{bmatrix} = \boldsymbol{H}_{\text{eff}}^{\text{H}} \begin{bmatrix} y_1(k) \\ y_2^*(N-k+1) \end{bmatrix}$$

$$= \sqrt{\frac{E_s}{2}} \boldsymbol{H}_{\text{eff}}^{\text{H}} \begin{bmatrix} H_1(\boldsymbol{W}^{-k}) & H_2(\boldsymbol{W}^{-k}) \\ H_2^*(\boldsymbol{W}^{-(N-k+1)}) & -H_1^*(\boldsymbol{W}^{-(N-k+1)}) \end{bmatrix} \begin{bmatrix} x_1(k) \\ x_2(k) \end{bmatrix} + \boldsymbol{H}_{\text{eff}}^{\text{H}} \begin{bmatrix} n_1(k) \\ n_2(k) \end{bmatrix}$$

$$= \sqrt{\frac{E_s}{2}} \begin{bmatrix} a^2 & c \\ c^* & b^2 \end{bmatrix} \begin{bmatrix} x_1(k) \\ x_2(k) \end{bmatrix} + \boldsymbol{H}_{\text{eff}}^{\text{H}} \begin{bmatrix} n_1(k) \\ n_2(k) \end{bmatrix} \tag{4.41}$$

两个符号流的最大似然独立解码可以从式(4.41)得到。与前两种编码相比，空时频编码的解码会稍微容易些，信号接收端的复杂度设计也就会低很多，可节省芯片资源的占用空间，从而提升信号的传输效率。

在 MIMO-OFDM 系统的空时、空频和空时频的三种编码中，空时频编码是三维编码，空时和空频编码都属于二维编码。三者的共同特点是都突出了对空间的利用，因此 MIMO-OFDM 的这几种编码都是基于 MIMO 操作的。在信号传输时，MIMO-OFDM 可以对空间、时间、频率灵活选择，对原始数据进行空时、空频、时频、空时频多种方式联合编码，可以使信号在时间域、频率域、空间域上展现最优的传输性能，它不仅能充分发挥 OFDM 系统在消除多径传输影响、子信道间干扰、符号间干扰等方面的优势，而且满足未来对信号更快、更高、更强传输的需求。

4.3 MIMO-OFDM 信道估计

信道估计，也称为参考符号测量。利用当前知道的参考符号，接收端可以在发送该参考符号的子载波上进行相应的信道估计。但是，对于参考符号有一定的要求，它需要满足在时域和频域有足够的密度这一条件。通过适当的展宽，可以得到全部时频网格的估计；基于资源网格中参考符号的子集，通过对全部资源网格求信道估计的平均值和内插值，可以得到展宽结果，这一过程在每一个子载波和每一个子帧的 OFDM 符号上进行。

在 MIMO-OFDM 系统中，为了能够生成所需的 OFDM 符号，发射机首先会将信息比特序列调制成 PSK/QAM 符号，再进行编码，然后将编码后的符号通过 IFFT 变换，变换成时域信号，最后通过天线将它们发射出去。接收到的符号通常会受到信道自身所具有的特性的影响而失真。为了达到还原发送的比特信息这一目的，需要对信道的影响进行估计，之后进行一定的补偿。信道估计对 MIMO-OFDM 系统性能有着重要的作用。进行信道估计时，只要避免载波间相互的干扰，即保持子载波之间的正交性，就能近似地将每个子载波看作一个独立信道。这种正交性可以将接收信号的每个子载波分量对应表示成发射信号与子载波信道的信道频率响应的乘积，因此仅通过估计每个子载波的信道响应就可以还原发射信号。总的来说，可以使用发射机和接收机都已知的前导或者导频符号进行信道估计，并且可以根据不同的情况，选择不同的插值技术，估计导频之间的信道响应。

由于 MIMO-OFDM 系统具有动态随机时变性和多径衰落这两个特性，为了得到更好的结果，这里选取两种常用的方法进行详细论述和实验。导频和训练序列是这两种方法的立足点。图 4.9 是其系统框图，可以看到，在原来信道编码的基础上在发送端增加了插入导频或者训练序列的环节。在接收处，则通过常见的估计器进行信道估计。

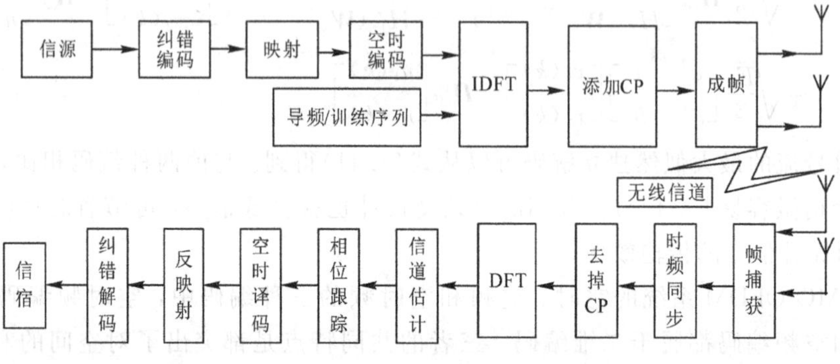

图 4.9 MIMO-OFDM 系统信道估计框图

4.3.1 信道估计算法

在 MIMO-OFDM 系统中，影响信道估计的有两个方面，一是插入导频信息的选择。根据导频排列的不同，可以将导频结构分为如图 4.10 所示的三种情况：块状导频、梳状导频和混合导频。横、纵轴分别是时间轴和频率轴，其中黑色块表示插入的导频，空白块表示要发送的数据。我们知道，天线信道可以被看作衰落信道，为了能跟踪信道实时的变化情况，需要不断传送导频信息。导频的形式起着决定性作用。因此，必须根据应用情况的不同来进行选择。二是信道估计器算法的设计。由上面分析可知，导频信息需要不断地被传送，因此导频跟踪能力良好是信道估计器设计中必不可少的要素。在同一条件下的信道估计中，复杂度越低，系统资源也就节省得越多。联系实际可知，估计器的性能与导频信息的传输方式有关，所以导频信息的选择和最佳估计器设计之间存在着关联性。常用的信道估计技术有 LS(最小二乘)估计以及线性最小均方误差(LMMSE，Linear Minimum Mean Squared Error)估计。

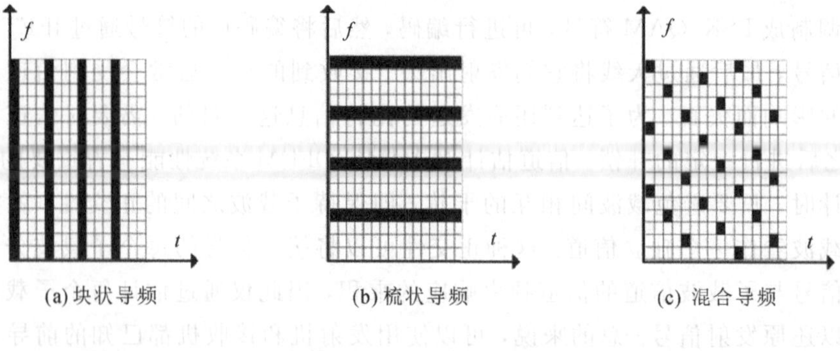

(a) 块状导频　(b) 梳状导频　(c) 混合导频

图 4.10 导频结构分类

1. 最小二乘信道估计算法

第2章已给出了LS(最小二乘)和MMSE(最小均方误差)信道估计算法，为了本章内容的流畅性，这里将LS算法重新整理并给出。LS方法最小化了测量值与模型值之间的加权误差。假设接收到的信号由字母$\boldsymbol{Y}$表示，用字母$\boldsymbol{X}$表示发射信号，字母$\boldsymbol{N}$表示加性高斯白噪声。这里，只考虑$\boldsymbol{N}$的影响，则

$$\boldsymbol{Y}=\boldsymbol{X}\boldsymbol{h}+\boldsymbol{N} \tag{4.42}$$

如果对衰落$\boldsymbol{h}$的LS估计用$\hat{\boldsymbol{h}}_{\mathrm{LS}}$表示，则应用LS算法估计$\hat{\boldsymbol{h}}_{\mathrm{LS}}$的代价函数：

$$\begin{aligned}\boldsymbol{J}(\hat{\boldsymbol{h}}_{\mathrm{LS}})&=\|\boldsymbol{Y}-\boldsymbol{X}\hat{\boldsymbol{h}}_{\mathrm{LS}}\|^2=(\boldsymbol{Y}-\boldsymbol{X}\hat{\boldsymbol{h}}_{\mathrm{LS}})^{\mathrm{H}}(\boldsymbol{Y}-\boldsymbol{X}\hat{\boldsymbol{h}}_{\mathrm{LS}})\\&=\boldsymbol{Y}^{\mathrm{H}}\boldsymbol{Y}-\boldsymbol{Y}^{\mathrm{H}}\boldsymbol{X}\hat{\boldsymbol{h}}_{\mathrm{LS}}-\hat{\boldsymbol{h}}_{\mathrm{LS}}^{\mathrm{H}}\boldsymbol{X}^{\mathrm{H}}\boldsymbol{Y}+\hat{\boldsymbol{h}}_{\mathrm{LS}}^{\mathrm{H}}\boldsymbol{X}^{\mathrm{H}}\boldsymbol{X}\hat{\boldsymbol{h}}_{\mathrm{LS}}\end{aligned} \tag{4.43}$$

求$\hat{\boldsymbol{h}}_{\mathrm{LS}}$的导数，使得

$$\frac{\partial \boldsymbol{J}(\hat{\boldsymbol{h}}_{\mathrm{LS}})}{\partial \hat{\boldsymbol{h}}_{\mathrm{LS}}}=-2(\boldsymbol{X}^{\mathrm{H}}\boldsymbol{Y})^*+2(\boldsymbol{X}^{\mathrm{H}}\boldsymbol{X}\hat{\boldsymbol{h}}_{\mathrm{LS}})^*=0 \tag{4.44}$$

由于$\boldsymbol{X}^{\mathrm{H}}\boldsymbol{X}\hat{\boldsymbol{h}}_{\mathrm{LS}}=\boldsymbol{X}^{\mathrm{H}}\boldsymbol{Y}$，则有

$$\hat{\boldsymbol{h}}_{\mathrm{LS}}=(\boldsymbol{X}^{\mathrm{H}}\boldsymbol{X})^{-1}\boldsymbol{X}^{\mathrm{H}}\boldsymbol{Y}=\boldsymbol{X}^{-1}\boldsymbol{Y}=\left(\frac{y_0}{x_0}\,\frac{y_1}{x_1}\cdots\frac{y_{N-1}}{x_{N-1}}\right)^{\mathrm{T}} \tag{4.45}$$

可以推得LS估计的MSE为

$$\begin{aligned}\mathrm{MSE}_{\mathrm{LS}}&=E\{(\boldsymbol{h}-\hat{\boldsymbol{h}}_{\mathrm{LS}})^{\mathrm{H}}(\boldsymbol{h}-\hat{\boldsymbol{h}}_{\mathrm{LS}})\}=E\{(\boldsymbol{h}-\boldsymbol{X}^{-1}\boldsymbol{Y})^{\mathrm{H}}(\boldsymbol{h}-\boldsymbol{X}^{-1}\boldsymbol{Y})\}\\&=E\{(\boldsymbol{X}^{-1}\boldsymbol{N})^{\mathrm{H}}(\boldsymbol{X}^{-1}\boldsymbol{N})\}=\frac{\sigma_{\mathrm{n}}^2}{\sigma_x^2}\end{aligned} \tag{4.46}$$

基于训练序列的信道估计需要一个完整的OFDM符号作为导频，因此它的LS信道估计使用式(4.45)。在传输数据时，采用多个OFDM的信道参数进行估计。由于无线信道具有随机性，这就需要系统间隔一定的时间对信道重新进行估计，将训练序列再一次发送到信道进行估计，以保证无线通信系统的可靠性。然而，基于训练序列的信道估计只能应用于慢衰落信道。

针对基于梳状导频的信道估计：假设一个OFDM符号的N个数据中，使用N_{P}个导频信号$\boldsymbol{X}_{\mathrm{P}}(m)(m=0,1,\cdots,N_{\mathrm{P}}-1)$，所有$N$个子载波被分为$N_{\mathrm{P}}$组，每组子载波有$G=N/N_{\mathrm{P}}$个子载波，每个组中除首个子载波用于传输导频信号外，其他子载波均用于传输数据。导频信号$\boldsymbol{X}_{\mathrm{P}}(m)$可以是一个能减小复杂度的复数，或者是在同步数据中随机生成的。假设

$$\begin{aligned}\boldsymbol{H}_{\mathrm{P}}&=(H_{\mathrm{P}}(0)\ H_{\mathrm{P}}(1)\ \cdots\ H_{\mathrm{P}}(N_{\mathrm{P}}-1))\\&=(H(0)\ H(G-1)\ \cdots\ H[(N_{\mathrm{P}}-1)G-1])^{\mathrm{T}}\end{aligned} \tag{4.47}$$

为导频子载波信道响应，且有

$$\boldsymbol{Y}_{\mathrm{P}}=(Y_{\mathrm{P}}(0)\ Y_{\mathrm{P}}(1)\ \cdots\ Y_{\mathrm{P}}(N_{\mathrm{P}}-1))^{\mathrm{T}} \tag{4.48}$$

式(4.48)表示接收到的导频信号矢量。接收到的导频信号矢量$\boldsymbol{Y}_{\mathrm{P}}$可以表示为

$$\boldsymbol{Y}_{\mathrm{P}}=\boldsymbol{X}_{\mathrm{P}}\boldsymbol{H}_{\mathrm{P}}+\boldsymbol{N}_{\mathrm{P}} \tag{4.49}$$

$$\boldsymbol{X}_{\mathrm{P}}=\begin{pmatrix}\boldsymbol{X}_{\mathrm{P}}(0) & 0\\ 0 & \boldsymbol{X}_{\mathrm{P}}(\boldsymbol{N}_{\mathrm{P}}-1)\end{pmatrix} \tag{4.50}$$

其中，$\boldsymbol{N}_{\mathrm{P}}$为导频子载波的高斯噪声。

在传统的梳状预估中，基于LS准则的导频信号可以表示为

$$\begin{aligned}\boldsymbol{H}_{\mathrm{P,LS}}&=(H_{\mathrm{P,LS}}(0),\ H_{\mathrm{P,LS}}(1),\ \cdots,\ H_{\mathrm{P,LS}}(\boldsymbol{N}_{\mathrm{P}}-1)^{\mathrm{T}})=\boldsymbol{X}_{\mathrm{P}}^{-1}\boldsymbol{Y}_{\mathrm{P}}\\&=\left(\frac{Y_{\mathrm{P}}(0)}{X_{\mathrm{P}}(0)},\ \frac{Y_{\mathrm{P}}(1)}{X_{\mathrm{P}}(1)},\ \cdots,\ \frac{Y_{\mathrm{P}}(N_{\mathrm{P}}-1)}{X_{\mathrm{P}}(N_{\mathrm{P}}-1)}\right)^{\mathrm{T}}\end{aligned} \tag{4.51}$$

对$\boldsymbol{H}_{\mathrm{P}}$的LS估计易受高斯噪声和载波间互相干扰两者的影响。由于数字载波的信道响应是通过导频子载波响应内插而得到的，而基于梳状导频的OFDM系统性能主要由导频信号的估计性能决定，因此需要寻找一个比LS估计更好的方法。

2. 线性最小均方误差信道估计算法

LMMSE(线性最小均方误差)估计方法更加适合以块状导频为基础的OFDM系统信道估计。在相同的均方误差情况下，与LS估计相比，LMMSE估计有10～15 dB的SNR增益。但LMSSE估计方法的计算复杂度高，复杂度随采样数的增加而呈指数增长。

假设LS估计通过矢量$\hat{\boldsymbol{P}}$获得信道矢量$\boldsymbol{h}$。那么，在这样的假设下，信道估计问题可以被视为导频LS估计$\hat{\boldsymbol{P}}$的线性组合，其最小均方误差估计为

$$\hat{\boldsymbol{h}}_{\mathrm{LMMSE}}=\boldsymbol{R}_{\boldsymbol{h}\hat{\boldsymbol{P}}}(\boldsymbol{R}_{\hat{\boldsymbol{P}}\hat{\boldsymbol{P}}})^{-1}\hat{\boldsymbol{P}} \tag{4.52}$$

其中，$\boldsymbol{R}_{\boldsymbol{h}\hat{\boldsymbol{P}}}$是$\boldsymbol{h}$与含噪声的导频估计$\hat{\boldsymbol{P}}$之间的互相关矩阵，有

$$\boldsymbol{R}_{\boldsymbol{h}\hat{\boldsymbol{P}}}=E[\boldsymbol{h}\hat{\boldsymbol{P}}] \tag{4.53}$$

$\boldsymbol{R}_{\hat{\boldsymbol{P}}\hat{\boldsymbol{P}}}$是导频估计矩阵的自相关矩阵，有

$$\boldsymbol{R}_{\hat{\boldsymbol{P}}\hat{\boldsymbol{P}}}=E[\hat{\boldsymbol{P}}\hat{\boldsymbol{P}}^{\mathrm{H}}]=\boldsymbol{R}_{\boldsymbol{PP}}+\sigma_{\mathrm{n}}^{2}(\boldsymbol{PP}^{\mathrm{H}})^{-1} \tag{4.54}$$

其中，σ_{n}^{2}是加性信道噪声的方差。对块状导频信道估计而言，式(4.52)可校正为

$$\hat{\boldsymbol{h}}_{\mathrm{LMMSE}}=\boldsymbol{R}_{\boldsymbol{hh}}[\boldsymbol{R}_{\boldsymbol{hh}}+\sigma_{\mathrm{n}}^{2}(\boldsymbol{PP}^{\mathrm{H}})^{-1}]^{-1}\hat{\boldsymbol{P}} \tag{4.55}$$

假设信道衰落$\boldsymbol{h}$的方差被归一化，即$E[|h_k|^2]=1$，则LMMSE估计定义为由式(4.55)表示。在该式中，随着$\boldsymbol{P}$的变化，矩阵的逆也要作相应的变化。通过平均发射数据，可以降低估计量的复杂度，即可用$E[(\boldsymbol{PP}^{\mathrm{H}})^{-1}]$替代式(4.55)中的$(\boldsymbol{PP}^{\mathrm{H}})^{-1}$项。假设在所有情况下使用相同的信号星座，且令所有符号的概率都是相等的，则

$$E[(\boldsymbol{PP}^{\mathrm{H}})^{-1}]=E\left[\left|\frac{1}{p_k}\right|^2\right]\boldsymbol{I} \tag{4.56}$$

式中，$\boldsymbol{I}$为单位矩阵。定义平均噪声比为

$$\mathrm{SNR}=E\,\frac{[|p_k|^2]}{\sigma_{\mathrm{n}}^{2}} \tag{4.57}$$

可以获得简化的估计器为

$$\hat{\boldsymbol{h}}_{\mathrm{LMMSE}}=\boldsymbol{R}_{\boldsymbol{hh}}\left(\boldsymbol{R}_{\boldsymbol{hh}}+\frac{\beta}{\mathrm{SNR}}\boldsymbol{I}\right)^{-1}\hat{\boldsymbol{P}} \tag{4.58}$$

式中，

$$\beta=E[|p_k|^2]\left[\left|\frac{1}{p_k}\right|^2\right] \tag{4.59}$$

是一个与信号星座点有关的常数。对于QPSK，$\beta=1$；对于16-QAM，$\beta=17/9$。

由于 $\boldsymbol{P}$ 不是矩阵计算中的因子，矩阵 $\boldsymbol{R}_{hh}+\frac{\beta}{\mathrm{SNR}}\boldsymbol{I}$ 的逆不需要因 $\boldsymbol{P}$ 的变化而随之变化；另外，如果 $\boldsymbol{R}_{hh}$ 和 SNR 是已知值，那么矩阵 $\boldsymbol{R}_{hh}\left(\boldsymbol{R}_{hh}+\frac{\beta}{\mathrm{SNR}}\boldsymbol{I}\right)^{-1}$ 只需要计算一次即可。块状导频的 LMMSE 信道估计的 MSE 为

$$\begin{aligned}\mathrm{MSE}&=\frac{1}{N}\mathrm{Tr}\left(\boldsymbol{R}_{hh}\left(\boldsymbol{I}-\left(\boldsymbol{R}_{hh}+\frac{\beta}{\mathrm{SNR}}\boldsymbol{I}\right)^{-1}\boldsymbol{R}_{hh}\right)\right)\\&=\frac{1}{N}\frac{\beta}{\mathrm{SNR}}\sum_{K=0}^{N-1}\frac{\lambda_{K,N}}{\lambda_{K,N}+\frac{\beta}{\mathrm{SNR}}}\end{aligned}\tag{4.60}$$

式中，$\lambda_{K,N}$ 为矩阵 $\boldsymbol{R}_{hh}$ 的特征值。考虑到不同星座的映射关系，块状导频的 LS 估计的 MSE 为

$$\mathrm{MSE}=\frac{\beta}{\mathrm{SNR}}\tag{4.61}$$

图 4.11(a)是基于 LS/LMMSE 的信道估计的均方误差的比较，图 4.11(b)描述的是基于 LS/LMMSE 信道估计的误符号率比较。明显能够看出，LMMSE 估计相对于 LS 估计有更好的估计精度，其仿真时间、计算复杂度都远远超过 LS；并且，随着运算点数的增加，其计算复杂度呈指数倍增加。

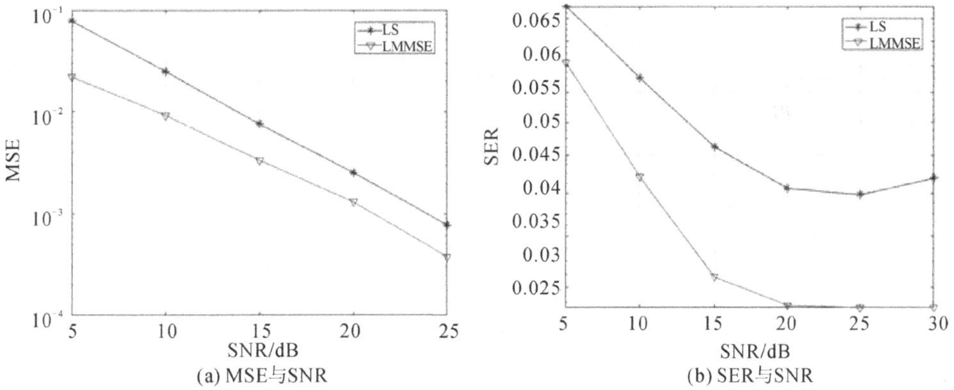

(a) MSE与SNR　　(b) SER与SNR

图 4.11　基于 LS/LMMSE 的信道估计

4.3.2　MIMO-OFDM 系统信道估计

信道估计技术是根据移动信道的接收信号特征进行估计的，它可以估计信道的脉冲响应，也可以估计频率特性。与传统的 OFDM 系统的单天线这一较为简单的情况相比，MIMO-OFDM系统的 CSI 估计更加困难，因为在任意子载波中接收信号的多天线是多信号畸变的叠加。当 CSI 被一个接收天线估计时，另一个发送信号就是干扰。

另一方面，MIMO-OFDM 系统倾向于在频率选择性衰落信道中工作，这通常被称为宽带 MIMO 系统。由于导频在空域的正交性，只需要将 MIMO 系统转换成 SISO 系统来分析，即可简化整个工作负荷。评估信道估计技术优劣的指标有数据传输效率、估计精度、计算复杂度；一般来说，需要在小的额外系统开销和小的计算复杂度的情况下尽可能地提高估计的精度。

1. 基于导频信号的 MIMO-OFDM 系统信道估计

基于导频信号的信道估计方法可以满足实时跟踪变化这一要求，即将已知的导频信号插入 OFDM 符号，提取响应并进行内插滤波，以便估计其他信道频率响应的位置。

OFDM 导频的插入方法有梳状导频、块状导频和混合导频。这里采用基于梳状导频的信道估计方法进行插值。在多天线系统中，OFDM 导频可以被看作是一个非常好的训练序列。为了传递每个天线的训练符号，将一个 OFDM 符号分别放入几个独立的部件中。在接收端，提取天线的频率点，估计信道的值，并通过信道的相关性来估计其他子载波的信道值。对于每个不同天线的训练序列，都使用了不同的子载波点，所以它们之间互不影响。

假设系统采用的训练序列是梳状结构的，令发射天线对应的一个 OFDM 符号的导频为 N_P，且满足 $N_P N_t \leqslant K$（K 为 OFDM 的子载波数目，N_t 为发射天线数量）。这能将多天线信道估计问题简化，分解成更易分析的单天线的情况。以载波 i 为起始位置，以 K/v 为间隔，将发射天线 i 的第 v 个导频符号 $X_i(v)$ 插入到每个 OFDM 符号中（其中 $v=1, 2, \cdots, N_P$；$i=1, 2, \cdots, N_t$）。不同天线的导频信号、导频位置均正交，最优训练序列的条件也得到了满足。

$N_P \times 1$ 维列矢量 $\boldsymbol{X}_i = [X(t_1), X(t_1), \cdots, X(t_{N_P})]$ 为发射天线 i 的导频符号，而 $\boldsymbol{Y}_{ij} = [Y(t_1), Y(t_2), \cdots, Y(t_{N_P})]$ 为接收天线 j 得到信道畸变后的导频符号矢量，则发射天线对 i、j 间导频信道的频率响应 LS 估计式为

$$\hat{\boldsymbol{H}}_{ij}(t_n) = \boldsymbol{X}_i^{-1}(t_n)\boldsymbol{Y}_{ij}(t_n) \tag{4.62}$$

当得到所需的信道频率响应之后，其他载波位置的信道频率响应可以通过插值邻近导频通道的频率响应得到。

图 4.12 描述的是基于导频的 MIMO-OFDM 系统的信道估计仿真图，可以看出，前 30 个子载波与真实信道的基本一致。

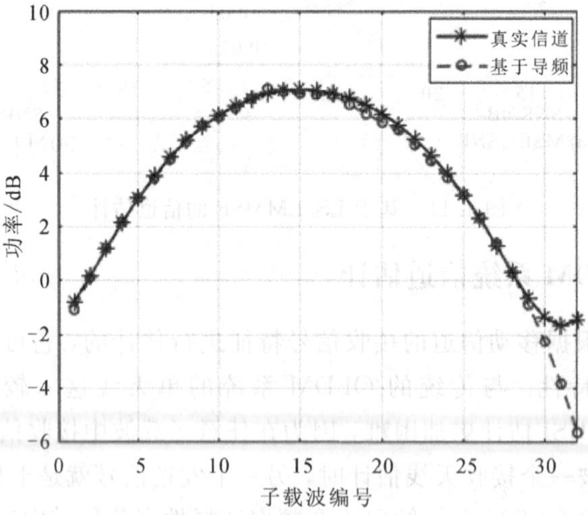

图 4.12 基于导频的 MIMO-OFDM 的信道估计仿真图

2. 基于训练序列的 MIMO-OFDM 系统信道估计

MIMO-OFDM 系统的传输信号通常由帧组成，每个帧被分成多个 OFDM，包含训练符

号和数据符号。相应的，通信系统有训练模式以及数据传输模式这两种工作模式。在训练模式中，在发送端周期性发送的 OFDM 符号是训练符号，它是由发送者设计的符号。接收端根据这些参考符号估计信道参数、频率偏移和定时偏移，并计算信道特性。在时域中，接收信号、发送信号和信道特性之间是卷积的关系，而在频域是乘积的关系。

基于 LS 准则的这一类信道估计算法可分为时域估计和频域估计，这里主要讨论时域估计算法。

假设在传输的第 n 个周期中，发射天线为 n_t，接收天线为 n_r，它们之间第 k 个载波中的频率响应为

$$H_{n_t}[n,k]=\sum_{l=0}^{L-1}h_{n_t}[n,l]W_N^{lk} \tag{4.63}$$

式中，$h[n,l]$代表第 n 个周期中路径 l 的衰落值，W^{lk} 为第 l 条路径的第 k 个载波的信道权值矩阵。

代价函数为

$$C=(\{\hat{h}_{n_t}[n,l];\ n_t=1,2\})=\sum_{k=0}^{N-1}\left|r[n,k]-\sum_{n_t=1}^{2}\sum_{l=0}^{L-1}\hat{h}_{n_t}[n,l]W_N^{kl}t_{n_t}[n,k]\right|^2 \tag{4.64}$$

式中，$t_{n_t}[n,k]$为天线 n_t和 n_r之间第 k 个子载波处的训练符号。对式(4.64)求导，并令之为 0，则有

$$\frac{\partial C(\{\hat{h}_i[n,l]\})}{\partial\hat{h}_i[n,l_0]}=\frac{1}{2}\left\{\frac{\partial C(\{\hat{h}_i[n,l]\})}{\partial\mathrm{Re}\hat{h}_i[n,l_0]}-\mathrm{j}\frac{\partial C(\{\hat{h}_i[n,l]\})}{\partial\mathrm{Im}\,\hat{h}_i[n,l_0]}\right\} \tag{4.65}$$

经简化整理后，得到

$$\sum_{k=0}^{N-1}\left(r[n,k]-\sum_{n_t=1}^{2}\sum_{l=0}^{L-1}\hat{h}_{n_t}[n,l]W_N^{kl}t_{n_t}[n,k]\right)W_N^{-kl_0}t_{n'_t}^{\mathrm{H}}[n,k]=0$$
$$n'_t=1,2;\ l_0=0,1,\cdots,L-1 \tag{4.66}$$

定义

$$p_{n'_t}[n,l]=\sum_{k=0}^{n-1}r[n,k]t_{n'_t}^{\mathrm{H}}[n,k]W_N^{-kl} \tag{4.67}$$

$$q_{n_t n'_t}[n,l]=\sum_{k=0}^{n-1}r_{n_t}[n,k]t_{n'_t}^{\mathrm{H}}[n,k]W_N^{-kl} \tag{4.68}$$

则式(4.64)的代价函数可以进一步表达为

$$\sum_{n_t=1}^{2}\sum_{l=0}^{L-1}\hat{h}_{n_t}[n,l]W_N^{kl}t_{n_t}[n,k]q_{n_t n'_t}[n,l_0-l]=p_{n'_t}[n,l_0]\quad n'_t=1,2;\ l_0=0,1,\cdots,L-1 \tag{4.69}$$

写成矩阵形式为

$$\hat{\boldsymbol{h}}[n]=\boldsymbol{Q}^{-1}[n]\boldsymbol{p}[n] \tag{4.70}$$

式中，

$$\hat{\boldsymbol{h}}[n]=\begin{bmatrix}\hat{\boldsymbol{h}}_1[n]\\ \hat{\boldsymbol{h}}_2[n]\end{bmatrix},\ \hat{\boldsymbol{p}}[n]=\begin{bmatrix}\hat{\boldsymbol{p}}_1[n]\\ \hat{\boldsymbol{p}}_2[n]\end{bmatrix},\ \boldsymbol{Q}[n]=\begin{bmatrix}\boldsymbol{Q}_{11}[n] & \boldsymbol{Q}_{12}[n]\\ \boldsymbol{Q}_{21}[n] & \boldsymbol{Q}_{22}[n]\end{bmatrix} \tag{4.71}$$

有 $\hat{\boldsymbol{h}}_{n_t}[n]=[\hat{h}_{n_t}[n, 0], \cdots, \hat{h}_{n_t}[n, L-1]]$，$\hat{\boldsymbol{p}}_{n_t}[n]=[\hat{p}_{n_t}[n, 0], \cdots, \hat{p}_{n_t}[n, L-1]]$，则

$$\boldsymbol{Q}_{n_t, n_t'}[n]=\begin{bmatrix} q_{n_t, n_t'}[n, 0] & q_{n_t, n_t'}[n, -1] & \cdots & q_{n_t, n_t'}[n, -L+1] \\ q_{n_t, n_t'}[n, 1] & q_{n_t, n_t'}[n, -2] & \cdots & q_{n_t, n_t'}[n, -L+2] \\ \vdots & \vdots & & \vdots \\ q_{n_t, n_t'}[n, L-1] & q_{n_t, n_t'}[n, L-2] & \cdots & q_{n_t, n_t'}[n, 0] \end{bmatrix} \tag{4.72}$$

若 MIMO-OFDM 系统中的 $t_{n_t}[n, k]$ 已知，在信道冲击响应中，通过式(4.70)可以算出初始估计值。译码后得到的数据可以作为参考训练序列，重新估计信道，得到其信道变化值。由上述内容可知，为了得到最后所需的信道冲击响应，需要对 $2L\times 2L$ 的矩阵 $\boldsymbol{Q}$ 进行特定运算，即求逆。矩阵 $\boldsymbol{Q}$ 的阶数也将随最大时延 L 的增大而增大，因此需要从 L 中选择最大的 M 条重要路径 $\hat{h}_{n_t}[n, l_m]$，$m=1, 2, \cdots, M(0\leqslant l_1\leqslant l_2\leqslant\cdots\leqslant l_M\leqslant L-1)$。

以上给出了基于 LS 准则的时域信道估计的算法，由无偏估计的特性可知

$$E\{\hat{\boldsymbol{h}}[n]\}=\boldsymbol{h}[n] \tag{4.73}$$

若采用等幅调制，可以令 $|t_{n_t}[n, k]|^2=1$，则对应的 MSE 为

$$\mathrm{MSE}[n]\geqslant\frac{\sigma_n^2}{N} \tag{4.74}$$

式中，σ_n^2 为平均噪声功率；N 为 OFDM 系统的子载波数。

式(4.74)中不等式取等号的条件为：当且仅当式(4.72)中的 $q_{n_t n_t'}[n, l]=0$，其中 $l=0, \pm1, \cdots, \pm(L-1)$，即 $\boldsymbol{Q}_{n_t n_t'}[n]=0$，其中 $n_t\neq n_t'$。

图 4.13 表示的是基于训练序列的 MIMO-OFDM 系统的信道估计，可以看出，当子载波数大于 30 个时也能非常接近真实信道。

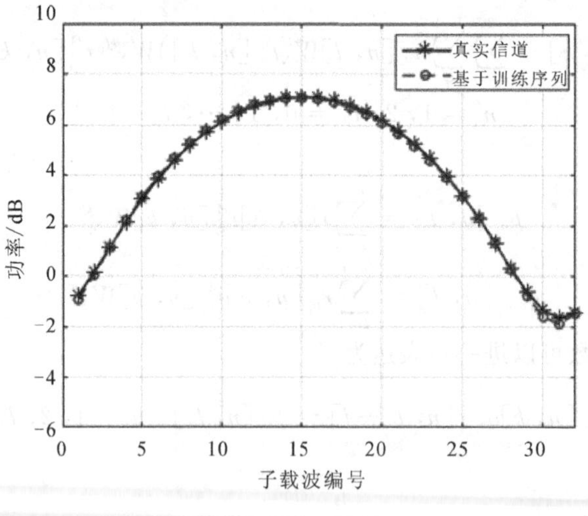

图 4.13 基于训练序列的 MIMO-OFDM 系统信道估计

以上通过论述 LS 和 LMMSE 信道估计算法，对其均方误差和误符号率进行了比较，在性能上对基于导频的信道估计和基于训练序列的信道估计作了验证。这两种应用都能很好地对信道进行估计，因此可以根据实际情况选择算法。在连续传输的系统中，基于导频的算法更为优秀；可以根据接收数据、已知导频计算出信道特性。突发传输的系统则倾向于基于训练序列的估计算法。该估计算法需要设计出正交的训练序列和寻找到最佳的信道

估计器，这样才能更好地进行信道估计。

4.4　MIMO-OFDM 信号检测

在数字通信系统中，信息在传送的过程中是由若干个特定的信号波形组成的。每个特定的波形都可以代表一个指定的信息组来传播信息。工业噪声、交流噪声、随机脉冲噪声、宇宙噪声以及元器件内部热噪声，它们都对传播过程中的波形造成不可避免的影响。除了这些硬性条件的干扰外，信号间干扰、同信道干扰、邻信道干扰等对信号造成的影响也不容忽视，严重时会使信号畸变。信号畸变对于信号接收设备来说是灾难性的，通常来说，将会很难判断信号是否存在，抑或是哪种信号存在。最终将使处在接收机处的接收者无法确定所收到的信号波形是需要的信号波形，还是无用的噪声波形。

在信号检测中，所要检测的信号是接收设备所接收的信号，而接收设备所接收的信号是受噪声影响和干扰的复杂信号，故接收设备所接收的信号是随机信号；而随机信号的波形是不确定的，致使噪声环境中信号检测的判决是不确定的，即每次判决不可能都是正确的，有时会是错误的判决。这就需要相应的信号检测技术来降低信息的误码率，从而提高信息的准确性和可靠性。

常见的信号检测方法有 ZF(迫零)信号检测、MMSE(最小均方误差)信号检测、ML(最大似然)信号检测、SD(球形译码信号检测)。前两个是线性信号的检测方法，后两个常用来对非线性信号进行检测分析。本节也是基于这些常见的信号检测方法对问题进行探究和分析。

4.4.1　线性信号检测

线性信号检测方法的核心是从复杂的各类发射信号中分离出目标发射天线的期望信息流。这些期望信息流是需要的有用信息，而剩下的发射信号就是干扰信号。因此，如果能从发送天线着手，将发送时的干扰尽量最小化或消除，那么检测目标发射天线期望信号的过程就会变得简单一些。图 4.14 是 MIMO-OFDM 系统的信号检测框图。利用一个加权矩阵 $\boldsymbol{W}$ 实现逆转信道，从而可以很好地检测到每根天线的期望信号。

$$\tilde{\boldsymbol{x}}=[\tilde{x}_1\ \tilde{x}_2 \cdots\ \tilde{x}_{N_t}]^{\mathrm{T}}=\boldsymbol{W}\boldsymbol{y} \tag{4.75}$$

其中，N_t 代表发射天线数量。

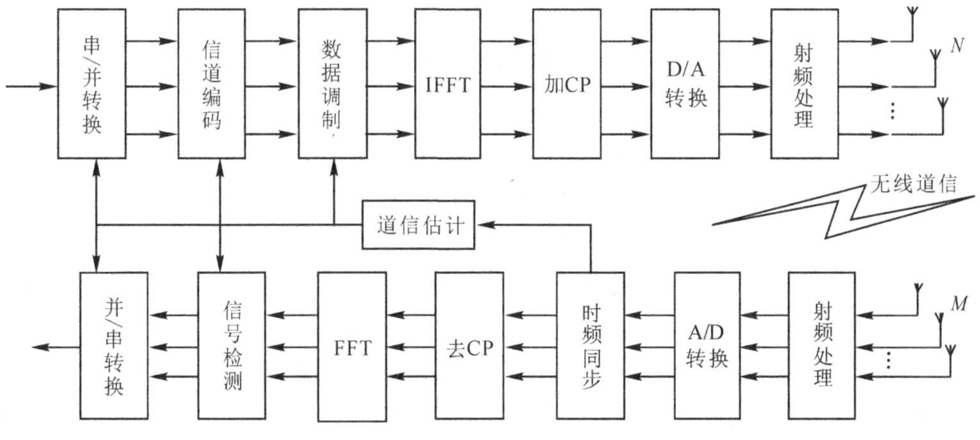

图 4.14　MIMO-OFDM 系统信号检测框图

1. ZF 信号检测的原理

在 ZF 信号中加入加权矩阵，就可以达到消除干扰的目的：

$$W_{ZF}=(H^H H)H^H \tag{4.76}$$

式中，$(\cdot)^H$ 代表了艾米特转置操作过程，可以将其理解为此过程起到了逆转信道的作用。

$$\tilde{x}_{ZF}=W_{ZF}y=x+(H^H H)^{-1}H^H z=x+\tilde{z}_{ZF} \tag{4.77}$$

式中，$\tilde{z}_{ZF}=W_{ZF}y=(H^H H)^{-1}H^H z$。其中，$\tilde{z}_{ZF}$的功率($\|\tilde{z}_{ZF}\|_2^2$)会直接影响到差错性能的优劣。在对其进行分析处理时，可以采用奇异值分解(SVD, Singular Value Decomposition)的方法。由此，检测完毕时，其噪声功率为

$$\begin{aligned}\|\tilde{z}_{ZF}\|_2^2 &= \|(H^H H)^{-1}H^H z\| = \|(U\Sigma^2 U^H)^{-1}U\Sigma U^H z\|^2 \\ &= \|U\Sigma^{-2}U^H U\Sigma U^H z\|^2 = \|U\Sigma^{-1}U^H z\|^2\end{aligned} \tag{4.78}$$

选取符合条件的酉矩阵U，需要满足$\|U_x\|^2=x^H U^H Ux=x^H x=\|x\|^2$的特性。所以可以计算得出噪声功率的期望值，表示为

$$\begin{aligned}E\{\|\tilde{z}_{ZF}\|_2^2\} &= E\{\|\Sigma^{-1}U^H z\|_2^2\} = E\{\mathrm{Tr}(\Sigma^{-1}U^H zz^H U\Sigma^{-1})\} \\ &= \mathrm{Tr}(\Sigma^{-1}U^H E\{zz^H U\Sigma^{-1}\}) = \mathrm{Tr}(\sigma_z^2\Sigma^{-1}U^H U\Sigma^{-1}) \\ &= \sigma_z^2\mathrm{Tr}(\Sigma^{-2}) = \sum_{i=1}^{N_t}\frac{\sigma_z^2}{\sigma_i^2}\end{aligned} \tag{4.79}$$

2. MMSE 信号检测的原理

MMSE 信号检测的优点是能够最大化检测后的信号与干扰噪声比(SINR)。首先，选取其加权矩阵：

$$W_{MMSE}=(H^H H+\sigma_z^2 I)H^H \tag{4.80}$$

式中，噪声的统计信息σ_z^2可以从 MMSE 接收机中获得。加权矩阵的第i个行向量$w_{i,\mathrm{MMSE}}$不能直接获得，需要从最优化方程中计算获得，具体计算公式如下：

$$w_{i,\mathrm{MMSE}} = \underset{w=(w_1,\,w_2,\,\cdots,\,w_{N_t})}{\arg\max}\frac{|wh_i|^2 E_x}{E_x\sum_{j=1,\,j\neq i}^{N_t}|wh_j|^2+\|w\|^2\sigma_z^2} \tag{4.81}$$

用式(4.81)中的结果，可以推导得出

$$\begin{aligned}\tilde{x}_{MMSE} &= W_{MMSE}y=(H^H H+\sigma_z^2 I)^{-1}H^H y \\ &= (\tilde{x}+H^H H+\sigma_z^2 I)^{-1}H^H z \\ &= \tilde{x}+\tilde{z}_{MMSE}\end{aligned} \tag{4.82}$$

式中，$\tilde{z}_{MMSE}=(H^H H+\sigma_z^2 I)^{-1}H^H z$，使用 SVD，检测后的噪声功率为

$$\begin{aligned}\|\tilde{z}_{MMSE}\|_2^2 &= \|(H^H H+\sigma_z^2 I)^{-1}H^H z\|^2 \\ &= \|(U\Sigma^2 U^H+\sigma_z^2 I)^{-1}U\Sigma U^H z\|^2\end{aligned} \tag{4.83}$$

由于$(U\Sigma^2 U^H+\sigma_z^2 I)^{-1}U\Sigma=(U\Sigma^2 U^H+\sigma_z^2 I)^{-1}(\Sigma^{-1}U^H)^{-1}=(\Sigma U^H+\sigma_z^2\Sigma^{-1}U^H)^{-1}$，所以式(4.83)的噪声功率表示为

$$\|\tilde{z}_{MMSE}\|_2^2=\|(\Sigma U^H+\sigma_z^2\Sigma^{-1}U^H)^{-1}U^H z\|^2=\|U(\Sigma+\sigma_z^2\Sigma^{-1})^{-1}U^H z\|^2 \tag{4.84}$$

由于乘以酉矩阵不会改变向量范数的事实，即$\|Ux\|^2=\|x\|^2$，所以式(4.84)的期望值为

$$
\begin{aligned}
E\{\|\tilde{\boldsymbol{z}}_{\mathrm{MMSE}}\|_2^2\} &= E\{\|(\boldsymbol{\Sigma}+\sigma_z^2\boldsymbol{\Sigma}^{-1})^{-1}\boldsymbol{U}^{\mathrm{H}}\boldsymbol{z}\|^2\} \\
&= E\{\mathrm{Tr}(\boldsymbol{\Sigma}+\sigma_z^2\boldsymbol{\Sigma}^{-1})^{-1}\boldsymbol{U}^{\mathrm{H}}\boldsymbol{z}\boldsymbol{z}^{\mathrm{H}}\boldsymbol{U}(\boldsymbol{\Sigma}+\sigma_z^2\boldsymbol{\Sigma}^{-1})^{-1}\} \\
&= \mathrm{Tr}((\boldsymbol{\Sigma}+\sigma_z^2\boldsymbol{\Sigma}^{-1})^{-1}\boldsymbol{U}^{\mathrm{H}}E\{\boldsymbol{z}\boldsymbol{z}^{\mathrm{H}}\}\boldsymbol{U}(\boldsymbol{\Sigma}+\sigma_z^2\boldsymbol{\Sigma}^{-1})^{-1}) \\
&= \mathrm{Tr}(\sigma_z^2(\boldsymbol{\Sigma}+\sigma_z^2\boldsymbol{\Sigma}^{-1})^{-2}) \\
&= \sum_{i=1}^{N_t}\sigma_z^2\left(\sigma_i+\frac{\sigma_z^2}{\sigma_i}\right)^{-2} = \sum_{i=1}^{N_t}\frac{\sigma_z^2\sigma_i^2}{(\sigma_i^2+\sigma_z^2)^2}
\end{aligned} \tag{4.85}
$$

当信道矩阵的条件数很大时，最小的奇异值很小。噪声增强对线性滤波过程的影响是十分明显的。式(4.79)和式(4.85)对于 ZF 和 MMSE 线性检测器，由最小奇异值引起噪声增强的影响分别为

$$E\{\|\tilde{\boldsymbol{z}}_{\mathrm{ZF}}\|_2^2\} = \sum_{i=1}^{N_t}\frac{\sigma_z^2}{\sigma_i^2} \approx \frac{\sigma_z^2}{\sigma_{\min}^2} \quad (\mathrm{ZF}) \tag{4.86}$$

$$E\{\|\tilde{\boldsymbol{z}}_{\mathrm{MMSE}}\|_2^2\} = \sum_{i=1}^{N_t}\frac{\sigma_z^2\sigma_i^2}{(\sigma_i^2+\sigma_z^2)^2} \approx \frac{\sigma_z^2\sigma_{\min}^2}{(\sigma_{\min}^2+\sigma_z^2)^2} \quad (\mathrm{MMSE}) \tag{4.87}$$

其中，$\sigma_{\min}^2=\min\{\sigma_1^2, \sigma_2^2, \cdots, \sigma_{N_t}^2\}$。

比较式(4.86)和式(4.87)，可以看出，在 ZF 滤波和 MMSE 滤波中，前者在噪声增强方面的影响十分显著。

由 $\sigma_{\min}^2 \gg \sigma_z^2$，可以近似地得出 $\sigma_{\min}^2+\sigma_z^2 \approx \sigma_{\min}^2$。由此可以得出的结论是：两种线性滤波中的噪声增强所产生的影响是一样的。这里用到了 ZF 技术，实现了以 N_r-N_t+1 为结果的分集阶数。ZF 接收机在为单发射天线、多接收天线时就相当于 MRC 接收机。这时的接收机可以实现结果为 N_r 的分集阶数。

图 4.15 是基于 2×2 的 MIMO 信道采用 QPSK 调制的最小均方误差的性能曲线。图 4.16 则是对 ZF 算法、MMSE 的误比特率在性能上的对比，两条线几乎是平行的，但是可以看出 MMSE 的性能稍微好一点。

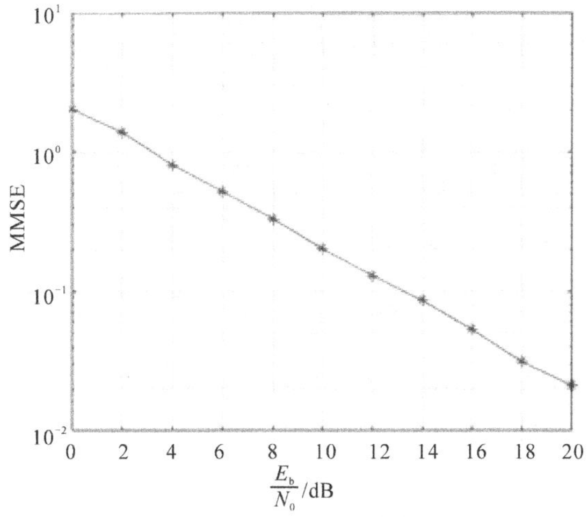

图 4.15 信道估计器 MMSE 的性能

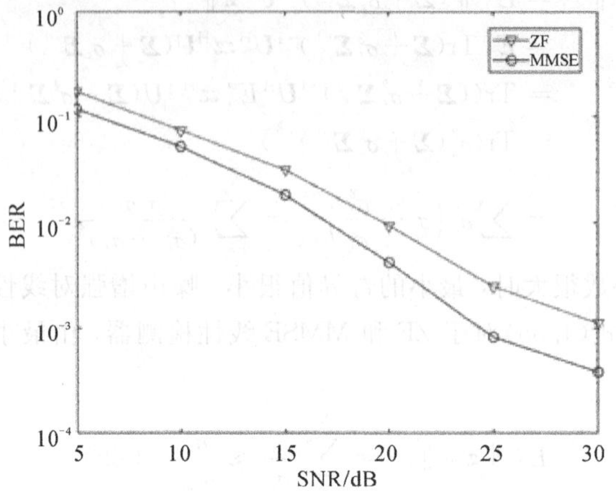

图 4.16 ZF 和 MMSE 的性能比较

4.4.2 非线性信号检测

常见的非线性信号检测方法是 ML 信号检测和 SD 信号检测。SD 也是基于 ML 的优化形式。两者主要的区别在于计算的复杂度。如果能选对合适的 SD 的球体半径，则 SD 信号检测的方法就优于 ML 信号检测的。

1. ML 信号检测原理

ML 信号检测的原理可以简单地描述为：计算接收信号向量和所有可能的发射信号向量与给定信道 $\boldsymbol{H}$ 的乘积的处理向量之间的最小欧氏距离。S^{N_t} 代表信号星座集、N_t 代表发射天线个数。ML 检测中，对发射的信号向量 $\boldsymbol{x}$ 进行估计，具体表达式如下：

$$\tilde{\boldsymbol{x}}_{\mathrm{ML}} = \arg\min_{x \in S^{N_t}} \| \boldsymbol{y} - \boldsymbol{H}\boldsymbol{x} \|^2 \tag{4.88}$$

式中，$\| \boldsymbol{y} - \boldsymbol{H}\boldsymbol{x} \|^2$ 代表了 ML 度量。所有的发射向量概率相同时，最大后验概率(MAP, Maximum A Posteriori)检测的最佳性能可以用 ML 方法实现。但是这种方法并不是完美的，其缺点是：当调制阶数或发射天线数量增加时，其复杂度亦增加。通常情况下，需要计算 $|S|^{N_t}$ 个 ML 度量，计算度量的复杂度呈指数上升。尽管这种方法存在着计算复杂度很高的缺点，但是却具有最佳性能，因此在进行相关的分析研究时，具有很高的参考价值。这里需要提到一种改进的 ML 检测方法，该方法可以将 ML 度量的计算次数从 $|S|^{N_t}$ 减少到 $|S|^{N_t-1}$。即当 $N_t=2$ 时，复杂度的计算量明显减少；当 $N_t \gg 3$ 时，这种改进的方法对于其复杂度的减少没有太大的帮助。

图 4.17 是 ZF、MMSE 和 ML 算法的性能比较，基于软判决的星座映射方式并采用 2×2 的天线，在不同条件下灵活自适应选择二进位相移键控(BPSK, Binary Phase Shift Keying)、QPSK、16 - QAM 和 64-QAM 多种调制方式。在同一时间内，对 ZF 算法、MMSE 和 ML 三种信号检测方法作了误码性能上的仿真，其中 ML 的性能最好，MMSE 次之，ZF 相对较差。但当发送天线数目增加、调制星座点数增加时，ML 算法的复杂度也会呈指数递增。

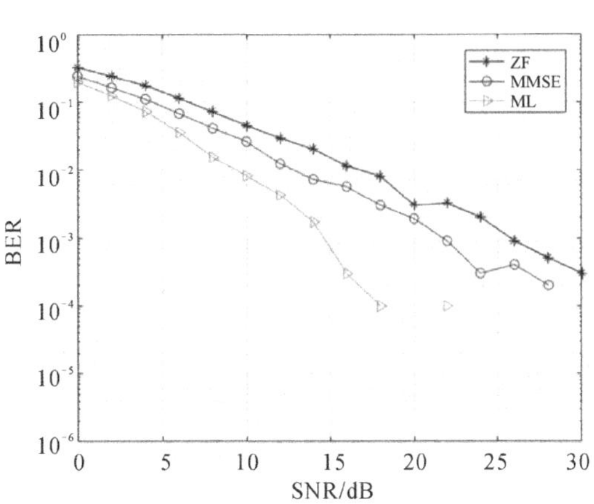

图 4.17　ZF、MMSE 和 ML 算法性能比较

2. SD 信号检测

SD 是试图寻找具有最小或最大似然度量的发射信号向量，即需要的 ML 解向量。SD 需要在一个给定球体内寻找所需的发射信号向量，然后不断地调整球体半径的大小，直到其内部存在一个最大似然解向量。当球体内部不存在解向量时，需要增大半径来寻找；相反地，当球体内存在许多解向量时，减小半径则可以得到一个符合要求的解向量。

此处选取方形 QAM 的 2×2 复 MIMO 信道。复系统通常可以转换成与其等价的实系统。第 j 根天线上接收信号的实部、虚部分别用 $y_{j\mathrm{R}}$、$y_{j\mathrm{I}}$来表示，即 $y_{j\mathrm{R}}=\mathrm{Re}\{y_j\}$、$y_{j\mathrm{I}}=\mathrm{Im}\{y_j\}$。同理，第 i 根天线上发射信号 x_i 的实部、虚部分别表示为 $x_{i\mathrm{R}}=\mathrm{Re}\{X_i\}$、$x_{i\mathrm{I}}=\mathrm{Im}\{X_i\}$。2×2 的 MIMO 信道中的接收信号的表达式为

$$\begin{bmatrix} y_{1\mathrm{R}}+\mathrm{j}y_{1\mathrm{I}} \\ y_{2\mathrm{R}}+\mathrm{j}y_{2\mathrm{I}} \end{bmatrix}=\begin{bmatrix} h_{11\mathrm{R}}+\mathrm{j}h_{11\mathrm{I}} & h_{12\mathrm{R}}+\mathrm{j}h_{12\mathrm{I}} \\ h_{21\mathrm{R}}+\mathrm{j}h_{21\mathrm{I}} & h_{22\mathrm{R}}+\mathrm{j}h_{22\mathrm{I}} \end{bmatrix}\begin{bmatrix} x_{1\mathrm{R}}+\mathrm{j}x_{1\mathrm{I}} \\ x_{2\mathrm{R}}+\mathrm{j}x_{2\mathrm{I}} \end{bmatrix}+\begin{bmatrix} z_{1\mathrm{R}}+\mathrm{j}z_{1\mathrm{I}} \\ z_{2\mathrm{R}}+\mathrm{j}z_{2\mathrm{I}} \end{bmatrix} \tag{4.89}$$

式中，$h_{ij\mathrm{R}}=\mathrm{Re}\{h_{ij}\}$，$h_{ij\mathrm{I}}=\mathrm{Im}\{h_{ij}\}$，$z_{i\mathrm{R}}=\mathrm{Re}\{z_i\}$，$z_{i\mathrm{I}}=\mathrm{Im}\{z_i\}$。

式(4.89)中的实部、虚部为

$$\begin{aligned}\begin{bmatrix} y_{1\mathrm{R}} \\ y_{2\mathrm{R}} \end{bmatrix}&=\begin{bmatrix} h_{11\mathrm{R}} & h_{12\mathrm{R}} \\ h_{21\mathrm{R}} & h_{22\mathrm{R}} \end{bmatrix}\begin{bmatrix} x_{1\mathrm{R}} \\ x_{2\mathrm{R}} \end{bmatrix}-\begin{bmatrix} h_{11\mathrm{I}} & h_{12\mathrm{I}} \\ h_{21\mathrm{I}} & h_{22\mathrm{I}} \end{bmatrix}\begin{bmatrix} x_{1\mathrm{I}} \\ x_{2\mathrm{I}} \end{bmatrix}+\begin{bmatrix} z_{1\mathrm{R}} \\ z_{2\mathrm{R}} \end{bmatrix} \\ &=\begin{bmatrix} h_{11\mathrm{R}} & h_{12\mathrm{R}} & -h_{11\mathrm{I}} & -h_{12\mathrm{I}} \\ h_{21\mathrm{R}} & h_{22\mathrm{R}} & -h_{21\mathrm{I}} & -h_{22\mathrm{I}} \end{bmatrix}\begin{bmatrix} x_{1\mathrm{R}} \\ x_{2\mathrm{R}} \\ x_{1\mathrm{I}} \\ x_{2\mathrm{I}} \end{bmatrix}+\begin{bmatrix} z_{1\mathrm{R}} \\ z_{2\mathrm{R}} \end{bmatrix}\end{aligned} \tag{4.90}$$

$$\begin{bmatrix} y_{1\mathrm{I}} \\ y_{2\mathrm{I}} \end{bmatrix}=\begin{bmatrix} h_{11\mathrm{I}} & h_{12\mathrm{I}} & h_{11\mathrm{R}} & h_{12\mathrm{R}} \\ h_{21\mathrm{I}} & h_{22\mathrm{I}} & h_{21\mathrm{R}} & h_{22\mathrm{R}} \end{bmatrix}\begin{bmatrix} x_{1\mathrm{R}} \\ x_{2\mathrm{R}} \\ x_{1\mathrm{I}} \\ x_{2\mathrm{I}} \end{bmatrix}+\begin{bmatrix} z_{1\mathrm{I}} \\ z_{2\mathrm{I}} \end{bmatrix} \tag{4.91}$$

将式(4.90)和式(4.91)组合在一起后，可以得到

$$\underbrace{\begin{bmatrix} y_{1R} \\ y_{2R} \\ y_{1I} \\ y_{2I} \end{bmatrix}}_{\bar{y}} = \underbrace{\begin{bmatrix} h_{11R} & h_{12R} & -h_{11I} & -h_{12I} \\ h_{21R} & h_{22R} & -h_{21I} & -h_{22I} \\ h_{11I} & h_{12I} & h_{11R} & h_{12R} \\ h_{21I} & h_{22I} & h_{21R} & h_{22R} \end{bmatrix}}_{\bar{H}} \underbrace{\begin{bmatrix} x_{1R} \\ x_{2R} \\ x_{1I} \\ x_{2I} \end{bmatrix}}_{\bar{x}} + \underbrace{\begin{bmatrix} z_{1R} \\ z_{2R} \\ z_{1I} \\ z_{2I} \end{bmatrix}}_{\bar{z}} \tag{4.92}$$

对于式(4.92)中定义的 $\bar{\boldsymbol{y}}$、$\bar{\boldsymbol{H}}$、$\bar{z}$，SD 方法可以利用以下关系：

$$\arg\min_{\bar{x}} \| \bar{\boldsymbol{y}} - \bar{\boldsymbol{H}}\bar{\boldsymbol{x}} \|^2 = \arg\min_{\bar{x}} (\bar{\boldsymbol{x}} - \hat{\bar{\boldsymbol{x}}})^{\mathrm{T}} \bar{\boldsymbol{H}}^{\mathrm{T}} \bar{\boldsymbol{H}} (\bar{\boldsymbol{x}} - \hat{\bar{\boldsymbol{x}}}) \tag{4.93}$$

式(4.92)中实系统的无约束解是 $\hat{\bar{x}} = (\bar{\boldsymbol{H}}^{\mathrm{H}}\bar{\boldsymbol{H}})^{-1}\bar{\boldsymbol{H}}^{\mathrm{H}}\bar{\boldsymbol{y}}$。

式(4.93)说明 ML 解可以用不同的度量 $(\bar{x}-\hat{\bar{x}})^{\mathrm{T}} = \bar{\boldsymbol{H}}^{\mathrm{T}}\bar{\boldsymbol{H}}(\bar{\boldsymbol{x}}-\hat{\bar{\boldsymbol{x}}})$ 来确定。球体半径 R_{SD} 满足下列关系：

$$(\bar{\boldsymbol{x}} - \bar{\boldsymbol{x}} - \hat{\bar{\boldsymbol{x}}})^{\mathrm{T}} = \bar{\boldsymbol{H}}^{\mathrm{T}}\bar{\boldsymbol{H}}(\bar{\boldsymbol{x}} - \hat{\bar{\boldsymbol{x}}}) \leqslant R_{\mathrm{SD}}^2 \tag{4.94}$$

SD 方法只需由式(4.94)定义来确定球体向量。

图 4.18 显示了一个球心为 $\hat{\boldsymbol{x}} = (\bar{\boldsymbol{H}}^{\mathrm{T}}\bar{\boldsymbol{H}})^{-1}\bar{\boldsymbol{H}}^{\mathrm{H}}\bar{\boldsymbol{y}}$、半径为 R_{SD}的球体。其中，球体有 4 个候选向量，其中一个则是 ML 解向量。由于 ML 度量值在球体的内、外存在明显差异，因此 ML 解向量不可能在球体外部。若可以从 4 个候选向量中选择出最近向量，那么可以减少式(4.94)的半径，从而可以得到一个球体(包含一个向量)。在图 4.18(b)中，ML 解向量包含在一个半径减小了的球体内。

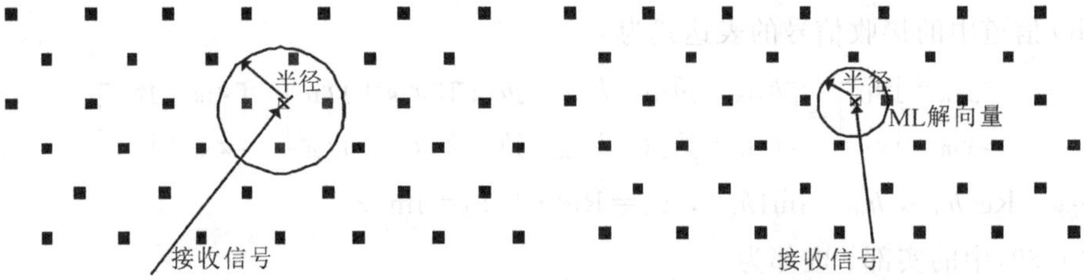

(a) 原球体　　(b) 半径减小的球体

图 4.18　SD 的球体示意图

式(4.94)的度量还可以表示为

$$(\bar{\boldsymbol{x}} - \hat{\bar{\boldsymbol{x}}})^{\mathrm{T}} \bar{\boldsymbol{H}}^{\mathrm{T}} \bar{\boldsymbol{H}} (\bar{\boldsymbol{x}} - \hat{\bar{\boldsymbol{x}}}) = (\bar{\boldsymbol{x}} - \hat{\bar{\boldsymbol{x}}})^{\mathrm{T}} \boldsymbol{R}^{\mathrm{T}} \boldsymbol{R} (\bar{\boldsymbol{x}} - \hat{\bar{\boldsymbol{x}}}) = \| \boldsymbol{R}(\bar{\boldsymbol{x}} - \hat{\bar{\boldsymbol{x}}}) \|^2 \tag{4.95}$$

式中，$\boldsymbol{R}$ 由实信道矩阵 $\boldsymbol{H}$ 的正交三角分解得到 $\bar{\boldsymbol{H}} = \boldsymbol{QR}$。当 $N_{\mathrm{t}} - N_{\mathrm{r}} - 2$ 时，式(4.95)中度量为

$$\| R(\bar{x} - \hat{x}) \|^2 = \left\| \begin{bmatrix} r_{11} & r_{12} & r_{13} & r_{14} \\ 0 & r_{22} & r_{23} & r_{24} \\ 0 & 0 & r_{33} & r_{34} \\ 0 & 0 & 0 & r_{44} \end{bmatrix} \begin{bmatrix} \bar{x}_1 - \hat{x}_1 \\ \bar{x}_2 - \hat{x}_2 \\ \bar{x}_3 - \hat{x}_3 \\ \bar{x}_4 - \hat{x}_4 \end{bmatrix} \right\| \tag{4.96}$$

$$= |r_{44}(\bar{x}_4-\hat{\bar{x}}_4)|^2+|r_{33}(\bar{x}_3-\hat{\bar{x}}_3)+r_{34}(\bar{x}_4-\hat{\bar{x}}_4)|^2+$$
$$|r_{22}(\bar{x}_2-\hat{\bar{x}}_2)+r_{23}(\bar{x}_3-\hat{\bar{x}}_3)+r_{24}(\bar{x}_4-\hat{\bar{x}}_4)|^2+$$
$$|r_{11}(\bar{x}_1-\hat{\bar{x}}_1)+r_{12}(\bar{x}_2-\hat{\bar{x}}_2)+r_{13}(\bar{x}_3-\hat{\bar{x}}_3)+r_{14}(\bar{x}_4-\hat{\bar{x}}_4)|^2$$

由式(4.96)可知，式(4.95)中的球体可以表示为

$$\left|r_{44}(\bar{x}_4-\hat{\bar{x}}_4)\right|^2+\left|r_{33}(\bar{x}_3-\hat{\bar{x}}_3)+r_{34}(\bar{x}_4-\hat{\bar{x}}_4)\right|^2+$$
$$\left|r_{22}(\bar{x}_2-\hat{\bar{x}}_2)+r_{23}(\bar{x}_3-\hat{\bar{x}}_3)+r_{24}(\bar{x}_4-\hat{\bar{x}}_4)\right|^2+$$
$$\left|r_{11}(\bar{x}_1-\hat{\bar{x}}_1)+r_{12}(\bar{x}_2-\hat{\bar{x}}_2)+r_{13}(\bar{x}_3-\hat{\bar{x}}_3)+r_{14}(\bar{x}_4-\hat{\bar{x}}_4)\right|^2\leqslant R_{SD}^2 \tag{4.97}$$

图 4.19 中，采用 2×2 的 MIMO 信道和 16－QAM 调制，以 ZF 方法计算初始半径为例来简单地说明 SD 方法的复杂度。图中显示了采用 SD 方法的算法复杂度随信噪比变化而变化的曲线。当信噪比增大时，得到的 ZF 解向量 $\hat{\mathbf{x}}$ 更接近 ML 解向量。因此，在图 4.18(b) 中，对初始半径选择得当，就可以避免球体半径的调整过程。这里，ML 信号检测的复杂度有 $16^2=256$ 次 ML 度量计算。如果每个 ML 度量计算需要 4 次实数乘法，那么就需要 256×4＝1024次实数乘法。由此可以得出结论：SD 的复杂度取决于初始半径选择的优劣程度。SD 方法的主要缺点是，尽管可以降低平均复杂度，但是在最坏情况下其复杂度仍与 ML 检测相同。SD 方法的复杂度过度依赖于信噪比。

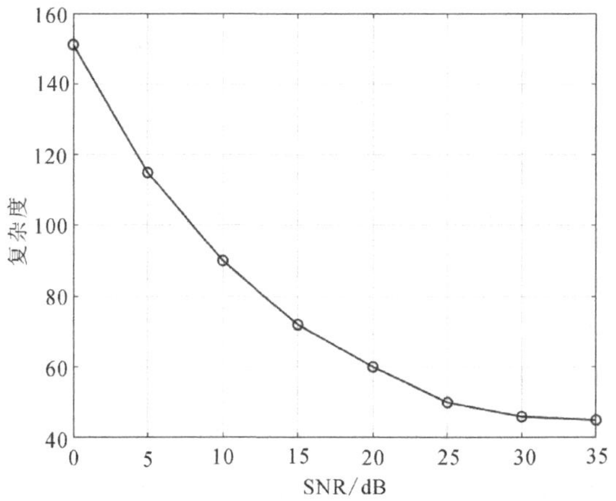

图 4.19　SD 的复杂度

可以采用不同的方法来确定初始半径的大小，但最好采用下式来确定初始半径：

$$R_{SD}^2=\sum_{i=1}^{4}\left|\sum_{i=1}^{4}r_{ik}\left(\tilde{\bar{x}}_k-\hat{\bar{x}}_k\right)\right|^2 \tag{4.98}$$

式中，无约束的 LS 解是 $\hat{\bar{\mathbf{x}}}=[\tilde{\bar{x}}_4, \tilde{\bar{x}}_3, \tilde{\bar{x}}_2, \tilde{\bar{x}}_1]$。$\bar{\bar{\mathbf{x}}}=\mathbf{Q}(\tilde{\bar{x}}_i)$，$i=1, 2, 3, 4$。

式(4.98)中初始半径数值的确认过程中需要经过 14 次实数乘法运算。使用这个初始半径，在步骤 s(s 取值为 1，2，3，4)中，对于$\bar{x}_i=(i=4-s+1)$来说，选择候选值的不等式

条件可以概括为

$$\hat{x}_{i,\mathrm{LS}}+\frac{-\alpha_i-\beta_i}{r_{ii}}\leqslant x_i\leqslant\hat{x}_{i,\mathrm{LS}}+\frac{\alpha_i-\beta_i}{r_{ii}} \tag{4.99}$$

式中，$\alpha_i=\sqrt{R_{\mathrm{SD}}^2-\sum_{k=i+1}^{4}\left|\sum_{p=k}^{4}r_{kp}\left(\tilde{\bar{\boldsymbol{x}}}_p-\hat{\bar{\boldsymbol{x}}}_{p,\mathrm{LS}}\right)\right|^2}$，$\beta_i=\sum_{k=i+1}^{4}r_{ik}\left(\bar{\bar{\boldsymbol{x}}}_k-\hat{\bar{\boldsymbol{x}}}_k\right)$。

在式(4.99)中，每个 $\hat{x}_k$ 都是整数，并且可重复使用前面运算得出的结果，因此计算式(4.99)需要一次乘法、两次除法和一次平方根运算。在第一步($s=1$)中，$\beta_4=0$，需要一次除法、一次平方根运算。当采用新向量，其长度是 $2\times N_r=4$ 来求取新半径时，仅需一次乘法运算。

图 4.20 是采用 2×2 的 MIMO 信道、16 - QAM 的调制方式进行 1000 次的仿真实验。当要求 SD 同时达到与 ML 方法相同的误比特性能时，可以得出的结论是：SD 的性能与初始半径有关。同时，就图 4.21 的仿真时间而言，SD 算法的复杂度远远小于 ML 算法。由此，运用 SD 算法可以用较少的计算量来获得最大似然译码性能，提高工作效率。

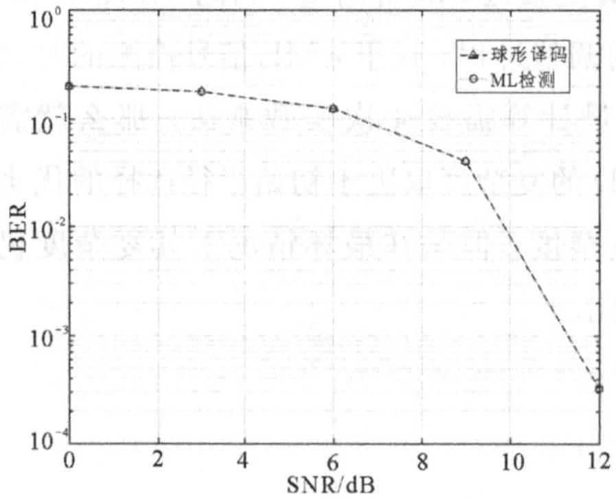

图 4.20　SD 的性能

图 4.21　SD 的仿真时间

以上对 ZF、MMSE、ML 和 SD 四种算法作了相应的仿真分析。通过仿真可知，ZF 的性能较差，一般情况下不采用此种算法。MMSE 的性能居中，易于通过硬件实现。ML 常常能得到更好的性能，但发射天线数目和星座映射点数都会直接影响算法的复杂度。基于 ML 的深度优先串行检测 SD 算法，只要给出合适的信噪比和球体半径，都会收获较好的信号检测性能，同时会降低计算的复杂度。相对来说，信号的时延比较大，因此这几种信号检测的算法各有优劣，可以根据不同的通信环境灵活选择。

本章小结

为了能够提供更好的通信服务水平，本章对其编码技术作了相应的研究，结果证明了增加编码的技术方案其误码性能要优于无编码传输；同时，对 MIMO-OFDM 系统中常用的空时、空频和空时频编码作了分析。一般情况下，及时地对信号进行信号检测和信道估计，就可以尽可能地在接收端正确恢复发送端发送的原始信息。然后，本章介绍了 MIMO-OFDM 系统常用的信道估计和信号检测技术的常用方法，并对它们进行了相应的比较分析。

多输入/多输出天线、正交频分复用调制这两大关键技术在 MIMO-OFDM 系统内被采用。MIMO 技术充分利用信号的所有空时频特性，并利用多径传播，采用多径的各种发射合成技术，通过多个空间路径传输信号分割总发射功率而不消耗额外的射频，从而提高总频谱效率和发射效率，减小空间电磁干扰和发射功率，尽可能地降低误码率，在通信容量的层面上进一步提高系统的性能。但是在频率选择性衰落信道环境下，MIMO 信号的优势就不存在了，而频域内的 OFDM 技术可以成功解决 MIMO 的这个劣势，从而消除信道波形间的复杂干扰，使接收端需要还原的信号达到最佳的状态。总体而言，MIMO-OFDM 系统可以克服多径效应和频率选择性衰落所带来的不良影响，极大限度地增强系统的频谱效率和接收可靠性，从而实现更高的数据传输速率。

本章运用基于导频和训练序列的信道估计技术，通过信道估计算法对信道进行时域信道估计。其仿真结果充分表明了这两种方法的仿真均十分接近真实的信道情况，为 MIMO-OFDM 系统的信道估计提供了可靠的技术方法；同时，还对 4 种信号检测的方法进行了阶段性的研究，通过理论仿真了 ZF、MMSE、ML 和 SD 的性能指标，并分类比较了各种检测方法的不同，包括均方误差、误比特率和复杂度等，为以后海上无线通信的信号检测提供了选择方法。

第5章 直通通信功率控制与干扰抑制

传统的蜂窝通信网络中，用户之间的通信是由中心基站控制转接来完成的，双方无法直接连接，通信过程分为两个阶段：发射机到基站(即上行链路)，基站到接收机(即下行链路)。这种通信方式的优点是可以对整体系统和干扰直接进行管控；但其缺点也很明显，即由于是集中式管控，频谱利用效率低。

直通通信(Device-to-Device，也称为终端直通)不需要以上的烦琐过程，它以共享蜂窝资源的形式，通过运营商来给它授权频率和频段，而一旦受到干扰，通信环境可以即时管控，数据传输更高速、更安全、更便捷，用户体验效果明显。更高的通信速率以及低延时、低功耗和更好的用户体验等将会在未来移动通信中有所体现。D2D 通信技术将成为下一代通信系统的关键技术之一。

5.1 直通通信技术

伴随着人类社会的不断发展，通信终端设备层出不穷，人们对无线通信系统不断提出了更高的要求，频谱资源短缺已成为共识。当下，应对频谱资源危机的研究也愈发火热，各种手段迭出，大致有两种类型的方案：

(1) 构建更多的小区或者基站，从地理位置上提升网络覆盖密度，进而增加系统容量。此方案会增加建设成本，而且只能在一定程度上缓解。

(2) 复用频谱资源，以提高频谱利用效率，但是带来的干扰是一大弊端。

鉴于 D2D 通信的优点，在蜂窝通信网络中结合 D2D 通信技术，可以缓解这个僵局。

终端直通通信技术不依赖于传统蜂窝通信中的基站，在手机电话或者其他移动终端，甚至是其他多种通信设备之间也可以使用。D2D 通信只占用一半的频谱资源，在蜂窝网络中融合 D2D 通信，不仅能缓解基站压力，对频谱使用困境也是一种缓解。此外，在节约能耗方面，D2D 用户之间属于近场通信，发送和接收功率也会有所下降。利用分布式组网的 D2D 通信用户，网内任何一个用户都能收/发信号，同时兼具路由转发的能力，各个用户既充当服务器，又是客户端，彼此能够感受到对方的存在，能自发构建成一个真实或者虚拟的网络集合。在网用户之间共享一部分硬件资源，彼此互访网内资源不需要借助第三方实体。

短距离无线通信技术成本低、功耗低，空口设计简单，协议不复杂，也不需要第三方网络设备辅助，与蜂窝网络、家庭网融合共享，极大地提升了频谱效率。传统的短距离通信如红外、蓝牙通信的缺点和弊端较多，不适合当下业务量激增的社会环境，而 WLAN 技术、Ad hoc 网络、IEEE 802.15.4/Zigbee、IEEE 802.15.1/Bluetooth、RFID(Radio Frequency IDentification，射频识别)等技术也有各自的缺点。D2D 技术的提出，为应对现有短距离通信技术的弊端，开辟了一个新的途径，引起广泛研究。

D2D 通信有以下优势：

(1) 低功耗、小延迟率、高数据传输速率是其显著特征。

(2) 从通信范围上讲，D2D 通信也是近程无线通信技术的一种，因而它具有近程无线通信系统的所有特点，能促进频谱效率的利用，同时能提高蜂窝小区资源复用增益。

(3) D2D 技术能够实现本地数据分享。

(4) D2D 技术能对网络的覆盖范围进行扩展。

D2D 技术与蓝牙、WiFi、Zigbee 等传统短距离通信技术使用的频段不同。

5.2　D2D 通信模式及其应用前景

图 5.1 展现了两种通信形式，即传统的蜂窝网络通信和 D2D 终端直通通信模式。用户终端 F1 和 F2 为传统模式 C1，即用户终端 F1 要和 F2 进行通信时，首先需把 F1 的数据消息发往 BS(Base Station，基站)进行中继，接着由 BS 再把数据消息发往 F2，完成一次通信过程。但是用户终端 D3 和 D4 之间的间距比较小，可直接利用终端直通模式 Z1 进行通信，所以数据链不经过 BS 的中继而直接以终端直通模式在 D3 和 D4 之间进行传送、共享。D3、D4 与 BS 间只存在控制信令，D2D 系统根据其信令调整发送功率值以及享用基站授权频段。同时终端直通通信模式用户也可以利用其信令实现与外界互联、计时收费、授权等。因为没有第三方基站的中继过程，所以 BS 重负得到缓解，效率也会有所提升。一般情况下，D2D 通信用户的延迟率比蜂窝通信用户的小。

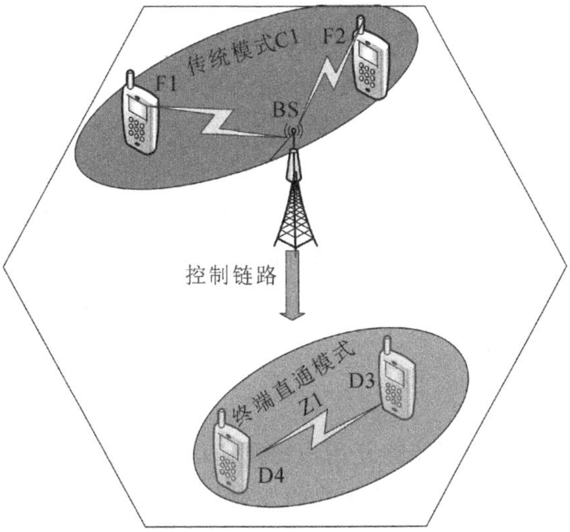

图 5.1　传统的蜂窝网络通信和 D2D 终端通信模式

基站是空口协议的终端，也是UE和网络接触的第一点。在图5.1中，BS是E-UTRAN中的唯一逻辑节点，所以它包含一部分先前在UTRAN的RNC(Radio Network Controller，无线网络控制器)中定义的功能，如无线承载管理、上下行链路动态无线资源管理以及数据分组调度和移动性管理。

D2D通信尚有一些关键技术需要进一步研究，例如：邻居/服务发现、模式选择、资源分配和干扰控制等。未来的商业活动、社交场合等应用到近距离通信的机会将越来越多，D2D也将成为下一代通信系统研究中不可或缺的一部分。在Release 12版本中，3GPP将D2D通信命名为LTE Device to Device Proximity Services，并利用多种保障性手段使D2D标准逐步趋于完善。鉴于D2D通信技术的优异表现，可以在5G移动通信系统中开发其相应的服务和应用。

5.3 D2D通信中干扰分析及功率控制

D2D通信本身有一系列的技术优势，将D2D技术融入到蜂窝网络通信中，D2D终端用户和蜂窝小区用户将同时使用授权过的频段，这样D2D通信网络和蜂窝网络将共同构成一个混合式的网络系统。

D2D通信分享蜂窝网络资源时通常有两种情况：一种是用正交的模式分享蜂窝网络资源；另一种是以复用的模式分享蜂窝网络资源。无论是哪种分享形式，干扰肯定都无法避免。如果D2D通信用户双方用正交的形式分享蜂窝网络通信系统的资源，则对整个蜂窝通信系统造成的影响将比较小，与蜂窝小区间的干扰差不多，所以本节着重分析复用模式下的干扰。

5.3.1 D2D通信复用模式下的干扰分析

如果D2D通信用户双方以复用的模式分享蜂窝网络通信系统的资源，从地理上划分会有两类方式：一类是复用相同蜂窝小区内的资源；另一类是复用周围蜂窝小区的资源，如此产生的干扰严重而且复杂。因此对D2D通信用户双方复用蜂窝网络通信系统的资源进行管制是非常有必要的，否则不仅无法提高整个混合网络系统的效能，而且将导致D2D用户之间产生严重的同频干扰和系统资源的浪费。

D2D用户以复用形式分享蜂窝系统的资源时产生的干扰可以分为两种类型：一种是D2D通信网络中用户与蜂窝通信网用户双方上下行链路之间的互相干扰；另一种是D2D通信网络中不同用户之间(D2D链路1-2和D2D链路3-4)引起的链路干扰。如图5.2所示为以复用模式分享蜂窝系统频谱资源时D2D用户之间产生的同频干扰示意图。

下面列举不同情况下的干扰。

1. 小区内部干扰

一个小区内的D2D用户分别能够复用该蜂窝通信系统小区内的上行、下行链路。对蜂窝用户上行链路复用时，蜂窝通信系统用户的发射信号会对该小区内的D2D通信系统用户双方中的信号接收方形成干扰；同理，D2D通信系统用户双方中的发射信号对该蜂窝小区内的基站信号接收形成干扰。因此，若有许多D2D通信系统中的用户发射信号，就会形成

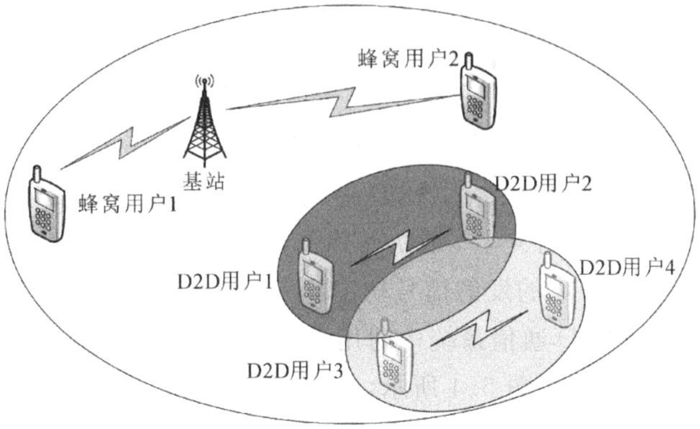

图 5.2　D2D 用户之间产生的同频干扰示意图

累积干扰。当 D2D 通信系统用户复用蜂窝网络通信系统中基站到小区用户的下行链路时，D2D 通信系统用户的发射信号会对该小区内蜂窝通信系统用户的信号接收形成干扰；同理，蜂窝小区内的基站发射信号也会对该小区内的 D2D 通信系统用户接收形成干扰。

2. 跨小区干扰

D2D 通信系统用户复用所处蜂窝系统周围小区的资源时，也分为复用上行链路和下行链路。对蜂窝用户上行链路复用时，蜂窝通信系统用户的发射信号会对周围小区的 D2D 通信系统用户双方中的信号接收方形成干扰；同理，D2D 通信系统用户双方中的发射信号也会对周围小区基站的信号接收形成干扰；当有许多 D2D 通信系统中的用户发射信号时，会对周围小区基站的接收信号形成累积干扰。当 D2D 通信系统用户复用蜂窝系统的下行链路时，D2D 通信系统用户发射信号会对周围小区内蜂窝通信系统用户的信号接收形成干扰；同理，基站发射信号也会对周围小区的 D2D 通信系统用户的信号接收形成干扰，如表 5.1 所示。

表 5.1　D2D 用户复用蜂窝系统资源引起的一系列干扰分析

干扰	复用资源形式	D2D 通信技术用户形成的干扰分析
小区内部干扰	上行链路	蜂窝通信系统用户发射信号对该小区 D2D 通信用户接收信号形成的干扰； D2D 通信系统用户发射信号对该小区蜂窝基站信号接收形成的干扰；许多 D2D 通信系统用户发射信号复用同一个链路时形成的累积干扰
	下行链路	D2D 通信系统用户发射信号对该小区蜂窝通信系统用户接收信号形成的干扰； 基站发射信号对该小区 D2D 通信系统中的接收方接收信号形成的干扰
跨小区干扰	上行链路	蜂窝通信系统用户发射信号对周围小区 D2D 通信系统用户接收信号形成的干扰； D2D 通信用户发射信号对周围小区基站接收信号形成的干扰；许多 D2D 通信系统用户发射信号复用同一链路时形成的累积干扰
	下行链路	D2D 通信系统用户发射信号对周围小区蜂窝通信系统用户接收信号形成的干扰； 基站发射信号对周围小区 D2D 通信系统接收信号形成的干扰

5.3.2 D2D通信中用户复用上、下行链路的干扰分析

D2D通信系统中用户复用蜂窝小区内上行链路时会产生两类干扰：第一类是蜂窝通信系统用户1给基站BS的发射信号会对D2D通信系统中用户2的接收信号形成相应的干扰，如图5.3所示。这类干扰的大小，取决于蜂窝用户1的发射信号功率及其与D2D通信用户2的间距 d_{12}，蜂窝用户1的发射信号功率越大，间距 d_{12} 越小，对D2D通信用户双方的干扰就越大。第二类是D2D通信系统中的用户1发射信号会对基站BS接收蜂窝用户1信号形成相应的干扰。同理，如图5.4所示，第二类干扰的大小取决于D2D通信系统中用户1的信号发射功率及其和基站BS的间距 d_{S1}，D2D用户1发射信号的功率越大，间距 d_{S1} 越小，对基站接收蜂窝用户信号的干扰也就越大。此外，通信系统存在多个D2D通信对时，复用同一个蜂窝小区链路会导致基站对蜂窝用户1信号接收的累积干扰现象出现。

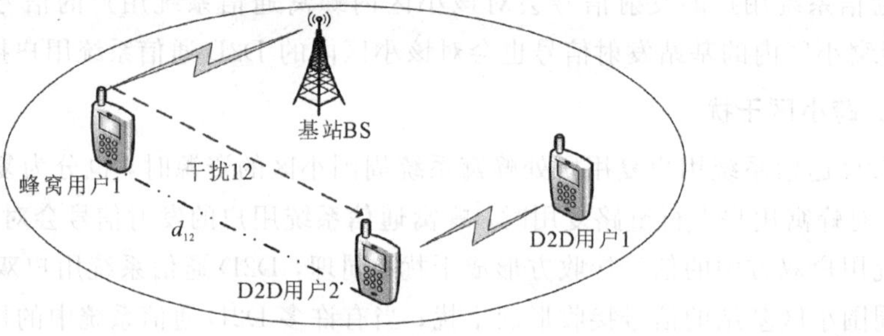

图5.3 上行链路复用的第一类干扰示意图

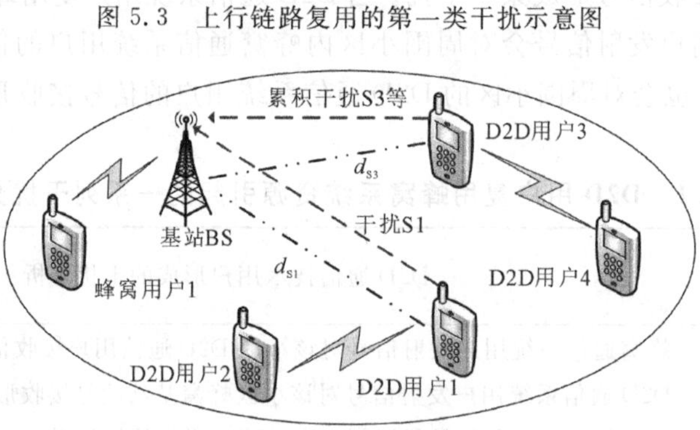

图5.4 上行链路复用的第二类干扰及累积干扰示意图

D2D通信系统中用户复用蜂窝小区内下行链路时会产生两类干扰：第一类是D2D通信系统用户1、2之间的发射信号对蜂窝通信系统中用户1产生的干扰，如图5.5所示。这类干扰的大小取决于发射信号功率以及D2D通信系统中用户1和蜂窝通信系统中用户1的间距 d_{11}，D2D用户1的发射信号功率越大，间距 d_{11} 越小，对蜂窝通信用户1接收信号的干扰就越大；此外，多个D2D通信用户复用相同的蜂窝链路时就会对蜂窝用户1接收信号形成累积干扰。第二类是小区基站BS给蜂窝用户1发射信号对D2D通信系统用户2接收信号形成相应的干扰，如图5.6所示。

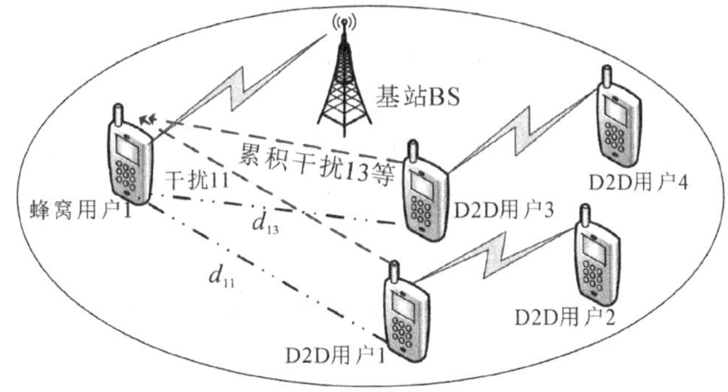

图 5.5　下行链路复用的第一类干扰及其累积干扰示意图

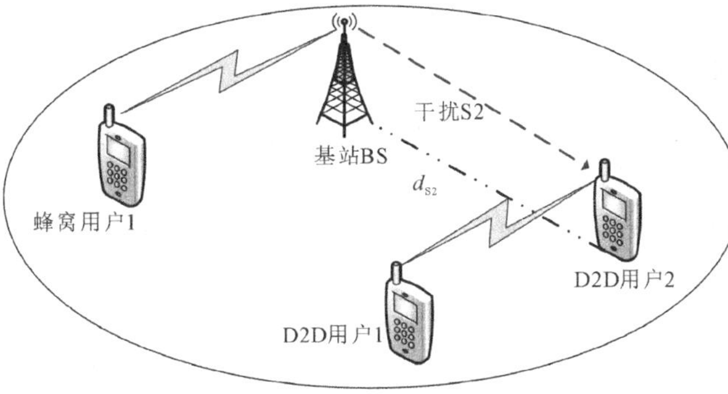

图 5.6　下行链路复用的第二类干扰示意图

第二类干扰的大小取决于发射功率、小区基站和 D2D 通信系统中用户 2 的间距 d_{S2}，基站 BS 的发射信号功率越大，间距 d_{S2} 越小，对 D2D 通信系统用户 1、2 的通信干扰就越大。

5.3.3　D2D 通信的功率控制方式

1. 功率控制方式

功率控制是蜂窝通信系统中的核心技术之一，通信系统中引入功率控制技术的主要目的是在保证所有用户通信服务质量水平的同时，尽量降低每个终端设备的收/发信号功率，抑制系统内干扰，进而提升整个通信系统的容量。

按照环路方式，功率控制方式可以分为如下几种。

(1) 开环功率控制：终端发射功率的变化和更新过程，是根据接收的信号功率来判别和衡量的。其适用范围有限，一般在移动通信终端呼叫建立的初期使用。根据 IS-95 标准，开环功率控制的范围大于±32 dB 时，使用该功率控制方法才有效果。其优点是可以降低阴影衰落带来的影响以及对平均路径衰减折损进行一定补偿。但是，其缺点也很明显，即无负反馈辅助，只能进行简单的功率控制，精准度较低。

(2) 外环功率控制：一种慢速功率更新手段，需要对链路的 BLER/BER(BLock Error Rate/Bit Error Rate，块差错率/位差错率)进行测量，然后根据测量结果来不断调整 SIR (Signal-to-Interference Ratio，信噪比)，以降低误帧率，实现功率控制。外环功率控制可以有效对抗通信信道中的慢衰落。

(3) 内环功率控制：调整功率的策略是接受 TPC(Target Power Control，目标功率控制)指令，而 TPC 指令的发出依据的是终端用户信噪比与目标 SINR(Signal to Interference plus Noise Ratio，信干噪比)的比对，若比对结果一致，不作调整；反之，TPC 指令发出，若高于比对值终端用户的发射功率，则接受降低指令；若低于比对值终端用户的发射功率，则接受提高指令。其优点是可有效管控终端用户因多径效应引起的快衰落。

(4) 闭环功率控制：一种发射端的功率大小根据接收端接收效果来动态调节的控制方式。负反馈控制精度高、效果好，是闭环功率控制的显著特点。闭环功率控制的典型应用是首先由基站监测信道链路上的信号，然后基站给移动终端用户反馈信息，移动终端凭借这个反馈信息进行功率控制。

闭环功率控制的缺点是：移动终端的功率控制时间会滞后，因为负反馈信息的到来需要消耗一定的时间。

2. 功率控制模型

功率控制模型的集中式和分布式是按照实际应用过程中的模型来分类的。集中式模型需要基站对所有移动终端用户的发射功率及其路径增益等进行计算管理。这种管控方法的优点是精准程度比较高；缺点也显而易见，即在不同的时间、不同的地点，蜂窝通信系统中的用户参数维数等处在不断变化之中，数据量大，管控难度大，实际应用比较困难。分布式模型可以弥补集中式模型带来的不足，它并不需要进行大量的数据管理，蜂窝移动终端的功率管控由接收到的干扰以及路径增益的值来判决，无须知晓其他移动终端的功率大小以及路径增益的强弱。其缺点是：响应速度没有前者快，有限基础的判决信息影响了实际功率控制的精准程度。

下面对传统上普遍采用的两种功率分配方式进行分析，为后续改进的算法提供参考。设蜂窝网络通信系统中共有 M 个用户，单个用户 i 的业务数据量有 S_i 个。

1) 按用户分配功率

UMTS(Universal Mobile Telecommunications System，通用移动通信系统)作为第三代蜂窝网络通信系统的一个典范，在其上行的通信链路中，它进行了两级扩频，每一个不同的用户在相同时间段内可进行的业务量不是单一的，可以支持多种业务同时进行。如图 5.7 所示为其扩频结构示意。

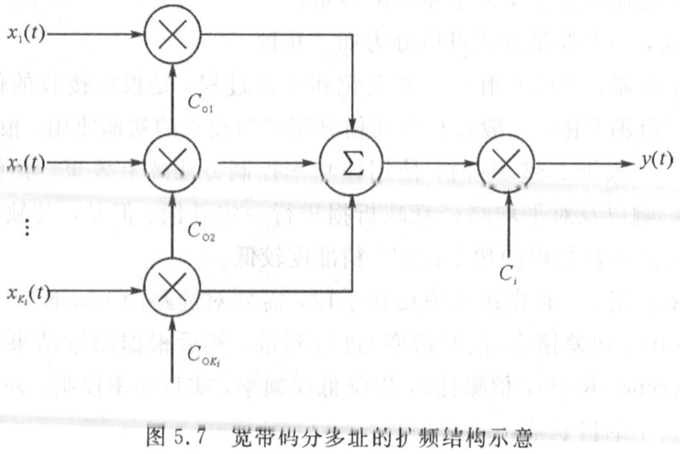

图 5.7 宽带码分多址的扩频结构示意

图5.7中，$\{C_{Oi}\}_{i=1}^{K_i}$是正交可变扩频因子(OVSF，Orthogonal Variable Spreading Factor)，C_i是通信系统中的扰码。每个单独的用户之所以能支持多种不同的业务同时进行，是因为每一个信道都有自己单独的信息传递速率和服务质量要求，这些K_i信道的产生来自于每个单独的用户。在蜂窝通信系统中，这些K_i个信道上产生的信号可进行线性叠加以及用信道码$C_{Oi}(i=1, 2, \cdots, K_i)$来分辨不同的信道的原因是：$K_i$个信道都属于正交信道，并且进行同步也比较方便。因为有K_i个信道，所以每个单独的用户都有1个扰码以及K_i个正交码。

每一个终端用户和自己相应的基站在通信时会创建一个由多个信道构成的连接。若要计算用户到基站所有信号的总功率，只需要计算该用户分载在所有信道上的单个信号功率，然后累加起来即是总功率；因为分载业务的信道是以正交编码方式进行扩频的，所以彼此之间也是正交的。

一个或者多个分载信道构成基站与每个单独的蜂窝用户之间的连接。最佳功率向量$\boldsymbol{P}_1^*=(p_1, p_2, \cdots, p_M)$由基站根据用户到达基站的功率$p_j(j=1, 2, \cdots, M)$计算得出，然后将其一一分配给相应的蜂窝用户。此方法的优点是可动态地在直接求出所有蜂窝通信用户的同时，以动态的形式回馈给用户；其缺点是蜂窝网络通信系统中的用户数量M过大时，$\boldsymbol{P}_1^*$的计算量太大，耗时过多，只有得到$\boldsymbol{P}_1^*$后才能给每个蜂窝通信系统用户承载不同业务的子信道分配相应的功率值。此方法中的功率最佳状态是指在不考虑路径折损又达到用户所有业务服务质量的条件下，让整个蜂窝通信系统总功率实现最小化，容量实现最大化。当考虑路径损耗带来的影响时，计算出所有蜂窝网络通信系统中单个用户的发射功率即可，不再计量蜂窝网络通信用户到达基站的功率。

2）按业务分配功率

设系统共有T种业务。按业务分配功率的条件是：在蜂窝通信系统内，单独的一个用户每时每刻都只能进行一种通信业务，换句话说就是，信道只有一个，蜂窝系统用户与蜂窝基站之间不能使用多个信道。该方法保证了业务进行的优先级是一致的，然后区分不同业务来匹配相应功率。最佳功率向量$\boldsymbol{P}_2^*=(p_1, p_2, \cdots, p_T)$由基站根据分配给业务类型$i$的功率$p_i(i=1, 2, \cdots, T)$计算得出，然后将其一一分配给每种业务。

该方法的思想是：使当下使用业务i的蜂窝用户抵达中心基站的功率一直维持在p_i水平。其功率调节方式是利用用户到基站的距离、信道质量等给出相应的负反馈信息来调整所有蜂窝用户的实际发射功率。

该方法的优点是：不用担心路径传输损耗的影响；业务功率矢量的复杂程度较低，计算量小，且较容易；计算出$\boldsymbol{P}_2^*$后可用传统功率控制方法来控制其实际发射功率。

其实，从宏观上讲，按业务分配功率方式是按用户分配方式的一种特殊情况，还是值得深入研究的。

两种分配方式的比较见表5.2。

表5.2　两种分配方式的对比

分类和对比项	信道差异	针对信道的干扰来源	同种业务功率分配
按业务分配	相当于只有一个	其他所有信道的干扰	功率相同
按用户分配	划分多个子信道	其他所有用户的干扰	不同

3. 几种常见的功率控制方法

D2D通信的好处很多，前面已有介绍，但是也有一系列的技术问题，它复用上、下行链路时对基站和蜂窝用户以及D2D用户都有不同程度的干扰。国内外学者广泛研究后得出使用功率控制手段是管控D2D技术干扰问题的一个有效方法。D2D通信中使各个用户功率之和最小，同时又达到一个确切优质的服务质量是功率控制的主要目的。功率控制的方法层出不穷，但应用到D2D通信中常见的主要分为三种：第一种是集中式功率控制方法，第二种是分布式功率控制方法，第三种是联合功率和速率控制的方法。

1）集中式功率控制

集中式功率控制(CPC，Centralized Power Control)简而言之，就是由基站扮演中心角色对蜂窝通信小区内用户进行功率控制。进行功率控制时需要考虑的因素较多，诸如建设成本、基站负载能力、地理地形等，需要综合衡量实施。

在集中式功率控制中，移动用户终端发射功率的更新，需要凭借用户接收端接收到的信号功率以及其链路增益来综合判决。集中式功率控制算法是在知道链路增益矩阵$\boldsymbol{W}$后，才能计算发送信号功率矢量$\boldsymbol{P}$，可以表示为

$$\boldsymbol{P}=\Psi_{\mathrm{C}}(\boldsymbol{W}) \tag{5.1}$$

式中，Ψ_{C}没有固定的数值，是一个抽象的数学定义，此定义由使用的具体算法来展开。信干噪比Γ是一个不确定的变量，用户接收端监测到Γ作为反馈信息，对用户终端发射功率的控制有着重要作用，而且利用这个变量的分布可以对功率控制算法优异性起到很好的检测作用。若把信噪比门限设定为γ_0，那么蜂窝通信系统的中断概率可以描述为

$$P_{\text{outage}}=F(\gamma_0)=P_{\mathrm{r}}\{\Gamma<\gamma_0\}=\frac{1}{Q}\sum_{j=1}^{Q}P_{\mathrm{r}}\{\Gamma_j<\gamma_0\}=\frac{1}{Q}\sum_{j=1}^{Q}F_j(\gamma_0) \tag{5.2}$$

式中，信干噪比Γ_j为第j个用户的信干噪比，$P_{\mathrm{r}}\{\cdot\}$表示概率计算，Q为参与功率分配的用户数量，$F(\cdot)$代表概率计算函数。

最佳功率控制是在功率控制过程中最小化中断概率。在蜂窝系统中，用基于信噪比平衡的功率控制算法来求解最佳发射功率矢量$\boldsymbol{P}^*$的思路是：如果信噪比低于γ_0，则系统减少终端发射功率，计算出小信噪比平衡系统中$\boldsymbol{W}$的最大子矩阵，然后继续计算子矩阵的特征值。

集中式功率控制算法颇为复杂，一些国内外的研究者先后对其进行了简化，但在实际实施时依然困难重重。它的优点是：可以对基站和终端进行直接管控；能实现最优功率控制，从而避免一定程度上的系统崩溃，可有效降低中断概率；一旦实现，功控效果最好。其缺点也显而易见，即需要把握系统全局信息，借助无线网络控制器才能实现，消耗时间过长，速度上不理想，数据计算量偏大，在多用户的蜂窝通信系统内叠加后更是难以使用。鉴于它的这些缺点，在现实中多采用分布式功率控制算法。

2）分布式功率控制

分布式功率控制(DPC，Distributed Power Control)即根据蜂窝小区的整体情况，利用终端设置多方控制来分散化管控的一种策略。它不需要中心控制器，只需基站和终端协同

配合，即可由小区内终端单独完成各自的发射功率控制。其首次应用是在窄带蜂窝系统中，通过对局部信息的迭代来获取最优解，迭代复杂程度低，在算法上比较高效。在 WCDMA 的蜂窝系统中，如果 SIR 测量误差值较小或者不考虑信噪比误差，则此方法可采用；若存在的误差较大，基于分布式信噪比的平衡算法将不可行，因为用户终端的发射功率会超限，从而会使用户意外脱网。

与集中式功率控制方法的思路相反，分布式功率控制方法无须了解通信链路的所有信息，就能对用户终端发射功率矢量进行计算。分布式功率控制可以用如下公式来表示：

$$\boldsymbol{P}^{(n+1)}=\Psi_{\mathrm{D}}(\boldsymbol{P}^{(n)}, \boldsymbol{\Gamma}_{\mathrm{g}}^{n}) \quad g\in\{1, 2, \cdots, Q\} \tag{5.3}$$

式中，$\boldsymbol{P}^{(n)}$ 是第 n 时刻的发射功率矢量，$\boldsymbol{\Gamma}_{\mathrm{g}}^{n}$ 是第 n 时刻的 SINR 矢量，Ψ_{D} 没有固定的数值，是一个抽象的数学定义，此定义由使用的具体算法来展开。

Jens Zander 研究了基于 SINR 平衡的分布式算法，具体思路见式(5.4)，发射功率的更新判定是由各小区获取本小区的信干噪比值以及当前发射功率矢量来完成的。

$$\boldsymbol{P}^{(n+1)}=\boldsymbol{\beta}^{(n)}\boldsymbol{P}_{i}^{(n)}\left[1+\frac{1}{\boldsymbol{\Gamma}_{i}^{n}}\right] \quad \boldsymbol{\beta}^{(n)}>0 \tag{5.4}$$

式中，$\boldsymbol{\beta}^{(n)}$ 为第 n 时刻的功率因子矢量，i 指第 i 个通信链路上的终端用户，n 指时间。此算法初始向量选取限制性小，任一正功率矢量就能达到较高的系统 SINR 平衡概率，即 $\lim\limits_{n\to\infty}\boldsymbol{P}^{(n)}=\boldsymbol{P}^{*}$，$\lim\limits_{n\to\infty}\boldsymbol{\Gamma}_{i}^{(n)}=\gamma^{*}$。系统对参量的选用有一定的要求，选用不当会对系统的稳定性带来挑战。如果按照平均 $\boldsymbol{\beta}=\boldsymbol{\beta}^{(n)}=1\sqrt{\boldsymbol{P}^{(n)}}$ 选择方式，则弊端也比较明显，即首先需要针对链路增益矩阵，求解其最大特征值与其余特征值之间的差值，而且要想优化收敛速度，此差值必须保持较高水平。若差值过小，收敛速度会很慢。因此 Grandhi 针对此弊端，探究了一个分布式功率控制的快速收敛算法，以针对高信干噪比门限的情况：

$$\boldsymbol{P}^{(n+1)}=c^{(n)}\frac{\boldsymbol{P}_{i}^{(n)}}{\boldsymbol{\Gamma}_{i}^{n}} \quad n\geqslant 0 \tag{5.5}$$

式中，$\boldsymbol{P}_{i}^{(n)}$ 是第 n 时刻的发射功率矢量，$\boldsymbol{\Gamma}_{i}^{n}$ 是对应的 SINR 值，$c^{(n)}=1/\max\{\boldsymbol{P}_{i}^{(n)}\}_{i=1}^{Q}$。

上述研究方法中，发射功率矢量的每一次更新都是单独求取的，并且对算法的收敛性有一定要求，需要合理利用归一化过程并匹配与之相应的因子，否则算法将不可行。于是 Lee 等人给出了一个去归一化过程的完全分布式功率控制算法：

$$\boldsymbol{P}^{(n+1)}=\frac{\min(\boldsymbol{\Gamma}_{i}^{n}, \gamma)\cdot\boldsymbol{P}_{i}^{(n)}}{\boldsymbol{\Gamma}_{i}^{n}} \quad 0<\gamma<\infty, \boldsymbol{P}^{(0)}=1 \tag{5.6}$$

该算法简化了参量，无须对信息进行交换，确定参量 γ 的值即可。当 γ 趋于无穷大时，相当于没有对通信系统进行功率控制；同时，当 $\gamma=\overline{\mathrm{SIR}}$ 时，系统可以求出最优解。

与集中式功率控制算法对比，分布式算法的目的是最优化整个通信系统，使其算法收敛速度加快，在一定程度上也降低其中断概率。分布式功率控制算法的优点是可以很好地对抗快衰落，无须了解跨小区的具体信息，在速度上可快速提升，在应用上实现简单，容易规划部署；其缺点是只能达到次优化，无法达到集中式算法相对完美的功率控制状态。

3）功率和速率联合控制

如果通信系统的服务形式只有语音，则使用相应的功率控制就可以对系统起到良好的效果。如果在有数据业务的蜂窝通信系统中，终端用户入网后恒定维持它的数据传送速率，则会对基站带来负担，也会严重浪费无线信道，甚至会对整个通信系统形成严重的干扰。但是如果对功率和速率进行联合控制，就能消除上述弊端，既不浪费资源，又能提升系统的整体性能。

对于速率控制技术，在无线通信系统中仅支持语音、小数据流信息传递已经无法适应人们的要求，当下以及未来的蜂窝网络通信系统支持高速率、多媒体业务已经是大势所趋。从第一代蜂窝通信系统到现在的第四代移动通信系统，信息传递速率从一开始的几 kb 增加到现在的 100 Mb/s，对误码率的要求也越来越高。当下针对用户速率进行控制的方法有多种，但常用的有信道控制、正交可变扩频因子(OVSF)控制、变调制控制、变码片控制等。下面对这几种速率控制方法进行阐述。

(1) 信道控制。该控制方法又称作多码控制。此控制方法的思路是：首先将用户发送的高速数据流由串联形式变成并联形式，分流到多个发射速率不高的并行支路信道，接着对相应的支路信道码并行入帧，再用伪随机码调制后传输，最后再将各支路信道的数据流整合到一起来控制速率。在带宽和数据增益的处理上，高速率用户和低速率用户不加区分，拥有相同的地位；但是在扩频码的分配上，对所有用户的分配是有比例的，比例的大小根据数据传输速率来衡量。

此控制方法的缺点是：数据传输速度高到一定程度时，由于多支路信道数目过多，系统的复杂程度将加剧，从而对信号的收/发形成挑战。

(2) OVSF 控制。此控制模式下，扩频增益为 Gain$=B/$Rate，其中 B 是带宽，Gain 是增益，Rate 是用户的数据速率，可以看出带宽一定时，数据速率增加的时候，扩频增益将会下降。此方法也有一定的缺陷，即在应对高速率用户的增益上有一定的牺牲，而且对信号的扩展是在时域上进行的，蜂窝用户的数据速率持续增加时，码间干扰随之增加，会影响系统性能。用户的数据传输速率不相同，则其对干扰管控效果以及带宽效率也不同。

(3) 变调制控制。变调制控制，简而言之，就是在信号的调制方式上进行调整变换，以此来控制数据的传输速率。这种方法在第二代和第三代蜂窝通信系统中有着一定的应用，它将调制和编码的方式结合起来，可以有效地针对各种复杂类型的信道，满足数据发送速率的要求。对于用户来说，高速率的要求就意味着高功率的消耗。

(4) 变码片控制。变码片控制就是凭借数据速率来调整扩频码片速率。该控制方法有以下两个特点：

① 处理增益相同，即使用户的数据传输速率不一样，用户依然可使用同等方式获得相同的数据处理增益。

② 用户带宽的差异性，即高速率大带宽、低速率小带宽。

该控制方法的优越性在蜂窝通信技术中的 CDMA 系统中对比可变扩频增益上有一定表现。当信号经过加性高斯白噪声信道时，其缺点也清晰可见：在蜂窝通信系统中发射端和接收端需要多个不同频带宽度的滤波器，增加了使用成本；使系统对效谱效率的管控操作更加烦琐，并且在用户接收端要实现对多用户的检测也更加困难。

有学者指出，为了更好地保障 D2D 通信的 QoS，又不折损蜂窝通信系统终端用户的上、下行链路速度，可以对终端用户的发射功率以及数据传输速率进行联合控制。在蜂窝小区内，D2D 通信终端用户复用小区资源时，可以对其采用单用户检测(SUD，Single User Detection)以及连续干扰消除(SIC，Successive Interference Cancellation)算法。

在蜂窝通信系统中对功率和速率进行联合控制分为两种情况：强干扰下进行联合控制，此时优化调整发射功率对发送速率进行管控，连续干扰消除可以有效减少蜂窝小区用户对 D2D 通信接收终端带来的影响；弱干扰下，优化调整发送速率对发射功率进行管控，并且 D2D 用户接收终端可以不用等待基站指令，自己处理干扰即可。根据此方案的思想，可以设计一个最优化的算法，找出管控功率和速率的最优解，以适用不同场景下用户对 QoS 的需求。下面将对两种不同的联合控制方案进行分析。

4. 基于博弈论的联合功率和速率控制

利用博弈算法进行假设：所有终端用户都具备联合功率和速率控制技术的能力且都是非合作性的，因此每个终端用户根据自身的信道估计，争取最大能效是其最终的目标。蜂窝终端用户的能效函数有效率和系数，效率代表的是可利用的吞吐量，系数则是蜂窝用户终端的接收端信号功率与干扰功率之比。

该方法系统模型的设定是：假定一个蜂窝小区的上行通信链路有 N 个用户终端。用户终端 $i(i=1, 2, \cdots, N)$发射功率的范围是$[0, p_{\max}]$，数据传输速率的范围是$[0, r_{\max}]$。移动台 i 和基站之间的距离是d_i，即终端用户 i 到蜂窝小区基站之间的距离，那么通信链路的路径增益可以表示为

$$h_1=\frac{K}{d_i^{\alpha}} \tag{5.7}$$

式中，α 是信号传递折损因子，K 是一个常量。设小区终端用户 i 的发射功率为 p_i，那么在该小区基站处终端用户 i 的 SINR 为

$$\gamma_i=\frac{w}{r_i}\frac{h_i p_i}{\sum\limits_{j\neq i}h_j p_j+N_0}=\frac{w}{r_i}\frac{h_i p_i}{I_i+N_0} \tag{5.8}$$

式中，w 是系统的码片速率，p_i 代表终端用户 i 的发射功率，r_i 代表终端用户 i 的数据传输速率，N_0 是基站附近的背景噪声，$I_i=\dfrac{h_i p_i}{\sum\limits_{j\neq i}h_j p_j}$ 代表该小区中其他终端用户对信号接收的干扰。

该控制算法的核心思想是用户终端利用蜂窝通信系统的无线资源，采用非合作博弈的形式，使所有蜂窝系统用户的能效函数最大化。其结果是：根据用户到基站距离的远近来对其功率和速率进行联合调控，近距离的，首先保证数据传输速率，优化发射功率，即高速率、低功率；远距离的则相反。模拟结果对比分析后发现，此算法最后使蜂窝通信系统实现了纳什均衡(纳什均衡是指在满足某种策略情况下，任何一位玩家在此策略下单方面改变自己的策略，而其他玩家策略不变，都不会提高自身的收益)，在用户体验上高于单一的速率控制技术，在分类上应属于完全信息静态博弈(完全信息静态博弈是博弈的类型之一，其特点是参与人的行动有先后顺序，且后行者能够观察到先行者所选择的行动；要求每个参

与人对其他所有参与人的特征、策略空间及支付函数有准确的认识）。

5. 基于遗传算法的联合功率和速率控制方法

资源管理的最终目标是服务于用户，在技术上要求通信系统分配资源要实现最优化，这样不仅满足用户需求，也能最大化频谱效率。QoS是衡量用户满意度的重要指标，通信过程的中断概率、通信延迟率、误码率等都是其表现形式。在具体的通信技术上，可以用来衡量用户对信号质量的满意度的形式有多种，如误比特率、接收到的比特能量与干扰功率的谱密度之比、链路容量等。接收到的比特能量与干扰功率的谱密度之比（E_b/N_0）是一个重要参量，服务质量的多种性能指标都与它关系紧密。在通信系统中，不同多媒体业务的每一种都有与之相应地接收到的比特能量与干扰功率的谱密度之比值。用户的满意度衡量是通过该用户接收到的比特能量与干扰功率的谱密度之比值与其请求的媒体类型所要求的接收到的比特能量与干扰功率的谱密度之比值的比较来进行的，即前者大于或者等于后者，即是满意；反之则不满意。该方法的最终目标是相同时刻的系统容量达到最大，解决思路是降低系统中断概率，降低发射功率，提高系统容量。

该方法系统模型的设定：假定系统中有X个基站和Q个移动用户。随机选取一个基站x将作为目标基站0。在基站x将接收到的用户i的E_b/N_0定义为

$$\left[\frac{E_b}{N_0}\right]=\frac{G_{xi}p_i/r_i}{\left[\sum_{j\neq i}^{Q}G_{xj}p_j+\eta_x\right]/W_{\mathrm{spr}}}\geqslant\gamma_i \tag{5.9}$$

式中，蜂窝通信系统链路增益用G_{xi}表示，η_x是x处的背景噪声功率，W_{spr}即总的扩频频带宽度，γ_i即用户i的目标E_b/N_0值，$\sum_{j\neq i}^{Q}G_{xj}p_j$指蜂窝通信系统其他终端带来的多址干扰，$p_i$为用户$i$的发射功率，$0\leqslant p_i\leqslant p_i^{\max}$，$\forall i\in[1, Q]$，其中$p_i^{\max}$为用户$i$的最大发射功率。式中的$r_i$代表终端用户$i$的数据传输速率，这个速率不能超过其最大数据传输速率$R_i^{\max}$，也不能低于其最小数据传输速率$R_i^{\min}$。

由式(5.9)可以推算出，若某个用户上调自己的发射功率，则会使其E_b/N_0值升高，同时对其他用户产生的多址干扰也会加剧，因此其他用户的E_b/N_0将下降。在速率方面，如果传输速率上调，则用户本身接收到的比特能量与干扰功率的谱密度之比值将下降。所以，如果同时控制发射端的速率和功率，会使用户拥有更好的通信体验度。换句话说就是，在通信环境恶劣的条件下，用户不再一味地加大发射功率，而是通过降低速率的形式来提升自己的通信质量，这种方式对其他用户的通信不造成影响。仿真分析表明：将该算法与功率和速率都没有进行管控的环境中的算法进行对比，其性能显著优异，接收信号的E_b/N_0平均提高了，中断概率很低，同时系统更加节能。

这种功率和速率联合控制算法的弊端也比较明显：必须在基站处开展，同时由基站发射控制信令。该算法要求所有移动用户应根据他们的位置和密度协调他们的发射功率、传输速率，需要对最优发射功率矢量和传输速率矢量进行搜索，这就增加了基站的负担和延时。

5.4　基于分布式功率控制的 D2D 通信

5.4.1　基于 TPC 的分布式功率控制方案

分布式功率控制仅需要使用本地测量值来指导每个信号的传输功率水平的变化，以便最终所有用户都能满足功率要求。D2D 通信中基于 TPC(Target Power Control，目标功率控制)的分布式功率控制方案为

$$P_i[m+1] = P_i[m]\frac{\Gamma_i^{\text{tar}}}{\Gamma_i[m]} = \frac{\Gamma_i^{\text{tar}}\left(\sum\limits_{j\neq i} P_j[m]G_{ij} + \delta_i\right)}{G_{ij}} \tag{5.10}$$

式中，Γ_i^{tar} 是目标 SINR，$\Gamma_i[m]$为当前 SINR，$P_i[m]$为当前信号功率，G_{ij} 为用户 i 和 j 之间的信道增益，δ_i 为用户 i 的噪声功率。定义总的干扰加噪声和理想链路增益的路径增益之比为有效干扰 $\gamma_i[m]$，那么功率更新的过程可以简化为式(5.11)，其中 $\boldsymbol{P}$ 是第 i 个分量的功率向量，指代蜂窝通信系统中对应用户的发射功率：

$$I_i^1(\boldsymbol{P}) = P_i[m+1] = \Gamma_i^{\text{tar}}\gamma_i[m] \tag{5.11}$$

其中，上标“1”表示第一阶段。

假定其他冲突的用户在下一次迭代前发射功率保持不变，通过式(5.10)可以看出，一旦实际的 SINR 水平 $\Gamma_i[m]$和目标信噪比 Γ_i^{tar} 不相等，发射功率就会立即更新以维持目标 SINR 值。此外，式(5.10)功率更新过程可以被简述为

$$\min_{P_i}\sum_i P_i,\ \text{s. t. } \Gamma_i \geqslant \Gamma_i^{\text{tar}},\ \forall i \tag{5.12}$$

所描述的优化问题，在达到所有目标信干噪比的同时，将总功耗降到最小。为了满足实际需求，添加了一个最大功率约束，功率更新的过程也可以描述为

$$I_i^1(P) = P_i[m+1] = \min\{\Gamma_i^{\text{tar}}\gamma_i[m],\ P_{\max}\} \tag{5.13}$$

5.4.2　机会式功率控制方案

机会式功率控制(OPC，Opportunistic Power Control)通常对误码率更敏感而不是延迟，所以基于最小信噪比平衡的分布式功率控制不再适合这种变化，低信噪比水平会达不到服务质量的要求，而高信噪比水平会对系统容量有较大的折损。总之，错误的匹配目标信噪比和全局信道条件将会导致无线电资源无法充分利用。受此启发，有学者提出了新的发射功率更新算法：

$$I_i^2(P) = P_i[m+1] = \frac{\theta}{\gamma_i[m]} = \left(\frac{\theta}{\gamma_i^2[m]}\right)\gamma_i[m] \tag{5.14}$$

式中，θ 定义为信号干扰因子，指示发射需求，即在同样的有效干扰程度下，θ 值越大，表示此信道条件越好，同时所能承担的发射功率也会越大。上标“2”表示第二阶段。此外，根据式(5.14)可以推导出 $\theta/\gamma_i^2[m] = \Gamma_i^{\text{tar}}$，可以看出，发射功率的更新参数 $\gamma_i[m]$变为了倒数，如果 $\gamma_i[m]$增加，D2D 通信链路用户将会减少其目标 SINR，以防止功率消耗急剧增加，损耗过大；反之，用户会充分利用信道条件增加其目标信噪比，这对无线资源利用率的提高

也是一个较大的促进。基于OPC分布式功率控制方案避免了无用功率的消耗，每一个用户都可以适时合理地设置自己的目标信噪比，因此在系统容量的提升上有一定成效。但是它不能保证一个最小的信噪比门限值，即使这个门限值可以实现，当用户处在一个信道条件差的环境下时，QoS不能被保证。此外，在无其他数据速率的情况下，当有效干扰$\gamma_i[m]$较小时，用户可能会设定一个超过最大信噪比水平Γ_{MAX}的目标信噪比，因此不但降低了能量利用效率，也使冲突链接的信道条件进一步恶化。基于OPC分布式功率控制方案可以简述为

$$I_i^2(P)=P_i[m+1]=\min\left\{\frac{\theta}{\gamma_i[m]},\ P_{\max}\right\} \tag{5.15}$$

1. 增加偏置方案的OPC功率控制方案

1）系统模型

本章将针对一个蜂窝小区情况进行研究。假定信道分配完成，多个信道中相应的问题可以转化为多个子问题。假定D级(D2D用户)只能复用上行链路资源，因此在S级(蜂窝用户)上也只考虑上行链路，基站在小区的中央，有N个D级链路，一个单独的S级用户随机独立分布在蜂窝小区内，每个D级链路统一分配的最小和最大距离分别是$d_{\min}^{\text{link}}$和$d_{\max}^{\text{link}}$，QoS被抽象地简化分析，用SINR来衡量，第i个用户的SINR可定义为

$$\Gamma_i=\frac{P_iG_{ii}}{\sum\limits_{j=0,\ j\neq i}^{N}P_jG_{ij}+\eta_i} \tag{5.16}$$

式中，P_i是第i个发射机的发射功率，最大发射功率为$P_{\max}$，G_{ij}是第j个发射机和第i个接收机的路径增益，η_i是功率谱密度，最小的SINR门限值是Γ_i^{thr}，最大信干噪比$\Gamma^{\max}$受到调制编码方案的限制，以上没有额外的数据速率可以实现。第i个链路的信干噪比满足$\Gamma_i^{\text{thr}}\leqslant\Gamma_i\leqslant\Gamma_{\max}$。每个链接都被看作是具有香农容量的高斯信道。第$i$个链路的容量满足

$$C_i=W\ \mathrm{lb}^{(1+\Gamma_i)},\ 0\leqslant i\leqslant N \tag{5.17}$$

为系统中每个链接启用下行控制通道，为发射机上的分布式电源更新提供必要的信息，一般认为这个过程是实时和准确的。

2）信道模型

假定基站和所有用户都使用全向天线，基站和用户的天线增益和噪声系数分别是λ^{BS}、NF^{BS}、λ^{UE}和NF^{UE}，假定所有信道增益都是确定的(即时间平均)，并且不受信道波动的影响。有两种传播模型，即接收机是基站还是用户。本节采用宏蜂窝的传播模型，当接收机是基站的时候，适用式(5.18a)；当接收机是用户的时候，适用式(5.18b)：

$$L_{ij}=128.1+37.6\lg(D_{ij}),\ i=0 \tag{5.18a}$$

$$L_{ij}=148.2+40\lg(D_{ij}),\ i\neq0 \tag{5.18b}$$

式中，D_{ij}表示距离，具体指第j个发射机到第i个接收机的间距，单位是km。

3）仿真模型

在特定的拓扑结构上开发本节的方案，以更好地说明它们的特性，但是文中的方案并不局限于所选的拓扑。以1000个随机拓扑验证本方案，在表5.3中列出并设置了主要的仿真参数。

表 5.3　仿真参数设置

参　数	数　值
蜂窝小区规格	半径 300 m
D2D 链路距离范围	$d_{\min}^{\text{link}}=28$ m，$d_{\max}^{\text{link}}=45$ m
最大信干噪比水平	$\Gamma_{\max}=22$ dB
天线增益	$\lambda^{\text{UE}}=0$ dBi，$\lambda^{\text{BS}}=10$ dBi
最大发射功率	$P_{\max}=150$ mW
功率谱密度背景噪声	PSD＝－174 dBm/Hz
信道带宽	$W=180$ kHz
噪声系数	$\text{NF}^{\text{UE}}=10$ dB，$\text{NF}^{\text{BS}}=4$ dB

2. 约束型 OPC 分布式功率控制方案

针对 TPC 分布式功率控制方案和 OPC 分布式功率控制方案的特点，这里建立了一个约束型 OPC 分布式功率控制模型：

$$I^3=\min\{\max\{\min\{I_1^1(P),\ I_1^2(P)\},\ I_2^1(P)\},\ P_{\max}\} \tag{5.19}$$

$$I_{1i}^1(P)=\Gamma_{\max}\gamma_i[m],\ I_{2i}^1(P)=\Gamma_i^{\text{thr}}\gamma_i[m],\ I_1^2(P)=\frac{\theta}{\gamma_i[m]}$$

此方案保留了 OPC 分布式功率控制的特点，同时努力满足 QoS 要求，并符合系统架构的限制。

约束型 OPC 分布式功率控制方案将 γ_i 和 SINR 之间的曲线分为四个阶段。第一阶段，$\gamma_i\leqslant\gamma_i^M$，此时信道条件良好，在没有额外功率消耗的情况下，用户可以采用基于最小信噪比平衡的分布式功率控制方案，可获得最大信噪比 $\Gamma_{\max}$；第二阶段，$\gamma_i^M<\gamma_i\leqslant\gamma_i^N$，信道条件一般，对用户有一定的干扰，可以采用基于 OPC 的分布式功率控制方案；第三阶段，$\gamma_i^N<\gamma_i\leqslant\gamma_i^Q$，信道条件较差，用户只允许通过基于 TPC 的分布式功率控制方案获得信噪比门限值 Γ_i^{thr}；第四阶段，$\gamma_i>\gamma_i^Q$，信道条件极差，用户无法使用最低门限值 Γ_i^{thr}，只能使用最大功率 $P_{\max}$。

当信道条件较好的时候，D2D 用户倾向于获得高的信噪比，功率发射水平处在第一阶段和第二阶段之间，但是当 D 级发射者接近基站或者系统容量增加的时候，这都会加剧对 S 级用户的干扰程度。因此，S 级用户就会很难保持最低门限值，从而进入第三阶段甚至第四阶段，这样就违反了方案设计的初衷，会导致无用的功率消耗。为了保证 S 级用户的可行性，实现系统节能，应该对 S 级用户和 D 级用户的系统容量加以协调。

在约束型 OPC 分布式功率控制方案中，每一个 D 级用户单独设定自己的信干噪比水平，这样就不能把握到 S 级的信道条件，因此这里引入了对 D 级的跨层干扰感知，放大了有效干扰 γ_i 的定义：

$$\gamma_i^\tau=\gamma_i+\frac{P_iG_i^{\text{BS}}}{G_{ii}}=(1+\Gamma_i\omega_i)\gamma_i,\ \forall\, i\neq 0 \tag{5.20}$$

式中，G_i^{BS} 是第 i 个 D 级链路到基站的路径增益，$P_iG_i^{\text{BS}}/G_{ii}=P_i\omega_i$ 指的是跨层干扰的程度，

γ_i^{τ} 是综合干扰。通过对比式(5.16)，可知在偏置方案中为每个D级链路分配一个惩罚的信号干扰因子值 $\theta_i^{\mathrm{bia}}=\theta/(1+\Gamma_i\omega_i)$，根据跨层干扰的严重程度，在不利的信道条件下，降低了S级的无效功率消耗，并减弱了全局干扰。如果 $I_{2i}^1(P)=\theta/\gamma_i^{\tau}$，那么偏置方案可以定义为

$$I^4=\min\{\max\{\min\{I_1^1(P),\ I_2^2(P)\},\ I_1^1(P)\},\ I_2^1(P)\},\ P_{\max}\} \tag{5.21}$$

由于D级链路的传输需求不仅受其自身信道条件的限制，而且受到其跨层干扰能力的限制，该方案对S级链路进行了偏置，并表明了其在蜂窝网络通信系统与D2D通信系统的混合系统中的优先级。

3. 方案性能分析

这里设定 $\theta=2$，$\Gamma_i^{\mathrm{thr}}=3$ dB，$\forall i$，在TPC分布式功率控制和OPC分布式功率控制方案下，S级用户的信道条件都符合第三阶段的情况，网络拓扑如图5.8和图5.9所示。

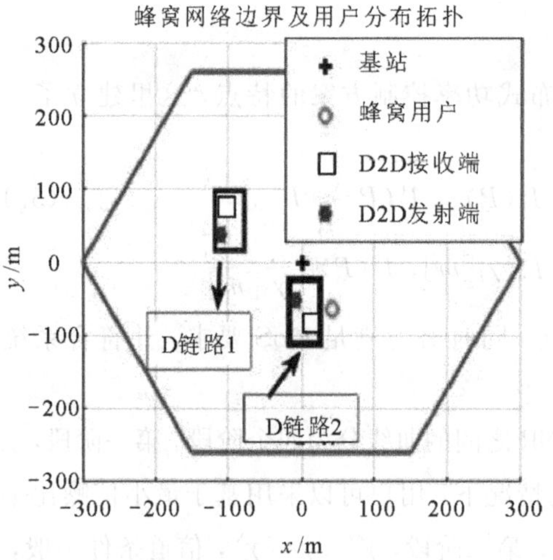

图5.8 网络拓扑1

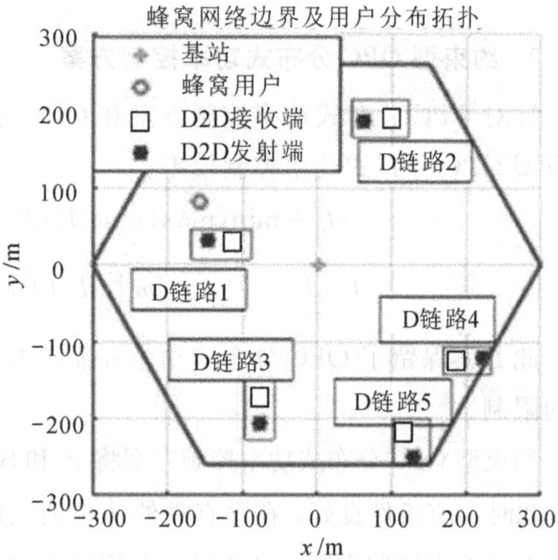

图5.9 网络拓扑2

根据跨层干扰的严重程度，D级链路的发送功率在偏置方案中将会受到限制，S级链路的功率消耗会有一定的下降表现，这又将反过来补偿D级用户的信道条件。从图5.10中可以看出增加偏置方案后，S级用户比未增加偏置方案前约节能60%。

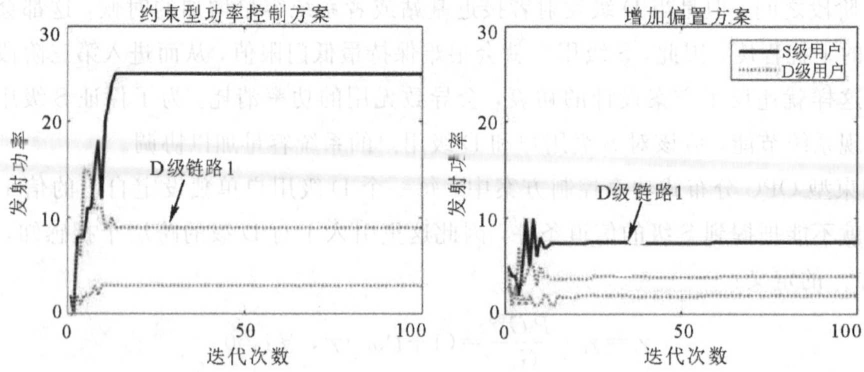

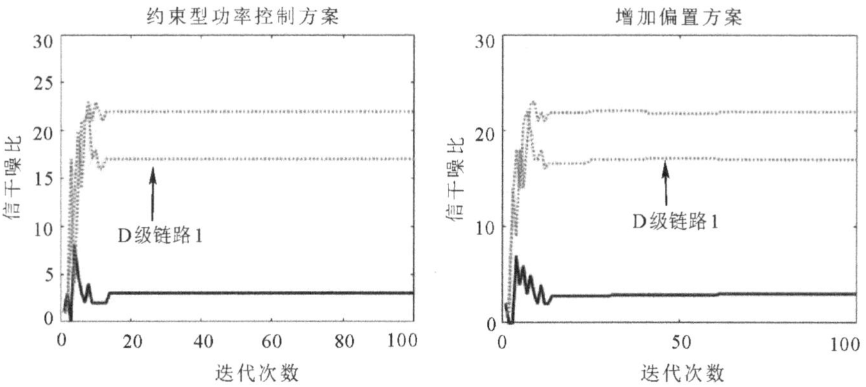

图 5.10　约束型功控方案和增加偏置方案后的功控方案对比

5.4.3　增加接纳控制算法

随着 D 级链路容量的增加，每一级都有不可行性的风险。有学者指出不可行性的原因是由于错误地匹配了 SINR 要求与全局信道的条件。在本节的模型中一旦系统被确定，θ 值是可以调整的唯一参数，并影响 UE 如何评估其信道状况。但是，功率发散仍然存在，并不是每一个 UE 都可以感知到它的发生，因为分布式可行性检查仍然是一个开放的问题，所以这里打算用接纳控制算法来补充增加偏置方案后约束型 OPC 分布式功率控制方案，以便在必要时删除 D 级链路。

1. 接纳控制算法

这里将 AC 方案根据其不同的功能划分为三个阶段：

① 在触发阶段，由 S 级触发 θ 的调整，以防止功率发散。然后，根据 γ_0 水平调整 θ，用于限制 D 级链路的传输需求，因为 S 级的不可行性可能不会被它们感知到。

② 在剔除阶段，在式(5.22)中引入和定义 γ_i^Q，只有当综合 EI 不大于 γ_i^Q 时，才能将系统中的 D 级链路保存在系统中，这可以解释为动态最大功率限制式(5.23)。

③ 在恢复阶段，通过删除某些不可行的用户，实现可行性控制并保留 θ。

$$\gamma_i^Q(\theta_{\text{dqz}})=\frac{\gamma_i^Q}{\gamma_i^N(\theta_{\text{ini}})}\gamma_i^N(\theta_{\text{dqz}})=\gamma_i^Q\sqrt{\frac{\theta_{\text{dqz}}}{\theta_{\text{ini}}}} \tag{5.22}$$

$$P_i^{\max}(\theta_{\text{dqz}})=\Gamma_i^{\text{thr}}\ \frac{\gamma_i^Q(\theta_{\text{dqz}})}{1+\Gamma_i^{\text{thr}}\omega_i}=\frac{p^{\max}}{1+\Gamma_i^{\text{thr}}\omega_i}\sqrt{\frac{\theta_{\text{dqz}}}{\theta_{\text{ini}}}} \tag{5.23}$$

2. 算法性能分析

从图 5.11 可以看出，D 级链路 5 和 S 级用户在增加偏置方案后的约束型功率控制方案中发射功率激增，其余的 D 级链路都处在第三阶段中。增加偏置方案和接纳控制后，D 级链路 5 从初始的信号干扰因子设置中被移除，并且 D 级链路 4 因 S 级用户功率的激增，导致触发最大动态功率限制而被移除，然后，其余的 D 级链路可以享受更好的 QoS，并且 S

级用户也可以减少功率消耗。与增加偏置方案后的约束型功率控制方案相比，S级用户信干噪比增加了约200%，功率消耗减少了97.29%。

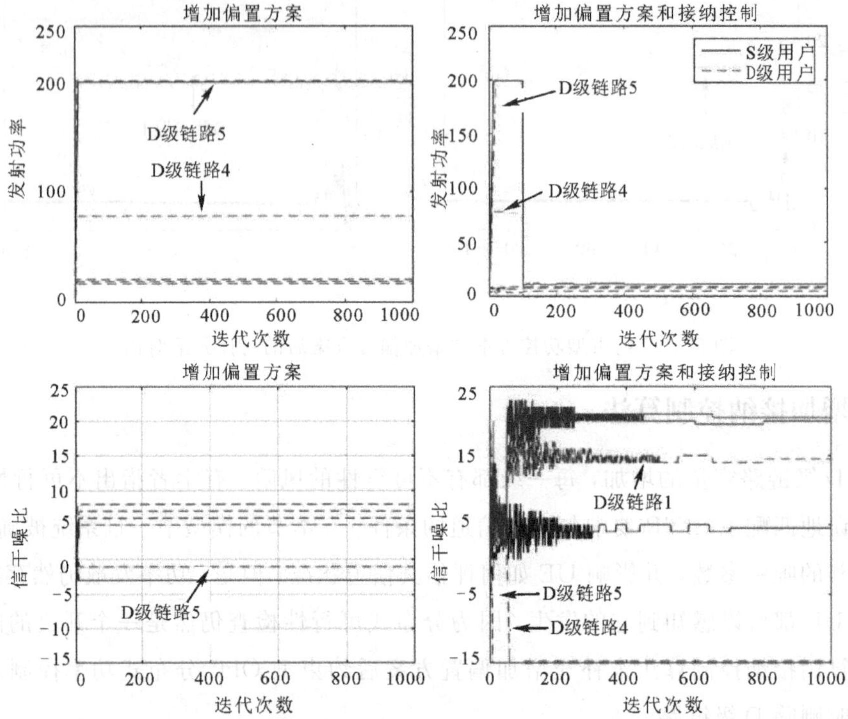

图5.11 偏置方案与增加接纳控制算法后的性能对比

如图5.12所示，从全局情况来看，增加接纳控制算法后S级用户发射功率减少了约70%，D级链路的发射功率减小了约50%。此外，由于偏置方案通过综合性的有效干扰区分D级链路，因此其与接纳控制算法结合使用时可更有效地限制跨层干扰，并有利于全局性能和移除决策。

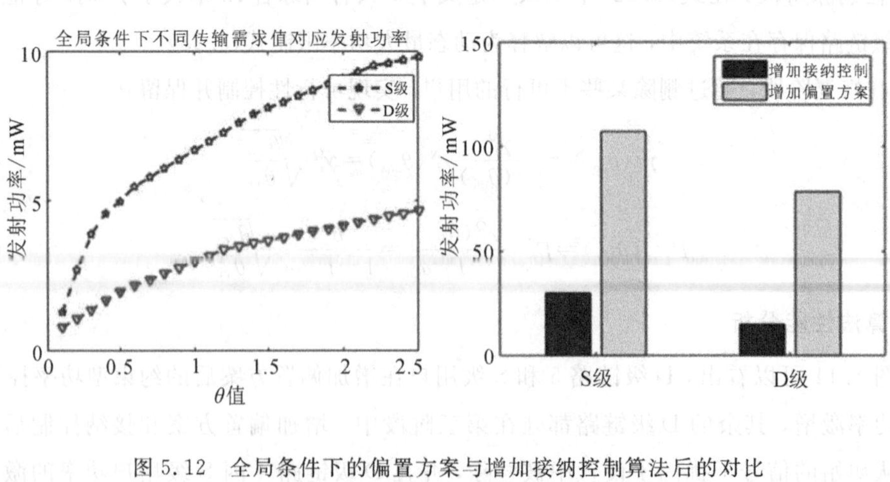

图5.12 全局条件下的偏置方案与增加接纳控制算法后的对比

本章小结

在蜂窝网络中施用功率控制可以有效抑制干扰，促进绿色通信的发展，是蜂窝通信技术中管控干扰重要的手段。本章对蜂窝网络中 D2D 通信技术的功率控制方法进行了相应的研究分析，研究的主要内容可以总结为以下几个方面：

首先，针对 D2D 通信技术带来的干扰问题，进行了详细分析。研究表明，D2D 通信在以正交模式分享蜂窝资源时，所带来的影响小、干扰小；而复用形式分享蜂窝资源会带来较大的干扰；后续着重分析了复用方式带来的干扰，主要有两类，分为四种情况：小区内、跨小区间分别复用上、下行链路的情况。

接着，介绍功率控制的好处以及分类特点，着重分析了几种常用的功率控制方法，分析表明集中式功率控制方法计算量大、不易实施、算法复杂；功率和速率联合控制方法过于依赖基站，严重增加了基站负担；而分布式功率控制方法（相对比集中式功率控制方法）在某些性能上有相应的损失。

然后，在两种传统的分布式功率控制方案以及改进后的 OPC 方案的基础上，增加了偏置方案以提高系统性能，经过仿真分析验证了偏置方案在不损害系统性能的情况下，能有效降低用户的发射功率，抑制跨层干扰。之后，增加接纳控制方案，以应对容量上升时系统出现的不可行性，经过仿真分析，证明了接纳控制算法的可行性。

第6章 NOMA异构网络

对于有限的频谱资源来说，有效的网络规划对于带宽密集型的无线系统来说，提供竞争性的服务至关重要。网络运营商曾尝试通过开发新的频谱资源、多天线技术和更高效的调制和编码方案来增加系统容量。然而，这些措施在应对人口密集的地区以及性能显著下降的小区边缘时是不够的。若继续增加宏基站站点并保持其同构性，将会面临选址难、场地租用价格昂贵等问题，而且目前的4G LTE宏基站基本上已经饱和，尤其是对于城市中心地带而言。除了上述措施，运营商提出将低功耗接入站点或者远程无线电头(RRH，Remote Radio Head)集成到宏网络中(如图6.1所示)，用以有效地分担网络负载，并在复用频谱的同时更有效地保障服务质量。而小基站主要用于增加用户需求高的、热点地区的容量，并在室外和室内环境中填补宏基站的覆盖漏洞。小基站通过卸载宏基站任务量来提高网络性能和服务质量，形成了一个异构的网络。

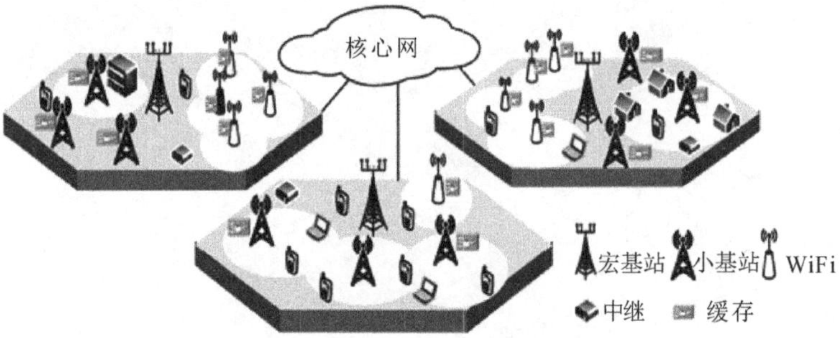

图6.1　一种异构网络通信模型

6.1　大规模异构网络

异构网络规划可以追溯到GSM时代，那时小区单元通过频分复用而被分离出来。这种方法仍然在4G-LTE中采用，但LTE网络主要复用一个网络频段。在异构网络中，不同大小的基站单元可按发射功率高、低顺序或者覆盖范围大、小排列，依次称作宏基站(Macro BS)、微基站(Micro BS)、皮基站(Pico BS)和飞基站(Femto BS)。如图6.2所示为同构网络和异构网络。实际的覆盖单元大小不仅取决于基站的功率，还取决于基站上物理天线的位置，以及单元的拓扑结构和传播条件。异构网络中的移动终端是经过特殊设计的，因其需要支持不同类型的空口协议，可采用垂直切换(VHO，Vertical Handoff)工作模式，即在不同的通信系统接口之间进行切换，这与同构网络(Homogeneous Wireless Networks)中的水平切换(HHO，Horizontal Handoff)工作模式不同。

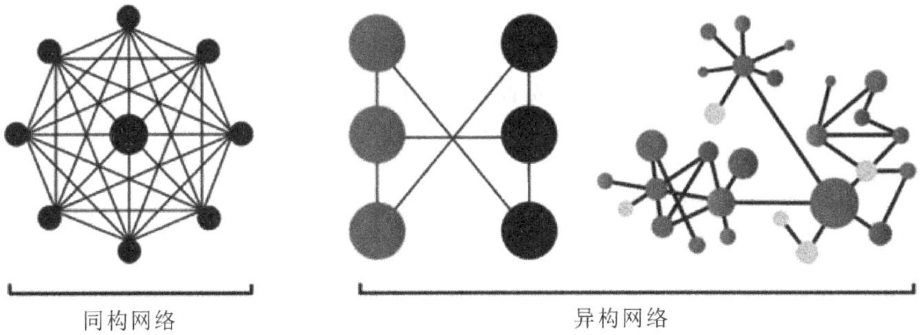

图6.2 网络拓扑结构

一般来说，超密集网络(UDN，Ultra-dense Network)中的小基站包括全功能小基站(如皮基站和飞基站)和宏接入站点(中继站点和RRH)。UDN部署场景提升了通信覆盖范围的细粒度，引入了多样化的接入方式和种类各异的基站类型。一个全功能的小基站尽管工作功率低、覆盖范围小，但却能完成宏基站的全部功能并能执行无线接入网络(RAN，Radio Access Network)的所有协议。另一方面，宏基站能有效提高基站信号的覆盖范围，并完成所有(或部分)低级协议层功能，可将宏基站作为小基站的扩展。此外，这些小基站单元具有不同的功能，在传输能力、覆盖范围和部署场景等方面各具优势。

低功耗节点的小区体系结构，有助于减轻网络流量骤升的压力，尤其是对室内场景和室外热点区域的覆盖。低功耗节点的发射功率通常低于宏基站和常见的小基站节点，例如pico-cell和femto-cell中的访问节点。由小基站(包括非3GPP接入节点)和宏基站组成的网络体系结构可以被认为是异构网络的实际体现。

小基站可以稀疏地或密集地部署，无论是否被大基站覆盖，以及部署在室外或室内环境中。小基站部署场景还包括覆盖一个已经被宏基站覆盖的小区(宏基站覆盖该小区)，以进一步增加该小区的吞吐量。在这种情况下，可以考虑两种情况：① UE同时被宏单元和小单元覆盖；② UE在不同时刻被宏单元和小单元分别覆盖。小基站访问节点可以部署在室内或室外，在任何一种情况下都可以分别为室内或室外的UE提供服务。对于室内UE，只考虑0～3 km/h的低速度。对于室外UE，中等速度可达30 km/h。吞吐量和移动性(无缝连接)被用作中低速移动性场景中衡量性能的指标。单元边缘性能，例如用户吞吐量累计密度函数(CDF，Cumulative Density Function)和网络/UE功率效率，可被用作评估指标。

6.2 NOMA多址技术

非正交多址接入(NOMA，Non-Orthogonal Multiple Access)技术同时、同频接入多个用户，可使用户接入数量提高50%以上。人们通过在信号发射端主动引入多址干扰(MAI，Multiple Access Interference)，对于使用同一频段的用户引入特定功率的干扰，在接收端通过串行干扰消除来实现正确解调；其核心思想是逐级消除多址干扰，即接收端首先对强干扰用户进行检测，在得到该用户信号估值以后，利用信道信息对用户信号进行重构，如

此反复进行多次处理，从而达到去除所有用户的多址干扰的目的。NOMA技术通过功率复用或特征码本来进行设计，允许不同用户占用相同的频谱、时间和空间等资源；相对OMA (Orthogonal Multiple Access)技术，在理论上NOMA可以取得明显的性能增益，尤其是在时延限制条件下，因而受到学术界和工业界的广泛关注。为了简单起见，一般假设两个UE和一个发射机，设备均配置单天线传输或者接收。假设整个系统的传输带宽为1 Hz。基站传输给用户UEi(i=1, 2)信号x_i，$E[|x_i^2|]=1$，传输功率为P_i，$\sum_i P_i=P$。在NOMA传输机中，x_1和x_2的叠加编码可表示为

$$x=\sqrt{P_1}x_1+\sqrt{P_2}x_2 \tag{6.1}$$

UEi端的接收信号可表示为

$$y_i=h_i x+w_i \tag{6.2}$$

其中，h_i是用户UEi与基站之间的复用信道增益；w_i表示接收机收到的高斯噪声，包括了小区外干扰，其功率谱密度为N_i。

在NOMA下行链路中，SIC在UE接收机上实现，解码的最优顺序是按照噪声和小区间干扰功率归一化信道增益$|h|_i^2 N_i$递增的顺序进行的。在一个双用户的NOMA系统中，设有$|h|_1^2/N_1>|h|_2^2/N_2$，UE2不执行干扰消除，因为其信号被优先译出了。UE1首先对x_2信号译码，并将其从y_1中移除，然后再对x_1信号译码。因此，UE1可以不受x_2的干扰而对x_1完成译码。设在UE1处的x_2检测为无错误检测，则UEi的速率为

$$R_1=\mathrm{lb}\left(1+\frac{P_1|h_1|^2}{N_1}\right),\ R_2=\mathrm{lb}\left(1+\frac{P_2|h_2|^2}{P_1|h_2|^2+N_2}\right) \tag{6.3}$$

在NOMA中，复用信道增益是通过在功率域中叠加不同用户的信号而实现的。如图6.3所示，利用NOMA中不同用户信道不同的增益，高信道增益用户和低信道增益用户处于双赢的状态。对于这种双赢的情况，当NOMA配对UE之间的信道增益差异变得更大时，NOMA增益将会更加显著。

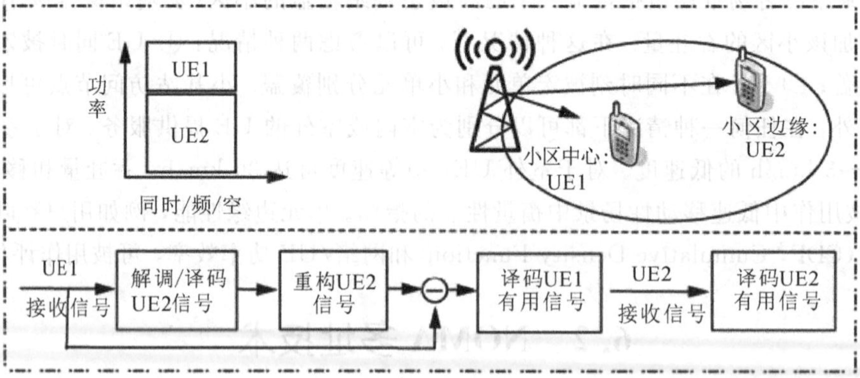

图6.3 下行NOMA收/发端信号处理示意图

为了使NOMA能具体实现，应将其与其他传输/接收技术，如脏纸编码(DPC, Dirty Paper Coding)或SIC接收机一起使用，这是与3G系统中的CDMA不同之处。由于接收机复杂度问题，NOMA需要采用SIC接收机，这对现有系统来说是一个较大的挑战。这是因为SIC接收机除了为自己的用户进行解调和解码，还需要解调和解码其他用户的数据，这

将增加系统的处理延时。因此，NOMA 系统的实施将在很大程度上有赖于硬件设备的发展。

6.3　多点协作通信

多个基站(eNode-B)和天线站远程射频单元(RRU，Remote Radio Unit)同时进行多点传输/接收的技术被称为基站间协作通信技术，用户终端会与多个基站或者天线站之间建立上下行链路通信。地面的基站和天线站间采用有线光纤 X2X 链接，如图 6.4 所示。具体地说，就是在现有的网络中引入天线站，或者将现有站点形成分布式链接系统，与多个 UE 之间进行多发/多收，即协同多点传输/接收(CoMP，Coordinated Multiple Points Transmission/Reception)技术。若直接利用现有网络中的基站节点，在各个基站间进行光纤互联，则多个基站可以与同一个 UE 同时传输，该方案被称为基站间的协作多点传输。图 6.4 所示的基站间协同传输，其中的一个基站为协同传输系统的主基站，其他基站可退化为 RRU 天线站。

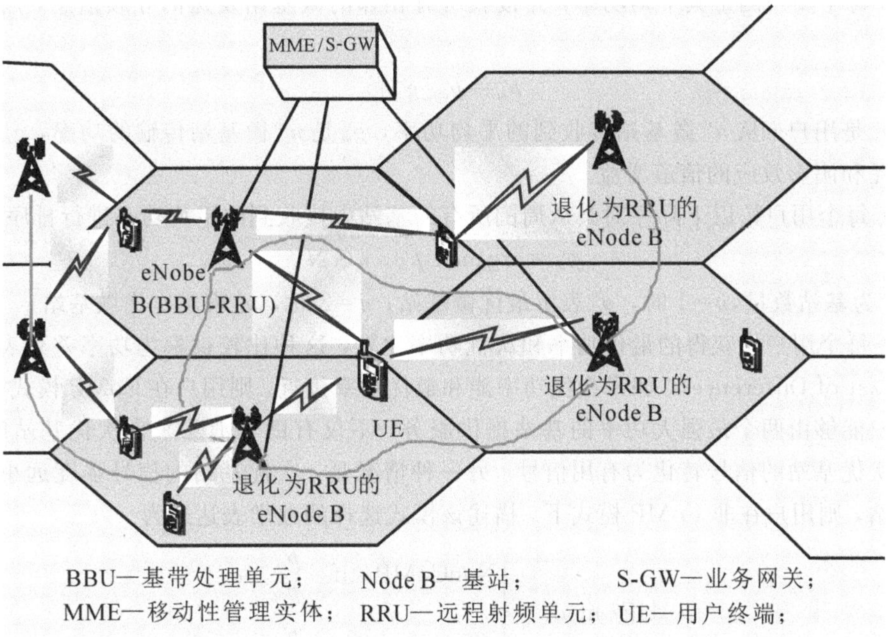

图 6.4　基站间协作通信

在 LTE-A Release-11 中，引入了 CoMP 传输方案作为处理 HetNet 系统干扰问题的替代方法。CoMP 方案比 eICIC 方案具有更加动态的处理效果，CoMP 方案中节点之间通过一组高容量、低延迟回程链路连接的基站协作来缓解彼此之间的干扰。在这种情况下，小区边缘性能不佳的问题仍然存在，但通常仅在 CoMP 用户集群的边界处。为强化小区边缘用户性能，可以考虑跨邻近 CoMP 的协调方案集群。

CoMP 集群上的小区边缘用户性能下降，也可以考虑通过更大的尺寸区优化新的网络中的 CoMP 协调区域，这被称为云 RAN(C-RAN)的架构。在 C-RAN 中，蜂窝区域被多个远程无线电覆盖头覆盖，主要用于发送/接收无线电频率波形。所有基带处理以及RRH的调度是在专用的中央处理器(CPU，Central Processing Unit)中进行的，该CPU通常是一个高性能计算(HPC，High Performance Computing)服务器。HPC服务器交流控制和数据信息，且与RRH之间有回程连接。

本章考虑的是多个宏小区和N个微基站共存的网络。宏基站负责信令分发，而小基站负责处理数据流卸载。网络的每一基站层都占据相同的频段，因此容易发生跨层干扰。同时，用户任意分布在网络中。这里存在两种情况，第一种情况是采用CoMP方法，所有用户以普通用户或非CoMP用户的身份运行，每个用户仅从一个基站接收数据；在第二情况相下，用户分为两组，即CoMP组用户和非CoMP组用户，非CoMP组用户从发送功率最强的基站接收数据，而CoMP组用户由两个强功率的基站共同为其提供服务。

在稀疏小区CoMP架构中，用户可以在非CoMP或CoMP模式下进行操作。非CoMP组用户通常是位于中心的用户(非小区边缘用户)，并且由单个基站提供服务；而CoMP模式下一个用户(通常是一个位于小区边缘的用户)可能由两个能够提供最强功率的基站服务。下面说明用户如何选择自己的两个服务基站。

(1) 每个用户测量其平均功率，并接收所有相邻的微基站发送的导频信息，用户接收信号为

$$p_{in}^{r}=p_{in}^{t}\left|g_{in}\right|^{2} \tag{6.4}$$

其中，p_{in}^{r}是用户i从n^{th}微基站接收到的平均功率，p_{in}^{t}是n^{th}微基站传输的功率，g_{in}是含有路径损耗和阴影效应的信道增益。

(2) 每个用户按以下降序对其从周围所有的基站中接收到的平均功率进行排序：

$$p_{in}^{r}=\arg\max\ p_{in}^{r},\ n\in N \tag{6.5}$$

其中，n为基站数量，$n=1$时，p_{i1}^{r}表示最优微基站；$n=2$时，p_{i2}^{r}表示次优微基站。

(3) 每个用户将获得的最优功率和次优功率比较，这种比较被称为功率差列表(PLD，Power List of Difference)。如果次优功率能和最优功率接近，则用户在CoMP模式下运行。这使用户能够由两个最强大功率的基站提供服务，不仅有助于消除来自次优基站的干扰，还能将次优基站的信号转化为有用信号。另一种情况是，次优基站的信号强度远小于最强功率基站，则用户在非CoMP模式下。描述该模式选择的数学表达式为

$$\text{UE}i\ \text{mode}=\begin{cases}\text{NonCoMP} & \text{if}\quad \dfrac{p_{i1}^{r}}{p_{i2}^{r}}>a\\ \text{CoMP} & \text{if}\quad \dfrac{p_{i1}^{r}}{p_{i2}^{r}}>a\end{cases} \tag{6.6}$$

其中，a是功率水平差异值，即该取值决定用户i是采用CoMP模式或者非CoMP模式。显然，增加PLD值会增加CoMP组用户的数量，反之亦然。因此，重要的是要选择一个有效的PLD值，因为若选择一个小的PLD值，则阻止了一些位于小区边缘的用户在CoMP模式下工作(尽管他们仍然收到来自次优基站的足够高的信号)，这些用户将受到高度干扰；另一方面，若选择一个大的PLD值，用户可能并不会从CoMP中获得SINR增益，因为从次优基站中接收的功率不够强。此外，采用CoMP模式，基站为用户消耗了过多资源，因此可能没有或几乎没有SINR增益，这导致非CoMP组用户的可用资源数量更少。

6.4　空间泊松点过程

20 世纪 60 年代初，泊松点过程(PPP)的探究逐渐走进人们的视野，并且该理论在近几十年逐步走向成熟。目前，众多行业的研究里已有它的身影。泊松点过程主要描述一类随机点在几何空间上分布的随机过程，如一批零件的不合格数量，地震在某一时段内发生的次数，天空中某一区域内的星座点数量，传染病病例在一座城市的散布等等，现已成为随机过程研究领域的重要分支，主要用于金融投资、天文观测、地球物理和通信仿真等领域。本章所讨论的 HetNet 是基于二维平面空间上的泊松点分布，因此有必要对泊松点过程的基本定义、类型和性质作一了解。

在分析之前，可先回顾一下一维平面中泊松随机过程，将有助于理解二维平面上的泊松点过程。一维变量域上的泊松随机点过程用概率的形式可表示为

$$P(n=k)=\mathrm{e}^{-\lambda t}\frac{(\lambda t)^k}{k!} \tag{6.7}$$

式中，$P(n=k)$表示统计对象在时间 t 内，强度/密度为 λ 的随机事件过程发生的次数为 k 的概率分布。拓展到二维空间，式(6.7)转化为

$$P(n=k)=\mathrm{e}^{-\lambda S}\frac{(\lambda S)^k}{k!} \tag{6.8}$$

类似地，$P(n=k)$表示统计对象在二维平面 S(非空间分布时可看作其他二维变量域)上，强度/密度为 λ 的随机事件过程出现次数为 k 的概率分布，随机点出现次数的平均值为 λS，且出现在区域 S 内的任意位置的概率相等。

6.4.1　齐次 PPP

空间齐次 PPP(HPPP)F 的构成具有两个基本特征：① 在任意有界区域 $S\subseteq R^2$ 内，分布点的个数 $N(S)$服从均值为 $\lambda v_d(S)(\lambda>0)$的泊松分布；② 若有界区域 S_1，S_2，…，S_N 彼此之间是互不相交的子集，则 $N(S_1)$，$N(S_2)$，…，$N(S_N)$之间也是相互独立的，因此存在

$$P(N(S)=m)=\frac{(\lambda v_d(S))^m}{m!}\exp(-\lambda v_d(S)) \tag{6.9}$$

式中，$v_d(S)$和 $N(S)$分别被称作边界有限的区域 S 的面积值和 S 内分布点的数量，λ 表示所在区域的密度大小。

根据定义，泊松点过程有如下两个性质：

(1) 对任意 N 个不相交的空间有界区域 A_1，A_2，…，A_N，随机变量 $N(A_1)$，$N(A_2)$，…，$N(A_N)$之间是彼此独立的，且服从均值为 $I(A_n)$的分布。

(2) 对于任意的 A_n，均满足 $I(A_n)=\lambda A_n$(λ 为常数)，则该点过程为齐次泊松点过程，λ 为泊松点过程的分布密度/强度。

基于上述性质，还可以发现泊松点过程的一些重要定理，这些定理的提出为后续的理论推导奠定了坚实的基础并提供了可靠的依据。下面介绍 Slivnyak 定理。

定理 1　设在一个密度为 λ 的齐次泊松点过程 Φ 中，m 为空间中的任意一点，则有

$$P_m(.)=P_\Phi(.) \tag{6.10}$$

式中，$P_m(.)$表示 m 处的泊松点过程的分布条件，$P_\Phi(.)$表示 Φ 的一般分布。

由上述定理可知，对于$\forall m \in \mathrm{R}^{i}$，空间中任意点的分布一般相同。此外，由于点与点彼此间相互重复，所以在 m 处增加一个点或者删除一个点不会影响 Φ 中其他点的分布情况。

另外，泊松点过程还有一些其他性质，如：

(1) 稀释性：在密度为 λ 的泊松点过程中，移除其中任何点的过程被称为稀释过程。该过程中的任何点被稀释的概率均为 p，若移除各个点的操作彼此独立，则剩下的点依然满足泊松分布，且其密度为 $\lambda(1-p)$。

(2) 叠加性：对于 K 个密度分别为 λ_i 的泊松点过程 Φ，若对 K 个泊松点过程进行叠加，生成新点的过程依然是泊松点过程，其分布密度为 $\sum_{i=1}^{K} \lambda_i$ 。

(3) 替换性：对于一个分布密度为 λ 的泊松点过程，若对其分布中的任何一点采取相同的规则将其替换，得到的点分布仍然满足泊松分布。

要在二维平面 S 内产生齐次泊松点过程 Φ_{p1}，且密度为 λ_{p1}，须分两步进行，① 产生符合泊松分布要求的一个随机数值 N，该随机数的期望值为 λ_{p1}；② 随机地生成 N 个点，就形成了密度为 λ_{p1} 的齐次泊松点分布过程 Φ_{p1}。

图 6.5 是基站和用户的二维平面内的齐次泊松点分布图，该随机分布的密度 $\lambda_{p1}=5$，真实地模拟了蜂窝网络中基站和用户的分布情况。

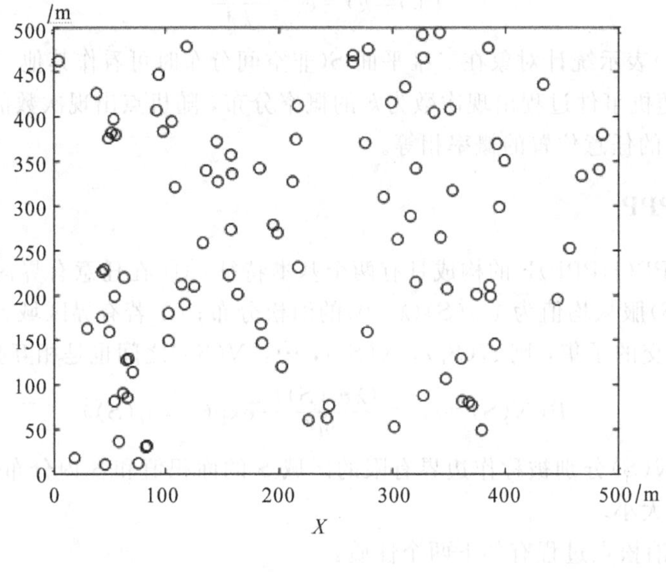

图 6.5　泊松点分布

6.4.2 泊松簇过程

空间泊松点过程尽管原理简单、应用广泛，但并不是在所有场合都适用。简单地，若人们研究的计数对象分布之间不完全具有随机性和独立性，那么就需要具有特定空间的非齐次泊松点过程来模拟。现阶段在通信领域常用的空间点过程有泊松点过程、泊松簇过程(PCP，Poisson Cluster Process)、泊松洞过程等，基于本章的研究方向，下面将着重介绍PCP过程。

PCP是建立具有空间点聚类特征的空间点分布模型的有效工具，在工程实践中，常被形象地称作父/子过程建模或者层次模型，该过程中父/子关系可以层层堆叠。本章考虑的模型是两代父/子关系建模的泊松簇分布模型。泊松簇聚类具有如下三个特征：

(1) 父过程是由泊松点过程生成的。该过程可以是均匀分布密度为 λ 的齐次泊松点过程，也可以是密度为 $\lambda(x)$ 的非齐次泊松点分布过程、双随机泊松点过程，或者是多代亲子模型。在泊松聚类模型中，这被称作父过程建模，它为后续的子代建模奠定了基础。

(2) 对于任何一个父过程 $p_i(i=1, 2, \cdots, N)$ 建模，产生随机个数的子过程 $d_i(i=1, 2, \cdots, N)$。每个父过程的 d_i 是从相同的概率分布中独立地生成的。

(3) 对于任何一个父过程 p_i，其子过程位置根据相同的概率分布函数 $l(\cdot)$ 分配。通常子过程都是以父过程为中心建模的，子过程分布点之间也是彼此独立的；同样，父过程之间也是彼此独立的，因此两个不同父过程内的子过程之间互不干扰，彼此独立。$l(\cdot)$ 取决于所考虑的尺寸。在二维平面下，它是一个二元函数，即 $l(\cdot)=l(x, y)$。

基于上述泊松簇过程的理论分析，下面讨论 PCP 的基本实现方法。其实现包括两部分：其一是父过程的建立，可将父过程建模为密度是 λ_0 的稳定泊松点分布。其二，对于任意给定的父过程 $x\in\Phi_0$，集合 N_R^x 表示围绕在父过程周围所有子节点的集合，则子过程的集合可表示为

$$\Phi^R \equiv \bigcup_{x\in\Phi_0} N_R^x \tag{6.11}$$

需要注意的是，父过程 x 不包含在 PCP 中，集合 N_R^x 中的父过程和子过程分别是簇中的簇中心和簇成员。关于簇模型的分类主要是两类常用的簇分布：Matérn 簇和 Thomas 簇，如图 6.6 所示。

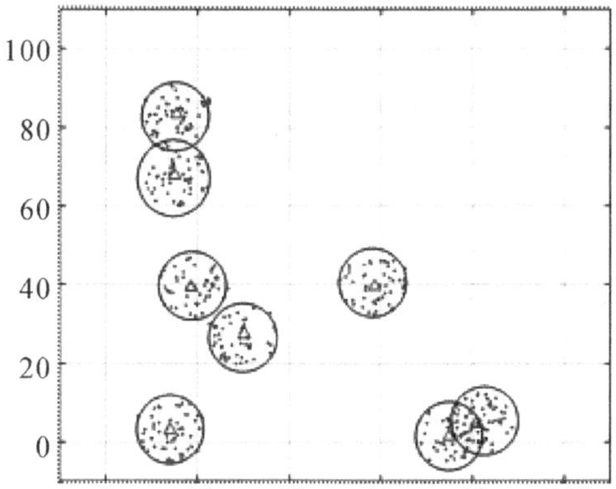

(a) Matérn簇

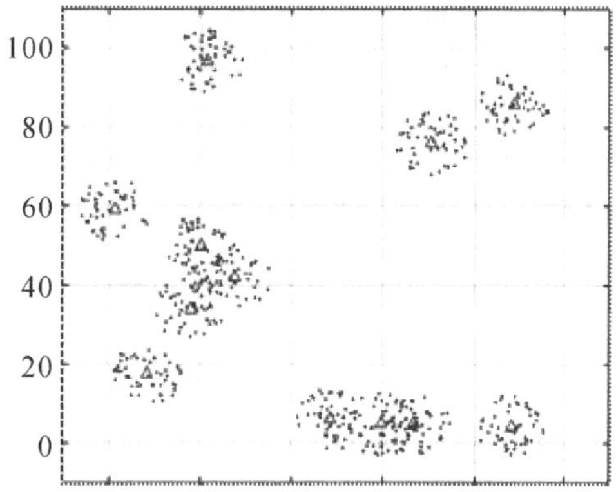

(b) Thomas簇

图 6.6　两类不同簇分布情况

设用户以一个特定的小区基站为簇中心，用户建模为 Thomas 簇分布，在第 $k(k=1, 2, \cdots, K)$ 层网络中，以半径为 R_i 的圆形区域，假设用户围绕簇中心呈对称均匀分布，则用户的簇分布密度为

$$f_{Z_u^{(i)}}(z)=\begin{cases}\dfrac{1}{\pi R_i^2} & \text{if } \|Z\|\leqslant R_i\\ 0 & \text{otherwise}\end{cases} \tag{6.12}$$

一般来说，簇中心基站周围的用户是方差为 σ_i^2 的正态独立分布，则用户的簇分布密度为

$$f_{Z_u^{(i)}}(z)=\frac{1}{2\pi\sigma_i^2}\exp\left(-\frac{\| Z \|^2}{2\sigma_i^2}\right),\ Z\in \mathrm{R}^2 \tag{6.13}$$

式(6.12)和式(6.13)中，Z 表示用户与基站的距离，$Z_u^{(i)}$ 表示用户 i 到基站的距离随机数值的集合。

6.5 常用信道衰落分布

6.5.1 瑞利信道及其分布

瑞利衰落信道是无线电波在自然空间中传输受损的模型之一。由于自然环境的影响，电波在传输过程中会受到环境的吸收、散射和反射，因此在接收端的信号幅值会有不同程度的衰减，被称为衰落；又由于接收端的目标信号总和是来自于信号源经过多个路径传播到达的，各个路径传递至接收端的时延不同，在各个方向上的信号分量会汇总叠加、产生驻波，从而形成信号快衰落，称为瑞利衰落。描述瑞利信道衰落的概率密度函数表示为

$$f(x,\ \sigma)=\frac{x}{\sigma^2}\exp\left(-\frac{x^2}{2\sigma^2}\right),\ x\geqslant 0 \tag{6.14}$$

其中，x 为信号功率，σ 为瑞利分布参数。

基于式(6.14)，信道的累积概率分布表示为

$$F(x,\ \sigma)=1-\exp\left(\frac{x^2}{2\sigma^2}\right) \tag{6.15}$$

6.5.2 莱斯信道及其分布

如果接收端接收到的信号中除了散射、折射等多径方式传播而来的信号分量以外，还有信源到信宿的直射信号分量，那么总信号的强度服从莱斯分布，因此被定义为莱斯信道。其信道概率密度函数表示为

$$f(x|r,\ \sigma)=\frac{x}{\sigma^2}\exp\left(-\frac{x^2+r^2}{2\sigma^2}\right)\cdot I_0\left(\frac{xr}{\sigma^2}\right),\ x\geqslant 0 \tag{6.16}$$

式中，$I_0(\cdot)$为修正的第一类零阶贝塞尔函数；当 $r=0$ 时，莱斯信道将转化为瑞利信道。

6.5.3 伽马分布

伽马分布是统计学中一类连续变量的概率密度函数。假设随机变量 X 表示等到第 a 次事件发生所需时间的概率密度函数为

$$f(x,\ \beta,\ u)=\frac{\beta^a}{\Gamma(x)}x^{a-1}\mathrm{e}^{-\beta x},\ x\geqslant 0 \tag{6.17}$$

式中，a 称为形状参数，β 称作逆尺度参数，$\Gamma(x)=\int_0^{\infty} x^{a-1}\mathrm{e}^{-x}\mathrm{d}x$ 为伽马函数。

6.6 干扰的拉普拉斯变换

通信系统中描述干扰最明显(也最直观)的方法是找到干扰的分布。可通过找到它的拉

普拉斯函数来实现，因为拉普拉斯函数的重复微分可以用来在频域中分解信号并找到干扰中所含的各个分量。由拉氏变换在信号变换中的用法，可知

$$L_{I_{\Phi}(z)}(S)=E[\exp(-sI_{\Phi}(z))]=E\left[\prod_{x\in\Phi}L_h\left(\frac{s}{x-z}\right)\right] \tag{6.18}$$

式中，I_{Φ} 为网络中目标节点接收到的总干扰，$L_h(s/(x-z))$ 表示接收功率的拉普拉斯变换。

6.7 基于 PPP 过程的 NOMA 异构网络

在 HetNet 中引入 NOMA 通信技术，分析复用在一个频段上的 NOMA 用户组的覆盖率和链路吞吐量。系统中用户和基站均采用 PPP 建模，在此基础上，首先分析用户和基站采用就近关联策略下的级联概率，然后分别得出非协作基站和协作基站间传输方案下的 NOMA 系统覆盖率和链路速率表达式，最后讨论优化系统性能的功率分配方案。

6.7.1 网络场景介绍

考虑一个存在于区域 $\mathbb{R}^2$ 中的大规模干扰受限的 HetNet 场景，如图 6.7 所示的网络模型。为适应未来多元接入节点的发展趋势，假设模型中存在 M 种基站类型(如 4G-LTE 宏站、5G 微基站、5G 微微基站等)，可理解为 M 层混合网络共存的模型。结合当前 5G 组网现状，网络侧依然依托于现有的 4G-LTE 蜂窝移动网络，即 4G 宏基站网络，这也是考虑到尽管 5G 基站采用毫米波通信、密集部署，但是高频电波的高损耗和低衍射特性，使其在大面积覆盖通信上仍无法与 4G 媲美。因此，现阶段普遍采用在热点区域、室内场景大量部署低功率的 PBS、家庭基站和中继节点辅助传输等技术共同实现立体无缝覆盖、高质量传输。为不失一般性，考虑基站的随机分布符合空间点分布过程，所有基站都服从分布密度为 λ_m 的齐次泊松点过程，用集合 Φ_m 表示第 m 层基站集合，有

$$\Phi_m \overset{\text{def}}{=} \{X_{m,i}\in\mathbf{R}^2: i\in\mathbf{N}_+\},\ m\in\boldsymbol{M}\overset{\text{def}}{=}\{1,2,\cdots,M\} \tag{6.19}$$

式中，基站 $X_{m,i}$ 表示第 m 层网络中第 i 个基站在 $\mathbf{R}^2$ 中的位置。所有用户的分布均服从密度为 μ 的独立泊松点过程，且用户集合表示为 $\mathrm{U}\subseteq\mathbf{R}^2$。记所有与基站 $X_{m,i}$ 关联的用户为 $U_{m,i}$，有

$$U_{m,i}\overset{\text{def}}{=}\left\{U_n\in U: X_{m,i}=\arg\sup_{l,j:X_{l,j}\in\Phi}\{w_l\|X_{l,j}-U_n\|^{-\alpha}\},\ n,j\in N_+,\ l\in M\right\} \tag{6.20}$$

式中，Φ 表示各个网络层基站集合的叠加，即 $\Phi=\bigcup_{m=1}^{M}\Phi_m$；$\alpha$ 表示路径损耗常数；一般有 $\alpha>2$，w_l 表示第 l 层网络的用户关联偏置因子，可以理解为通过对 w_l 的设置，可调整同层网络中的数据流装卸或扩展基站服务区域，进而平衡同层网络中基站间的负载。需要注意的是，本章采用的用户关联策略基于的是就近基站关联策略(BNBA，Biases Nearest BS Association)。在该策略中，用户只会选择最近的服务点接入并进行 NOMA 下行传输。为便于后续分析，考虑同层偏置因子为常量，这样同层基站群就构成了一个带权的 Voronoi-tessellated 小区，如图 6.7 所示。

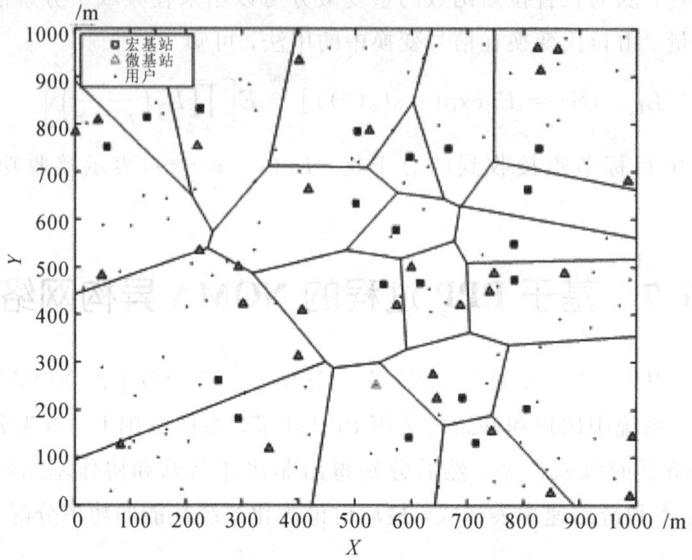

图 6.7　PPP 节点分布网络模型

1. 下行 NOMA 传输的负载分析

定义：与基站 $X_{m,i}$关联的用户集群为 $U_{m,i}$，$U_{m,i}$中用户数为$|U_{m,i}|$。基于负载分析可知，$|U_i|$的概率质量函数为

$$p_{m,n} \overset{\text{def}}{=} P[|U_{m,i}|=n] \approx \frac{\Gamma(n+7/2)}{n!\,\Gamma(7/2)}\left(\frac{2}{7}\xi_m\right)^n (1+\xi_m)^{-(n+7/2)} \tag{6.21}$$

式中，$\xi_m \overset{\text{def}}{=} \dfrac{\mu\omega_m^{2/\alpha}}{\sum\limits_{l=1}^{M} w_l^{2/\alpha}\lambda_l}$被认为是采用 BNBA 方案下第 m 层基站的负载，可理解为基站的平均覆盖用户数。

由式(6.21)可知，网络中存在无效基站的概率为 $p_{m,0}\approx\left(1+\frac{2}{7}\xi_m\right)^{-7/2}$，即该基站内无关联用户的概率。同时，该基站也被称为无效基站或者闲置基站。因此，可得到 HetNet 中第 m 层网络中任一基站的有效性概率为 $v_m\approx 1-\left(1+\frac{2}{7}\xi_m\right)^{-7/2}$。易知当 HetNet 的基站分布密度接近甚至大于用户密度(即 $\lambda_m>\mu$)时，v_m 的值是比较小的。这种情况下，HetNet 中的无效基站出现的可能性并不小。然而在一些现存的文献研究里，无效基站常常会被忽略。忽略它常常会带来两方面的影响，其一是同层网络的干扰分析中会将无效基站考虑进去；其二在于无效基站的辅助传输通常是通信质量增强的有效途径。因此，在后续的 CT-NOMA 方案中将会考虑到无效基站。

2. 下行 NOMA 传输中的目标 SIR 模型

考虑混合网络中下行传输采用 NOMA 传输方案，复用在同一频段资源上的用户统称为一个用户组，基站对组内采用叠加编码的方式在同一时频资源上传输组内多个用户的数据。为不失一般性，根据 Slivnyak 定理，$U_{m,i}$中的随机分布点的统计特性不会因分布点而改变。设定 HetNet 中分为两个主要层，即以传统 4G-LTE 宏基站为核心的 LTE 层和以 5G

小基站为辅助的5G层。LTE层采用sub-6 GHz的微波频段，5G层则采用毫米波28 GHz的波段，层间不存在干扰。本章中涉及的传播损耗主要指路径损耗。组内用户在传播前基站就已经获得了用户的CSI，且已将用户根据CSI排序，根据用户CSI大小，由用户U_1到用户U_K依次递减，用户U_K可以视为最边远的用户。组内用户U_k的SIR可表示为

$$\gamma_{m,k}=\frac{\beta_k P_m H_{m,i,k}}{\| U_k \|^{\alpha} I_{m,k}},\ k\in K\stackrel{\text{def}}{=}\{1,2,\cdots,K\} \tag{6.22}$$

式中，$\gamma_{m,k}$表示用户U_k的SIR；P_m表示基站发射的总功率；$\beta_k P_m$是分配给用户U_k的传输功率，$\beta_k\in(0,1)$是功率分配系数，且满足$\sum_{k=1}^{K}\beta_k=1$；$H_{i,k}$表示基站$X_{m,i}$与用户U_k之间的瑞利衰落信道的增益，$I_{m,k}$作为用户U_k端接收信号的SIR(统计分析中的SIR均未考虑组内用户的同频干扰)表示为

$$I_{m,k}\stackrel{\text{def}}{=}\sum_{l,j:X_{l,j}\in\Phi\backslash X_{m,i}} V_{l,j}P_l H_{l,j,k}\| X_{l,j}-U_k \|^{-\alpha} \tag{6.23}$$

式中，$V_j\in\{0,1\}$表示伯努利随机变量，当基站$X_{l,j}$为有效基站时，$V_{l,j}=1$，反之为0。假设所有的衰落信道增益为独立同分布的指数型随机变量且均值和方差均为单位1，即$H_{m,i,k}\sim\text{Exp}(1)$，$i\in\mathbb{N}_+$，$k\in K$。为便于导出最终闭合表达式，分析中暂时忽略掉了信道中阴影效应的影响。通常情况下，距离越远的用户，其信道增益值也会越小，即$\| U_k \|<\| U_{k+1} \|$，$k\in K$，$H_{m,i,k}>H_{m,i,k+1}$。根据NOMA传输准则，信道增益小的用户反而会分配到更多的功率，以保证传输可靠性和系统公平性。因此，K个用户的分配系数满足$\beta_1<\cdots<\beta_k<\cdots<\beta_K$。

由于用户U_k的干扰来自同层多个小区，因此为描述在用户U_k处的总SIRγ_k大于某一门限值的概率密度函数，引入互补累积密度函数(CCDF，Complementary Cumulative Density Function)。对于给定一个目标用户$U_k\in U_i$的SIR，如式(6.23)所示，其CCDF可表示为$F_{\gamma_k}^{C}(x)\stackrel{\text{def}}{=}P[\gamma_k>x]$，$x>0$。用户$U_k$覆盖率的精确概率表达式难以推导，但却可以获得其紧缩下界，其推导过程见附录A。

$$F_{\gamma_k}^{C}(x)\underset{\approx}{>}\prod_{K}^{k-1}\frac{(K-j)}{(K-j)+\sum_{l=1}^{M}v_l l_{m,l}(x/\beta_k)},\ k\in K \tag{6.24}$$

式中，对于“$a\underset{\approx}{>}b$”，可理解为b是a的紧缩下界。$l_{m,l}(\cdot)$定义为

$$l_{m,l}(x)\stackrel{\text{def}}{=}\varphi_l\left(\frac{xw_m}{w_l P_m}\right)^{\frac{2}{\alpha}}\left(\frac{1}{\text{sinc}\left(\frac{2}{\alpha}\right)}-\int_0^{\left(\frac{w_l P_m}{xw_m P_l}\right)^{\frac{2}{\alpha}}}\frac{\text{d}t}{1+t^{\frac{\alpha}{2}}}\right) \tag{6.25}$$

式中，$\varphi_l\stackrel{\text{def}}{=}\omega_l^{\frac{2}{\alpha}}\lambda_l/\sum_{i=1}^{L}w_m^{\frac{2}{\alpha}}\lambda_m$表示采用BNBA关联准则，用户与第$l$层任一基站关联的概率；$\text{sinc}(x)\stackrel{\text{def}}{=}[\text{sinc}(\pi x)]/(\pi x)$表示归一化sinc函数。

由附录A中的推导过程分析可知，式(6.24)中的下界值十分逼近真实值。这是因为本章的模型中基站的分布采用的是独立的PPP过程，用户的分布同样是独立的PPP过程，这在理论上是十分理想的情况。但这种假设忽略了现实中5G小基站一般是在用户簇中心附

近架设的，即忽略了基站的位置与用户分布的关联性。

由式(6.24)进一步推得，当用户的数量越来越大甚至趋于无穷时，$F^{C}_{\gamma_{m,k}}(x)$在用户数趋于极限时的下界为

$$\lim_{u\to\infty}F^{C}_{\gamma_{m,k}}(x)=\prod_{j=0}^{k-1}\frac{K-j}{\left[(K-j)+\sum_{l=1}^{M}l_{m,l}(x/\beta_k)\right]} \tag{6.26}$$

当用户数趋于无穷时，HetNet 中不存在无效基站，各个基站都满负荷工作，即 $v_l=1$ 对于任一网络层 $l\in M$。同时，式(6.24)的推导中引入了关联偏置因子，因此 $F^{C}_{\gamma_{m,k}}(x)$所表示的 CCDF 对所有类似的 BNBA 方案都适合。在一些无偏置因子估计的 NBA 方案中，w_m 的值相等，可设置为 1。因此，式(6.25)可表示为

$$l_{m,l}(x)=\varphi_l\left(\frac{xP_l}{P_m}\right)^{\frac{2}{\alpha}}\left[\frac{1}{\operatorname{sinc}\left(\frac{2}{\alpha}\right)}-\int_0^{\left(\frac{P_m}{xP_l}\right)}\frac{\mathrm{d}t}{1+t^{\frac{\alpha}{2}}}\right] \tag{6.27}$$

式中，$\varphi_l=\lambda_l/\sum_{m=1}^{M}\lambda_m$。将式(A1-c)代入式(6.24)，可得无偏置因子估计的 NBA 方案中信噪比(SIR)$\gamma_{m,k}$的 CCDF。此外，对于任一 $m\in M$ 层网络，若有 $w_m=P_m$，则 BNBA 方案对于接入用户能有效提供最大平均接收功率，这种方案也称作最大接收功率方案(MRPA，Maximum Received Power Association)。若采用此方案接入，则式(6.25)改为

$$l_{m,l}(x)=\varphi_l x^{\frac{2}{\alpha}}\left[\frac{1}{\operatorname{sinc}\left(\frac{2}{\alpha}\right)}-\int_0^{x^{-\frac{2}{\alpha}}}\frac{\mathrm{d}t}{1+t^{\frac{2}{\alpha}}}\right] \tag{6.28}$$

式中，$\varphi_l=P_l^{\frac{2}{\alpha}}\lambda_l/\sum_{m=1}^{M}P_m^{\frac{2}{\alpha}}\lambda_m$。此外，式(6.24)中的结果显示了一个关键问题：越远的用户，其期望的 SIR 值的 CCDF 越小，即使越远的用户被分配更多的功率。正如下面的分析中展示的那样，这种现象决定了每个 NOMA 用户的覆盖范围和链路吞吐量的特性。

3. ST-NOMA 传输系统性能分析

本节讨论基站 $X_{m,i}$采用 ST-NOMA 传输方案下的系统下行覆盖率和链路吞吐速率。该方案中目标基站同时在某一时频资源上传输多个关联用户的数据流，且邻近基站不参与辅助传输。需要明确的是，相对于 OMA 技术，NOMA 技术由于同频段上复用多个用户，原本在 OMA 技术中分配给一个用户的功率在 NOMA 技术中由多个用户共享，因此，对于单个用户而言，覆盖率必然会降低。对覆盖率的概率统计分析能了解到在混合网络中采用 NOMA 传输时究竟有多少用户能被同时服务。对链路吞吐率的分析也同样重要，因为它反映了基站采用 NOMA 传输的方式在服务一个用户时，用户能获得的平均可达速率，进而可以反映出基站根据小区用户的 QoS 要求实际能调度的用户数，从而有效提升系统的和速率。

1) *覆盖率分析*

假设基站 $X_{m,i}$ 在任一时频资源上调度的用户数为 K，即组内用户为 K。定义用户接收端接收信号的 SIR 高于处理门限时，该用户即可被基站覆盖，则用户 U_k 的覆盖率为

$$\rho_{m,k} \stackrel{\text{def}}{=} P\left[\frac{\beta_k P_m H_{m,i,k} \| U_k \|^{-\alpha}}{\underbrace{(\sum_{m=0}^{k-1}\beta_n)P_m H_{m,i,k} \| U_k \|^{-\alpha}}_{\text{同频干扰}} + \underbrace{I_{m,k}}_{\text{组内干扰}}} \geqslant \theta, \cdots, \frac{\beta_K P_m H_{m,i,k} \| U_K \|^{-\alpha}}{\underbrace{(\sum_{n=0}^{K-1}\beta_n)P_m H_{m,i,k} \| U_k \|^{-\alpha}}_{\text{同频干扰}} + \underbrace{I_{m,K}}_{\text{组内干扰}}}\right]$$

$$= P\left[\frac{\beta_k \gamma_{m,k}}{(\sum_{n=0}^{k-1}\beta_n)\lambda_{m,k} + \beta_k} \geqslant \theta, \cdots, \frac{\beta_K \gamma_{m,k}}{(\sum_{n=0}^{K-1}\beta_n)\gamma_{m,K} + \beta_K}\right] \tag{6.29}$$

其中，$\theta>0$，是接收端成功译码的 SIR 门限，且 $\beta_0 \stackrel{\text{def}}{=} 0$。$\rho_{m,k}$ 中包含了两部分干扰，第一部分是来自分配功率高于自己的用户的干扰，即组内用户干扰；第二部分是来自邻近小区的同频干扰。组内干扰用户按照某一功率分配方案获得功率因子 $\beta_l \in (\theta\sum_{n=0}^{l-1}\beta_n, 1)$，据此来分配功率给干扰用户 U_l，$l \in \{k, k+1, \cdots, K\}$，则 $\rho_{m,k}$ 有其精确下界：

$$\rho_{m,k} \underset{\approx}{>} \prod_{j=0}^{k-1} \frac{(K-j)}{(K-j) + \sum_{l=1}^{M} v_l l_{m,l}(\theta_{k,K})}, \ \forall k \in K \tag{6.30}$$

式中，$l_{m,l}(\cdot)$ 定义见式(6.25)，$\theta_{k,K}$ 的定义为

$$\theta_{k,K} \stackrel{\text{def}}{=} \max_{l \in \{k, k+1, \cdots, K\}} \left\{\frac{\theta}{\beta_l - \theta\sum_{n=0}^{l-1}\beta_n}, 0\right\} \tag{6.31}$$

当用户的分布密度趋于无穷，即 $\mu \to \infty$ 时，$\rho_{m,k}$ 有如下极限：

$$\lim_{\mu \to \infty} \rho_{m,k} = \prod_{j=0}^{k-1} \frac{(K-j)}{(K-j) + \sum_{l=1}^{M} \eta_{m,l}(\theta_{k,K})} \tag{6.32}$$

具体推导过程见附录 B。

据推导出的覆盖率 $\rho_{m,k}$ 下界可得出，功率分配对同频带组内用户的覆盖率有很大影响。首先，如覆盖率的定义中指出的那样，对于用户 U_l，$l \in [k, k+1, \cdots, K]$，若 $\beta_l \leqslant \theta\sum_{n=0}^{l-1}\beta_n$，则用户 U_l 不能成功译码，即便接收端忽略了组外的干扰。因此，满足接收端成功译码的条件 $\theta\sum_{n=0}^{l-1}\beta_n < \beta_l < 1$，则式(6.32)被称作组内非协调 NOMA 传输的基本功率约束。由此看来，β_k 需要合理选取，才能保证 NOMA 传输方式的优势被有效发挥。其次，式(6.31)中 $\theta_{k,K}$ 指出 $\frac{\theta}{\beta_l - \theta\sum_{n=0}^{l-1}\beta_n} \leqslant \theta_{k,K}$，且假设基站采用某一功率分配方案，使得用户 U_k 满足 $\frac{\theta}{\beta_l - \theta\sum_{n=0}^{l-1}\beta_n} = \theta_{k,K}$，那么 $\rho_{m,k}$ 将随着 k 的增大而减小。换言之，边缘用户的覆盖率还是会比邻近用户的覆盖率低，即便基站分配了更多功率给边缘用户。可以这么理解，用户 U_k 是整个基站覆盖率性能的短板，对基站总体覆盖率的影响极大。

2) 链路速率分析

与基站 $X_{m,i}$ 关联的用户 U_k 在译码自己的信号之前，必须首先译出组内 $K-k$ 个用户的同频干扰信号并将其删除，该用户在统计意义下的可达速率可用期望的形式表示为

$$C_{m,k} \overset{\text{def}}{=} E\left[\log\left(1+\frac{\beta_k \gamma_{m,k}}{\left(\sum_{n=0}^{k-1}\beta_n\right)\gamma_{m,k}+\beta_k}\right) \middle| \gamma_{m,k} \geqslant \beta_k\theta_{k+1,K}\right] \tag{6.33}$$

式中，$k\in\{1, 2, \cdots, K-1\}$且$\theta_{k+1,K}$的定义在式(6.31)中已经给出。

将$C_{m,k}$定义为期望的形式是因为考虑到用户U_k是否能成功实施SIC，并译码出自己的信号，即考虑到是否满足$\lambda_{m,k}\geqslant\beta_k\theta_{k+1,K}$条件下的统计均值。同理，可获得最边远用户$U_K$的链路可达速率为

$$C_{m,K} \overset{\text{def}}{=} E\left[\log\left(1+\frac{\beta_K \gamma_{m,K}}{\left(\sum_{n=0}^{K-1}\beta_n\right)\gamma_{m,K}+\beta_K}\right)\right] \tag{6.34}$$

但式(6.34)中并未对$\gamma_{m,K}$有任何条件限制，是因为在接收端进行SIC时，用户U_K的信号功率最大，无须译码删除其余信号干扰。关于$C_{m,k}$和$C_{m,K}$的精确紧缩下界的推导过程见引理1，证明见附录C。

引理1 对于任一$m\in M$，用户为U_l，$l\in\{k, k+1, \cdots, K\}$，组内用户的功率分配系数满足$\beta_l\in(\theta\sum_{n=0}^{l-1}\beta_n, 1)$，$v_l$为用户$U_l$对应的参数因子。对于某一$m$层的基站中的可调度用户来说，$K$个用户的集群中的第$k$个用户的链路可达速率的紧缩下界：

$$C_{m,k} \underset{\approx}{>} \int_{\theta_{k+1,K}}^{\infty}\prod_{j=0}^{k-1}\frac{(K-j)+\sum_{l=1}^{M}v_l l_{m,l}(\theta_{k+1,K})}{(K-j)+\sum_{l=1}^{M}v_l l_{m,l}(y)}\left[\frac{\beta_k}{1+y\sum_{n=1}^{k}\beta_n\left(1+y\sum_{n=0}^{k-1}\beta_n\right)}\right]\mathrm{d}y+$$
$$\log\left(1+\frac{\beta_k\theta_{k+1,K}}{\theta_{k+1,K}\sum_{n=0}^{k-1}\beta_n+1}\right),\ k\in\{1, 2, \cdots, K-1\} \tag{6.35}$$

然而第K个用户的链路可达速率的紧缩下界却有个精确值：

$$C_{m,K} \underset{\approx}{>} \int_{0}^{\infty}\prod_{j=0}^{K-1}\frac{(K-j)}{(K-j)+\sum_{l=1}^{M}v_l l_{m,l}(y)}\left[1-\prod_{j=0}^{K-1}\frac{(K-j)+\sum_{l=1}^{M}v_l l_{m,l}(y)}{(K-j)+\sum_{l=1}^{M}v_l l_{m,l}\left(\frac{y}{1-\beta_k}\right)}\right]\frac{\mathrm{d}y}{(1+y)} \tag{6.36}$$

值得注意的是，当$K\to\infty$时，$\beta_k\to 0$且对于所有$k\in K$，有$\theta_{k+1,K}\to\infty$。这种情况下，式(6.35)的结果变为$C_{m,k}\underset{\approx}{>}\log(1+\beta_k/\sum_{n=0}^{k-1}\beta_n+\theta_{k+1,K}^{-1})$，式(6.36)的结果将减少到零。这个逼近反映了最远的边缘用户具有十分小的SIR，而其余附近的$K-1$个用户的链路可达速率并不能通过SIC技术提升太多。另外，如果有太多用户复用在同一频段且被基站调度，此频段上的NOMA用户可达速率将严重下降，因此选择合适的调度用户数对NOMA系统来说是十分重要的。

由式(6.35)和式(6.36)可知，用户U_k的可达速率不低于式(6.35)右边的第一项，然而用户U_K若不能实现SIC，则不能达到最低链路速率。可以理解为，只要功率分配方案能够同时提升β_K和$\beta_k\theta_{k+1,K}$，那么$C_{m,k}$和$C_{m,K}$将会同时得到提升。同时，式(6.35)和式(6.36)的链路可达速率结果都将表示成如下渐进结果：

$$\lim_{\beta_k \to \infty} C_{m,k} = E\left[\log\left(1+\frac{\gamma_{m,k}}{\beta_k}\right)\right] \gtrapprox \int_0^{\infty} \frac{\mathrm{d}y}{(1+y)\left[1+\sum_{l=1}^{M} v_l l_{m,l}(y)\right]} \tag{6.37}$$

式(6.37)可以理解为基站 $X_{m,i}$ 服务只有一个用户时的可达链路速率下界，亦可理解为对于所有 $k\in K$，$C_{m,k}$ 能达到的全功率输出带来的可达速率上界。显然，这意味着当 β_k 趋于 1 时，式(6.35)和式(6.36)的结果将会降至一个单用户的数据速率的结果。更重要的是，对比附录 C 中式 C2、式 C3 和式(6.37)中的结果，可知 K 个复用用户总体的和速率严格大于单用户的可达速率，即

$$\sum_{k=1}^{K} C_{m,k} > \int_0^{\infty} \frac{\mathrm{d}y}{(1+y)[1+\sum_{l=1}^{M} v_l l_{m,l}(y)]} \tag{6.38}$$

这揭示了在 SIC 能够理想实施的情况下，采用 NOMA 方案传输(相较于 OMA 方案)可以得到更高的系统和速率。该结论与前人对 NOMA 技术优势的验证不谋而合。尽管这一事实已在现存的研究中得到验证，但在大规模部署的 HetNet 中验证 NOMA 的优势尚属首次。此外，在网络中基站满负荷工作时，即当用户数量密度趋于无限时，所有的 $C_{m,k}$ 都趋于最低极限值，即式(6.35)在 $v_l=1$，$\forall\, l\in M$ 条件下的下界值。

6.7.2　CT-NOMA 传输系统性能分析

本小节讨论的是 HetNet 中 CT-NOMA 传输方案下的性能，包括基站覆盖率和链路可达速率。同时，着重强调基站功率分配对系统性能改善的重要性。众所周知，未来的 5G 应用场景中，一般会大量部署公共热点区域的基站，而提高同层基站的利用率一直是该领域考虑的问题。CT-NOMA 的提出就是为了有效利用闲置基站为用户集群中具有更高 QoS 的用户或者边远用户提供更优质的服务。本节中考虑的是联合多基站辅助传输边缘用户 U_K 的信息，以此来保证用户 U_K 因距离基站太远而导致的功率损耗过多，难以保证接收端 SIC 的正确实施的问题；同时，也缓解了 NOMA 传输中不合适的功率分配和用户级联方案给系统覆盖率和链路可达速率带来的影响。

1. 覆盖率分析

如 6.7.1 节中考虑的系统模型及其环境，基站 $X_{m,i}$ 能调度用户集群中的 K 个级联用户并采用 NOMA 下行传输；同时，假设所有无效基站都能协同传输边缘用户 U_K 的信号。这样的假设基于两方面考虑，一是该假设能便于人们分析基站覆盖率和链路速率；二是基于该假设，便于人们讨论 CT-NOMA 方案下的覆盖率和链路可达速率极限问题。值得注意的是，对于所有无效基站，无须知道每个用户的信道状态信息，而只需知道与每个基站有关联用户群中最边远用户的信道状态信息。若已知目标 SIR$\gamma_{m,k}$(定义见式(6.22))，则对用户 U_k 的覆盖率为

$$\begin{aligned}\rho_{m,k} &\overset{\text{def}}{=} P\left[\frac{\beta_k P_m H_{m,i,k}\,\|U_k\|^{-\alpha}}{(\sum_{n=0}^{k-1}\beta_n)P_m \dfrac{H_{m,i,k}}{\|U_k\|^{\alpha}}+I_{m,k}} \geqslant \theta,\ \cdots,\ \frac{\beta_K P_m H_{m,i,k}\,\|U_k\|^{-\alpha}+S_{m,k}}{(\sum_{n=0}^{K-1}\beta_n)P_m H_{m,i,k}\,\|U_K\|^{-\alpha}+I_{m,k}}\right] \\ &= P\left[\frac{\gamma_{m,k}}{(\sum_{n=0}^{k-1}\beta_n)\gamma_{m,k}/\beta_k+1} \geqslant \theta,\ \cdots,\ \frac{\beta_K\gamma_{m,k}/\beta_k+S_{m,k}/I_{m,k}}{(\sum_{n=0}^{K-1}\beta_k)\gamma_{m,k}/\beta_k+1} \geqslant \theta\right]\end{aligned} \tag{6.39}$$

式中，$S_{m,k} \overset{\text{def}}{=} \sum_{l,j:X_{l,j}\in\Phi} (1-V_{l,j})P_l H_{l,j,k} \| X_{l,j} - U_k \|^{-\alpha}$表示来自所有协同基站传输$U_K$用户的信号功率和，$\rho_{m,k}$和$\rho_{m,K}$的详细表达参见引理2，其证明过程见附录D。

引理2 若HetNet中采用CT-NOMA传输方案，对于$\rho_l \in (\theta \sum_{n=0}^{l-1} \beta_n, \beta_K - \theta \sum_{n=l}^{K-1} \beta_n)$，其中$\beta_K \in (\theta \sum_{n=0}^{K-1} \beta_n, 1)$，$l \in \{k, k+1, \cdots, K-1\}$，则$\rho_{m,k}$具有如下紧缩下界：

$$\rho_{m,k} \gtrapprox \prod_{j=0}^{k-1} \frac{K-j}{(K-j) + \sum_{l=1}^{K} v_l l_{m,l}(\theta_{k,K-1})} \tag{6.40}$$

其中功率因子$\beta_l \in (\theta \sum_{n=0}^{l-1} \beta_n, \beta_K - \theta \sum_{n=1}^{K-1} \beta_n)$且$\beta_K \in (\theta \sum_{n=0}^{K-1} \beta_n, 1)$，对于所有$l \in \{k, k+1, \cdots, K-1\}$，$l_{m,l}(\cdot)$和$\theta_{k,K-1}$已分别在式(6.25)和式(6.40)中给出了定义。

用户U_K的覆盖率能被精确估计为

$$\rho_{m,K} \approx \prod_{j=0}^{K-1} \frac{K-j}{(K-j) + \left[\sum_{l=1}^{M} v_l l_{m,l}(\theta_{K,K}) + (1-v_l)\, \tilde{l}_{m,l}\left(\frac{\theta_{K,K}}{\theta}\right)\right]^{+}} \tag{6.41}$$

其中$[x]^+$表示取最值操作。$\tilde{l}_{m,l}(\cdot)$定义为

$$\tilde{l}_{m,l}(x) \overset{\text{def}}{=} \varphi_l \left(\frac{x w_m P_l}{w_l P_m}\right)^{\frac{2}{\alpha}} \int_{\left(\frac{w_l P_m}{x w_m P_l}\right)^{\frac{2}{\alpha}}}^{\infty} E\left[1 - \mathrm{e}^{t^{-\frac{\alpha}{2}} H}\right] \mathrm{d}t \tag{6.42}$$

其中，H：Exp(1)。当用户的密度μ趋于无穷时，$\rho_{m,k}$具有如下极限形式：

$$\lim_{\mu\to\infty} \rho_{m,k} = \prod_{j=0}^{k-1} \frac{K-j}{(K-j) + \sum_{l=1}^{M} l_{m,l}(\theta_{k,K})} \tag{6.43}$$

对比两种方案中覆盖率的推导结果可知，CT-NOMA较之ST-NOMA在提升用户的覆盖率方面有显著优势。具体地，对比式(6.40)和式(6.30)可以发现，式(6.40)中U_k的覆盖率高于式(6.30)，通过公式解析可以理解为$l_{m,l}(x)$是一个关于x的单调递增函数，且式(6.30)中的$\theta_{k,K}$大于式(6.40)中的$\theta_{k,K-1}$。这是因为采用合适的功率分配方案后，CT-NOMA能够让U_K的SIR高于同频带内其余各个用户的SIR。因此，$K-1$个用户的覆盖率并不依赖U_K的SIR。

对比式(6.41)和式(6.30)可知，正是由于在式(6.41)中$\tilde{l}_{m,l}(\theta_{K,K}/\theta)$被省略且在式(6.30)中不曾体现，$U_K$的覆盖率才能有所提升。值得注意的是，采用CT-NOMA方案，U_K的覆盖率会随着用户分布密度的降低得到显著提升；反之，则会降低。其原因在于用户密度降低，U_K接收端的SIR会增强；其次，无效基站的协同传输会进一步增强U_K的SIR。因此，在CT-NOMA中如何优化小区负载使得整个系统覆盖率得到提升和增强，小区边缘用户受益于更多无效基站的协助是一个值得思考的问题。

值得注意的是，功率分配因子β_l在CT-NOMA中比起在ST-NOMA中有着更加严格的约束，即$\beta_l \in (\theta \sum_{n=0}^{l-1} \beta_n, \beta_K - \theta \sum_{n=l}^{K-1} \beta_l)$，该严格约束可通过对CT-NOMA方案中的覆盖率

表达式求导得到。事实上，对于任意 $\beta_l \in (\theta \sum_{n=0}^{l-1} \beta_n, 1)$，用户覆盖率都可通过采用 CT-NOMA 方案获得提升。更为重要的是，可以从该约束中得知，即便分配给用户群 U_{K-1} 中首用户更低的功率，CT-NOMA 都能使系统整体覆盖率得到提升。

2. 链路可达速率分析

本节讨论某一 m 层基站采用 CT-NOAM 方案下的链路可达速率。假设所有无效基站能协助目标基站传输 U_k 的信号，对所有的 $k \in \{1, 2, \cdots, K-2\}$，$U_k$ 的链路速率定义为

$$C_{m,k} \stackrel{\text{def}}{=} E\left[\log\left(1+\frac{\gamma_{m,k}}{\left(\sum_{n=0}^{k-1}\beta_n\right)\frac{\gamma_{m,k}}{\beta_k}+1}\right) \mid \gamma_{m,k} \geqslant \beta_k \theta_{k+1,K-1}\right] \tag{6.44}$$

对于 U_{k-1}，其链路可达速率定义为

$$C_{m,K-1} \stackrel{\text{def}}{=} E\left[\log\left(1+\frac{\gamma_{m,K-1}}{\left(\sum_{n=0}^{K-2}\beta_n\right)\frac{\gamma_{m,K-1}}{\beta_{K-1}}+1}\right) \middle| \lambda_{m,K-1} \geqslant \frac{\beta_{K-1}\theta - \frac{S_{m,K-1}}{I_{m,K-1}}}{\beta_K - \theta\sum_{n=0}^{K-1}\beta_n}\right] \tag{6.45}$$

两种定义分别来自式(6.33)以及 ST-NOMA 下 $C_{m,k}$ 的定义。U_K 的链路可达速率定义为

$$C_{m,K} \stackrel{\text{def}}{=} E\left[\log\left(1+\frac{\gamma_{m,K}+\frac{S_{m,K}}{I_{m,K}}}{\left(\sum_{n=0}^{K-1}\beta_n\right)\frac{\lambda_{m,K}}{\beta_K}+1}\right)\right] \tag{6.46}$$

基于式(6.39)中 U_K 的 SIR 表达式，U_k 的链路可达速率近似表达式和 U_K 的链路可达速率精确表达式见后续推导。

令 $\beta_l \in (\theta \sum_{n=0}^{l-1} \beta_n, \beta_K - \theta \sum_{n=l}^{K-1} \beta_n)$ 且 $\beta_K \in (\theta \sum_{n=0}^{K-1} \beta_n, 1)$，$\forall m \in M$，$l \in [k, k+1, \cdots, K-1]$。$m^{\text{th}}$ 层网络中 U_k($k \in \{1, 2, \cdots, K-2\}$)的链路速率表达式有其紧缩下界：

$$C_{m,k} \underset{\approx}{>} \int_{\theta_{k+1,K-1}}^{\infty} \prod_{j=0}^{k-1} \frac{(K-j-1)+\sum_{l=1}^{M} v_l l_{m,l}(\theta_{k+1,K-1})}{(K-j-1)+\sum_{l=1}^{M} v_l l_{m,l}(y)} \left[\frac{\beta_k}{\left(1+y\sum_{n=1}^{k}\beta_n\right)\left(1+y\sum_{n=0}^{k-1}\beta_n\right)}\right] \mathrm{d}y + \log\left(1+\frac{\beta_k \theta_{k+1,K-1}}{\theta_{k+1,K-1}\sum_{n=0}^{k-1}\beta_n+1}\right) \tag{6.47}$$

U_{K-1} 的链路速率有如下下界：

$$C_{m,K-1} \underset{\approx}{>} \int_0^{\infty} \left(1-\prod_{j=0}^{K-2} \frac{(K-j-1)+\sum_{l=1}^{M} v_l l_{m,l}(y)}{(K-j-1)+\sum_{n=0}^{k-1} v_l l_{m,l}\left(\frac{y}{1-\beta_{k-1}}\right)}\right) \left(\prod_{j=0}^{K-2} \frac{K-j-1}{(K-j-1)+\sum_{l=1}^{M} v_l l_{m,l}(y)}\right) \frac{\mathrm{d}y}{(1+y)} \tag{6.48}$$

对于 U_K，其吞吐量有如下渐进表达式：

$$C_{m,K} \approx \int_0^{\frac{\beta_K}{\sum_{l=0}^{K-1}\beta_l}} \prod_{j=0}^{K-1} \frac{K-j}{(K-j)+\left[\sum_{l=1}^{M} v_l l_{m,l}(yk)+(1-v_l)\tilde{l}_{m,l}\left(\frac{yk}{\theta}\right)\right]^+} \frac{\mathrm{d}y}{(1+y)} \tag{6.49}$$

上述表达结果的证明见附录 E。

值得注意的是，当 $K\to\infty$ 时，有 $\beta_k\to 0$，$\theta_{k+1,K+1}\to\infty$，因此，式(6.47)有其渐进表达式 $C_{m,k}\gtrapprox \log(1+\beta_k/\sum_{n=0}^{k-1}\beta_n+\theta_{k+1,K-1}^{-1})$，而式(6.48)和式(6.49)的渐进表达式逼近 0。注意，同频段上基站承载过多用户，会导致系统和速率降低，即便是基站采用 CT-NOMA 传输方案，同样存在此类情况。

根据上述推导中的链路可达速率结果，不难发现，CT-NOMA 能显著提升每个 NOMA 用户的链路速率，因为 CT-NOMA 方案规定无效基站能参与协助边缘 U_K 的信号传输，提升接收端的 SIR 表现，缓解其余 $K-1$ 个用户带来的同频干扰。因此，当网络中有更多的空闲基站参与 CT-NOMA 的传输时，U_K 的速率都能得到极大提升。同时，基站能将节省下来的功耗更多地分配给其余 $K-1$ 个用户，以提升其覆盖率和速率表现。不仅如此，上述推导中的结果揭示了链路可达速率受限于基站调度的 NOMA 用户数量和基站分布情况。因此，当用户数量趋于无穷时，速率极限值趋于 IT-NOMA 方案中链路速率表达结果。

6.7.3 基于 PPP 过程的系统性能优化

对于 ST-NOMA 和 CT-NOMA 两种方案下的覆盖率和链路吞吐率优化问题，功率分配方案在系统性能方面起重要作用，合理的功率分配方案能缓解组内同频干扰和邻区干扰。

1. 最大化小区覆盖率的功率分配方案

对于任一 m 层网络，设向量 $\boldsymbol{v}_\beta \overset{\text{def}}{=} [\beta_1, \beta_2, \cdots, \beta_K]^{\mathrm{T}} \in [0,1]^K$（上标“T”表示矩阵的转置）为组内 K 个用户的功率分配因子组成的 $K\times 1$ 系数矩阵。可以通过优化矩阵中的元素值来最大化覆盖率问题，因此覆盖率的最大化问题可建模为优化问题 P1：

$$\begin{cases} \max_{\boldsymbol{v}_\beta} & \dfrac{1}{K}\sum_{k=1}^{K}\rho_{m,k} \\ \text{s. t.} & \boldsymbol{v}_\beta \in V(\theta) \end{cases} \tag{6.50}$$

式中，θ 为给定任意值，目标函数为 K 个 NOMA 用户的覆盖率和，$V(\theta)$ 表示可行元素值的集合。

根据 $\rho_{m,k}$ 在上述两种 NOMA 方案中的推导结果可知，式(6.50)存在一个最优值 $\boldsymbol{v}_\beta^* \overset{\text{def}}{=} [\beta_1^*, \beta_2^*, \cdots, \beta_K^*]^{\mathrm{T}}$ 使得 m^{th} 层网络的覆盖率达到最大。为此，提出如下优化方案，见引理 3。

引理 3 对于 ST-NOMA 传输方案，式(6.50)存在可行集合 $V_\beta(\theta)$，$\forall\,\theta>0$：

$$V_{\beta}(\theta) \overset{\text{def}}{=} \{ \boldsymbol{v}_{\beta} \in [0,\ 1]^K:\ \sum_{k=1}^{K} \beta_k = 1,\ 0 < \theta \sum_{k=1}^{l-1} \beta_k \leqslant \beta_l \leqslant 1,\ l \in K \} \tag{6.51}$$

该式有一个最优向量，能最大化式(6.50)的覆盖率。同理，对于CT-NOMA方案而言，有

$$V_{\beta}(\theta) \overset{\text{def}}{=} \{ \boldsymbol{v}_{\beta} \in [0,\ 1]^K:\ \sum_{k=1}^{K} \beta_k = 1,\ 0 < \beta_l + \theta \sum_{k=l}^{K-1} \beta_k < 1,\ l \in K \} \tag{6.52}$$

使得式(6.50)达到覆盖率的最大值。

证明　由式(6.31)中对 $\theta_{k,K}$ 的定义可知 $\rho_{m,k}(\theta_{k-1,K}) \leqslant \theta_{k,K} \leqslant \rho_{k-1,K}$，自然有 $\rho_{m,k}(\theta_{k-1,K}) \leqslant \rho_{m,k}(\theta_{k,K}) \leqslant \rho_{m,k}(\theta_{k+1,K})$。由于 $l_{m,l}(x)$ 是关于 x 的单调递增函数，并结合 $\rho_{m,k}$ 在式(6.30)和式(6.40)的定义，易得 $\rho_{m,k}(x)$ 呈单调递减。换言之，存在 $\rho_{m,k}(\theta_{1,K}) \leqslant \cdots \leqslant \rho_{m,k}(\theta_{k,K}) \leqslant \cdots \leqslant \rho_{m,k}(\theta_{K,K})$，且推得 $\sum_{k=1}^{K} \rho_{m,k}(\theta_{k,K}) \leqslant \sum_{k=1}^{K} \rho_{m,k}(\theta_{K,K})$。因此，$\frac{1}{K}\sum_{k=1}^{K} \rho_{m,k}$ 对于所有 $\boldsymbol{v}_{\beta} \in (0,\ 1)^K$ 都是连续且有界的，因为 $\frac{1}{K}\sum_{k=1}^{K} \rho_{m,k}(\theta_{K,K})$ 对于由 θ 和 $\boldsymbol{v}_{\beta}$ 决定的 $\theta_{K,K}$ 都是有界的。换言之，$\frac{1}{K}\sum_{k=1}^{K} \rho_{m,k}$ 对于任意 $\boldsymbol{v}_{\beta}(\theta) \in V_{\beta}(\theta) \subset (0,\ 1)^K$ 都是连续且有界的。因此，根据Weierstrass定理，必然存在一个最优值 $\boldsymbol{v}_{\beta}^{*} \in V_{\beta}(\theta)$，使得 $\frac{1}{K}\sum_{k=1}^{K} \rho_{m,k}$ 取得最大值。

由此可见，针对式(6.50)构建的最优化问题，K 个用户集合的功率分配系数矩阵在可行域内确实存在一个最优功率分配向量。通过观察式(6.50)并结合 $\rho_{m,k}(\boldsymbol{v}_{\beta})$ 的复杂表达结果，可知问题P1是一个非凸优化问题，也即 $\boldsymbol{v}_{\beta}^{*}$ 可能并不唯一。常规的解析优化方法难以求得 $\boldsymbol{v}_{\beta}^{*}$，但只要其他模型中的其他参数给定，可以通过数值查找的方法获得 $\boldsymbol{v}_{\beta}^{*}$ 的最优逼近，常见的数值优化算法有遗传算法、模拟退火算法、蚁群算法等。需要注意的是，ST-NOMA方案下 θ 的上界可由干扰用户数 $K-k+1$ 中的功率分配因子约束 $\theta \sum_{n=0}^{l-1} \beta_n < \beta_l$，$l \in \{k,\ k+1,\ \cdots,\ K\}$ 推导而来，即 $\theta < \min\limits_{l \in \{k,\ k+1,\ \cdots,\ K\}} \{\beta_l / \sum_{n=0}^{l-1} \beta_n\}$。同理，CT-NOMA方案下 θ 的上界为 $\theta < (\beta_K - \beta_l) / \sum_{k=l}^{K} \beta_k$。一旦 θ 确定，两种NOMA方案传输下的功率约束下界就可以确定了。此外，可以预想到CT-NOMA中 $\boldsymbol{v}_{\beta}^{*}$ 的可行元素值比ST-NOMA可能会更多；原因在于多基站协作传输增强了用户 U_K 的信号功率，对于每一个基站而言是可以分配少量的功率给用户 U_K 的，便于给其余 $K-1$ 个用户分配更多的功率，这种方式下功率分配因子在合理的取值下是不会降低整个第 m 层网络的覆盖性能的。

2. 最大化小区可达和速率的功率分配方案

根据式(6.36)和式(6.37)中用户 U_k 的链路可达速率表达式结果，可以构建小区中用户组可达和速率的优化模型P2：

$$\begin{cases} \max_{v_\beta} \sum_{k=1}^{K} C_{m,k} \\ \text{s.t.} \quad \boldsymbol{v}_\beta \in V_\beta(\theta) \end{cases} \tag{6.53}$$

式中，目标函数是m^{th}层网络的小区中用户组内K个用户的吞吐量，关于$\boldsymbol{v}_\beta$和V_β的说明见引理4。

引理4 对于ST-NOMA方案来说，满足式(6.53)构建的最优问题的解$\boldsymbol{v}_\beta^* \in V_\beta(\theta)$同样适用式(6.53)所示的最优问题，且能使其达到最大化容量。同理，对于CT-NOMA来说，最优向量$\boldsymbol{v}_\beta^* \in V_\beta(\theta)$能使得$m^{\text{th}}$层网络的小区组内$K$个用户的吞吐量达到最大，证明同引理3。

不难发现，式(6.53)所示的优化问题是一个非凸优化问题。由$C_{m,k}$的复杂表达式可预见，对其最优解的求解用常见的解析方式难以获得，也需要采用数值分析法。然而，与少数m^{th}层网络NOMA用户的覆盖的情况相似，式(6.53)的最优解在分析上非常容易处理，并且可能是唯一的。最后，需要指出的是，m^{th}层网络单元吞吐量的最优值必须大于只有一个用户时的链路吞吐量，因为任何功率分配的链路吞吐量之和不小于式(6.37)中所示的唯一用户的链路吞吐量。

6.7.4 数值仿真结果分析

本小节提供了一些数值分析结果，以验证前一节中ST-NOMA方案和CT-NOMA方案下的覆盖率和链路吞吐量分析。本小节考虑了一个两层的HetNet，它由一层宏单元MBS和一层微单元SBS组成。每个基站在某一频段上最多可以安排两个NOMA用户，即$K=2$。用于仿真的网络参数列于表6.1中。

表6.1 网络仿真参数

参　数	字符表示	参数值
基站类型	宏基站，微基站	主基站，小基站
基站功率	P_{m}	20 W　5 W
用户分布密度	u	5×10^{-4}
基站分布密度	λ_{m}	$1.0\times10^{-6}\left[\frac{u}{3}, 2u\right]$
组内用户数	K	2
功率分配因子(可行)	v_β	$\left[\frac{1}{4}, \frac{3}{4}\right]^{\text{T}}$
SIR门限	θ	1 dB
路径损耗指数	α	2
用户关联偏置量	w_l	1

1. 覆盖率和链路吞吐量

图6.8(a)和(b)给出了两个用户ST-NOMA方案的覆盖率和链路吞吐量的仿真结果。从图中可以看出，所有的分析结果都非常接近它们所对应的蒙特卡罗模拟结果，这验证了

以前分析的正确性。此外，可以看到，由于宏基站的高发射功率，微基站中用户的覆盖率明显小于宏基站小区中的用户。随着用户密度的增加，覆盖率和链路吞吐量基本上呈现下降趋势，这是由于网络负载的概率增加，所有的基站几乎都要工作，干扰增加了；且当用户强度达到无穷大时，所有覆盖率和链路吞吐量最终趋于一个恒定值。

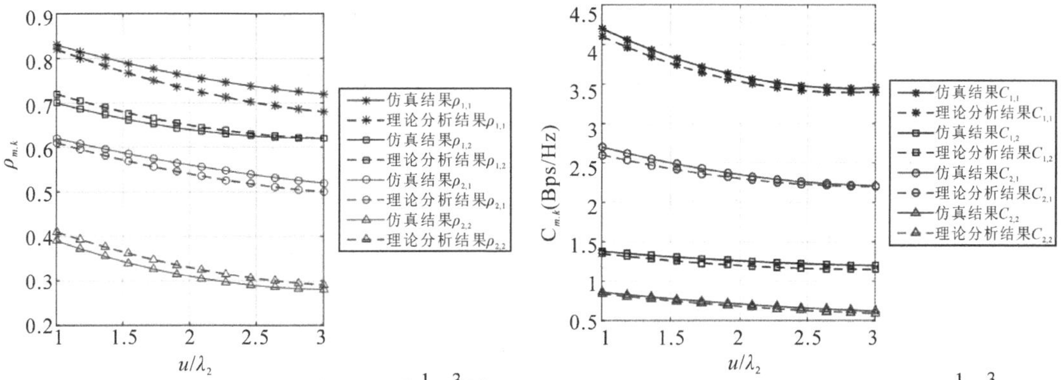

(a) ST-NOMA下的基站覆盖率($\boldsymbol{v}_\beta=\left[\frac{1}{4},\frac{3}{4}\right]^{\mathrm{T}}$) (b) ST-NOMA下的基站链路吞吐量($\boldsymbol{v}_\beta=\left[\frac{1}{4},\frac{3}{4}\right]^{\mathrm{T}}$)

图 6.8 ST-NOMA 下基站覆盖率和吞吐量变化

在 $u/\lambda_2\approx1.25$ 时，图 6.9(a)中的覆盖率 $\rho_{2,2}$ 高于图 6.8(b)中的覆盖率 $\rho_{2,2}$ 约 56%。由此可知，CT-NOMA 方案确实能提升系统内用户接收端的 SIR 表现。值得注意的是，在 CT-NOMA 中，与宏基站相关联的用户的覆盖范围和链路吞吐量性能似乎没有得到很大的改善，这是因为虽然宏基站的发射功率远高于微基站，但是宏基站的强度远小于微基站(即 $\lambda_2\gg\lambda_1$)。CT-NOMA 传输方案的仿真结果如图 6.9 中(a)和(b)所示，同时，也可以观察到所有的数值分析结果处在其对应的仿真实验数值附近。此外，图 6.9 中所有的结果比图 6.8 中对应结果都要大，尤其与微基站相关联的部分用户。

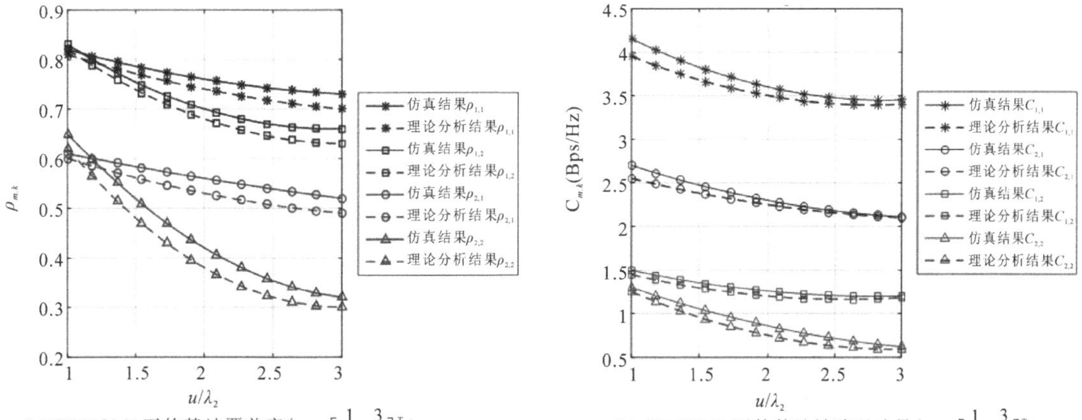

(a) CT-NOMA下的基站覆盖率($\boldsymbol{v}_\beta=\left[\frac{1}{4},\frac{3}{4}\right]^{\mathrm{T}}$) (b) CT-NOMA下的基站链路吞吐量($\boldsymbol{v}_\beta=\left[\frac{1}{4},\frac{3}{4}\right]^{\mathrm{T}}$)

图 6.9 CT-NOMA 下基站覆盖率和吞吐量变化

2. 网络覆盖率和吞吐量

本小节给出了两个用户的功率分配方案与每层基站的单元覆盖率和单元吞吐量的关系。根据 6.7.2 节中 ST-NOMA 方案中的功率分配必须满足约束条件 $\beta_1<\theta\beta_2$，以此保证两

个用户在接收检测时能够实施 SIC 成功译码自己的信号，这一点在图 6.10 所示的仿真图中有所体现。如图 6.10(a)所示，$\beta_1=\beta_2=0.5$ 时，网络覆盖率为零，这是由于等功率分配时两个用户接收端 SIR 没有显著差异，不能检测出彼此的信号。当 β_2 大于 0.5 且逐渐增大时，覆盖率会随之增大，但有一个最大值，其后会随着 β_2 的增大而减小。正如引理 4 中的解释，存在一个最优功率分配向量 $v_\beta^*=[\beta_1^*,\beta_2^*]$，使得 m^{th} 层网络的覆盖率达到最大。图 6.10(a)中可以观察到 $v_\beta^*\in[0.2, 0.8]$，覆盖率在全域具有一个最值。

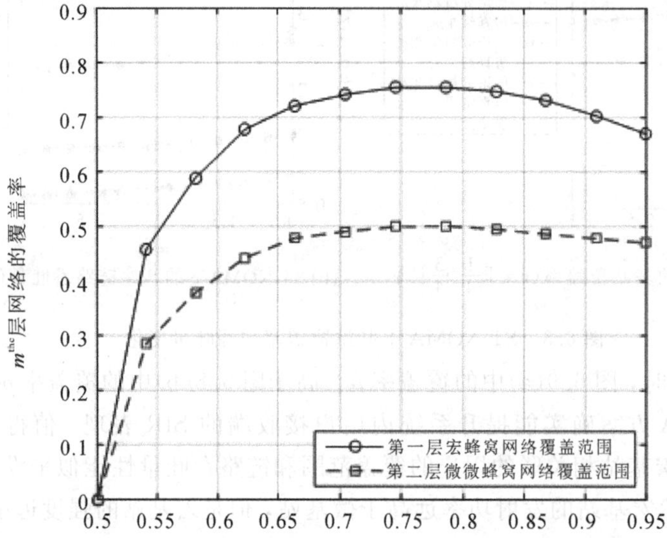

(a) m^{th}层网络覆盖率($\rho_m=\dfrac{\rho_{m,1}+\rho_{m2}}{2}$, $\dfrac{u}{\lambda_2}=1$)

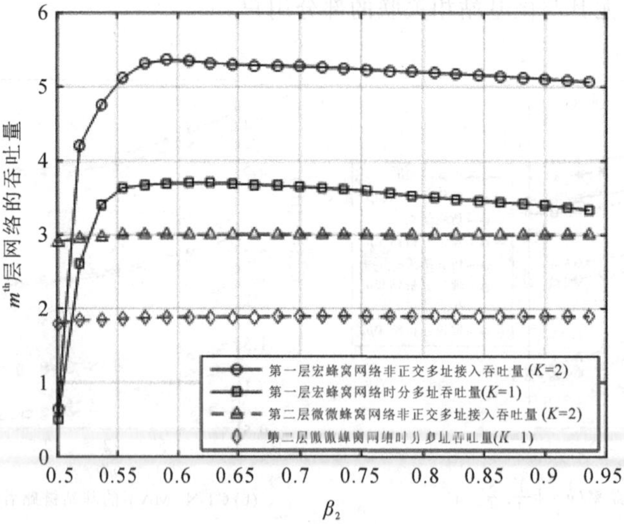

(b) m^{th}层网络的吞吐量($C_m=C_{m,1}+C_{m,2}$)

图 6.10 网络的吞吐量与覆盖率的变化

在图 6.10(a)中同样存在着类似的最优值现象，图中所示第二层网络的吞吐量在 $\beta_2\leqslant 0.5$时具有显著下降趋势，但在 $v_\beta^*=[0.35, 0.65]^{\mathrm{T}}$ 附近存在最大值，即存在一种最优功率分配方案，使得 m^{th} 层网络的吞吐量达到最大。更重要的是，图 6.10(b)的仿真结果验证了当 $0.5<\beta_2<1$ 时 NOMA 系统优于 TDMA 系统，即说明了只要功率分配方案允许，NOMA 系统用户的链路和速率始终高于 OMA 系统用户的链路和速率。因此得出，若用户之间合理分配功率，NOMA 系统能得到最大吞吐量增益。

本节对 ST-NOMA 和 CT-NOMA 方案下的 HetNet 中的链路覆盖率和吞吐量性能进行了初步研究。首先，分析了单个小区中 K 个同频用户集合中的覆盖率和链路速率，并导出了 ST-NOMA 方案下两者的精确表达式。考虑到异构网络模型的升级，进一步分析了协作 CT-NOMA 方案中 K 个用户集合的覆盖范围和链路速率，方案中空闲基站被有效利用了起来，以增强小区中最远的 NOMA 用户。仿真结果表明，CT-NOMA 方案可以显著提高所有用户的覆盖率和链路和速率。通过分析结果得知满足功率约束条件下存在一个最优功率分配方案，使得系统的覆盖率和吞吐量达到最大值，且通过数值仿真结果验证了分析的准确性。

6.8　基于 PCP 过程的 NOMA 异构网络

基于 PCP 过程的 NOMA 异构网络模型，弥补了 6.7 节中基于 PPP 过程对基站和用户进行建模时忽略的用户实际生活中基站和用户的耦合关系。5G 建设中微基站将大量选址在用户热点附近，如体育赛场、商场、学校等区域，以保证热点用户集群在同一时段内的数据交换。具体地，本章呈现的宏基站和一般性移动用户的散点分布依然是 PPP 过程，因为其不具有显著的聚集性特征。然而，热点用户和微基站的聚集性特征较为明显，PCP 过程能将这种特征完美地表现出来。

为了将热点用户簇和微基站簇关联起来，设两者共用一个簇中心。对比图 6.7 和图 6.11，不难发现，这样的考虑是合理且符合实际的。考虑到 NOMA 较之 OMA 具有更高的接入量、更高的频谱效率、较强的鲁棒性，能抵抗衰落和小区间的干扰，因此，尝试在现有的 OFDMA 簇分布研究中加以改进，以典型用户的统计性能指标作为基于 PCP 过程的 NOMA用户的考虑要素，并在大规模异构网络中导出了描述系统性能的覆盖率表达式和平均链路速率表达式。为降低理论推导的复杂度，将统计概率下的性能指标转化到离散的、有限变量空间中进行优化，提出了一种联合用户调度方案的迭代分布式功率控制算法。仿真结果表明，本节的理论分析结果和数值仿真结果能够完美逼近，基于用户调度的迭代分布式功率控制算法比起贪婪算法和固定功率算法能够更好地稳定系统性能。

6.8.1　系统模型

考虑一个由宏区单元和小区单元基站组成的两层异构网络，其中基站和用户聚集在用户热点位置中心的周围，如图 6.11 所示。该模型的得来基于这样的事实，即可能需要在每个用户热点(以下简称集群)中部署多个微基站，以便及时卸载在该用户热点区域中请求的移动数据流量。在本节中，系统的性能分析是围绕从网络中随机选择的一个用户作为典型用户展开的，典型用户所在的集群称为代表集群。基于这个设置，设典型用户在代表集群里被允许和任一宏基站和微基站连接，代表集群以外的基站都视作对典型用户的干扰源。因此，可将代表集群中的基站(宏基站和微基站)统一称作开放访问基站(Open Access BS)，集群以外的基站统称为禁止访问基站(Closed Access BS)。需要注意的是，虽然模型在理论上可以扩展到完全开放的访问 K 层异构网络，但为了简单地表示和解释，将异构层的讨论限制在两层。

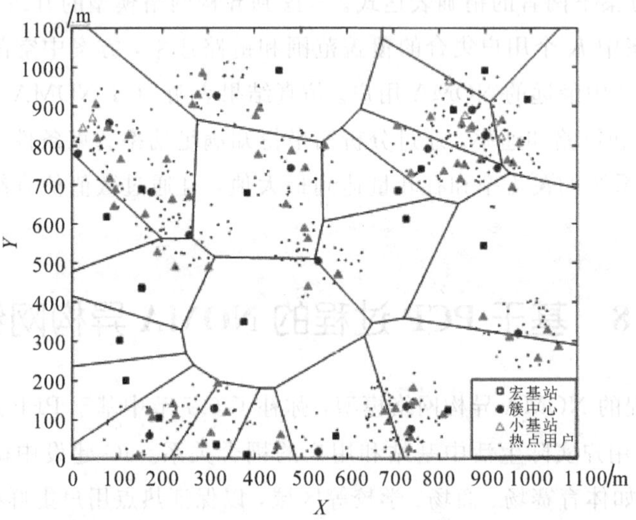

图 6.11 基于 PCP 分布的系统模型

1. 点空间分布预设和关键假设

假设宏基站的空间二维分布呈独立的齐次泊松点分布$\{Z_m\}=\phi_m$，其分布密度为 λ_m。为了得到微基站与热点用户之间的位置关系，将微基站和用户的位置建模为具有相同父节点过程的两个泊松聚类过程，其中，后者的用户中心设为各个用户位置的几何中心。现实生活中用户的位置分布是齐次 PPP 和非齐次 PPP 的叠加。例如，行人和乘坐交通工具的乘客更可能呈现为均匀分布，因此 HPPP(Homogeneous PPP)过程更适合模拟移动用户的分布。另一方面，热点用户表现为聚类特征，采用泊松聚类过程表示比 HPPP 过程更合适。本章设置的系统框架能轻易地扩展到齐次和非齐次过程的网络中。泊松聚类过程可以被定义为相互独立的子代节点的联合，并且在父节点周围的分布相同。父节点过程建模为密度为 λ_p 的 HPPP 过程，$\{X\}\equiv\phi_p$。

(1) 以簇中心为 $X\in\phi_p$ 的用户集合定义为$\{Y_u\}\equiv N_u^X(y_u\in\mathbf{R})$，其中每个集合都包含一系列以 X 为中心点的独立且不相关元素，任一集合元素的 PDF 定义为 $f_{Y_u}(y_u)$。

(2) 以簇中心为 $X\in\phi_p$ 的微基站集合定义为$\{Y_s\}\equiv N_s^X(y_s\in\mathbf{R}^2)$，其中每个集合都包含一系列以 X 为中心点的独立且不相关元素，任一集合元素的 PDF 定义为$f_{Y_s}(y_s)$。

微基站集合 N_s^X 和用户集合 N_u^X 分别以 X 为中心，且彼此分布相互独立。为了简化用于筛选候选基站的顺序的统计量，假设每个热点集群中的微基站的数量(即$|N_s^X|$)相同，均

为 n_{s_0}。对于这个假设，是在吸取了所有用 $f_{Y_s}(\Delta_s)$ 和 $f_{Y_u}(y_u)$ 分别描述基站和用户的密度分布理论以后，修改一些参数设置，形成了改进型 Thomas 簇过程，簇中围绕簇中心散落的空间点呈独立高斯分布：

$$f_{Y_l}(y_l)=\frac{1}{2\pi\sigma_l^2}\exp\left(-\frac{\|y_l\|^2}{2\sigma_l^2}\right),\ l\in\{s,\ u\} \tag{6.54}$$

在同一个簇集合中，存在同时工作在同一频段的基站子集，表示为 $B_s^X\subseteq N_s^X$，这样的基站集群定义为同频活跃基站，集群中的基站数量 $|B_s^X|$ 是均值为 $\bar{n}_{as}$ 的 truncated 泊松点分布，集合中基站数量的最大值为 n_{s_0}。

2. 传播模型

假设所有基站到典型用户之间的链路遭遇指数型路径损耗和瑞利衰落，损耗指数 $\alpha>2$。因此，处于 Z_j 的 $j^{\text{th}}(j\in\{\text{Micro, Macro}\})$ 层基站到典型用户的接收信号表示为

$$P_r=P_jh_{Z_j}\|Z_j\|^{-\alpha},\ j\in\{s,\ m\} \tag{6.55}$$

式中，$\|\cdot\|^{-\alpha}$ 表示路径损耗模型，h_{Z_j} 表示基站 Z_j 与典型用户之间的信道衰落，信道特性服从指数分布，均值彼此独立不相关，P_j 表示 $j^{\text{th}}(j\in\{\text{Micro, Macro}\})$ 层基站在某一频段上传输的总功率，本章中假定同一层网络中基站的发射功率相同且为定值。X_0 表示模型中代表簇的中心，开放访问基站的所在位置表示为 $\{z_s=x_0+y_s;\ y_s\in N_s^{x_0}\}\equiv\Phi_s$。基站集群 Φ_j 中候选服务基站表示为

$$Z_j^*=\arg\max_{Z_j\in\Phi_j}\|Z_j\|^{-\alpha} \tag{6.56}$$

式中，Z_j^* 表示 j^{th} 层开放访问基站群 Φ_j 中离典型用户最近的用户。值得注意的是，同频活跃基站和候选服务基站一样复用在相同的频段工作。在众多候选基站的挑选原则中，采用最大平均 SINR 作为服务基站的选取策略。该策略中典型用户接收端将所有候选服务基站发出的导频信号的 SIR 与参考信号的 SIR 比较，选取差异值最好的基站作为服务基站。这项级联策略在众多和随机几何相关的文献中也被称作基于 SIR 的平均关联策略。

3. 干扰模型

假设典型用户与宏基站级联，基站位置用 Z^* 标记。在典型用户接收端的总干扰由三部分组成：① 由于宏基站的发射功率较强，典型用户极有可能遭遇来自其他宏基站的同频干扰，即 $I_{\text{mm}}=\sum\limits_{Z_m\in\Phi_m\setminus Z^*}P_mh_{Z_m}\|Z_m\|^{-\alpha}$；② 前述中提到开放访问基站集群中基站都可能处于同频工作状态，因此，簇内干扰不可避免，即 $I_{\text{sm}}^{\text{intra}}=\sum\limits_{y_s\in B_s^{x_0}}P_sh_{Z_s}\|x_0+y_s\|^{-\alpha}$；③ 热点区域用户大量聚集，加之微基站密集部署，频段数量极其有限，短时间内大量的终端链接和数据请求在簇间频谱资源难以合理调度，微基站集群彼此会产生干扰，定义簇间干扰 $I_{\text{sm}}^{\text{inter}}=\sum\limits_{X\in\varphi_p\setminus x_0}\sum\limits_{y_s\in B_s^X}P_sh_{Z_s}\|x+y_s\|^{-\alpha}$。因此，由宏基站服务的典型用户接收端的 SIR 为

$$\text{SIR}_m=\frac{P_mh_{Z_m}\|Z^*\|^{-\alpha}}{I_{\text{mm}}+I_{\text{sm}}^{\text{instra}}+I_{\text{sm}}^{\text{inter}}} \tag{6.57}$$

假设典型用户与微基站级联，基站位置用 $Z^*=x_0+y_0$ 标记，其中 y_0 是服务基站距簇中心的距离。典型用户接收端的干扰源同样由三部分组成：① 来自宏基站的干扰，即 $I_{\mathrm{sm}}=\sum_{Z_{\mathrm{m}}\in\Phi_{\mathrm{m}}}P_{\mathrm{m}}h_{Z_{\mathrm{m}}}\|Z_{\mathrm{m}}\|^{-\alpha}$；② 对应簇内同频活跃基站的干扰，即 $I_{\mathrm{ss}}^{\mathrm{intra}}=\sum_{y_{\mathrm{s}}\in B_{\mathrm{s}}^{x_0}\backslash y_0}P_{\mathrm{s}}h_{Z_{\mathrm{s}}}\|x_0+y_0\|^{-\alpha}$；③ 对应簇间的禁止访问基站产生的干扰 $I_{\mathrm{ss}}^{\mathrm{inter}}=\sum_{X\in\Psi_{\mathrm{p}}\backslash x_0}\sum_{y_{\mathrm{s}}\in B_{\mathrm{s}}^{x}}P_{\mathrm{s}}h_{Z_{\mathrm{s}}}\|x+y_{\mathrm{s}}\|^{-\alpha}$。因此，由微基站服务的典型用户接收端的 SIR 为

$$\mathrm{SIR}_{\mathrm{s}}=\frac{P_{\mathrm{s}}h_{Z_{\mathrm{s}}}\|Z^*\|^{-\alpha}}{I_{\mathrm{ms}}+I_{\mathrm{ss}}^{\mathrm{intra}}+I_{\mathrm{ss}}^{\mathrm{inter}}} \tag{6.58}$$

6.8.2 相关距离分布和级联概率

这里将首先推导出典型用户与宏基站和微基站的关联概率，然后描述从服务基站和干扰宏基站和微基站到典型用户的距离分布，这些距离分布将用于描述典型用户的覆盖率，以及下一节中整个网络的吞吐量。

1. 相关距离分布

用 R_{s} 和 R_{m} 分别表示典型用户到最近开放访问基站和宏基站的距离。为准确地表示出典型用户和基站间的级联概率和服务基站的概率分布，有必要先导出 R_{s} 和 R_{m} 的概率密度函数。利用 HPPP 过程的零概率分布，容易获得典型用户距服务基站距离的 PDF 和 CDF：

$$\text{PDF：}f_{R_{\mathrm{m}}}(r_{\mathrm{m}})=2\pi\lambda_{\mathrm{m}}r_{\mathrm{m}}\exp(-\pi\lambda_{\mathrm{m}}r_{\mathrm{m}}^2) \tag{6.59}$$

$$\text{CDF：}F_{R_{\mathrm{m}}}(r_{\mathrm{m}})=1-\exp(-\pi\lambda_{\mathrm{m}}r_{\mathrm{m}}^2) \tag{6.60}$$

在导出 R_{s} 之前，先定义从典型用户到微基站的距离序列 $D_{\mathrm{s}}^{x_0}=\{u:u=\|x_0+y_{\mathrm{s}}\|,\ \forall y_{\mathrm{s}}\in N_{\mathrm{s}}^{x_0}\}$。值得注意的是，由于序列变量集合 $D_{\mathrm{s}}^{X_0}$ 中含有公共因子 x_0，因此其中任意变量之间都是相关的。但是这种相关性能够通过设置 x_0 得到控制，因为前述中提到同一个簇中微基站的位置是彼此独立的。与宏基站分布不同的是，微基站需要在对应簇里才有机会服务典型用户，因此微基站的分布是一个条件概率分布。R_{s} 的条件概率累积分布 CDF 如下：

$$F_{R_{\mathrm{s}}}(r_{\mathrm{s}}|v_0)=1-(1-F_U(r_{\mathrm{s}}|v_0))^{n_{s_0}} \tag{6.61}$$

对于给定 v_0，R_{s} 的条件概率密度分布 PDF 为

$$f_{R_{\mathrm{s}}}(r_{\mathrm{s}}|v_0)=n_{s_0}(1-F_U(r_{\mathrm{s}}|v_0))^{n_{s_0}-1}f_U(r_{\mathrm{s}}|v_0) \tag{6.62}$$

式中，$F_U(.|v_0)$ 和 $f_U(.|v_0)$ 分别给出，

$$F_U(u\mid v_0)=\int_{z_1=-u}^{z_1=u}\int_{z_2=-\sqrt{u^2-z_1^2}}^{z_2=\sqrt{u^2-z_1^2}}f_{R_{\mathrm{s}}}(z_1-v_0,\ z_2)\mathrm{d}z_2\mathrm{d}z_1 \tag{6.63}$$

$$f_U(u|v_0)=\int_{-u}^{u}\frac{u}{\sqrt{u^2-z_1^2}}\left[f_{R_s}\left(z_1-v_0,\ \sqrt{u^2-z_1^2}\right)+f_{R_s}\left(z_1+v_0,\ -\sqrt{u^2-z_1^2}\right)\right]\mathrm{d}z_1 \tag{6.64}$$

其中，v_0 的 PDF 如下：

$$f(v_0)=\int_{-v_0}^{v_0}\frac{v_0}{\sqrt{v_0^2-x_1^2}}\left[f_{R_u}(x_1,\ \sqrt{v_0^2-x_1^2})+f_{R_u}(x_1,\ -\sqrt{v_0^2-x_1^2})\right]dx_1 \tag{6.65}$$

上述距离分布的表达对于基站与典型用户的级联概率和性能指标的导出至关重要。

2. 级联概率

如上述讨论中所述，每个开放层中的候选服务基站都是距典型用户最近的基站。为了从候选基站集群中挑选出最合适的服务基站，采用通用的接收端最大平均 SIR 级联策略。定义典型用户与宏基站和微基站关联事件分别如下：

(1) 若 $\arg\max\limits_{j\in\{s,\ m\}} P_jR_j^{-\alpha}=m$，则典型用户与宏基站关联，事件表示为 $S_m^{P_1}$，其中 $1_{S_m^{P_1}}=1(\arg\max\limits_{j\in\{s,\ m\}} P_jR_j^{-\alpha}=m)$。

(2) 若 $\arg\max\limits_{j\in\{s,\ m\}} P_jR_j^{-\alpha}=s$，则典型用户与小基站关联，事件表示为 $S_s^{P_1}$，其中 $1_{S_s^{P_1}}=1(\arg\max\limits_{j\in\{s,\ m\}} P_jR_j^{-\alpha}=s)$。

利用上一小节中得到的距离的概率密度函数 $f_{R_s}(.\mid v_0)$ 和 $f_{R_m}(.)$ 表示宏基站和小基站与典型用户的关联概率，具体参见引理 5。

引理 5　一个典型的用户位于从其集群中心到宏基站层的距离 v_0 的关联概率为

$$A_m(v_0)=\int_0^{\infty}[1-F_{R_s}(\xi_{sm}r_m\mid v_0)]f_{R_m}(r_m)dr_m \tag{6.66}$$

其中，$\xi_{sm}=\left(\dfrac{P_s}{P_m}\right)^{1/\alpha}$，且典型用户到小基站层的关联概率为

$$A_s(v_0)=1-A_m(v_0) \tag{6.67}$$

其中，$f_{R_m}(\cdot)$ 和 $F_{R_s}(.\mid v_0)$ 分别见式(6.59)和式(6.60)，推导过程见附录 F。

服务距离是指从典型用户到距相关层最近的基站的距离。用 X_j 表示典型用户到 $j(j\in\{m,\ s\})$ 层网络服务距离。对位于距离其集群中心的距离为 v_0 的典型用户，与宏层的关联事件为 S_m，其服务距离 X_m 的 PDF 为

$$f_{X_m}(x_m\mid v_0)=\frac{1}{A_m(v_0)}(1-F_{R_s}(\xi_{sm}x_m\mid v_0))f_{R_m}(x_m) \tag{6.68}$$

与小基站关联的事件为 S_s，其服务距离 X_s 的 PDF 为

$$f_{X_s}(x_s\mid v_0)=\frac{1}{A_s(v_0)}(1-F_{R_m}(\xi_{ms}x_s))f_{R_s}(x_s\mid v_0) \tag{6.69}$$

式中，$\xi_{sm}=(P_s/P_m)^{1/\alpha}$，$\xi_{ms}=(P_m/P_s)^{1/\alpha}$，距离分布函数 f_{R_m}、F_{R_m}、$f_{R_s}(.\mid v_0)$ 和 $F_{R_s}(.\mid v_0)$ 分别见式(6.59)～式(6.62)。

对于给定的 $V_0=v_0$，$X_m^{P_1}=x_m$，典型用户与宏基站的关联性 w_m 的概率密度函数 PDF 为

$$f_{W_m}(w_m\mid v_0,\ x_m)=\frac{f_U(w_m\mid v_0)}{1-F_U(\xi_{sm}x_m\mid v_0)} \tag{6.70}$$

典型用户与微基站的关联性 w_s 的概率密度函数 PDF 为

$$f_{W_s}(w_s\mid v_0,\ x_s)=\frac{f_U(w_s\mid v_0)}{1-F_U(x_s\mid v_0)} \tag{6.71}$$

式中，$F_U(.\mid v_0)$ 和 $f_U(.\mid v_0)$ 分别见式(6.63)和式(6.64)。

6.8.3 性能分析

本小节采用前述中的距离分布和关联概率先描述异构网络中单个用户的性能指标，即覆盖率和用户吞吐量，然后将对应簇中的典型用户进行 NOMA 配对通信。为简化分析，本节暂且分析两个用户在满足译码门限时的 NOMA 通信情景。

1. 覆盖率分析

覆盖率可以简单定义为典型用户接收端的遍历 SIR 大于成功解调和解码所需阈值的概率，数学上表示为 $P_C=E[1(\mathrm{SIR}>\beta)]=P(\mathrm{SIR}>\beta)$，其中 β 表示目标 SIR 门限值。采用最大平均 SIR 级联策略，由宏基站服务的典型用户遭受来自微基站干扰的条件拉普拉斯变换，$I_{\mathrm{sm}}^{\mathrm{intra}}$ 对于给定 $X_{\mathrm{m}}^{P_1}=x_{\mathrm{m}}$，$V_0=v_0$，表示如下：

$$
\begin{aligned}
&L_{I_{\mathrm{sm}}^{\mathrm{intra}}}=(\tau\mid v_0,\ x_{\mathrm{m}})\\
&=\sum_{l=0}^{n_{s_0}}\left(\int_{\xi_{\mathrm{sm}}x_{\mathrm{m}}}^{\infty}\frac{1}{1+\tau P_{\mathrm{s}}w_{\mathrm{m}}^{-\alpha}}f_{W_{\mathrm{m}}^{P_1}}(w_{\mathrm{m}}\mid v_0,\ x_{\mathrm{m}})\mathrm{d}w_{\mathrm{m}}\right)^{l}\frac{(n_{\mathrm{as}})^{l}e}{l\sum\limits_{k=0}^{n_{s_0}}\frac{(n_{\mathrm{as}})^{l}\mathrm{e}^{-n_{\mathrm{as}}}}{k!}}
\end{aligned}
\tag{6.72}
$$

由微基站服务的典型用户遭受来自对应簇中开放访问微基站集群的干扰 $I_{\mathrm{ss}}^{\mathrm{intra}}$ 为

$$
L_{I_{\mathrm{ss}}^{\mathrm{intra}}}(\tau\mid v_0,\ x_{\mathrm{s}})=\sum_{l=1}^{n_{s_0}}\left(\int_{x_{\mathrm{s}}}^{\infty}\frac{1}{1+\tau P_{\mathrm{s}}w_{\mathrm{s}}^{-\alpha}}f_{W_{\mathrm{s}}}(w_{\mathrm{s}}\mid v_0,\ x_{\mathrm{s}})\mathrm{d}w_{\mathrm{s}}\right)^{l-1}\frac{(\bar{n}_{\mathrm{as}})^{l-1}\mathrm{e}^{-\bar{n}_{\mathrm{as}}}}{(k-1)!}
\tag{6.73}
$$

式中，$f_{W_{\mathrm{m}}}(.\mid v_0,\ x_{\mathrm{m}})$ 和 $f_{W_{\mathrm{s}}}(.\mid v_0,\ x_{\mathrm{s}})$ 的函数表达见式(6.70)和式(6.71)。当 $\bar{n}_{as}\ll n_{s_0}$ 时，式(6.68)和式(6.69)转化为

$$
L_{I_{\mathrm{sm}}^{\mathrm{intra}}}(\tau\mid v_0,\ x_{\mathrm{m}})=\exp\left(-n_{\mathrm{as}}\int_{\xi_{\mathrm{sm}}x_{\mathrm{m}}}^{\infty}\frac{1}{1+\dfrac{w_{\mathrm{m}}^{\alpha}}{\tau P_{\mathrm{s}}}}f_{W_{\mathrm{m}}}(w_{\mathrm{m}}\mid v_0,\ x_{\mathrm{m}})\mathrm{d}w_{\mathrm{m}}\right)
\tag{6.74}
$$

$$
L_{I_{\mathrm{ss}}^{\mathrm{intra}}}(\tau\mid v_0,\ x_{\mathrm{s}})=\exp\left(-\bar{n}_{\mathrm{as}}\int_{x_{\mathrm{s}}}^{\infty}\frac{1}{1+\dfrac{w_{\mathrm{s}}^{\alpha}}{\tau P_{\mathrm{s}}}}f_{W_{\mathrm{s}}}(w_{\mathrm{s}}\mid v_0,\ x_{\mathrm{s}})\mathrm{d}w_{\mathrm{s}}\right)
\tag{6.75}
$$

值得注意的是，上述导出的精确表达式可进一步扩展为更一般情况下的表达，即

$$
L_{I_{sj}^{\mathrm{inter}}}(\tau)=\exp\left[-2\pi\lambda_p\int_0^{\infty}\left[1-\sum_{k=0}^{n_{s_0}}\left(\int_0^{\infty}\frac{\tau P_{\mathrm{s}}t_{\mathrm{s}}^{-\alpha}}{1+\tau P_{\mathrm{s}}t_{\mathrm{s}}^{-\alpha}}f_{T_{\mathrm{s}}}(t_{\mathrm{s}}\mid v)\mathrm{d}t_{\mathrm{s}}\right)^{k}\frac{(\bar{n}_{\mathrm{as}})^{k}\mathrm{e}^{-\bar{n}_{\mathrm{as}}}}{k!\sum\limits_{l=0}^{n_{s_0}}\frac{(\bar{n}_{\mathrm{as}})^{l}\mathrm{e}^{-\bar{n}_{\mathrm{as}}}}{l!}}\right]v\mathrm{d}v\right]
\tag{6.76}
$$

当 $\bar{n}_{\mathrm{as}}\ll n_{s_0}$ 时，式(6.76)简化为

$$
L_{I_{sj}^{\mathrm{inter}}}(\tau)=\exp\left(-2\pi\lambda_p\int_0^{\infty}\left(1-\exp\left(-\bar{n}_{\mathrm{as}}\int_0^{\infty}\frac{\tau P_{\mathrm{s}}t_{\mathrm{s}}^{-\alpha}}{1+\tau P_{\mathrm{s}}t_{\mathrm{s}}^{-\alpha}}f_{T_{\mathrm{s}}}(t_{\mathrm{s}}\mid v)\mathrm{d}t_{\mathrm{s}}\right)\right)v\mathrm{d}v\right)
\tag{6.77}
$$

其中，$j\in\{\mathrm{Macro},\ \mathrm{Micro}\}$ 表示服务基站所在的异构网络层，且

$$f_{T_s}(t_s|v)=\int_{-t_s}^{t_s}\frac{t_s}{\sqrt{t_s^2-z^2}}\left[f_{Y_s}\left(z-v_0\sqrt{t_s^2-z^2}\right)+f_Y\left(z-v_0-\sqrt{t_s^2-z^2}\right)\right]dz,\ t_s>0 \tag{6.78}$$

在典型用户接收端来自宏基站的干扰拉普拉斯变换是

$$L_{I_{mj}}(\tau)=\exp\left(-2\pi\lambda_m\int_{\xi_{mj}x_j}^{\infty}\frac{\tau P_m u^{-\alpha}}{1+\tau P_m u^{-\alpha}}u\,du\right) \tag{6.79}$$

其中，$j\in\{\text{Macro, Micro}\}$表示服务基站所在的异构网络层。

在最大接收平均 SIR 级联策略下，由 $j^{\text{th}}\in\{\text{Macro, Micro}\}$层异构网络服务典型用户的覆盖率 $P_{C_j}=E[1\{\text{SIR}_j>\beta\},1_{S_j}]$为

$$\int_0^{\infty}\int_0^{\infty}A_j(v_0)L_{I_{sj}^{\text{intra}}}\left(\beta\frac{x_j^a}{P_j}\Big|v_0,x_j\right)L_{I_{sj}^{\text{inter}}}\left(\beta\frac{x_j^a}{P_j}\right)L_{I_{mj}}\left(\beta\frac{x_j^a}{P_j}\right)f_{X_j}(x_j|v_0)f_{V_0}(v_0)dx_j dv_0 \tag{6.80}$$

式中，$j\in\{\text{Macro, Micro}\}$。

因此，对于两层异构网络而言，系统的总覆盖率表达如下：

$$P_{C_T}=P_{C_m}+P_{C_s} \tag{6.81}$$

上述分析适用于普遍情况下的通用表达，若研究异构网络中簇规模趋于无限大，网络的覆盖率在极限情况下的表现须定义 σ_l，$\forall l\in\{s,u\}$，其中 s 表示簇中的基站，u 表示簇中的用户。关于簇规模极限情况下异构网络性能，有两个结论：① PCP 过程弱收敛于 PPP 过程；② 父节点 PPP 和有限的 PPP 过程变成独立过程。基于上述两点结论，易得极限情况下的覆盖率近似结果：

$$\lim_{\sigma_l\to\infty}P(\Phi_l(A_l)=0,\ \Psi_p(A_2)=0)=P(\overline{\Phi}_l(A_l)=0)P(\Psi_p(A_2)=0) \tag{6.82}$$

其中，$\overline{\Phi}_l$ 表示父节点密度为$\bar{m}_l\lambda_p$ 的 PPP 过程，$\bar{m}_l$ 表示每个簇的平均分布点数目。当 σ_l 趋于无穷且$\bar{n}_{as}\ll n_{s_0}$ 时，P_{C_T} 具有以下极限表达式：

$$\lim_{\sigma_l\to\infty}P_{C_T}=\frac{\lambda_m}{\lambda_m+\lambda_p\bar{n}_{as}\xi_{sm}^2\beta^{2/\alpha}C(\alpha)+\lambda_m\beta^{2/\alpha}\rho(\alpha,\beta)} \tag{6.83}$$

式中，$\rho(\alpha,\beta)=\int_{\beta}^{\infty}\frac{1}{1+y^{\alpha/2}}dy$，且 $C(\alpha)=\frac{\alpha}{2\pi}\sin(\frac{2\pi}{\alpha})$。

考虑在对应簇中两个典型用户配对，采用 NOMA 传输技术，配对使用 NOMA 传输的两个用户须满足解调译码条件。参考 PPP 过程下 NOMA 用户的覆盖率定义，可以定义基于 PCP 分布且用户由宏基站服务的 NOMA 用户的覆盖率表达如下：

$$P_{Cm,j,k}\overset{\text{def}}{=}P\left[\frac{\beta_k P_m H_{m,i,k}\|U_k\|^{-\alpha}}{\left(\sum_{n=0}^{k-1}\beta_n\right)P_m H_{m,i,k}\|U_k\|^{-\alpha}+I_{mj}+I_{sj}^{\text{intra}}+I_{sj}^{\text{inter}}}\geqslant\theta,\cdots,\right.$$
$$\left.\frac{\beta_K P_m H_{m,i,k}\|U_k\|^{-\alpha}}{\left(\sum_{n=0}^{K-1}\beta_n\right)P_m H_{m,i,k}\|U_k\|^{-\alpha}+I_{mj}+I_{sj}^{\text{intra}}+I_{sj}^{\text{inter}}}\geqslant\theta\right] \tag{6.84}$$

其中，θ 表示成功译码的 SIR 门限，P_{C_m} 的定义中包含了 $K-k$ 个比 U_k 更远的用户并使用

SIC 成功解码信号。若 $j^{\text{th}}(j\in\{\text{Macro}, \text{Micro}\})$ 基站在同一频段上同时传输 K 个 NOMA 用户，且 K 个用户的功率分配因子满足 $\beta_l\in(\theta\sum_{n=0}^{l-1}\beta_n, 0)$，$l\in\{k, \cdots, K\}$，那么第 k 个最近的典型用户的覆盖率 $P_{C_{m,j,k}}$ 有一个紧缩下界：

$$P_{C_{m,j,k}} \gtrsim \prod_{j=0}^{k-1} \frac{K-j}{(K-j)+\sum\limits_{l=j}^{M} v_l l_{m,l}(\theta_{k,K})+\dfrac{\lambda_m}{\lambda_m+\lambda_p\bar{n}_{as}\xi_{sm}^2\beta^{2/\alpha}C(\alpha)+\lambda_m\beta^{2/\alpha}\rho(\alpha,\beta)}}, \quad \forall k\in K \tag{6.85}$$

其中，$l_{m,l}(\cdot)$被定义为

$$l_{j,l}(x) \stackrel{\text{def}}{=} \Omega_j\varphi_l\left(\frac{xw_jP_l}{w_lP_j}\right)^{\frac{2}{\alpha}}\left[\frac{1}{\operatorname{sinc}\left(\dfrac{2}{\alpha}\right)}-\int_0^{\left(\frac{w_lP_j}{xw_jP_l}\right)^{\frac{2}{\alpha}}}\frac{\mathrm{d}t}{1+t^{\frac{\alpha}{2}}}\right] \tag{6.86}$$

式中，Ω_j 表示指示变量，且满足 $\Omega_j=\begin{cases}1, & j=\text{Macro}\\0, & j=\text{Micro}\end{cases}$，$\varphi_l\stackrel{\text{def}}{=}w_l^{\frac{2}{\alpha}}\lambda_l/\sum\limits_{m=1}^{M}w_m^{\frac{2}{\alpha}}\lambda_m$ 表示某一个典型用户采用接收端最大平均 SIR 级联策略与最近基站关联的概率，$\operatorname{sinc}(x)\stackrel{\text{def}}{=}\dfrac{\sin(\pi x)}{\pi x}$表示归一化 sinc 函数。

2. 吞吐量分析

假设 K 个关联 $j^{\text{th}}(j\in\{\text{Macro}, \text{Micro}\})$ 基站的典型用户都能成功译码，其链路速率表达参考泊松簇分布下的速率定义 $T=\lambda\,\text{lb}(1+\beta)P_{C_{m,j,k}}$，其中 λ 表示对应簇中可供接入的同频活跃基站的数量。基于此定义，结合上述中对覆盖率的分析，得出该系统中 NOMA 典型用户的速率表达式为

$$R_{m,j,k}=(\lambda_m P_{C_m}+\lambda_p\bar{n}_{as}P_{C_s})E\left[\log\left(1+\frac{\beta_k(I_{mj}+I_{sj}^{\text{intra}}+I_{sj}^{\text{inter}})}{\left(\sum\limits_{n=0}^{k-1}\beta_n\right)(I_{mj}+I_{sj}^{\text{intra}}+I_{sj}^{\text{inter}})+\beta_k}\right)\right.$$
$$\left.\mid(I_{mj}+I_{sj}^{\text{intra}}+I_{sj}^{\text{inter}})\geqslant\beta_k\theta_{k+1,K}\right] \tag{6.87}$$

式中，$k\in\{1, 2, \cdots, K-1\}$且 $\theta_{k+1,K}$ 已在式(6.35)中被定义，$\lambda_m P_{C_m}+\lambda_p\bar{n}_{as}P_{C_s}$ 可理解为系统为典型用户提供的接入概率。参照式(6.59)中的推导和证明过程，NOMA 典型用户同样具有渐进表达式：

$$R_{m,j,k}\gtrsim\int_{\theta_{k+1,K}}^{\infty}\prod_{j=0}^{k-1}\frac{(K-j)+\sum\limits_{l=1}^{M}v_l l_{m,l}(\theta_{k+1,K})}{(K-j)+\sum\limits_{l=1}^{k-1}v_l l_{m,l}(y)+I_{mj}+I_{sj}^{\text{intra}}+I_{sj}^{\text{inter}}}\left[\frac{\beta_k}{\left(1+y\sum\limits_{n=1}^{k}\beta_n\right)\left(1+y\sum\limits_{n=0}^{k-1}\beta_n\right)}\right]\mathrm{d}y+$$
$$\log\left(1+\frac{\beta_k\theta_{k+1,K}}{\theta_{k+1,K}\sum\limits_{n=0}^{k-1}\beta_n+1/(I_{mj}+I_{sj}^{\text{intra}}+I_{sj}^{\text{inter}})}\right), \quad k\in\{1, 2, \cdots, K-1\} \tag{6.88}$$

与 6.7 节中讨论的 PPP 过程下的 NOMA 系统性能类似，利用式(6.58)与式(6.59)及其证明，可以得出关于 PCP 过程下 NOMA 系统的链路速率表达，渐进表达式中凸显了功

率分配的重要性，β_k 被视为功率分配变量，为下一步系统性能优化提供了可能。

6.8.4　性能优化

由上述分析得出的 PCP 过程下的 NOMA 异构网络链路速率表达，可观察出链路速率受到干扰的环境十分复杂，其中包括同层干扰和跨层干扰。因此，亟待一种有效的资源管理方案缓解干扰，并确保系统性能得到改善。

1. 优化问题建模

对于 NOMA 增强的两层异构网络，定义对应簇中服务基站 i 的功率分配变量 $\rho_i=\{\rho_{i,1},\rho_{i,2},\cdots,\rho_{i,U_i}\}$，$i=1, 2$ 为最大化链路速率，将 NOMA 异构网络的功率分配问题数学化为 P1：

$$\max_{\rho_1,\rho_2}\{C=\sum_{i\in\{1,2\}}\sum_{k}R_{i,k}\} \tag{6.89}$$

$$\text{s.t.}\quad \sum_{k\in U_i}\beta_{i,k}\leqslant 1,\ i\in\{1,2\} \tag{C1}$$

$$\beta_{i,k}\geqslant 0,\ i\in\{1,2\},\ k\in U_i \tag{C2}$$

$$\left(\beta_{i,k}-\sum_{u=1}^{k-1}\beta_{i,u}\right)P_i g_{i,k-1}\geqslant P_{\text{diff}},\ i\in\{1,2\},\ k\in U_i/\{1\} \tag{C3}$$

$$R_{i,k}\geqslant R_{i,k}^{\text{th}},\ i\in\{1,2\},\ k\in U_i \tag{C4}$$

式中，$R_{i,j}^{\text{th}}$表示用户 UE(i, k)，C1 表示每个基站的总功率约束，C2 确保了每个用户被分配的功率，C3 表示 NOMA 匹配用户之间满足功率差异门限值，C4 表示每个用户的速率门限值。正如前面对链路速率分析中所示，提升基站 i 的功率使得基站 i 服务的用户的速率受益，但可能会使得基站 j 的用户干扰严重，降低其速率。因此，很难区分上述优化问题的凸性，且 P1 问题是一个 NP-hard(Non-deterministic Polynomial hard)问题。为了处理此种情况，将 C4 用以下线性形式代替：

$$\beta_{i,k}P_i g_{i,k}-I_{i,k}^{\text{th}}\left(\sum_{u=1}^{k-1}\beta_{i,u}P_i g_{i,k}+1\right)\geqslant 0 \tag{6.90}$$

式中，$I_{i,k}^{\text{th}}=2^{R_{i,k}^{\text{th}}/W}-1$ 表示用户 UE(i, k)的最低目标 SINR。

引理 6　由于实现了 P1 问题的全局优化，因此对于任一给定用户 $k\in\{2, 3, \cdots, U_i\}$，C3 中的不等式至少有一个变成等式，证明见附录 A。

引理 6 提供了 C1 是全局优化的必要条件。假设 BSi($i\in\{1, 2\}$)的总功率消耗为$\widetilde{P}_i$ ($\widetilde{P}_i\leqslant P_i$)，因此可以将 P1 优化问题转化为 P2：

$$\max_{\rho_1,\rho_2}\{C=\sum_{i\in\{1,2\}}\sum_{k}R_{i,k}\} \tag{6.91}$$

$$\text{s.t.}\quad \sum_{k\in U_i}\beta_{i,k}=1,\ i\in\{1,2\} \tag{C1}$$

$$\beta_{i,k}\geqslant 0,\ i\in\{1,2\},\ k\in U_i \tag{C2}$$

$$\left(\beta_{i,k}-\sum_{u=1}^{k-1}\beta_{i,u}\right)P_i g_{i,k-1}\geqslant P_{\text{diff}},\ i\in\{1,2\},\ k\in\frac{U_i}{\{1\}} \tag{C3}$$

$$\beta_{i,k}\widetilde{P}_i g_{i,k} \geqslant I_{i,k}^{\text{th}}\left(\sum_{u=1}^{k-1}\beta_{i,u}\widetilde{P}_i g_{i,k}+1\right),\ i\in\{1,2\},\ k\in U_i \tag{C4}$$

$$\widetilde{P}_i \leqslant P_i,\ i\in\{1,2\} \tag{C5}$$

显然，上述 P2 优化问题等价于 P1 原始优化问题。只要$\widetilde{P}_i$ 被确认，最佳译码顺序就会确定下来。需要注意的是，随着 BS$j(j\neq i)$消耗功率的变化，BSi 中用户的译码顺序也会实时更新，这加剧了 P2 的求解难度。但是，引理 7 却给出除最后一个译码用户 UEK 外的所有用户的功率分配值。

引理 7　为确保用户 UE$k(k\in\{2, 3, \cdots, U_i\})$的 QoS 需求，给定 $\widetilde{P}_i(i\in\{1, 2\})$为一定值，则用户 UE$k$ 的最优功率分配系数为

$$\beta_{i,k}=\frac{1}{2}\left(\frac{P_{\text{diff}}}{\widetilde{P}_i g_{i,k-1}}+1-\sum_{j=k+1}^{U_i}\beta_{i,j}\right) \tag{6.92}$$

当且仅当

$$I_{i,k}^{\text{th}}\leqslant\frac{\left(\dfrac{P_{\text{diff}}}{\widetilde{P}_i g_{i,k-1}}+1-\displaystyle\sum_{j=k+1}^{U_i}\beta_{i,u}\right)}{\left(\dfrac{2}{\widetilde{P}_i g_{i,k-1}}+1-\displaystyle\sum_{u=u+1}^{U_i}\beta_{i,u}-\dfrac{P_{\text{diff}}}{\widetilde{P}_i g_{i,k}}\right)} \tag{6.93}$$

否则

$$\beta_{i,k}=\frac{I_{i,k}^{\text{th}}}{1+I_{i,k}^{\text{th}}}\left(1-\sum_{j=k+1}^{U_i}\beta_{i,j}+\frac{1}{\widetilde{P}_i g_{i,k}}\right) \tag{6.94}$$

证明见附录 B。

基于引理 7，在已知总功率消耗的情况下，得出 BSi 所服务的各用户 UEk 的功率分配为

$$\beta_{i,k}=\begin{cases}\left[\dfrac{1}{2}\left(\dfrac{P_{\text{diff}}}{\widetilde{P}_i g_{i,k-1}}+1-\displaystyle\sum_{j=j+1}^{|U_i|}\rho_{i,j}\right)\right]^+, & k\in\Phi\\ \left[\dfrac{I_{i,k}^{\text{th}}}{1+I_{i,k}^{\text{th}}}\left(1-\displaystyle\sum_{j=j+1}^{|U_i|}\beta_{i,j}+\dfrac{1}{\widetilde{P}_i g_{i,k}}\right)\right]^+, & k\in\Phi'\\ \left[1-\displaystyle\sum_{j=2}^{|U_i|}\beta_{i,j}\right]^+, & k=1\end{cases} \tag{6.95}$$

式中，$[\cdot]^+=\max\{0, \cdot\}$，$\Phi$ 表示用户集合，Φ'表示 Φ 的补集。

2. 用户调度

值得注意的是，信道条件更好的用户比信道条件更差的用户具有更高的优先级，因为具有更好的信道条件的用户可以在 NOMA 异构网络中贡献更多的容量，而只消耗更少的功率。然而，如式(6.91)所示，所有用户的功率分配都是按其归一化信道增益的逆序估计的。为了保证信道条件较好的用户的 QoS 要求，首先要用每个基站的已知发射功率来确定每个单元的最大连接能力。因此，在本节中，提出一种用户调度方

案来确定每个基站具有固定的最大发射功率的 NOMA 异构网络的连接能力，该用户调度方案详细的描述如图 6.12 所示。

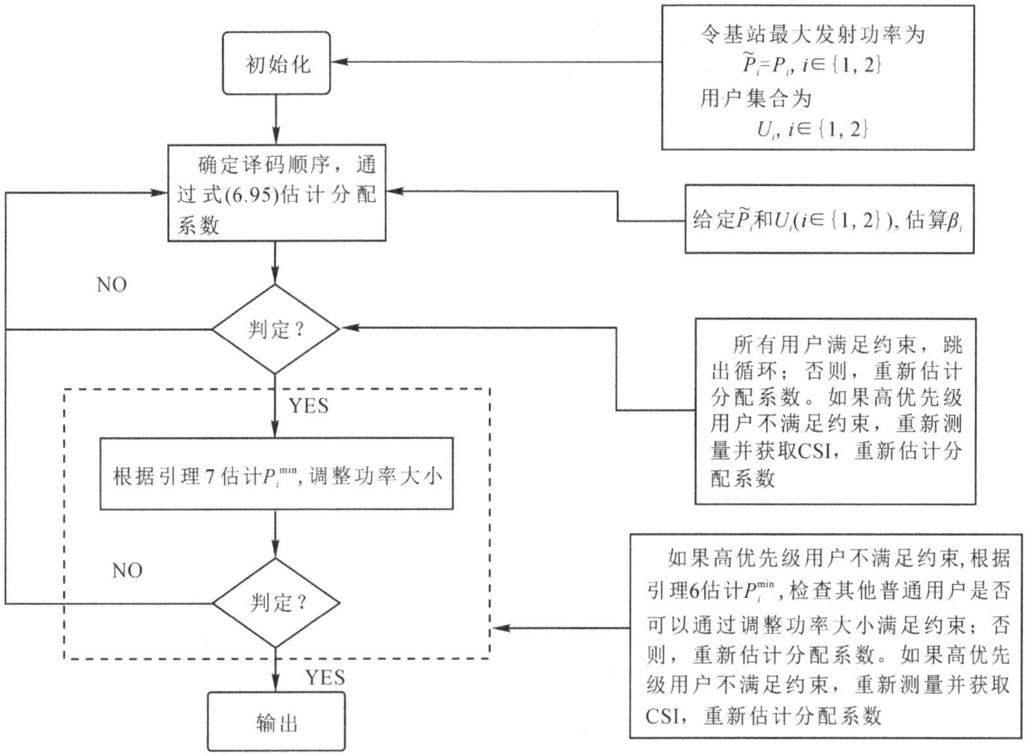

图 6.12 用户调度方案

假设 BSj 的传输功率为$\widetilde{P}_j$，BSi 所服务的用户数为一定值 U_i，且 $i\neq j$。那么 BSi 所需最低发射功率为

$$\begin{cases} p_{i,1}^{\min}=\dfrac{I_{i,1}^{\mathrm{th}}}{g_{i,1}} \\ p_{i,k}^{\min}=\max\left\{I_{i,k}^{\mathrm{th}}\left(\displaystyle\sum_{u=1}^{k-1}p_{i,u}^{\min}+\frac{1}{g_{i,k}}\right),\ \frac{P_{\mathrm{diff}}}{g_{i,k-1}}+\sum_{u=1}^{k-1}p_{i,u}^{\min}\right\} \end{cases} \tag{6.96}$$

3. 迭代分布式功率分配

一旦确定了用户集，上述的优化问题 P2 就可以被强制转换为 P3：

$$\max_{\widetilde{P}_1,\widetilde{P}_2}\left\{\sum_{i\in\{1,2\}}\sum_{k\in U_i}R_{i,k}\right\} \tag{6.97}$$

$$\begin{aligned} \text{s.t.}\quad & \sum_{k\in U_i}\beta_{i,k}=1,\ i\in\{1,2\} \\ & \beta_{i,k}>0,\ i\in\{1,2\},\ k\in U_i \\ & P_i\neq P_j,\ i,\ j\in\{1,2\} \end{aligned}$$

式中，β_i 可通过式(6.91)估算。显然，P3 也具有与 P1 相同的最优解，但大大降低了优化问题的维数。固定一个基站的发射功率，通过 Fibonacci 方法可以得到另一个具有全局最优潜力基站的次优发射功率，如表 6.2 所示。该算法复杂度为 $O(\ln(\varepsilon/L)/\ln(2/3))$，其中，$\varepsilon$ 是算术精确度，L 是变量的可行区域的长度。

表 6.2 迭代分布式功率分配(IDAA)算法

1. 输入：$P_i^{\max}$，P_j，$\varepsilon>0$
2. 根据引理 3，计算 $P_i^{\min}$
3. 当 $\lvert P_i^{\max}-P_i^{\min}\rvert\leqslant\varepsilon$ 时
4. 令 $P_i'=P_i^{\min}+\frac{P_i^{\max}-P_i^{\min}}{3}$，$P_i''=P_i^{\min}+\frac{2(P_i^{\max}-P_i^{\min})}{3}$
5. 估计功率分配系数 $\{\beta_i',\beta_j'\}$ 和 $\{\beta_i'',\beta_j''\}$
6. 如果 $C'<C''$
7. 则 $P_i^{\min}=P_i'$
8. 否则
9. $P_i^{\max}=P_i''$
10. 退出如果
11. 退出循环
12. 返回 $P_i=\frac{P_i^{\max}+P_i^{\min}}{2}$

最后，可以利用表 6.2 中的 IDAA 算法来交替估计每个基站的次优总功率消耗，直到算法收敛。

6.8.5 数值与仿真分析

将分析结果与蒙特卡罗模拟进行比较来验证分析的准确性，仿真参数见表 6.3。比较分析中，宏基站位置是作为一个独立的具有密度 $\lambda_{\mathrm{m}}=1\ \mathrm{km}^{-2}$ 的 PPP 分布的，用户热点的地理中心(即集群中心)作为一个独立的 PPP 分布，密度为 $\lambda_{\mathrm{p}}=10\ \mathrm{km}^{-2}$，假定用户和 SBS 分别服从方差为 σ_{u}^2 和 σ_{s}^2 的正态分布。设定信号传播的路径损耗指数 $\alpha=4$，SIR 的门限值为 10 dBm，P_{s} 设为 23 dBm，在此基础上研究系统的性能。

正如 6.7 节所讨论的，簇内干扰下的拉普拉斯变换的精确表达式所涉及的求和使得引理 4 和引理 5 的数值评估复杂化。因此，采用假设 $\bar{n}_{\mathrm{as}}\ll n_{s_0}$ 下导出的簇内干扰和簇间干扰的拉普拉斯变换的简单表达式，见式(6.76)和式(6.77)，如引理 6 和引理 7 中所示。从图 6.13 和图 6.14 可以看出，对于广泛的参数，更简单的表达式可以被视为精确表达式的近似。考虑到 $n_{s_0}=10$，即便 $\bar{n}_{\mathrm{as}}$ 为较大值，分析结果也能与数值仿真结果较好匹配。如图 6.13 所示，NOMA 系统的覆盖率作为同频活跃基站平均数 $\bar{n}_{\mathrm{as}}$ 的函数，为更方便展示系统整体覆盖率随对应簇中同频活跃基站规模的变化，考虑复用同一频谱的两个用户的系统覆盖率，将系统总体覆盖率简单表示为两个用户的算术平均 $P^{\mathrm{T}}=(P_{m,i}+P_{m,j})/2$，$i\neq j$。分析表明，当每个集群重用相同的频谱时，覆盖率总是降低。这是因为具有更多同时活动的 SBS 会导致更多的干扰。然而，在频率复用和由此产生的干扰之间，有一个经典的权衡。为了研究这种权衡，绘制了频谱效率作为 $\bar{n}_{\mathrm{as}}$ 的函数，如图 6.14 所示。有趣的是，在所考虑的范围

表 6.3 仿真参数

参数量	字符表示	参数值
基站类型	Macro BS, Micro BS	宏基站，微基站
基站功率	P_m	20 W 5 W
用户分布密度	λ_u	1×10^{-4}
基站分布密度	λ_m	1.0×10^{-6} $\geqslant5\times10^{-2}$
组内用户数	K	2
功率分配因子(可行)	$\beta_{i,k}$	0－1
SIR 门限	θ	1 dB
路径损耗指数	α	3
用户关联偏置量	w	1
典型用户簇内基站数量	n_{s_0}	10
簇内同频基站数量	$\bar{n}_{as}$	$\leqslant10$
距离门限	D	$0\leqslant D\leqslant400$ m
簇规模大小	σ_l, $l\in\{s, u\}$	$\sigma_u=\sigma_s$

内，吞吐量随着每个集群同时活动的 SBS 的平均数量而增加。这意味着只要覆盖率保持可接受，就可以同时激活越来越多的 SBS。还可以推断出，允许一个 SBS 使用给定时频资源块的每个簇式，NOMA 正交多址接入的频谱效率更高。

考虑接收端平均最大 SIR 对 NOMA 系统性能的影响，NOMA 系统覆盖率作为微基站散射标准偏差 σ_s，能反映该级联策略对系统性能的影响，如图 6.15 所示。图中显示 σ_s 对 P_{C_m} 和 P_{C_s} 影响突出，随着 σ_s 的增大，P_{C_m} 增大，而 P_{C_s} 减小，图中 $P_{C_T}=(P_{C_m}+P_{C_s})/2$，表示 NOMA 同频段上的总覆盖率。基于对仿真图的观察，结合前述的理论分析，不难发现，σ_s 增大，宏基站对用户的关联性提升，而微基站对用户的关联性降低，进而导致系统总的覆盖率降低。

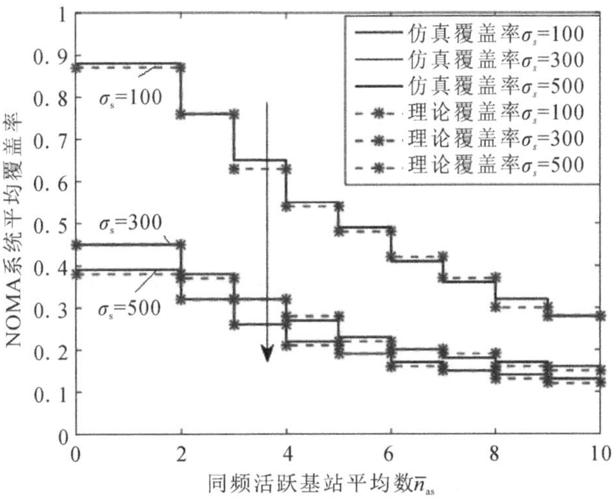

图 6.13 簇内同频活跃基站数 $\bar{n}_{as}$ 对覆盖率的影响

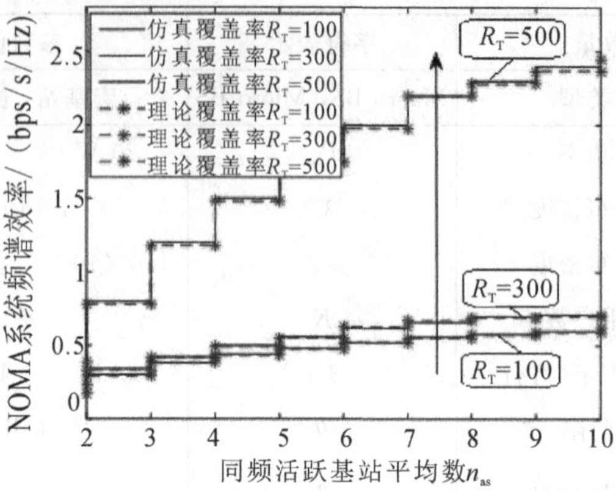

图 6.14 簇内同频活跃基站数$\bar{n}_{as}$对频谱效率的影响

如图 6.15 所示，存在一个关联宏基站和微基站的距离最优阈值，使得覆盖率达到最大，可近似将距离门限 D 等价写成 $D\equiv(P_0/P_s)^{-1/\alpha}$。最优值的存在可以通过功率阈值对典型用户与宏基站和小基站关联性的冲突效应直观地证明。从图 6.15 中可以观察到，最优距离阈值随着每个簇同时活动的小基站的平均数量的增加而减小。这是因为虽然 P_{C_s} 和 P_{C_m} 都随着$\bar{n}_{as}$的增加而减小，但前者以略高的速度减小。因此，将较少的用户关联到 SBS 是可取的。有趣的是，可以看到不同 σ_s 值的最优距离阈值在图中没有变化，以两个用户的 NOMA为例，中心用户的最优距离阈值在 60 m 附近，边缘用户的最优阈值在 100 m 处。

尝试通过调整 NOMA 系统同频用户之间的功率配置来优化系统总的频谱效率，同时，探讨在热点区域缓解大规模微基站布置对系统频谱效率的影响，根据 6.8.4 小节提出的功率优化方案，仿真如图 6.16(a)和(b)所示。对比现存主流的贪婪算法 GA 和固定功率分配算法 FPAA，本章提出的迭代优化算法能通过调整配对用户之间的功率分配，减轻微基站规模对和速率的影响。由图 6.16 可知，本章的迭代分布 式功率分配算法 IDAA 比 GA 和 FPAA 具有更好的系统性能保障作用，在同频活跃基站规模$\bar{n}_{as}$逐渐增大时，*IDAA* 能通过功率优化缓解微基站群对用户的同频干扰，系统频谱效率保持不变，而 *GA* 和 *FPAA* 抗干扰能力不明显，系统频谱效率会有不同程度的降低。这是因为，*IDAA* 作为一种全局优化算法，能找到最佳的功率分配方案，尽管对应簇中同频基站规模增大，该算法能使其性能在已设的参数范围内达到极限。

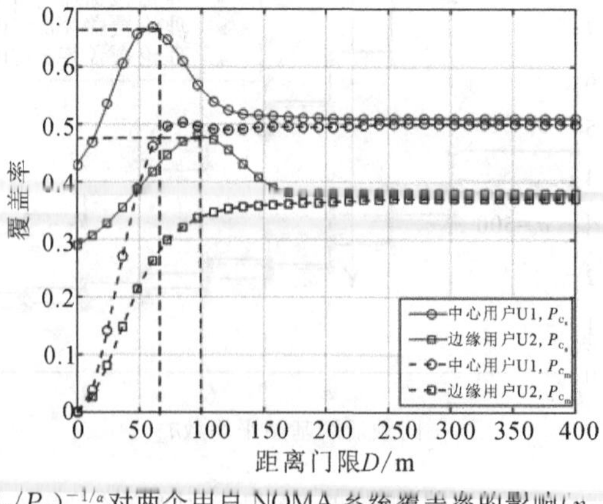

图 6.15 距离门限 $D\equiv(P_0/P_s)^{-1/\alpha}$对两个用户 NOMA 系统覆盖率的影响($n_{s_0}=10$，$\sigma_u=\sigma_s$，$P_m=10^3P_s$)

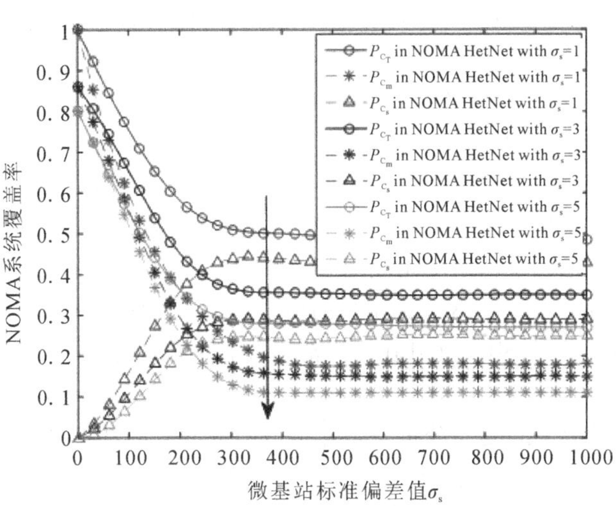

(a) 基站分布偏置量对NOMA系统覆盖率的影响($n_{s_0}=10$, $\sigma_u=\sigma_s$, $P_m=10^3P_s$)

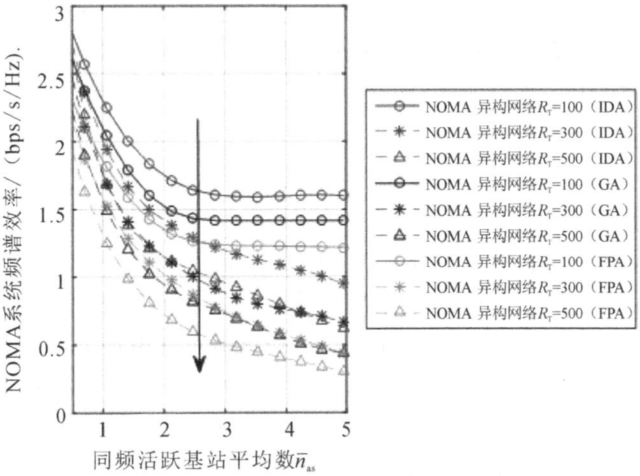

(b) 各种算法对簇内其他同频活跃基站的抗干扰能力

图 6.16　系统覆盖率和频谱效率与基站分布偏置和同频活跃基站均值的关系

本章小结

本章针对热点场景应用下常遇到的超高吞吐量请求，超密集终端设备接入而导致的频谱资源短缺、干扰严重的问题，结合 5G 中的关键技术——如 NOMA 非正交多址和超密集部署，利用随机几何的研究方法，探讨了在大规模异构网络下的 NOMA 增强异构网络性能分析，包括网络覆盖率和链路可达速率等；在此基础上，试图通过功率控制方案提升系统性能。

本章的具体研究内容总结为：对于异构网络的研究，从简单的入手，即先考虑网络中的节点(基站和用户)分布是 PPP 下的 NOMA 下行传输系统。系统中任一 m 层的基站采用 NOMA 多址方案在同一频段上同时服务 K 个用户，且假设用户接收端的 SIC 能够完美实施，基站间不能协同传输同一个用户的信息副本，这样的传输方案被称作 ST-NOMA。基于此方案，

本章推导出了任一 m 层网络中与基站关联的 NOMA 用户被覆盖的概率和链路可达速率精确表达式，该显式结果揭示了：① U_k，$k\in(1, 2, \cdots, K)$之间的功率分配对基站提供给 NOMA 组内用户的体验的影响；② 异构网络中基站规模(包括网络层数、各层的基站用户数)的大小对系统的干扰情况，进而影响到系统的性能。

由于信道衰落、层内/层间同频干扰的存在，接收端的 SIR 极有可能不满足译码所需的 SIC 门限值。这在 ST-NOMA 中已经证明，边缘用户需要分到的功率远高于邻近用户，才能满足 SIC 门限约束。同时考虑到小基站的无规则分布和无效基站存在的可能性，因此可以考虑将无效基站作为辅助基站来参与小区边缘用户的信息传输，在提高基站利用率的同时，也能够增强邻近用户和边缘用户的 SIR，尤其在用户密度适中的密集网络中，该优势更加显著。这种方案被叫作 CT-NOMA 传输方案。ST-NOMA 方案揭示了功率分配对系统性能的影响，进一步将该方案构造成一个优化问题，分析并阐释了该问题的非凸性，预测了该问题存在一个功率控制的最优值。最后，通过仿真分析验证了上述分析表达式的准确性和猜想的合理性。

此外，为进一步模拟现实环境，将网络中的小基站和用户节点分布升级为 PCP 分布，这样做的考虑是面向用户热点情况下的以用户为中心的容量驱动的小基站部署。在这样的网络中，采用了一种可处理的基站与用户间的关联性，即共用簇(Thomas 簇)中心，来捕获小基站部署和热点用户的耦合关系及用户分布的非齐次性，弥补了现存文献中只考虑用户和基站各自呈独立 PPP 分布的缺陷。不仅如此，该关联关系的简易性为后续引入 NOMA 下行传输提供了方便。

参照 PPP 分布中 NOMA 异构网络性能分析方式，进一步导出了可适用在任意 m 层网络下的 NOMA 典型用户被服务基站覆盖的概率和 K 用户组的系统和速率通用表达式。一个关键的中间步骤是推导出一组新的距离分布，这有助于准确分析以用户为中心的小区部署。通过对表达式的分析，得出两点结论：① 系统吞吐量随着每个集群中复用相同频率资源块的 SBS 数量的增加而增加，但是覆盖率会降低，因此应该慎重考虑每个集群中候选基站的数量；② 当网络规模(小基站数量和热点用户数)趋于无穷大时，所提簇分布模型下的 NOMA 异构网络性能逼近其上界，即基于 PPP 分布下的 NOMA 异构网络性能，这与前人在基于 OMA 系统下分析得出的结论一致，仿真分析也验证了这一结论。

此外，为进一步减轻网络中的复杂干扰，最大限度地提高 NOMA 异构网络的频谱效率，在用户 QoS 需求和基站总发射功率的约束下，本章构建了一个功率分配的优化问题，同时阐述了这是一个 NP-hard 问题。本章还提出基于用户调度的迭代式功率分配算法来捕获优化问题的次优解。仿真结果表明，与现有的贪婪算法和固定功率分配算法相比，采用所提出的无线电资源管理方案的 NOMA 异构网络在频谱效率方面表现得更好。

综上，本章在多技术融合、异构网络模型构建、功率优化方面做了探索性研究，但要切实保障热点场景下的通信质量，尚有很多不足。下面列举本章研究今后可拓展的方向：

① 只考虑了 NOMA 下行异构网络传输，然而，未来的多样性业务如现场实时转播、社区低时延服务等，对上行链路的传输性能(包括中断概率、丢包率、上传速率和移动性等)要求越来越高，因此上行传输将是 NOMA 异构网络的研究方向之一。

② 所考虑的网络模型在现实生活中尚不能完全模拟出异构网络中的用户分布，TCP 模型只考虑了热点用户的分布，忽略了非热点用户的分布，因此完整的大规模异构网络模型还需进一步完善。

③ 考虑的信道衰落类型均为瑞利衰落，但众所周知，热点场景中小基站与用户的通信距离远小于 LTE 4G 宏基站，用户接收端极有可能接收到站点到终端的直达信号分量，未来还应该考虑莱斯信道下的 NOMA 异构网络性能分析。

第7章
非正交多址接入系统下行链路设计

本章将对非正交多址接入(NOMA)下行链路系统模型进行搭建，在该系统模型下，分别对 NOMA 发送端的子载波分组策略、功率分配方案以及 NOMA 接收端信号检测机设计进行研究；研究成果是提出了三种方案：一种基于 GA 思想的 NOMA 子载波分组设计方案，一种利用 PSO 算法进行 NOMA 下行链路功率分配的方案，一种基于 MCIC 算法的 NOMA 接收机设计方案。研究成果分别从提升 NOMA 系统吞吐量、提升 NOMA 系统能量效率、提升 NOMA 系统接收机可行性的角度出发，对 NOMA 系统下行链路设计方案进行优化，为 NOMA 在未来的实际运用增添了可能。

7.1 非正交多址技术的发展

7.1.1 NOMA 与 MIMO 的联合

MIMO 在信号发送时利用多根发送天线分别传递信号，在信号接收端利用多根接收天线分别进行接收与检测恢复信号工作；无须提升使用带宽或总发送功率，就能获得空间域上分集与编码增益，从而增加了通信系统的吞吐量和频谱效率。

有学者将 NOMA 与单用户 MIMO(Single User MIMO，SU-MIMO)进行联合应用，结果相对于传统的 OMA-MIMO(Orthogonal Multiple Access MIMO)，NOMA 表现出了在系统吞吐量方面较大的性能增益，其中小区平均吞吐量提升了 23%，小区边缘处的吞吐量提升了 33%。在系统仿真中，即使采用最不理想的错误传播模型，NOMA 的小区平均吞吐量增益仅降低了约 2.32%，小区边缘处的吞吐量增益仅降低了 1.96%。此外，对于低速移动场景和高速移动场景，SU-MIMO NOMA 具有很大的增益且增益随着用户移动速度的增加而增加。

NOMA 与多用户 MIMO(Multi-User MIMO，MU-MIMO)的联合应用如图 7.1 所示，MU-MIMO NOMA 模型包括一座基站、四个信号终端。其中用户终端被划分在两个簇中，为每个簇设计了相应的波束，簇内两个用户共享同一预编码向量，保证了该簇上用户的信道与另一簇上用户的信道的正交，从而有效抑制了簇间干扰。每个簇上包括一个远端用户和一个近端用户，在每个簇上分别进行 NOMA 运算，并在接收端采用 SIC 算法减轻簇内干扰。

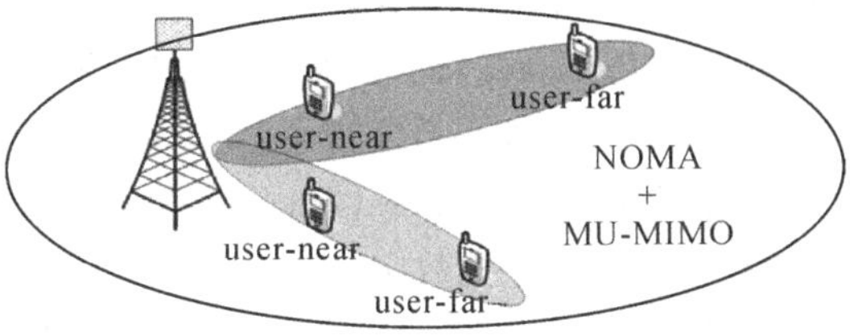

图 7.1　NOMA 与 MU-MIMO 的联合应用

7.1.2　NOMA 与 D2D 通信的联合

D2D 被看作在未来有效提升无线通信中频谱效率的最为重要的技术之一，可以将其作为底层网络架构的补充。D2D 通信的工作原理在于，用户向基站发送与另一用户互通的申请，基站接受并授权这一申请，使得用户之间可以建立不经过基站传递的直通链路，从而降低蜂窝通信网的数据流量负担。与 WLAN 不同，D2D 通信采用已授权频段，作为蜂窝网络通信的辅助手段，D2D 对蜂窝网络用户的干扰应处在可控范围内。

将 NOMA 技术应用于 D2D 通信上，通过 NOMA 协议，可以使得一个 D2D 发送端与多个 D2D 接收端进行通信，并使得 D2D 用户组能够与蜂窝用户同时、同频复用相同子信道。如图 7.2 所示，在基于 NOMA 的 D2D 通信中，存在三种同频干扰：组内干扰，是指同一 D2D 用户组中来自 D2D 发射机的叠加信号的干扰；组间干扰，是指来自其他使用相同子信道的 D2D 用户组所用 D2D 发射机之间的干扰；蜂窝干扰，是指蜂窝网络用户重复使用同一子信道产生的干扰。如何避免或减轻这三种同频干扰，在基于 NOMA 的 D2D 通信中是需要着重考虑的问题。

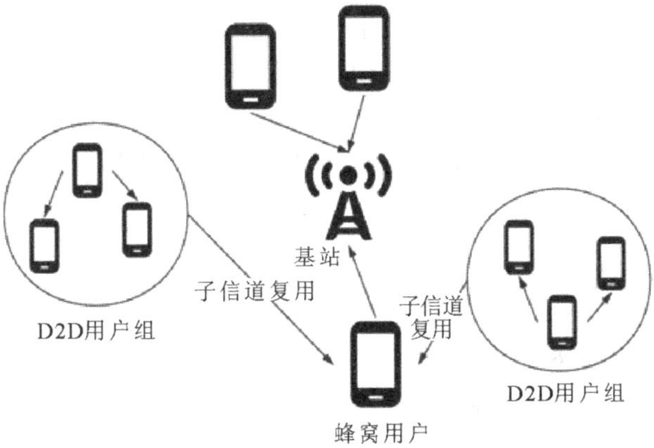

图 7.2　基于 NOMA 的 D2D 通信系统模型

7.1.3　基于软件定义无线电的 NOMA 系统设计

软件定义无线电(SDR，Software Defined Radio)是指设立一套可编程、模组化、标准化的硬件无线电平台，将通信系统中原本需要硬件来实现的步骤，例如调制和解调、编码和译码等以软件模块的形式来实现。如今移动通信技术的频繁升级换代，SDR 展现出的优异灵活性、可拓展性，使其成为移动通信系统未来可能的发展趋势。目前，根据所采用硬件平台的不同，SDR 分为现场可编程门阵列、数字信号处理器和通用处理器三大类。

有学者采用 OAI(Open Air Interface)的软件平台和通用软件无线电外设(USRP, Universal Software Radio Peripheral)硬件平台实现了基于 SDR 的 NOMA 下行链路系统的搭建。其中 NOMA 发射机由通用处理器(General Purpose Processor, GPP)和 USRP 两部分组成。GPP 的功能是处理基带信号，并把数字基带信号传输给 USRP，USRP 把接收到的数字基带信号转变成射频信号之后发射到无线信道中。NOMA 接收机亦由 GPP 和 USRP组成，USRP 接收射频信号并恢复为数字基带信号，再将数字基带信号发送至 GPP，在 GPP 上处理数字基带信号后发送给用户终端。

7.2 NOMA 下行链路子载波分组策略

7.2.1 子载波分组的意义

在 NOMA 下行链路中，将基站发送端提供的总频带划分为若干个子载波。各个子载波之间仍采用和 OFDMA 相同的方式，正交地划分时-频-空资源。在同一子载波上则采用非正交的方式，通过功率域复用在相同的时-频-空资源上叠加发送不同用户的信号。小区中用户数量较少的时候，例如一个子载波上只叠加有两个发送信号时，只需尽量将信道增益差更大的两个发送信号划分在同一子载波上，为其中信道增益低的用户信号分配较多发送功率，信道增益较高的用户信号分配较少发送功率来确保系统的公正性即可。而当小区内用户数量较多时，为确保系统性能增益，需要充分考虑小区内用户在各个子载波上的分配情况，即子载波分组策略。

将一个小区中的所有用户划分到若干个子载波用户组，用户组之间采用正交接入，组内用户之间采用非正交接入，则 NOMA 用户间的串扰可以分为组间用户串扰和组内用户串扰两种，不同的子载波分组策略会对这两种串扰有不同程度的影响。此外，子载波分组策略的选择将对于组内用户接下来的功率分配以及用户接收端的信号检测产生重大影响。因此，不同的子载波分组会对 NOMA 系统吞吐量和用户公平性造成很大影响，对子载波分组策略进行研究十分必要。

7.2.2 现有的子载波分组算法

1. 随机子载波分组算法

随机子载波分组算法随机地在候选集中选择用户以实现子载波分组，不需要处理诸如用户信道状态之类的信息。与其他子载波分组算法相比，该算法的运算复杂度最低，易于实现。但是，该算法很可能导致组内用户之间干扰严重，因此，随机子载波分组算法的系统性能最差，无法用于实际的系统设计之中。一种典型随机子载波分组算法的步骤如下：

(1) 将小区中的所有用户随机分配给包含相等数量的用户的若干个用户集；

(2) 在每个用户集中选择信道条件最好的用户和信道条件最差的用户进行分组。

采用这种算法的缺点在于，由于子载波分组算法中每个用户集都是通过小区用户随机分配的，在某些情况下，用户信道的质量较好，而在更多可能的情况下，用户信道的质量较差。这种情况会导致同一组内各用户信号的信道增益差过小、同组内用户信号之间干扰严重。

2. 全搜索子载波分组算法

使用全搜索子载波分组算法，理论上可以使得 NOMA 系统下行链路吞吐量最大化。其具体操作步骤如下：

(1) 对所有的子载波分组的可能结果进行全局搜索；

(2) 分析比较采用各种子载波分组算法所获得的系统性能；

(3) 从中选择具有最佳性能的子载波分组算法，对小区内用户进行分组。

假设系统中共有 K 个服务用户，系统中一个子载波 s 上的叠加用户个数为 k，则子载波 s 上共有 C_K^k 种可能的子载波分组结果。如果系统中共有 S 个子载波，则采用全搜索子载波分组算法的运算复杂度将会高达$(C_K^k)^S$。即使在最简单的应用场景下，例如 $K=4$，$S=2$ 和 $k=2$ 的情况下，在子载波分组上的运算复杂度将会高达 36 次，在目前实际应用的通信系统中难以实现。

3. OPA 与 DPA 的子载波分组算法

正交配对算法(OPA，Orthogonal Pairing Algorithm)的子载波分组算法会匹配最能满足信道正交性条件的用户。假设子载波 s 的信道矩阵为 $\boldsymbol{H}_m$，设

$$F_m=\boldsymbol{H}_m^H\cdot\boldsymbol{H}_m=\begin{bmatrix}f_{11} & f_{12}\\ f_{21} & f_{22}\end{bmatrix} \tag{7.1}$$

式中，f_{ij} 为信道相关系数，上标 H 代表共轭转置，i、$j=1$、2 代表第 1 信道和第 2 信道。

由式(7.1)可得，正交配对因子 $G_m=\dfrac{(f_{11}+f_{22})-(f_{12}+f_{21})}{\mathrm{tr}(F_m)}$。$G_m$ 越大，表示两个用户之间信道正交性越强，越应该将这两个用户分到一组。

行列式配对算法(DPA，Determinant Pairing Algorithm)的子载波分组算法是由 OPA 子载波分组算法演化而来的。两者之间的不同之处在于，在 DPA 中，$D_m=\dfrac{\det F_m}{\mathrm{tr}(F_m)}$，将具有最小 D_m 的用户分到了一组中。

4. CSS 子载波分组算法

有学者提出了一种基于用户信道状态排序(CSS，Communication State Sorting)的子载波分组算法，它在确保用户之间公正性的前提下提升了系统吞吐量。在该算法中，将具备较好信道状态的用户与具备较差信道状态的用户进行配对，从而提升了在接收端正确检测信道状态较差的用户的概率。

该算法的具体操作步骤如下：

(1) 将候选用户按其信道状态进行升序排列；

(2) 若存在 N 个候选用户，则将第 1 个用户与第 $N/2$ 个用户进行匹配，第 2 个用户与第 $N/2+1$ 个用户进行匹配，以此类推，直至完成所有候选用户的配对；

(3) 若 N 为奇数，给剩余的一个用户单独分配一个子载波。

相比全搜索子载波分组算法，这种算法虽然有效降低了运算复杂度，但未考虑到来自不同用户组的用户造成的干扰，限制了系统性能的进一步提升。

5. 基于用户信道增益差和信道相关度的子载波分组算法

有学者提出一种联合应用用户间的信道增益差和用户间的信道相关度的子载波分组算

法。由于信道相关度的高低与减轻用户间干扰的能力强弱成正比，在该算法中，首先设立用户信道相关度的门限，对于通过门限的用户，再根据信道增益之差来分组。对剩下的用户重新设置信道相关度门限，重复操作，直至所有用户完成分组。这种算法分别考虑到了组内用户干扰和组间用户干扰，但缺点在于随机设置用户信道相关度门限只能获得局部最优解。

7.2.3 基于贪婪算法的子载波分组策略

1. 贪婪算法简述

贪婪算法(GA，Greedy Algorithm)又称贪心算法，是一种为了最终得到全局最优结果，在处理问题的每个阶段都遵循能得到局部最优结果的判断来作出选择的启发式算法。尽管在很多时候，GA 难以获得唯一的全局最优解，但 GA 产生的局部最优解将会在合理的时间范围内逼近全局最优解，因而在一些数学问题上是很好的解决方案。通常，贪婪算法中有如下五个组成部分：

(1) 候选集，从中创建解决方案；

(2) 选择函数，选择要添加到解决方案中的最佳候选方案；

(3) 可行性函数，确定候选方案是否可用于解决方案中；

(4) 目标函数，为解决方案取值；

(5) 解决方案函数，当获得解决方案时作出提示。

将贪婪算法用在 NOMA 下行链路子载波分组问题上，将小区内用户作为候选集，用户之间的信道增益差作为选择函数，系统吞吐量作为目标函数，在每次迭代循环过程中，始终选择当前步骤中的能获得最大系统吞吐量的子载波分组方案，从而最终达到全局最优解，有效提升系统总吞吐量。

2. NOMA 下行链路系统模型

假设在一个 NOMA 用户小区之中，系统的总带宽为 B，将总带宽分成 S 个子载波，为总数为 K 的用户提供服务。在 K 个用户中，选择

$$U_s=\{k_1, k_2, \cdots, k_n, \cdots, k_{n(s)}\}, (1\leqslant n\leqslant n(s)) \tag{7.2}$$

个用户分为一组，$n(s)$为该组用户数，叠加在子载波 $s(1\leqslant s\leqslant S)$上。设基站总发送功率为 $P_{\max}$，平均分给各个子载波，各个子载波上被划分的功率为 P_s，则总发送功率与分给各个用户的发送功率的对应关系为

$$P_{\max}=\sum_{s=1}^{S}P_s=\sum_{s=1}^{S}\sum_{n=1}^{n(s)}P_{s,k_n} \tag{7.3}$$

对于子载波 s 上的一个用户 k_n，基站以 P_{s,k_n} 的功率发送一个信号 x_{s,k_n}，基站在子载波 s 上叠加发送的信号为

$$x_s=\sum_{n=1}^{n(s)}x_{s,k_n} \tag{7.4}$$

在接收端，用户 k_n 接收到的信号可表示为

$$y_{s,k_n}=h_{s,k_n}x_{s,k_n}+w_{s,k_n} \tag{7.5}$$

其中，h_{s,k_n} 表示用户 k_n 的信道增益，w_{s,k_n} 表示用户 k_n 在 AWGN 信道中均值为 0、方差为 σ_s^2 的加性高斯白噪声与小区内组间用户干扰。

由于接收端会受到噪声和用户间干扰的影响，在 NOMA 下行链路中，通常会在接收端

进行 SIC 处理。在下行链路中开展 SIC 处理的最佳顺序和在上行链路中开展 SIC 处理的最佳顺序不尽相同。在 NOMA 下行链路中，进行 SIC 处理的最佳顺序是按照用户信道增益从小到大递增的，而用户信道增益是由噪声和小区间干扰共同决定的。子载波 s 上的用户 k_n 进行 SIC 处理的顺序可表示为

$$\mathrm{Order}_{s,k_n}=\frac{|h_{s,k_n}|^2}{\sigma_s^2} \tag{7.6}$$

按照这样的 SIC 处理顺序，系统中每个用户都能实现正确的接收检测，并消除来自先于此用户进行 SIC 处理的其他用户信号的干扰，从而提升当前用户的信号干扰噪声比。

在进行 SIC 处理之前，子载波 s 上的用户 k_n 的 SINR 可表示为

$$\mathrm{SINR}_{s,k_n}^{\mathrm{pre}}=\frac{P_{s,k_n}|h_{s,k_n}|^2/\sigma_s^2}{1+\sum_{i=1,i\neq k_n}^{k_{n(s)}}P_{s,i}|h_{s,k_n}|^2/\sigma_s^2} \tag{7.7}$$

而在 SIC 处理后，子载波 s 上的用户 k_n 的 SINR 可表示为

$$\mathrm{SINR}_{s,k_n}^{\mathrm{post}}=\frac{P_{s,k_n}|h_{s,k_n}|^2/\sigma_s^2}{1+\sum_{i=1}^{k_n-1}P_{s,i}|h_{s,k_n}|^2/\sigma_s^2} \tag{7.8}$$

根据香农公式，得到 SIC 处理后，子载波 s 上用户 k_n 的系统吞吐量为

$$C_{s,k_n}=\frac{B}{S}\mathrm{lb}\left(1+\frac{P_{s,k_n}|h_{s,k_n}|^2/\sigma_s^2}{1+\sum_{i=1}^{k_n-1}P_{s,i}|h_{s,k_n}|^2/\sigma_s^2}\right) \tag{7.9}$$

子载波 s 上的系统总吞吐量为

$$C_s=\frac{B}{S}\sum_{n=1}^{n(s)}x_{s,k_n}\mathrm{lb}\left(1+\frac{P_{s,k_n}|h_{s,k_n}|^2/\sigma_s^2}{1+\sum_{i=1}^{k_n-1}P_{s,i}|h_{s,k_n}|^2/\sigma_s^2}\right) \tag{7.10}$$

可以看出，系统吞吐量与子载波分组方式以及分组后每个子载波中的叠加用户功率分配方式，有密切联系。因此，将最大化系统吞吐量作为贪婪算法目标函数，可以将 NOMA 下行链路系统子载波分组问题转化为以下优化问题：

$$\max\sum_{s=1}^{S}\sum_{n}^{n(s)}x_{s,k_n}C_{s,k_n}$$

$$\text{s.t.}\begin{cases}R_1: P_{s,k_n}\geqslant 0\\ R_2: \sum_{s=1}^{S}\sum_{n}^{n(s)}P_{s,k_n}\leqslant P_{\max}\\ R_3: \sum_{n=1}^{n(s)}x_{s,k_n}=n(s),\ x_{s,k_n}\in\{0,1\}\end{cases} \tag{7.11}$$

三个约束条件分别表示：

R_1：为每个用户分配的功率大于等于 0；

R_2：为每个用户分配的功率总和不超过基站的发送功率；

R_3：若用户 k_n 被分组于子载波 s 中，则 x_{s,k_n} 取 1，反之则取 0，总共将 $n(s)$ 个用户分配到子载波 s 中。

3. 贪婪算法用于 NOMA 子载波分组工作流程

假设在 NOMA 系统中，各个子载波之间平均分配发送功率，每个子载波上叠加用户的功率分配采用固定功率分配算法。若将贪婪算法的思想用在 NOMA 系统子载波分组策略中，则算法工作步骤如下：

(1) 初始化各项参数：设子载波上的叠加用户集合为 U_s，整个系统中的子载波集合为 $\Omega_s=\{1, 2, \cdots, S\}$，整个系统中的用户集合为 $U_k=\{k_1, k_2, \cdots, k_K\}$，令 $x_{s,k_n}=0$，用户 k 的数据传输速率 $v_k=0$，迭代次数 $i=1$。

(2) 对子载波 i 而言，若用户集合 U_k 中有两个或两个以上的用户吞吐量为 0，那么就选取其中具有最佳信道增益的用户 k_{u1} 进入该子载波中；否则选择 U_k 中吞吐量与速率之比最大的用户 k_{u2}。将用户 k_{u1} 或 k_{u2} 添加进 U_s 中并将其从 U_k 移除，更新 v_k。

(3) 搜索子载波 i 上其他的叠加用户，任意选择 U_k 中的一个用户 k_j，计算用户 k_j 与 U_s 中其他用户叠加后子载波 i 的吞吐量，选择能够使得子载波 i 的吞吐量最大的用户 k_j，将用户 k_j 添加进 U_s 中并将其从 U_k 中移除，更新 v_k。

(4) 若 U_s 中用户数量少于 $k_{n(s)}$，返回步骤(3)；否则，进入步骤(5)。

(5) 完成第 i 个子载波上叠加用户的分组，令 $i=i+1$。

(6) 若 $i \leqslant S$，回到步骤(2)；否则，跳出迭代，完成所有子载波上的子载波分组。

基于贪婪算法的 NOMA 子载波分组策略流程图如图 7.3 所示。

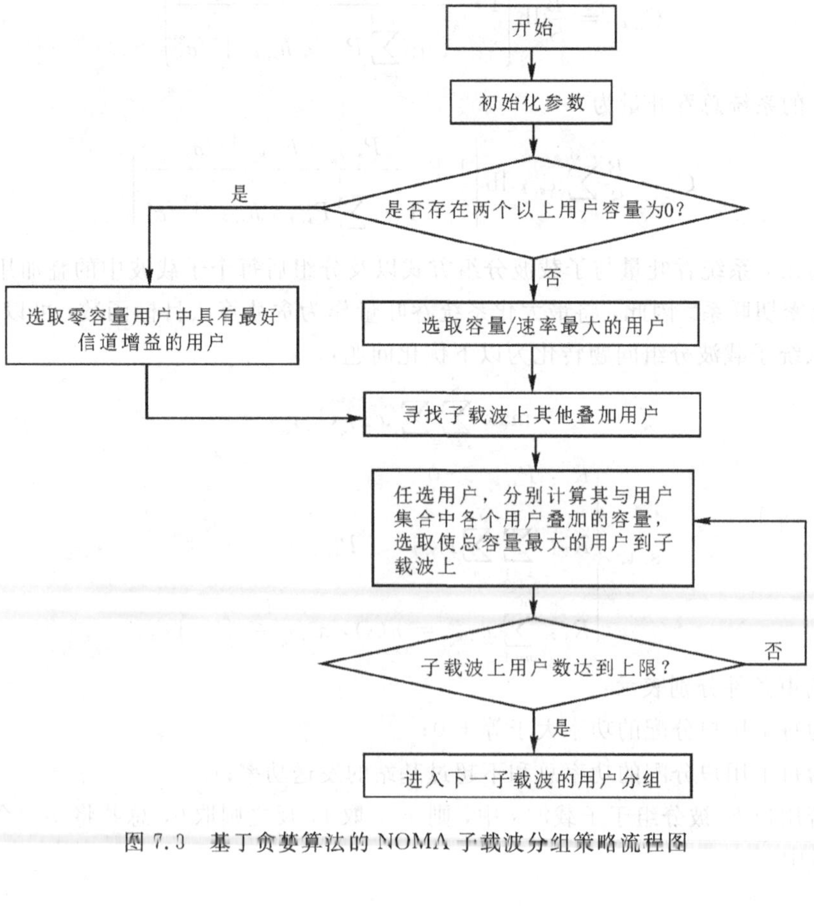

图 7.3 基于贪婪算法的 NOMA 子载波分组策略流程图

7.2.4 仿真与性能分析

为了评估本章提出的算法与现有算法在性能上的优劣，设置仿真场景为：一个由单个基站提供服务的蜂窝小区，并且小区内用户的位置随机均匀分布。其仿真参数如表 7.1 所示。

表 7.1 仿真参数设置

仿真参数	数值	单位
小区半径	500	m
基站发射功率	43	dBm
系统带宽	4.32	MHz
接收机噪声功率谱密度	−169	dBm/Hz
路径损耗模型	128.1+37.6lg(r)	dB
基站天线数	2	—

图 7.4(a)和(b)分别显示了使用随机子载波分组算法、全搜索子载波分组算法和贪婪子载波分组算法，进行 NOMA 下行链路子载波分组时接入用户数量和系统总吞吐量的关系变化曲线。

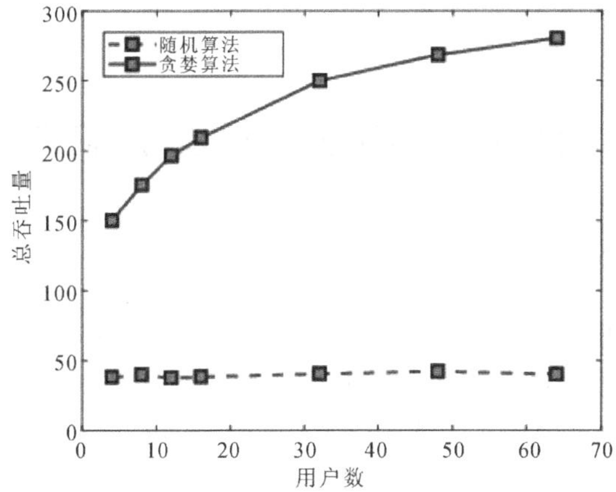

(a) 随机算法与贪婪算法系统吞吐量对比

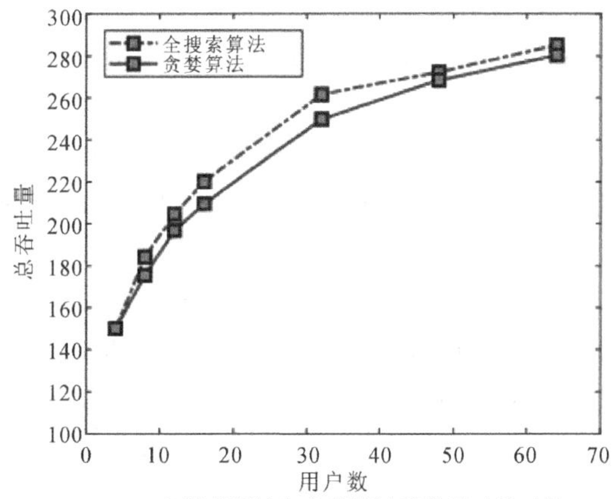

(b) 全搜索算法与贪婪算法系统吞吐量对比

图 7.4 基于贪婪算法的 NOMA 子载波分组性能分析

从图 7.4(a)中可以看出，当接入用户数量增加时(仿真实验中选择接入用户的数量分别为 4、8、12、16、32、48、64)，采用随机算法进行子载波分组，虽然其运算复杂度很低，但随机分配用户会导致严重的同组用户之间的干扰，接入用户的数量越多，同组用户之间的干扰越严重，从而影响系统吞吐量的提升。从图中可以看出，在此仿真场景下，采用随机子载波分组算法所得到的系统最大吞吐量始终低于 50 Mb/s。而本章中采用的贪婪子载波分组算法，从图中可以看出，其在系统吞吐量方面始终是采用随机子载波分组算法的三倍以上，性能优势明显。

在图 7.4(b)中，全搜索子载波分组算法可以最大化系统吞吐量且系统吞吐量随接入用户数量的增加而增加；在仿真实验中，当有 64 个接入用户时，系统总吞吐量超过了 280 Mb/s。若采用全搜索子载波分组算法，必须事先计算分析出所有子载波分组算法可能得到的结果，运算复杂度很高，难以在实际通信系统中实现。而本章中提出的贪婪子载波分组算法取得的系统总吞吐量接近全搜索子载波分组算法，在仿真实验中，两种算法分别取得的系统吞吐量相差最大不超过 20 Mb/s。假设在子载波 s 上叠加用户个数 k，所有可被选择的用户数为 K，则在子载波 s 上共有

$$\mathrm{C}_K^1+\mathrm{C}_{K-1}^1+\cdots+\mathrm{C}_{K-k+1}^1=0.5(2K-k+1)k \tag{7.12}$$

种可能的用户组合方式。相比前文中提到的全搜索子载波分组算法，基于贪婪算法的子载波分组算法有效降低了运算复杂度，并且可被选择的用户数量越多，该算法在实际应用可行性上的优势越明显。

7.3 NOMA 下行链路功率分配方案

7.3.1 功率分配的意义

功率域 NOMA 的本质就是在功率域上实现多址接入，因此在下行链路基站发送端给不同的用户发送信号分配不同的发送功率，以区分用户，是功率域 NOMA 最具代表性的技术特点。功率分配比的选择非常重要，从式(7.8)中可以得出，功率分配比选择得合适与否决定了 SIC 处理后每个用户的 SINR，从而决定了用于每个用户数据传输的调制和编码方案。因此通过调整功率分配比，基站发送端可以灵活地控制每个用户的数据传输吞吐量。进而，整个小区的系统总吞吐量、小区边缘的系统吞吐量和用户公平性均与功率分配比的分配紧密相关。

在 NOMA 系统中，给每个子载波进行分配用户组的操作和对每个子载波上的叠加用户进行功率分配的操作通常需要同时进行优化，两者的联合优化问题被证明是一个 NP-hard问题。一般来说，需要采用全局搜索算法来解决 NP-hard 问题以获得全局最优解，这会导致运算复杂度过高，难以在实际系统中实现。因此在现实应用中，通常通过交替优化功率分配和子载波分组来获得有效的次优解。本章的重点即尝试运用各种有效的算法来获得 NOMA 下行链路系统功率分配问题中接近全局最优解的各项次优解。

7.3.2 现有功率分配算法

最早提出的 NOMA 功率分配算法的基本思想来自于已有的多址技术，其中，全局搜

索功率分配(FSPA, Full Search Power Allocation)算法为了使 NOMA 系统获得所能达到的最佳性能，对用户组进行全面搜索并分配不同的发送功率。由于需要考虑到为每个用户组进行功率分配的所有可能情况，而 FSPA 运算复杂，因此导致与 SIC 解码顺序和功率分配比其相关联的信令开销增大。

为了进一步降低运算复杂度，分数阶功率分配(FTPA, Fractional Transmit Power Allocation)算法作为一种沿用了 LTE 上行链路中发射功率控制方案的次优功率分配算法被提出。其中，在子载波 s 上，位于用户组 U_s 中的用户 k 的发射功率分配如下：

$$P_s(k)=\frac{P_{\max}}{\sum\limits_{i\in U_s}(G_s(i)/N_s(i))^{-\delta_{\mathrm{FTPA}}}}\left(\frac{G_s(k)}{N_s(k)}\right)^{-\delta_{\mathrm{FTPA}}} \tag{7.13}$$

式中，δ_{FTPA}是衰减因子，$\delta_{\mathrm{FTPA}}=0$ 相当于用户之间分配相等的发射功率，即正交多址接入，δ_{FTPA}取值越大，为具有更低信道增益 $G_s(i)/N_s(i)$的用户 i 分得的功率就越多；$G_s(i)$为子载波 s 上第 i 条信道的信道增益，$N_s(i)$为子载波 s 上第 i 条信道的信道衰落。相同的 δ_{FTPA}将应用于整个时频空间中，因此 δ_{FTPA}需要通过进行系统仿真来预先确定取值，以使目标性能评估指标最大化。

固定功率分配算法根据用户的信道增益差异和信道相关度差异将他们划分为不同的用户集，在此预设的用户集里，只有来自不同用户集的用户才能分为一组。将固定功率分配算法应用在各个用户组的功率分配上，对于信道增益较好的用户组，分配更少的功率；而对于信道增益较差的用户组，分配更多的功率。该算法可以有效减少与 NOMA 下行链路相关的信令数量，从而在接收端降低 SIC 运算复杂度。

在现有 NOMA 功率分配算法研究上，针对多个性能指标对功率分配进行算法优化，其中主要包括总和速率最大化、用户公平性、能量效率最大化三方面性能指标。

(1) 基于总和速率最大化的功率分配算法：子载波内用户功率分配与子载波用户分组的联合优化，在每个用户达到最小速率这一约束条件下对总数据速率进行优化，在有两个用户的 NOMA 系统中实现最佳功率分配。有学者对 OFDMA-NOMA 系统的最大化加权总和速率问题展开研究，通过凸差编程来解决非凸的功率分配问题。又有学者引入了一种基于 water-filling 算法的功率分配算法以提升系统吞吐量。仿真实验证明，本节提出的功率分配算法可以提升 NOMA 的频谱效率和位于蜂窝小区边缘的用户的系统吞吐量。此外，该算法被证明在用户拥挤的区域具有很好的鲁棒性。

(2) 基于用户公平性的功率分配算法：NOMA 系统用户公平性的优化问题受中断概率和最佳解码顺序这两个条件所约束，有学者在发射机仅获得平均信道状态信息的情况下，对这两个约束条件进行研究，获得了基于 max-min 用户间公平性的功率分配算法。有学者对具有两个通信终端的 NOMA 下行链路比例公平调度(PFS, Proportional Fair Scheduling)进行分析，实验表明，使最小归一化速率最大化的 PFS 可以提供所需要的用户公平性。又有学者从保证用户公平性的角度研究出发，分别在获悉瞬时 CSI 和平均 CSI 的情况下分别对功率分配问题展开研究；还有一种运算复杂度较低的多项式算法，可以在两种情况下均获得最优解。

(3) 基于系统能量效率最大化的功率分配算法：能量效率作为未来移动通信标准中最

为重要的指标之一，在NOMA系统的设计上，也需要着重考虑最大化能量效率(用户可达到的总速率与总功耗之比)。有学者研究了当每个用户的数据传输速率达到最低要求的约束条件下，最大化NOMA系统能量效率的功率分配算法。又有学者考虑到基于能量效率的子载波分组和功率分配联合优化问题，将非凸优化问题转化为近似凸优化问题，获得了次优的解决方案。本节提出的功率分配算法，同样是基于能量效率问题进行优化。

7.3.3 基于粒子群算法的功率分配方案

1. 粒子群优化算法

粒子群优化(PSO，Partical Swarm Optimization)算法最早是由Kennedy等人模拟飞鸟的捕食规律而提出的。鸟群在搜寻食物的过程中，互相传递各自的位置信息和各自与食物的距离，通过协作来判定最优解。粒子群优化算法中用包含速度、位置两个属性的粒子模拟鸟群里的鸟，每个粒子独立地在搜索空间里搜寻局部最优解，并将各自的局部最优解共享给其他粒子，对比得出全局最优解。

作为一种进化算法，PSO由随机解开始，通过迭代运算最终获得最优解，并利用适应度函数来评估最优方案的质量。与遗传算法相比，它没有“交叉”和“变异”运算，而是通过当前搜寻到的最优值来寻求全局最优解。PSO所拥有的优良的搜索能力，使其能够在求解多个目标优化时更有利于获得全局最优解，故而可以用于已确定分组情况下解决NOMA系统中子载波内用户功率分配的问题。

2. NOMA下行链路能量效率最大化问题

在NOMA系统中，下行链路能量效率被定义为基站消耗每焦耳能量可以传输给用户的比特数，其中基站功耗由两部分组成：功率放大器的功率损耗以及电路的功率损耗。基站在发送期间的功率损耗可以表示为

$$P_{\text{tot}}=\zeta P_{\max}+P_{\text{c}} \tag{7.14}$$

式中，ζ为功率放大因子，$P_{\max}$为基站总发送功率，P_{c}为电路功率损耗。设系统在T秒内用R(b/s)的速率传输用户数据，则系统能效表示为

$$\eta=\frac{R\times T}{P_{\text{tot}}\times T} \tag{7.15}$$

根据式(7.15)以及上一节中推导出的子载波s上用户k_n的系统吞吐量C_{s,k_n}，可以得到该NOMA系统的能量效率为

$$\eta_{\text{NOMA}}=\frac{\sum\limits_{s=1}^{S}\sum\limits_{n=1}^{n(s)}C_{s,k_n}}{\zeta\sum\limits_{s=1}^{S}\sum\limits_{n=1}^{n(s)}P_{s,k_n}+P_{\text{c}}} \tag{7.16}$$

根据先前对NOMA下行链路吞吐量模型和能效模型的分析，假定在子载波s上只有两个用户k_1和k_2，子载波s上分配的功率为P_s，功率分配比为ψ。可以得到子载波s的吞吐量为

$$C_s=\frac{B}{S}\left\{\text{lb}\left(1+\psi P_s\frac{|h_{s,1}|^2}{\sigma_s^2}\right)+\text{lb}\left(1+\frac{(1-\psi)P_s|h_{s,2}|^2/\sigma_s^2}{1+\psi P_s|h_{s,2}|^2/\sigma_s^2}\right)\right\} \tag{7.17}$$

在设立总发送功率门限和用户数据传输速率门限的条件下，NOMA 系统能量效率可以通过一个合理的功率分配方案实现最大化：

$$
\text{s.t.}\left\{\begin{aligned}
&\max \frac{\dfrac{B}{S}\left\{\mathrm{lb}(1+\psi P_s\,|\,h_{s,1}\,|^2/\sigma_s^2)+\mathrm{lb}\left(1+\dfrac{(1-\psi)P_s\,|\,h_{s,2}\,|^2/\sigma_s^2}{1+\psi P_s\,|\,h_{s,2}\,|^2/\sigma_s^2}\right)\right\}}{\zeta\sum\limits_{s=1}^{S}P_s+P_c}\\
&R_1:\ \sum_{s=1}^{S}P_s\leqslant P_{\max}\\
&R_2:\ \sum_{s=1}^{S}\mathrm{lb}\left[1+\frac{P_{s,k}\,|\,h_{s,k}\,|^2/\sigma_s^2}{\sum\limits_{i\in U_s,\,i\neq k,\,\beta_{s,i}>\beta_{s,k}}P_{s,k}\,|\,h_{s,k}\,|^2/\sigma_s^2+1}\right]\geqslant v_k,\ k\in\{1,2,\cdots,K\}
\end{aligned}\right.
\tag{7.18}
$$

式中，v_k 是用户最低数据速率，$\beta_{s,k}=|h_{s,k}|^2/\sigma_s^2$ 是子载波 s 上的用户 k 的载波干扰噪声比(CINR)。

3. 基于粒子群优化算法的 NOMA 功率分配

在上述约束条件下，粒子群优化算法的适应度函数可以表示为

$$
f(\psi,P_s)=\frac{\dfrac{B}{S}\left\{\mathrm{lb}(1+\psi P_s\,|\,h_{s,1}\,|^2/\sigma_s^2)+\mathrm{lb}\left(1+\dfrac{(1-\psi)P_s\,|\,h_{s,2}\,|^2/\sigma_s^2}{1+\psi P_s\,|\,h_{s,2}\,|^2/\sigma_s^2}\right)\right\}}{\zeta\sum\limits_{s=1}^{S}P_s+P_c}
\tag{7.19}
$$

在粒子群优化算法中，当惯性权重较小时，有助于算法准确执行局部搜寻；当惯性权重较大时，可以帮助 PSO 跳出局部搜寻以进行全局搜寻。为了提高搜寻最优解的速度，当位于搜寻初期时，需要设置较大的惯性权重以确定最优解大概的位置；进入到搜索后期则需要将惯性权重减小，从而能确定最优解的具体位置。为了平衡局部搜寻和全局搜寻，PSO 中的惯性权重值的选择将根据迭代过程的进行而改变：

$$
W^i=W_{\max}-\frac{i\times(W_{\max}-W_{\min})}{i_{\max}}
\tag{7.20}
$$

式中，W^i 代表第 i 次迭代时的惯性权重，$i_{\max}$ 代表最大迭代次数，$W_{\max}$ 代表最大惯性权重，$W_{\min}$ 代表最小惯性权重。

在粒子群优化过程中，加速因子 c_1 和 c_2 分别使粒子接近局部最佳位置与全局最佳位置。在迭代运算的早期阶段，使用较大的 c_1 和较小的 c_2 可以减轻粒子受到的干扰，从而增强全局搜索能力。随着迭代运算的持续进行，c_1 和 c_2 按照：

$$
c_1^i=c_{1,I}+\frac{i\times(c_{1,F}-c_{1,I})}{i_{\max}}
\tag{7.21}
$$

$$
c_2^i=c_{2,I}+\frac{i\times(c_{2,F}-c_{2,I})}{i_{\max}}
\tag{7.22}
$$

的规则进行变化。其中 $c_{1,I}$ 和 $c_{2,I}$ 表示 c_1 和 c_2 的初始值，$c_{1,F}$ 和 $c_{2,F}$ 表示 c_1 和 c_2 的最终值。综上所述，将粒子群算法用于解决 NOMA 功率分配问题，粒子的位置即适应度函数的自变量，对应于功率分配问题中的一组可行解。通过粒子群算法迭代运算获得的粒子全局最佳位置即为上文提到的 NOMA 系统能量效率最大化问题的最优解。因此，基于粒子群优化算法获得 NOMA 系统功率分配方案的工作流程图如图 7.5 所示。

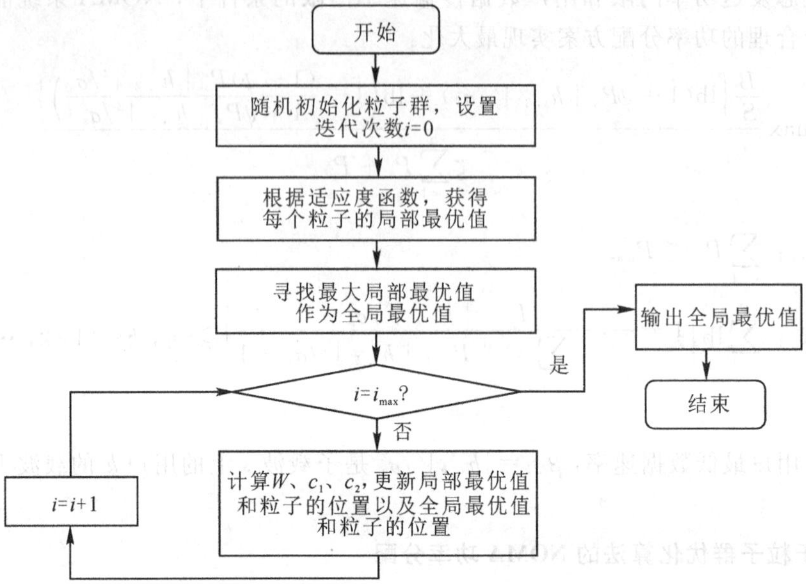

图 7.5 基于粒子群优化算法的 NOMA 系统功率分配方案的工作流程

7.3.4 仿真和性能分析

为了评估本章提出的粒子群优化算法对 NOMA 下行链路系统的性能增益，进行了单小区的系统级 MATLAB 仿真实验。在仿真实验中，对采用基于粒子群优化算法的功率分配方案的 NOMA 下行链路系统和采用基于 EPA-FTPA 算法的功率分配方案的 NOMA 下行链路系统进行性能对比。其中，EPA-FTPA 算法是指在 NOMA 功率分配过程中，不同子载波之间采用平均功率分配，同一子载波上的用户采用分数阶功率分配。仿真参数的选择符合 LTE/LTE-A 规范，如表 7.2 所示。

表 7.2 仿真参数设置

仿真参数	数 值	单 位	仿真参数	数 值	单 位
小区半径	1000	m	最大多普勒频移	30	Hz
子载波数	128	—	用户最小速率	500	b/s
基站最大发送功率	33	dBm	信道估计	Ideal	—
子载波带宽	15	kHz	粒子群规模	50	—
叠加用户数	2	—	最大惯性权重	0.9	—
小区用户数	20	—	最小惯性权重	0.4	—
时延	5	μs	加速因子 c_1	[1, 2.5]	—
电路功率损耗	2	W	加速因子 c_2	[0.5, 2]	—
功率放大因子	4	—	最大迭代次数	50	—
噪声功率谱密度	−169	dBm/Hz			

在图 7.6(a)中，当使用 EPA-FTPA 算法时，随着基站最大发送功率的持续增加，

NOMA系统的能效先提升再下降。这是因为在初始时基站的最大发送功率对系统能效的约束更强，增加功率就会提升能效。而随着最大发送功率的持续增加，基站的功耗将持续提升，最大发送功率对于系统能效的约束将渐渐弱于功耗对系统能效的约束，系统的能效就会呈下降的态势。当使用粒子群优化算法时，随着基站最大发送功率的增大，系统能效一开始在一定范围内上升；当基站最大发送功率达到 25 dBm 左右时，系统能效不再进一步上升，而是基本趋于平稳。这是因为一开始基站提供的发送功率对系统能效有更大约束，但随着基站最大发送功率的持续增长，通过 PSO 对功率分配问题不断进行优化，功率分配问题获得全局最优解，系统能效取得最优值。

在全局最优的功率分配方案中，如果可用功率持续增大，基站不再消耗额外功率，导致系统能效趋于稳定。因此，采用 PSO 能得到比传统 NOMA 功率分配方案更高的能效。在图 7.6(b)中，随着小区覆盖范围半径的增大，NOMA 能效逐渐降低。这是因为随着小区半径的增大，基站必须使用更大的发送功率来应对路径损耗的影响。此外，由图可知，随着小区半径的增大，采用 PSO 的 NOMA 能效始终大于采用 EPA-FTPA 的 NOMA 能效。因此可以得出结论：无论是在宏小区场景中，还是微小区场景中，本章提出的算法都可以带来很好的性能增益。

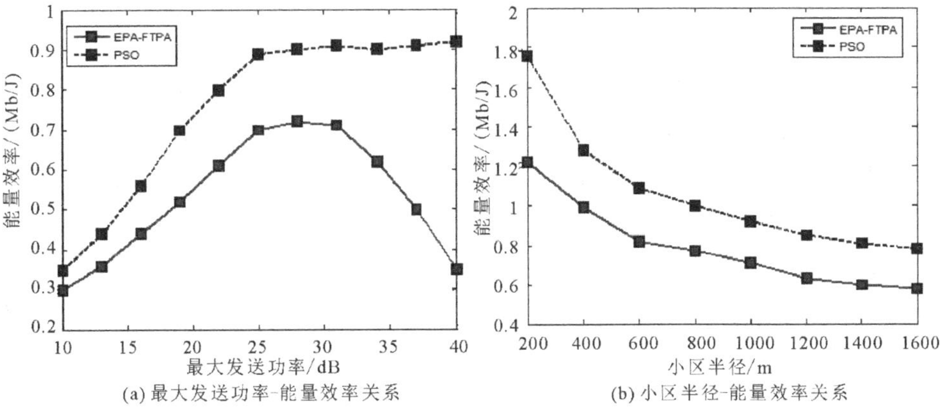

图 7.6　基于粒子群优化算法的 NOMA 功率分配算法性能

7.4　NOMA 下行链路接收检测

7.4.1　SIC 接收检测机的工作原理

由于 NOMA 系统中有多个叠加用户在同一 OFDM 符号持续时间中共享子载波的工作原理，会导致子载波上出现多径干扰现象，严重影响了 NOMA 下行链路接收机正确检测和解调出各个叠加用户的能力。对于存在多径干扰的接收用户信号，SIC 接收检测机凭借其先逐一消除干扰用户，再进行目标用户检测的工作原理，成为了 NOMA 接收机信号检测过程中的有效技术手段。SIC 检测的具体工作原理是：按照一定的排序规则分级检测多个干扰信号，一级检测一个干扰信号。每当一个干扰信号被检测出来，就将之移除出接收信号，并根据检测结果重构接收信号，然后将重构完成后的接收信号作为输入信号，进入下一级，直到所有干扰信号被检测和消去。NOMA 接收机进行 SIC 检测的顺序通常会按照 NOMA 发射机分配给各个叠加用户的发送功率从大到小排序进行，如图 7.7 所示。

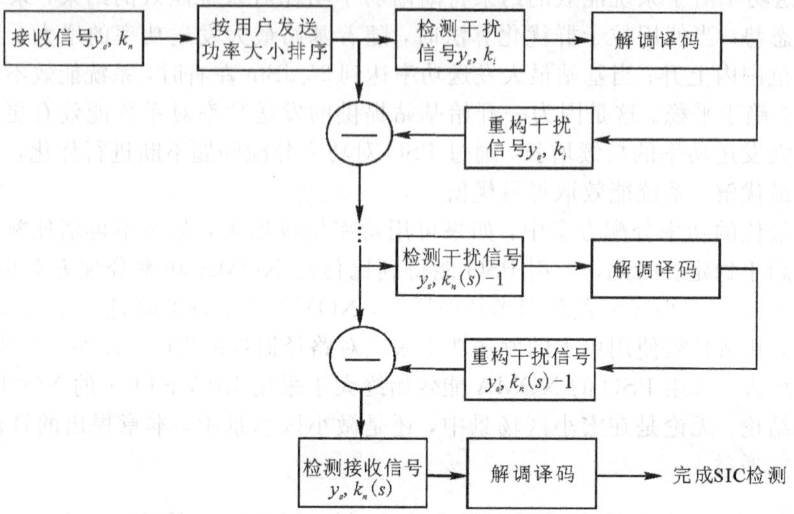

图 7.7 SIC 检测接收机结构

NOMA 上的 SIC 检测接收机可以按结构分成两类：符号级 SIC 检测接收机和码字级 SIC 检测接收机。完成接收信号的解调过程后，符号级 SIC 接收机会执行硬判决，然后重构判决结果(干扰信号再调制)，以获得一个干扰信号(小区边缘信号)并将其移出接收信号，接收信号进入下一级并重复操作至目标信号检测成功。码字级 SIC 接收机执行软判决，即在解调后先解码接收信号，再执行干扰信号的再编码和再调制。如图 7.8 所示，与符号级 SIC 检测相比，码字级 SIC 检测中的信道解码与再编码带来了额外的运算复杂度并增加了检测时延，但由于执行编解码处理而具有纠错功能，提升了小区边缘用户信号恢复的准确性，干扰信号重构偏差更小，检测结果更加可靠。

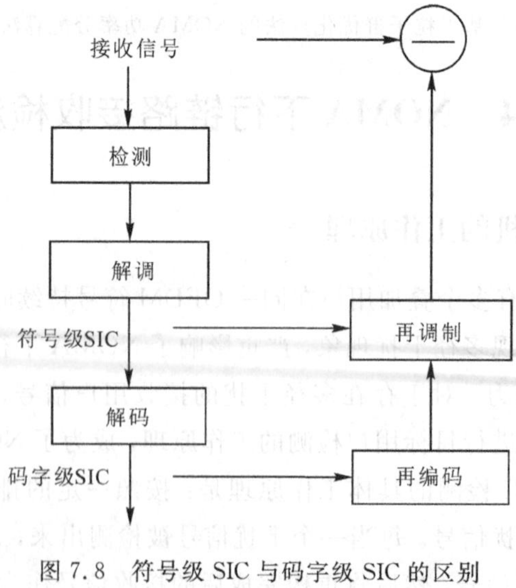

图 7.8 符号级 SIC 与码字级 SIC 的区别

NOMA 下行链路里根据一个特定的子载波分组策略把小区内用户分组到若干正交的

子载波内，然后对子载波内的不同用户分配不同的发送功率，从而使多个用户信号可以同时同频进行传递，从而提高了 NOMA 下行链路的频谱效率和系统吞吐量。然而，在一个子载波内发送多个叠加用户信号，在用户接收信号时，其他用户的信号就相当于干扰信号。可以说，NOMA 在发送端相当于额外增添了干扰信号，故而必须在接收端进行消除干扰的操作以获得准确的信号检测。因此，采用相应的信号检测策略以降低干扰信号的影响成为 NOMA 下行链路接收机设计的研究核心。

NOMA 接收机信号检测算法可以分为两类：采用硬判决算法的信号检测方案和采用软判决算法的信号检测方案。基于硬判决的信号检测算法主要包括 ML 信号检测、ZF 信号检测、MMSE 信号检测，如图 7.9 所示。其中，ML 检测算法根据最大似然比检测规则，从所有可能的用户组合中选择具有最大似然比的组合来获得最佳检测；ZF 检测算法使用线性变换迫使信道增益矩阵引起的干扰为 0，从而获得了一个干扰信号的零空间矩阵来消除多径干扰；MMSE 通过最小化发送信号和其估计发送值的最小均方误差来完成信号的检测。

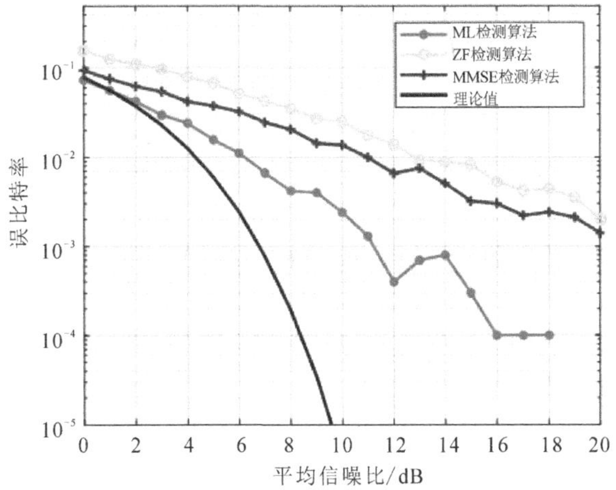

图 7.9　硬判决信号检测算法性能对比

在瑞利信道、BPSK 调制的仿真环境下对三种信号检测算法的性能进行仿真分析，可以看出，采用 ML 算法所能获得的系统性能最优，但 ML 算法需要进行遍历搜索，难以在海量接入用户场景中实际应用。因此实际应用中，通常采用 ZF 信号检测和 MMSE 信号检测与 SIC 检测的联合，其中，ZF-SIC 按用户信噪比大小对用户信号进行排序，MMSE-SIC 按信号干扰噪声比的大小排序用户信号。

在码字级 SIC 检测接收机中，解调之后的数据另外要进行解扰和解速率匹配，再执行译码操作，为减少译码过程中的差错概率，在检测过程中常采用软判决算法进行信号检测。与 LTE 系统中进行的信号检测相似，NOMA 系统的软判决信号检测可以采用 max-log-map 算法。假设调制星座图上共有 2^{2n} 个星座点，调制后的复数符号表示为 $x=x_I+jx_Q$，则各有 n 个信息比特分别映射在同相分量 x_I 和正交分量 x_J 上，复数符号与信息比特的映射关系为

$$a_1, a_2, \cdots, a_{2n-1}, a_{2n}=a_{1,x_I}, a_{1,x_Q}, \cdots, a_{n,x_I}, a_{n,x_Q} \tag{7.23}$$

由这一映射关系可以看出，在信息比特中，奇数比特对应复数符号中的同相分量，偶

数比特对应复数符号中的正交分量，两者在解调过程中是独立的，从而把二维的调制星座图简化为一维的调制星座图。接收信号表示为

$$Y=hx+\omega \tag{7.24}$$

式中，ω 是均值为 0、方差为 σ^2 的 AWGN 信号。在信道估计无误差的情况下，信道补偿后的接收信号为

$$y=\frac{Y}{h}=x+\frac{\omega}{h}=y_{\mathrm{I}}+\mathrm{j}y_{\mathrm{Q}} \tag{7.25}$$

用于检测接收信号的 max-log-map 算法的具体步骤如下：

(1) 计算输入的信息比特 $a_{i,x_{\mathrm{I}}}$ 和 $a_{i,x_{\mathrm{Q}}}$ 在接收信号 y 中对应的对数后验概率比 LLR$(a_{i,x_{\mathrm{I}}})$和 LLR$(a_{i,x_{\mathrm{Q}}})$，其中

$$\mathrm{LLR}(a_i)=\ln\frac{P\{a_i=1|y,h\}}{P\{a_i=0|y,h\}} \tag{7.26}$$

(2) 以 $a_{i,x_{\mathrm{I}}}$ 为例，令 C_0 和 C_1 为 $a_i=0$ 和 $a_i=1$ 的符号集，$\alpha\in C_0$，$\beta\in C_1$，有

$$\begin{aligned}\mathrm{LLR}(a_{i,x_{\mathrm{I}}})&=\ln\frac{\sum\limits_{\alpha\in C_1}P\{x=\alpha\mid Y,h\}}{\sum\limits_{\beta\in C_0}P\{x=\beta\mid Y,h\}}=\ln\frac{\sum\limits_{\alpha\in C_1}f_{Y|h,x}\{Y\mid h,x=\alpha\}}{\sum\limits_{\beta\in C_0}f_{Y|h,x}\{Y\mid h,x=\beta\}}\\&=\ln\frac{\sum\limits_{\alpha\in C_1}\mathrm{e}^{-\sigma^{-2}|Y-h\alpha|^2}}{\sum\limits_{\beta\in C_0}\mathrm{e}^{-\sigma^{-2}|Y-h\beta|^2}}\end{aligned} \tag{7.27}$$

(3) 采用最大逼近函数来简化运算过程，降低运算复杂度：

$$\ln\sum_j\mathrm{e}^{-X_j}\approx-\min_j(X_j) \tag{7.28}$$

$$\mathrm{LLR}(a_{i,x_{\mathrm{I}}})=\frac{1}{\sigma^2}\{\min_{\beta\in C_0}|Y-h\beta|^2-\min_{\alpha\in C_1}|Y-h\alpha|^2\}=\frac{|h|^2}{\sigma^2}\{\min_{\beta\in C_0}|y-\beta|^2-\min_{\alpha\in C_1}|y-\alpha|^2\} \tag{7.29}$$

(4) 利用 max-log-map 算法计算得到各个信息比特的 LLR 值，根据 LLR 值进行软判决即可恢复各个信息比特的值。

7.4.2 多用户调制星座图干扰消除算法

用上一节中提到的 max-log-map 算法来实现基于软判决算法的 NOMA 信号检测，相对于硬判决信号检测而言，其检错纠错的能力更强，从而减少了信号检测过程中信息的损失，提升了检测性能。然而，和硬判决信号检测相同的是，不同用户的发送信号独立处理，即在检测过程中仅用到用户信号本身的调制星座图，其发送端构造如图 7.10 所示。

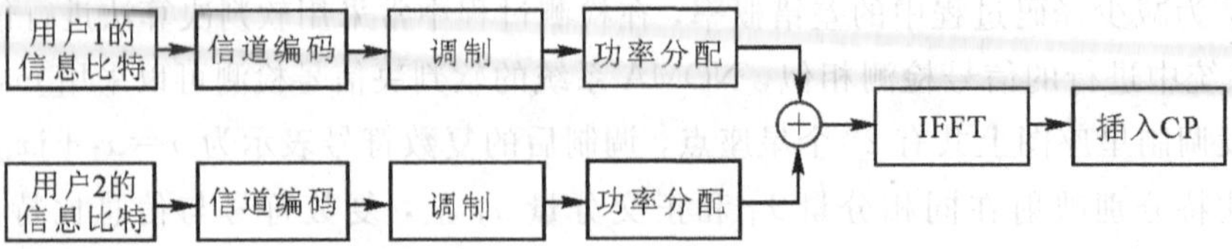

图 7.10 传统 NOMA 下行链路发送端

本章提出了一种由软判决信号检测算法改进而来的多用户调制星座图干扰消除

(MCIC，Multi-users Modulation Constellation Interference Cancellation)信号检测算法。这一算法利用多个用户信号的多种特征信息(如调制方式、功率分配比等)构建的多用户联合调制星座图来计算各个用户信息比特的 LLR 值。采用这一算法，除了需要对 NOMA 下行链路接收端重新进行设计外，还需要对 NOMA 下行链路发送端的设计加以改进，如图 7.11 所示。

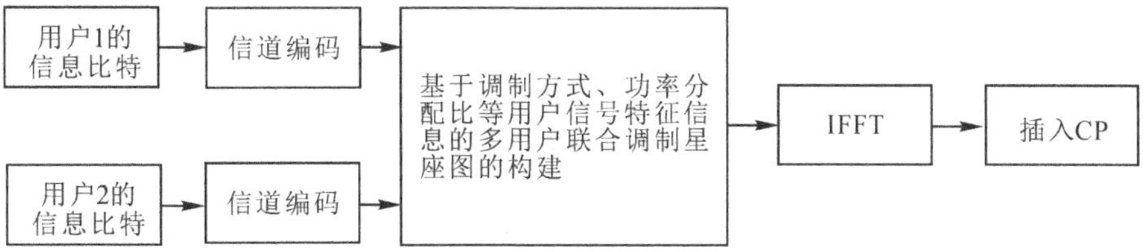

图 7.11　基于多用户调制星座图的 NOMA 下行链路发送端

多用户调制星座图是由来自不同用户信号的信息比特，根据格雷映射规则联合调制在同一个符号上所构建的。值得注意的是，尽管采用了联合调制，具体的调制编码方案仍然是由传统 NOMA 下行链路方案确定的，NOMA 下行链路系统中在用户公平性的约束下，将功率分别分配给小区边缘用户和小区中心用户以获得最大的系统吞吐量的基本原则不变。多用户调制星座图创建步骤如下：

(1) 将子载波 s 上的 $n(s)$ 个叠加发送的用户信号 x_n 按发送功率从大到小排列：

$$x_1,\ x_2,\ \cdots,\ x_{n(s)} \tag{7.30}$$

(2) 用户信号 x_n 调制之后获得的复数符号为 $x_n = x_{n,\mathrm{I}} + \mathrm{j}x_{n,\mathrm{Q}}$，则 x_n 在多用户调制星座图中的调制比特的数量分别为

$$2m_1,\ 2m_2,\ \cdots,\ 2m_{n(s)} \tag{7.31}$$

其中，奇数调制比特对应同相分量 $x_{n,\mathrm{I}}$，偶数调制比特对应正交分量 $x_{n,\mathrm{Q}}$。因此可以将这 $n(s)$ 个叠加用户信号对应于星座图上调制比特的信息比特分别设为

$$\begin{cases} a_{x_1,1,\mathrm{I}},\ a_{x_1,1,\mathrm{Q}},\ \cdots,\ a_{x_1,m_1,\mathrm{I}},\ a_{x_1,m_1,\mathrm{Q}} \\ a_{x_2,1,\mathrm{I}},\ a_{x_2,1,\mathrm{Q}},\ \cdots,\ a_{x_2,m_2,\mathrm{I}},\ a_{x_2,m_2,\mathrm{Q}} \\ \vdots \\ a_{x_{n(s)},1,\mathrm{I}},\ a_{x_{n(s)},1,\mathrm{Q}},\ \cdots,\ a_{x_{n(s)},m_{n(s)},\mathrm{I}},\ a_{x_{n(s)},m_{n(s)},\mathrm{Q}} \end{cases} \tag{7.32}$$

(3) 根据各个用户信号的调制方式，在多用户调制星座图上共有 $2^{2m_1+2m_2+\cdots+2m_{n(s)}}$ 个调制星座点，各个调制星座点上的调制比特分别为

$$\begin{cases} a_1,\ a_2,\ \cdots,\ a_{2m_1} \\ a_{2m_1+1},\ a_{2m_1+2},\ \cdots,\ a_{2m_1+2m_2} \\ \vdots \\ a_{2m_1+2m_2+\cdots+1},\ \cdots,\ a_{2m_1+2m_2+\cdots+2m_{n(s)}} \end{cases} \tag{7.33}$$

(4) 用户信号 x_n 的信息比特一一对应地映射多用户调制星座图上的调制：

$$a_{x_n,1,\mathrm{I}},\ a_{x_n,1,\mathrm{Q}},\ \cdots,\ a_{x_n,m_n,\mathrm{I}},\ a_{x_n,m_n,\mathrm{Q}} \leftrightarrow a_{2m_1+\cdots+2m_{n-1}+1},\ \cdots,\ a_{2m_1+\cdots+2m_{n-1}+2m_n} \tag{7.34}$$

利用信息比特和调制比特之间的映射关系，在接收端根据多用户调制星座图获得各个信息比特在接收信号上的 LLR 值，将 LLR 值输入至译码器进行信道译码，即可获得发送信号的信息比特。例如在一个仅包含两个用户的小区中，小区边缘用户 UE1 和小区中心用

户 UE2 均采用 QPSK 调制方式，为 UE_1 分配的发送功率 P_1 大于为 UE2 分配的发送功率 P_2。UE1(UE2)的信息比特为 $a_{x_1,1,I}$ 和 $a_{x_1,1,Q}$($a_{x_1,2,I}$ 和 $a_{x_1,2,Q}$)，分别映射在调制星座图上的调制比特为 a_1 和 a_2(a_3 和 a_4)，可得

$$\text{LLR}(a_1)=\begin{cases}\dfrac{-4\text{Re}\{y_n\}d_1(|h_{n,1}|^2+|h_{n,2}|^2)}{\sigma^2}, & |\text{Re}\{y_n\}|\leqslant\sqrt{\dfrac{P_1}{2}}\\[2ex] \dfrac{-(d_1+d_2)(2\text{Re}\{y_n\}+d_1-d_2)(|h_{n,1}|^2+|h_{n,2}|^2)}{\sigma^2}, & \text{Re}\{y_n\}>\sqrt{\dfrac{P_1}{2}}\\[2ex] \dfrac{-(d_1+d_2)(2\text{Re}\{y_n\}+d_2-d_1)(|h_{n,1}|^2+|h_{n,2}|^2)}{\sigma^2}, & \text{Re}\{y_n\}<\sqrt{\dfrac{P_1}{2}}\end{cases} \tag{7.35}$$

$$\text{LLR}(a_2)=\begin{cases}\dfrac{-4\text{Im}\{y_n\}d_1(|h_{n,1}|^2+|h_{n,2}|^2)}{\sigma^2}, & |\text{Im}\{y_n\}|\leqslant\sqrt{\dfrac{P_1}{2}}\\[2ex] \dfrac{-(d_1+d_2)(2\text{Im}\{y_n\}+d_1-d_2)(|h_{n,1}|^2+|h_{n,2}|^2)}{\sigma^2}, & \text{Im}\{y_n\}>\sqrt{\dfrac{P_1}{2}}\\[2ex] \dfrac{-(d_1+d_2)(2\text{Im}\{y_n\}+d_2-d_1)(|h_{n,1}|^2+|h_{n,2}|^2)}{\sigma^2}, & \text{Im}\{y_n\}<\sqrt{\dfrac{P_1}{2}}\end{cases} \tag{7.36}$$

$$\text{LLR}(a_3)=\begin{cases}\dfrac{-4\text{Re}\{y_n\}d_2(|h_{n,1}|^2+|h_{n,2}|^2)}{\sigma^2}, & |\text{Re}\{y_n\}|\leqslant\sqrt{\dfrac{P_2}{2}}\\[2ex] \dfrac{-(d_2-d_1)(d_1+d_2-2\text{Re}\{y_n\})(|h_{n,1}|^2+|h_{n,2}|^2)}{\sigma^2}, & \text{Re}\{y_n\}>\sqrt{\dfrac{P_2}{2}}\\[2ex] \dfrac{-(d_2-d_1)(-d_1-d_2-2\text{Re}\{y_n\})(|h_{n,1}|^2+|h_{n,2}|^2)}{\sigma^2}, & \text{Re}\{y_n\}<\sqrt{\dfrac{P_2}{2}}\end{cases} \tag{7.37}$$

$$\text{LLR}(a_4)=\begin{cases}\dfrac{-4\text{Im}\{y_n\}d_2(|h_{n,1}|^2+|h_{n,2}|^2)}{\sigma^2}, & |\text{Im}\{y_n\}|\leqslant\sqrt{\dfrac{P_2}{2}}\\[2ex] \dfrac{-(d_2-d_1)(d_1+d_2-2\text{Im}\{y_n\})(|h_{n,1}|^2+|h_{n,2}|^2)}{\sigma^2}, & \text{Im}\{y_n\}>\sqrt{\dfrac{P_2}{2}}\\[2ex] \dfrac{-(d_2-d_1)(-d_1-d_2-2\text{Im}\{y_n\})(|h_{n,1}|^2+|h_{n,2}|^2)}{\sigma^2}, & \text{Im}\{y_n\}<\sqrt{\dfrac{P_2}{2}}\end{cases} \tag{7.38}$$

式中，$d_1=\dfrac{\sqrt{P_1}-\sqrt{P_2}}{\sqrt{2}}$，$d_2=\dfrac{\sqrt{P_1}+\sqrt{P_2}}{\sqrt{2}}$，Re{}表示实部，Im{}表示虚部。

多用户调制星座图的设计使得 NOMA 系统接收端可以同时计算多个叠加用户信号的 LLR 值，从而省去了原先 NOMA 接收机中必不可少的 SIC 处理过程，有效减少了 NOMA 接收机的运算次数和工作时延。由于多个叠加用户信号的检测可以通过多用户调制星座图并行进行，因此多个干扰用户信号的消除也可以并行进行。在接收检测过程中，将用户信号按照被分配发送功率大小进行排列并分为 L 个用户信号集合($L\in\{l_1, l_2, \cdots, l_L\}$)，在第一级选择用户信号集合 l_1 进行信号检测和干扰消除，并进入下一级直到检测完成。这样做

的好处是，当在 NOMA 系统发送端的一个子载波上叠加的用户信号数量很多或用户信号采取高阶调制方式时，接收机的设计相对来说更容易实现。

7.4.3 接收机设计与可行性分析

基于 MCIC 算法的 NOMA 接收机前两级的设计与工作步骤如图 7.12 所示。

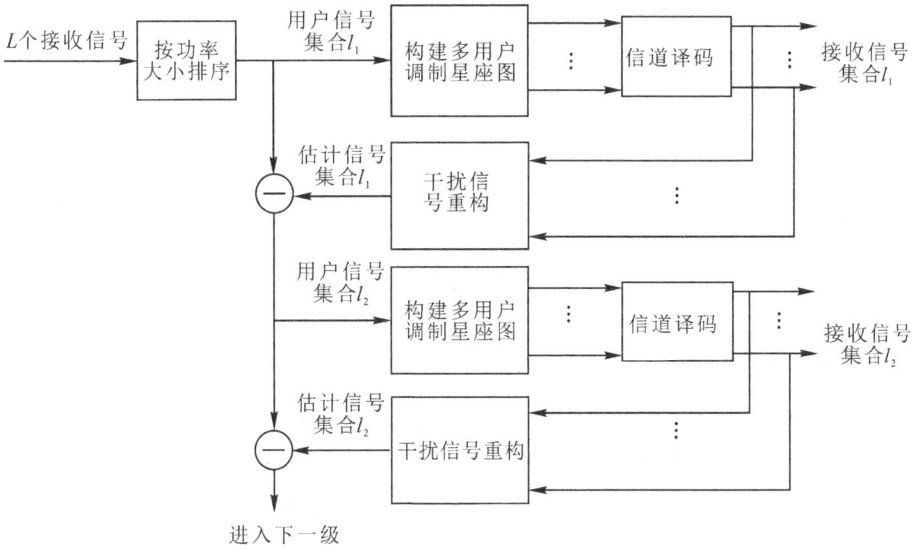

图 7.12　基于 MCIC 算法的 NOMA 接收机设计

(1) 将 L 个接收信号按功率从大到小排列，得到用户信号集合 l_1，l_2，…，l_L。

(2) 构建信号集合 l_1 的多用户调制星座图，计算其中各个信号调制比特的 LLR 值。

(3) 将各 LLR 值输出至信道译码器进行译码，以获得 l_1 中各用户信号的信息比特。

(4) 利用 l_1 中各用户信号的信息比特重构干扰信号，获得估计信号集合 l_1。

(5) 将估计信号集合 l_1 从原始信号中除去，以消除干扰信号集合 l_1 造成的多径干扰。

(6) 剩余接收信号进入下一级，重复上述流程，直至检测出期望得到的信号。

在 NOMA 接收机实现可行性方面，利用 max-log-map 算法计算每个信息比特的 LLR 值和利用 MCIC 算法计算每个信息比特的 LLR 值，两种算法中的加法运算次数和乘法运算次数均与用户信号调制比特的个数相等，因此 MCIC 算法在算法流程中不会增添额外的运算复杂度。而且，MCIC 算法在基站发送端构建多用户调制星座图，使得在用户接收端处可以同时完成多个接收信号的检测与消除，相比较符号级 SIC 接收机和码字级 SIC 接收机，减少了接收机处理级数，有效降低了运算复杂度。

在系统工作时延方面，对包含三个采用不同调制方式的用户终端的 NOMA 下行链路系统进行分析，如图 7.13 所示。在一个 UE1 采用 64QAM 调制方式、UE2 采用 16QAM 调制方式、UE3 采用 QPSK 调制方式的 NOMA 系统中，小区中心用户(UE1 和 UE2)在采用 MCIC 接收机时，相比 SIC 接收机，系统工作时延有效降低了；小区边缘用户(UE3)采用三种接收机时的系统工作时延相同，这是因为此时已经没有干扰用户信号，三种接收机都可以直接进行信号检测。

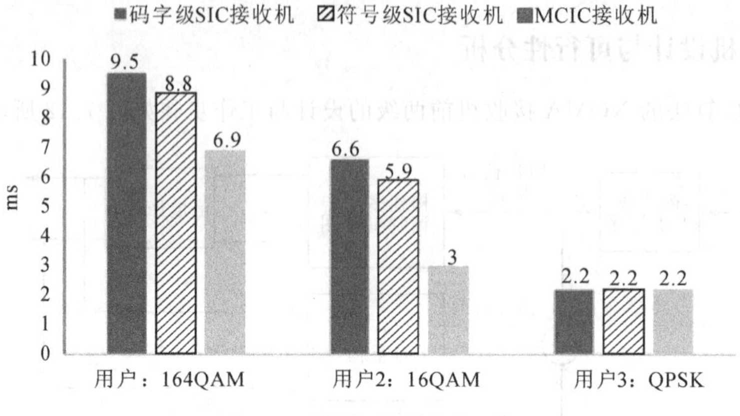

图 7.13　三种 NOMA 接收机工作时延对比

7.4.4　仿真与性能分析

为了验证本章中介绍的用于 NOMA 下行链路接收端的 MCIC 算法的性能优势，分别对基于硬判决算法的符号级 SIC 接收机、基于软判决算法的码字级 SIC 接收机与基于 MCIC 算法的新型 NOMA 接收机用于 NOMA 下行链路中的 SINR/BLER 进行 MATLAB 仿真分析和比较，仿真结果中横轴为蜂窝小区的中心用户 UE1 的信干噪比、纵轴为蜂窝小区的中心用户 UE1 的误块率，通过改变用户调制方式和用户功率分配比对产生的结果进行比较。用户信道模型采用扩展步行信道 A 模型(EPA，Extended Pedestrian A model)，仿真参数基于现有的 LTE/LTE-A 规范针对本章所需的实验环境进行修改所获得，具体参数如表 7.3 所示。

表 7.3　仿真参数设置

仿真参数	数值	单位	仿真参数	数值	单位
OFDM 符号数	14	—	子载波个数	12	—
发送带宽	9	MHz	叠加用户数	3	—
子载波带宽	15	kHz	子载波总数	600	—
FFT 数据量	2048	—	OFDM 符号传输间隔	1	ms
OFDM 符号持续时间	66.67 +4.69(CP)	μs	小区中心用户调制方式	16QAM/64QAM	—
小区边缘用户调制方式	QPSK	—	功率分配方式	FPA	—
信道解码方式	Turbo	—	信道模型	EPA	—
最大多普勒频率	30	Hz	信道估计	Ideal	—

由图 7.14 分析可得，码字级 SIC 检测的 SINR/BLER 性能最接近于理论上完全消除干扰的理想 SIC 检测，MCIC 算法的性能次之，符号级 SIC 检测的性能优势最不明显。将图 7.14(a)和(b)进行对比可以看出，当小区用户采取更高阶调制方式时接收机的检测性能下降了，与 SIC 接收机相比，基于 MCIC 算法的接收机来对抗由于用户调制方式改变而导致

的检测性能下降的鲁棒性更强。

对比图 7.14(b)和图 7.14(c)可以看出，当功率分配比由 0.2∶0.3∶0.5 变为 0.1∶0.3∶0.6 时，即为小区中心用户分配更多功率时，图中四种 NOMA 接收机的信号检测性能均有所上升，其中，基于 MCIC 算法的接收机的性能变化更为明显，因此可以采用更加合理的子载波分组方案和功率分配算法，比如本章之前提出的 GA 和 PSO，进一步提升基于 MCIC 算法的 NOMA 接收机信号检测性能。

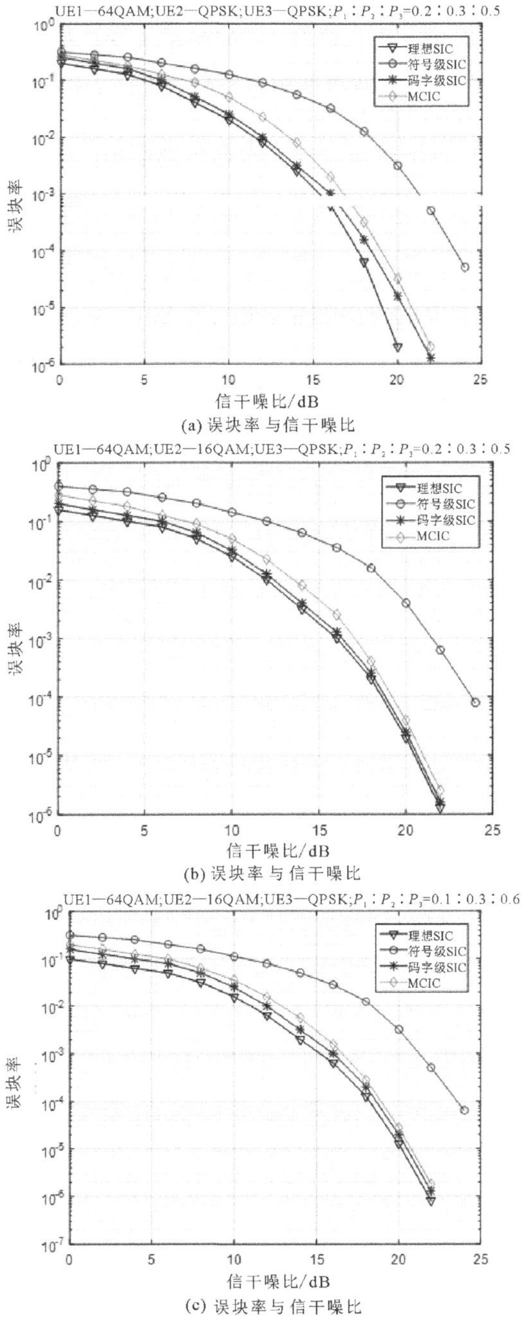

(a) 误块率与信干噪比

(b) 误块率与信干噪比

(c) 误块率与信干噪比

图 7.14　四种 NOMA 接收检测算法性能分析

本章小结

本章对NOMA下行链路系统模型进行搭建，在该系统模型下，分别对NOMA发送端的子载波分组策略、功率分配方案以及NOMA接收端信号检测机设计进行了研究。该研究成果包括：提出了基于GA思想的一种NOMA子载波分组设计方案；提出了一种利用PSO算法进行NOMA下行链路功率分配的方案；提出了一种基于MCIC算法的NOMA接收机设计方案。三项研究成果分别从提升NOMA系统吞吐量、提升NOMA系统能量效率、提升NOMA系统接收机可行性的角度出发，对NOMA系统下行链路设计方案进行优化，为NOMA在未来的实际应用提供了可能。

本章针对NOMA系统下行链路的设计方案还不够完善，存在很多不足之处，需要在未来的工作中进一步深入探索。其中主要的不足之处包括：本章搭建的NOMA下行链路系统只考虑到了单小区场景，对于实际应用中的多小区场景中可能存在的小区间用户干扰考虑不足；本章提出的子载波分组优化问题中，为简化计算，没有将其设计为子载波分组和功率分配的联合优化问题；本章提出的功率分配优化问题中，约束条件仅考虑到了用户最小速率，在实际通信系统中需要考虑更多的约束条件；本章提出的接收检测机设计理论上可以有效实现高阶调制和多叠加用户情况下的信号检测，需要进一步通过仿真实验来进行论证。

第8章
极化编码

极化码的编码构造与RM码类似，两者的生成矩阵行向量只是顺序不同，前者基于信道极化现象，而后者依赖汉明重量。值得一提的是，极化码是一种基于信道极化的编码方法，不同的信道其极化方法不同，所以不同信道的信息位选取方法可能有所不同。对于信息位的选取，可以利用蒙特卡罗仿真的方法估计Bhattacharyya(巴氏)参数，而后根据该参数进行排序以选择信息位。信息位选取的问题其实就是如何寻找到好的、几乎无噪声的信道传输信息比特。

但是，蒙特卡罗仿真的估计方法计算量大、时间复杂度高，有学者采用高斯近似的方法和密度进化的方法选择信息位，后者可以有效降低计算量但引入了量化误差；前者虽然避免了误差问题，却也严重影响到译码性能。最初提出的极化码只有一种核矩阵类型，Mori等人尝试结合代数几何编码矩阵和RS码以构造新的核矩阵，提出了一种基于3×3维核矩阵的极化码，打破了极化码在码长$N=2^n$上的限制，这种结构的极化码具有多种类型的多维核矩阵。

8.1 极 化 码

为了方便后续的编码、译码和性能评估等的分析，用$W: \chi \to \gamma$表示任意一个BDMC信道。其中，输入和输出分别用字母γ和$\chi \in \{0, 1\}$表示，$W(y|x)$表示信道的转移概率。以基于2×2维核矩阵的非系统极化码为例，令编码长度为$N=2^n$，$n=1, 2, \cdots, K$，表示信息块长，那么码率$R=K/N$。给定一个BDMC $W: \chi \to \gamma$，那么对称信道容量为

$$I(W) \stackrel{\text{def}}{=} \sum_{y \in \gamma} \sum_{x \in \chi} \frac{1}{2} W(y|x) \log \frac{W(y|x)}{\frac{1}{2}W(y|0) + \frac{1}{2}W(y|1)} \tag{8.1}$$

对于一个一般的BDMC信道，还有一个至关重要的参数——巴氏(Bhattacharyya)参数，即

$$Z(W) \stackrel{\text{def}}{=} \sum_{y \in \gamma} \sqrt{W(y|0)W(y|1)} \tag{8.2}$$

信道容量$I(W)$是指一个二进制离散无记忆信道中的最大信息比特传输速率，巴氏参数$Z(W)$则是表示这类信道传输一个比特“0”或者“1”时的错误概率上限。实际上，信道容量$I(W)$和巴氏参数$Z(W)$之间存在一定的约束关系：参数$Z(W)$的值越小，则信道W越可靠，相应地，信道容量$I(W)$就越大；参数$Z(W)$的值越大，则信道W越不可靠，信道容量

$I(W)$就相应地越小。本章中涉及的所有极化码相关的向量和矩阵运算都是二元域上的运算。W^N 表示 N 个未经处理的信道 W，$\oplus$表示模 2 加法运算，$\otimes$指的是克罗内克(Kronecker)积。例如，一个 $m\times n$ 的矩阵 $\boldsymbol{A}$ 和一个 $r\times s$ 的矩阵 $\boldsymbol{B}$ 的 Kronecker 积可表示为

$$\boldsymbol{A}\otimes\boldsymbol{B}=\begin{bmatrix} a_{11}B & \cdots & a_{1n}B \\ a_{21}B & \cdots & a_{2n}B \\ a_{m1}B & \cdots & a_{mn}B \end{bmatrix}_{mr\times ns} \tag{8.3}$$

令 $\boldsymbol{u}_i^j$ 表示向量$(u_i,\ u_{i+1},\ \cdots,\ u_j)$，其中 $j\geqslant i$，若 $i>j$，则 $\boldsymbol{u}_i^j$ 为空向量。对于给定的向量 $\boldsymbol{u}_1^N$ 和指数向量 $\boldsymbol{A}\subset\{1,\ 2,\ \cdots,\ N\}$，用 $\boldsymbol{u}_i$ 来表示 $\boldsymbol{u}_1^N$ 的子向量$(u_i: i\in A)$。用 $\boldsymbol{u}_{1,o}^j$来表示只包括向量 $\boldsymbol{A}$ 中指数元素为偶数的子向量$(u_i:\ 1\leqslant i\leqslant N;\ i$ 为偶数)；用 $\boldsymbol{u}_{1,e}^j$来表示只包括指数元素为奇数的子向量$(u_i:\ 1\leqslant i\leqslant N;\ i$ 为奇数)。例如，$\boldsymbol{a}_1^6=\{a_1,\ a_2,\ a_3,\ a_4,\ a_5,\ a_6\}$，$\boldsymbol{a}_{1,o}^6=\{a_2,\ a_4,\ a_6\}$。

8.1.1 信道极化

极化编码是一种理论上可达 BDMC 信道容量的编码方法，这类信道包括 BSC(Binary Symmetric Channel)信道和 BEC(Binary Erasure Channel)信道，而 BAWGN(Binary AWGN)信道和 BEC 信道是极化码比较常用的两个信道模型。不过，鉴于通信系统中大多设计往往将干扰最有害的高斯白噪声作为标准，因此大多数的仿真实验是在加性高斯白噪声信道下进行的。

极化码编码的思想源于信道极化现象，信道极化主要由信道合并和信道分裂这两个阶段组成。信道合并就是将 N 个相互独立的 BDMC 信道 W 通过一系列线性变换合并成组合信道 W_N 的过程，再将信道合并后的组合信道 W_N 根据信道的转移概率拆分成相互之间有约束关系的比特信道$\{W_N^{(i)}: 1\leqslant i\leqslant N\}$则是信道分裂。当编码序列长度 N 足够大时，在经过信道合并和信道分裂操作后，信道会出现一种两极分化的现象：信道分裂后的一部分比特信道容量 $I(W)$趋近于 1，另一部信道的信道容量接近于 0，这就是所谓的信道极化现象。在信道容量接近于 0 的噪声信道上发送固定比特(一般为 0)，而在信道容量趋近于 1 的完好信道上发送信息比特，当码长 N 趋向于无穷大时，在给定的 BDMC 信道上通信系统可达信道容量 $I(W)$，极化码就是基于信道极化这一思想构造的。

1. 信道合并

信道合并是以递归的方式或通过一系列线性变换将 N 个相互独立的 BDMC 信道 W 转换成一个组合信道 W_N：$\chi^N\rightarrow\gamma^N$，其中，$N=l^n$，$l\in\{2,\ 3,\ 5,\ 7,\ \cdots\}$，$n\geqslant 0$。这种递归方式从 0 级($n=0$)开始，默认 $W_1=W$，递归的第一级($n=1$)将两个相互独立的信道 W 转换成一个整体的信道 W_2：$\chi^2\rightarrow\gamma^2$，该过程如图 8.1 所示。进一步，递归的第二级将四个相互独立的信道 W 转换成一个新的组合信道 W_4：$\chi^4\rightarrow\gamma^4$，如图 8.1 所示。

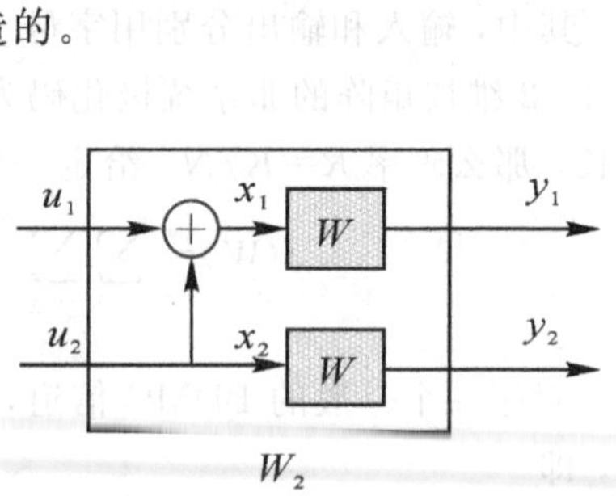

图 8.1 组合信道 W_2

在图 8.1 中，从组合信道 W_2 的输入到信道 W^2 的输入的映射 $u_1^2\mapsto x_1^2$ 可以写成 $x_1^2=u_1^2G_2$。组合信道 W_2 的转移概率的推导如图 8.1 所示，若两个比特 u_1 和 u_2 分别输入到组合信道 W_2 中，则该信道输出为 y_1 和 y_2，信道虽然合并了，但在传输的时候每个比特都是在

独立的比特信道中传输的，因而可将每个比特的传输视为相互独立的，那么组合信道 W_2 的转移概率为

$$\begin{aligned} W_2(y_1^2 \mid u_1^2) &= W_2(y_1, y_2 \mid u_1, u_2) \\ &= W(y_1 \mid x_1)W(y_2 \mid x_2) \\ &= W(y_1 \mid u_1 \oplus u_2)W(y_2 \mid u_2) \\ &= W^2(y_1^2 \mid u_1^2 \boldsymbol{G}_2) = W^2(y_1^2 \mid x_1^2) \end{aligned} \tag{8.4}$$

其中，二阶生成矩阵 $\boldsymbol{G}_2 = \begin{bmatrix} 1 & 0 \\ 1 & 1 \end{bmatrix}$。

在图8.2中，矩阵 $\boldsymbol{R}_4$ 是置换矩阵，完成从 $u_1^4=(u_1, u_2, u_3, u_4)$ 到 $v_1^4=(u_1, u_3, u_2, u_4)$ 的映射。关于置换矩阵 $\boldsymbol{R}_N$ 的详细内容，会在下一节给出。相似地，也可以推导出组合信道 W_4 的转移概率为

$$\begin{aligned} W_4(y_1^4 \mid u_1^4) &= W(y_1 \mid u_1 \oplus u_2 \oplus u_3 \oplus u_4)W(y_2 \mid u_3 \oplus u_4)W(y_3 \mid u_2 \oplus u_4)W(y_4 \mid u_4) \\ &= W^4(y_1^4 \mid u_1^4 \boldsymbol{G}_4) \\ &= W^4(y_1^4 \mid x_1^4) \end{aligned} \tag{8.5}$$

其中，四阶生成矩阵 $\boldsymbol{G}_4 = \begin{bmatrix} 1 & 0 & 0 & 0 \\ 1 & 0 & 1 & 0 \\ 1 & 1 & 0 & 0 \\ 1 & 1 & 1 & 1 \end{bmatrix}$。

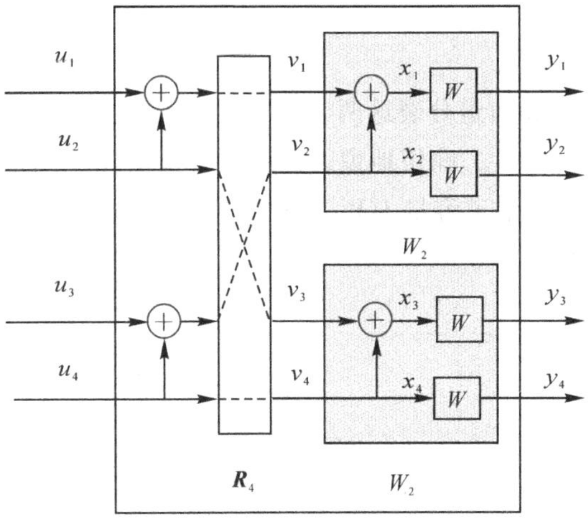

图8.2 组合信道 W_4

信道合并的递归以此类推。通过数学归纳法可以知道，组合信道 W_N 的转移概率公式为

$$\begin{aligned} W_N(y_1^N \mid u_1^N) &= W^N(y_1^N \mid u_1^N \boldsymbol{G}_N) \\ &= W^N(y_1^N \mid x_1^N) \end{aligned} \tag{8.6}$$

实际上，组合信道 W_N 的转移概率公式的推导过程也是极化码编码公式 $x_1^N = u_1^N \boldsymbol{G}_N$ 的推导过程，如式(8.6)所示。确切地说，非系统极化码便是基于这个编码公式构造的，有关该公式的内容，后面会进一步说明。

2. 信道分裂

信道合并是将 N 个相互独立的 BDMC 信道 W^N 以递归的方式合成得到一个组合信道 W_N，作为信道极化的另一个阶段，信道分裂则是将这个组合信道 W_N 拆分成 N 个相互有约束关系的信道 $W_N^{(i)}: \chi \to \gamma^N \times \chi^{N-1}$，$1 \leqslant i \leqslant N$。信道分裂时，信道的分裂是以信道的转移概率为依据的，所以信道分裂后的这 N 个信道 $W_N^{(i)}$ 相互之间是有约束关系的，已不再是相互独立的信道了。这里的转移概率定义如下：

$$W_N^{(i)}(y_1^N, u_1^{i-1} | u_i) \stackrel{\text{def}}{=} \sum_{u_{i+1}^N \in \chi^{N-i}} \frac{1}{2^{N-1}} W_N(y_1^N | u_1^N) \tag{8.7}$$

式中，u_i 表示信道输入的第 i 个比特；u_1^{i-1} 表示信道输入的前 $i-1$ 个比特；y_1^N 是接收端已收到的 N 个比特。

值得注意的是，这里的转移概率 $W_N^{(i)}(y_1^N, u_1^{i-1} | u_i)$ 的定义方法与之前的信道的转移概率 $W(y|x)$ 的定义方法不一样，转移概率 $W_N^{(i)}(y_1^N, u_1^{i-1} | u_i)$ 的含义是当输入为 u_i 时输出为 (y_1^N, u_1^{i-1}) 的第 i 个信道的转移概率。这种定义方法是具有物理意义的，可以从 SC 译码器的判决原理中获得对转移概率 $W_N^{(i)}(y_1^N, u_1^{i-1} | u_i)$ 的一个直观理解：在观察到信道输出的 N 个比特 y_1^N 和信道输入的前 $i-1$ 个比特 u_1^{i-1}（假定前 $i-1$ 个比特 u_1^{i-1} 在译码过程中没有发生错误）时，SC 译码器中的判决器 i 会对信道输入的第 i 个比特 u_i 进行估计。如果信道 W 输入的 N 个比特 u_1^N 服从等概率分布，判决器 i 就会将信道分裂得到的第 i 个信道 $W_N^{(i)}$ 视为有效的信道。

3. 信道极化现象

上述介绍了信道合并和信道分裂这两个信道极化的重要阶段，经过这两个阶段后信道就具备了一定程度的极化特性，确切地说，信道的容量出现了两个极端，对于大多数的信道而言，一部分信道的对称信道容量 $I(W_N^{(i)})$ 趋近于 0，另一部分信道的信道容量 $I(W_N^{(i)})$ 则接近于 1，如图 8.3 和图 8.4 所示。

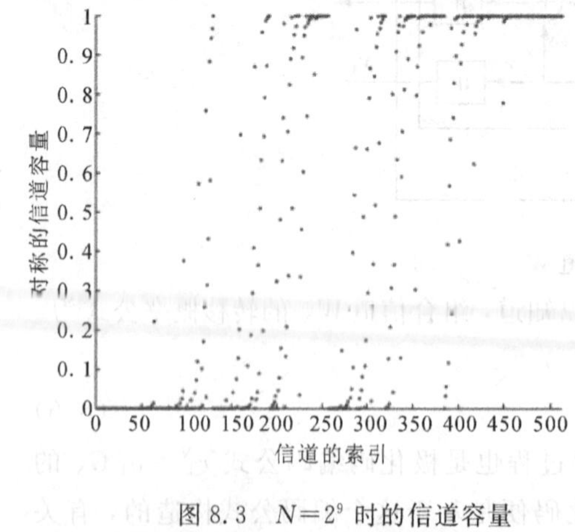

图 8.3 $N=2^9$ 时的信道容量

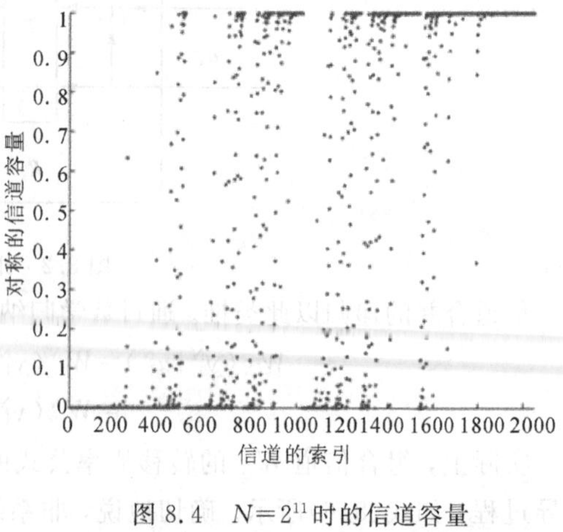

图 8.4 $N=2^{11}$ 时的信道容量

从图 8.3 和图 8.4 中可以看出，在较小的信道索引上信道容量 $I(W_N^{(i)})$ 趋近于 0，而在较大的信道索引上信道容量 $I(W_N^{(i)})$ 趋近于 1，即信道的信道容量 $I(W_N^{(i)})$ 主要分为两部分，一部分接近于 0，另一部分接近于 1；而且，码长越大，信道容量分成两部分的趋势就越明显。为了便于观察信道极化的趋势，将信道容量分成十个等区间，即[0，0.1]、(0.1，0.2]、(0.2，0.3]、(03，0.4]、(0.4，0.5]、(0.5，0.6]、(0.6，0.7]、(0.7，0.8]、(0.8，0.9]、(0.9，1]，然后统计各容量区间的信道数目，并给出与图 8.3 和图 8.4 对应的信道容量的统计图，如图 8.5 和图 8.6 所示。

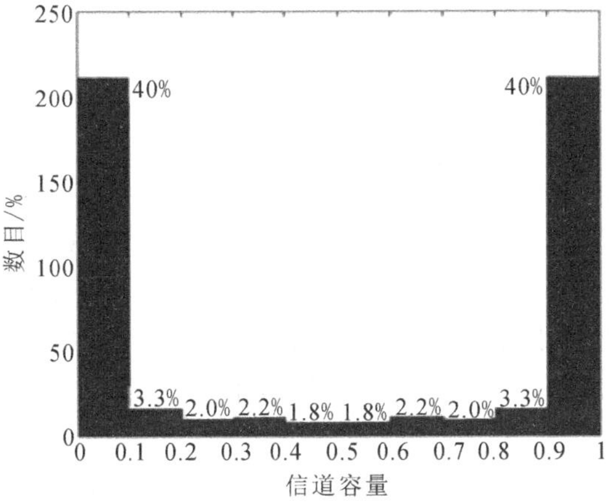

图 8.5　$N=2^9$ 时的信道容量统计图

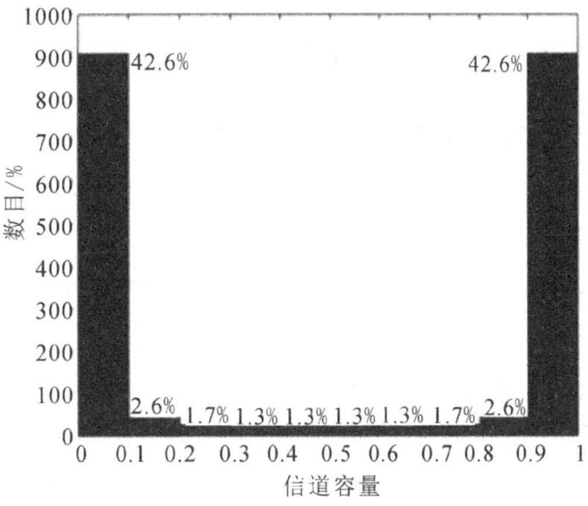

图 8.6　$N=2^{11}$ 时的信道容量统计图

从图 8.5 和图 8.6 中可以看出，经过信道合并和信道分裂后，信道容量靠近 0 的区间[0，0.1]和靠近 1 的区间(0.9，1]的信道数目最多，而且其数目大致相当，其他区间的信道数目只占很小的部分。实际上，区间[0，0.1]和区间(0.9，1]的信道数目绝大多数分别是信道容量逼近 0 和 1 的信道数目，因而可以将其等同看待。当码长 $N=2^{11}$ 时，信道容量靠近 0 和 1 的区间的信道数目所占总信道数的比重比码长 $N=2^9$ 的更大，其他区间的信道数目所占总信道数的比例都更小了。当码长足够大时，信道容量靠近 0 和 1 的区间的信道数目所占总信道数的比重将达到 50%，而其他区间的信道数目所占总信道数的比例也将接近于 0。事实上，经过信道极化后，信道的整体系统容量仍然保持不变。

具体地，在经过信道合并和信道分裂后信道会出现一种两极分化的现象：当编码序列长度 N 足够大时，信道拆分后的一部分信道容量趋近于 1，另一部信道的信道容量接近于 0。这就是所谓的信道极化现象。码长越大时，这种极化现象就越明显。值得注意的是，上述所做的关于极化码的分析是在错误概率 $\varepsilon=0.5$ 时的 BEC 信道上进行的。对于 BEC 信道，信道容量 $I(W_N^{(i)})$ 可由式(8.8)和式(8.9)这两个递归公式计算：

$$I(W_N^{(2i-1)})=I\,(W_{N/2}^{(i)})^2 \tag{8.8}$$

$$I(W_N^{(2i)})=2I(W_{N/2}^{(i)})-I\,(W_{N/2}^{(i)})^2 \tag{8.9}$$

并且满足 $I(W_N^{(i)})+Z(W_N^{(i)})=1$。其中，$Z(W_N^{(i)})$ 是由式(8.2)表示的巴氏参数 $Z(W)$ 转变而来的，$\{Z(W_N^{(i)})\}$ 的形式比起 $\{I(W_N^{(i)})\}$ 的形式，更适合用来表示信道极化的速率，如下式所示：

$$Z(W_N^{(i)})=\sum_{y_1^N\in\gamma^N}\sum_{u_1^{i-1}\in\chi^{i-1}}\sqrt{W_N^{(i)}(y_1^N,\ u_1^{i-1}\,|\,0)W_N^{(i)}(y_1^N,\ u_1^{i-1}\,|\,1)} \tag{8.10}$$

除了 BEC 信道，还有二进制对称信道和二进制加性高斯白噪声信道等诸多信道。这些信道的信道容量 $I(W_N^{(i)})$ 还没有十分有效的计算方法。

对于任意一个 BDMC 信道，信道极化现象满足这样一个定理：对于任意固定的 $\delta\in(0, 1)$，指数 $i\in\{1, 2, \cdots, N\}$，当码长 N 为 2 的幂次方且接近于无穷大时，一部分信道的信道容量 $I(W_N^{(i)})\in(1-\delta, 1]$ 趋向于对称信道容量 $I(W)$，而另一部分信道的信道容量 $I(W_N^{(i)})\in(0, \delta]$ 趋向于 $1-I(W)$。

8.1.2 生成矩阵中的置换矩阵

1. 置换矩阵 $\boldsymbol{R}_N$ 的具体作用

极化码的编码构造重点在于其生成矩阵，极化码的编码方式为

$$x_1^N=u_1^N\boldsymbol{G}_N \tag{8.11}$$

式中，源码字 u_1^N 表示要传输的比特，它包含信息比特 u_A 和固定比特 u_{A^c}（固定比特一般默认为 0）；码字 x_1^N 表示源码字经过编码后的比特。集合 A 表示可靠信道的集合，也称为信息集合。信息集合 A 是集合$\{1, 2, \cdots, N\}$的任意一个子集。$\boldsymbol{G}_N$ 是 N 阶生成矩阵，生成矩阵由核矩阵和置换矩阵组成，定义如下：

$$\boldsymbol{G}_N=\boldsymbol{B}_N\boldsymbol{F}_2^{\otimes n} \tag{8.12}$$

其中，核矩阵 $\boldsymbol{F}_2=\begin{bmatrix}1 & 0\\ 1 & 1\end{bmatrix}$；$\otimes n$ 表示 n 次克罗内克积；置换矩阵 $\boldsymbol{B}_N$ 表示比特反转置换矩阵。置换矩阵 $\boldsymbol{B}_N$ 为

$$\boldsymbol{B}_N=\boldsymbol{R}_N(I_2\otimes\boldsymbol{B}_{N/2}) \tag{8.13}$$

式中，$\boldsymbol{I}_2$ 为二阶单位矩阵。

矩阵 $\boldsymbol{B}_N$ 和矩阵 $\boldsymbol{R}_N$ 都是置换矩阵，具有比特反转的作用。其中矩阵 $\boldsymbol{R}_N$ 完成 $u_1^N=(u_1, u_2, \cdots, u_N)\mapsto v_1^N=(u_1, u_3, \cdots, u_{N-1}, u_2, u_4, \cdots, u_N)$ 逆洗牌操作，即将向量中奇元素排列在前、偶元素排列在后。实际上，根据置换矩阵 $\boldsymbol{R}_N$ 的逆洗牌操作和相关的矩阵运算知识，可推断出 N 阶该置换矩阵，但不能得出其具体形式。下面将讨论的是置换矩阵 $\boldsymbol{R}_N$ 的另一种作用，本章中与置换矩阵 $\boldsymbol{R}_N$ 相乘的矩阵称为目标矩阵（指方阵），且目标矩阵默认为右乘置换矩阵 $\boldsymbol{R}_N$。这里根据置换矩阵的逆洗牌操作以及矩阵运算知识，列举了目标矩阵与置换矩阵 $\boldsymbol{R}_N$ 相互作用的一些简单直观的实例，并通过相应的示意图阐述从其线性变换过程中得出的目标矩阵与置换矩阵 $\boldsymbol{R}_N$ 的这种线性变换的内在规律。

例 8-1 若令

$$\boldsymbol{F}_4=\begin{bmatrix}1 & 1 & 1 & 1\\ 2 & 2 & 2 & 2\\ 3 & 3 & 3 & 3\\ 4 & 4 & 4 & 4\end{bmatrix}$$

则有

$$\boldsymbol{R}_4\boldsymbol{F}_4=\begin{bmatrix}1 & 1 & 1 & 1\\ 3 & 3 & 3 & 3\\ 2 & 2 & 2 & 2\\ 4 & 4 & 4 & 4\end{bmatrix}$$

其示意图如图8.7所示。

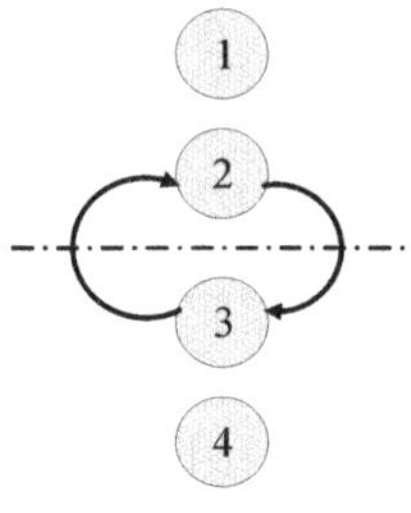

图8.7 例8-1示意图

例8-2 若令

$$F_8=\begin{bmatrix}1&1&1&1&1&1&1&1\\2&2&2&2&2&2&2&2\\3&3&3&3&3&3&3&3\\4&4&4&4&4&4&4&4\\5&5&5&5&5&5&5&5\\6&6&6&6&6&6&6&6\\7&7&7&7&7&7&7&7\\8&8&8&8&8&8&8&8\end{bmatrix}$$

则有

$$R_8F_8=\begin{bmatrix}1&1&1&1&1&1&1&1\\5&5&5&5&5&5&5&5\\2&2&2&2&2&2&2&2\\6&6&6&6&6&6&6&6\\3&3&3&3&3&3&3&3\\7&7&7&7&7&7&7&7\\4&4&4&4&4&4&4&4\\8&8&8&8&8&8&8&8\end{bmatrix}$$

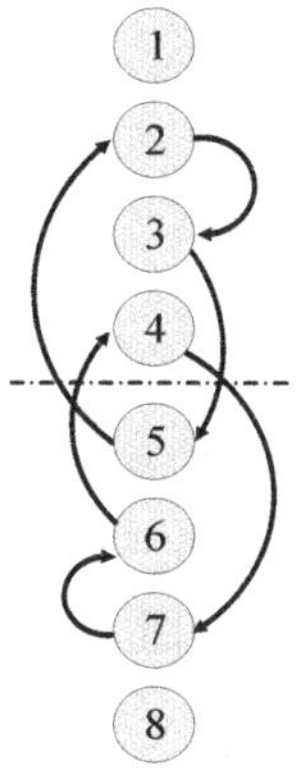

图8.8 例8-2示意图

其示意图如图8.8所示。

例8-3 若令

$$F_{16}=\begin{bmatrix}1&1&1&1&1&1&1&1&1&1&1&1&1&1&1&1\\2&2&2&2&2&2&2&2&2&2&2&2&2&2&2&2\\3&3&3&3&3&3&3&3&3&3&3&3&3&3&3&3\\4&4&4&4&4&4&4&4&4&4&4&4&4&4&4&4\\5&5&5&5&5&5&5&5&5&5&5&5&5&5&5&5\\6&6&6&6&6&6&6&6&6&6&6&6&6&6&6&6\\7&7&7&7&7&7&7&7&7&7&7&7&7&7&7&7\\8&8&8&8&8&8&8&8&8&8&8&8&8&8&8&8\\9&9&9&9&9&9&9&9&9&9&9&9&9&9&9&9\\10&10&10&10&10&10&10&10&10&10&10&10&10&10&10&10\\11&11&11&11&11&11&11&11&11&11&11&11&11&11&11&11\\12&12&12&12&12&12&12&12&12&12&12&12&12&12&12&12\\13&13&13&13&13&13&13&13&13&13&13&13&13&13&13&13\\14&14&14&14&14&14&14&14&14&14&14&14&14&14&14&14\\15&15&15&15&15&15&15&15&15&15&15&15&15&15&15&15\\16&16&16&16&16&16&16&16&16&16&16&16&16&16&16&16\end{bmatrix}$$

则有

$$
\boldsymbol{R}_{16}\boldsymbol{F}_{16}=\begin{bmatrix}
1 & 1 & 1 & 1 & 1 & 1 & 1 & 1 & 1 & 1 & 1 & 1 & 1 & 1 & 1 & 1\\
9 & 9 & 9 & 9 & 9 & 9 & 9 & 9 & 9 & 9 & 9 & 9 & 9 & 9 & 9 & 9\\
2 & 2 & 2 & 2 & 2 & 2 & 2 & 2 & 2 & 2 & 2 & 2 & 2 & 2 & 2 & 2\\
10 & 10 & 10 & 10 & 10 & 10 & 10 & 10 & 10 & 10 & 10 & 10 & 10 & 10 & 10 & 10\\
3 & 3 & 3 & 3 & 3 & 3 & 3 & 3 & 3 & 3 & 3 & 3 & 3 & 3 & 3 & 3\\
11 & 11 & 11 & 11 & 11 & 11 & 11 & 11 & 11 & 11 & 11 & 11 & 11 & 11 & 11 & 11\\
4 & 4 & 4 & 4 & 4 & 4 & 4 & 4 & 4 & 4 & 4 & 4 & 4 & 4 & 4 & 4\\
12 & 12 & 12 & 12 & 12 & 12 & 12 & 12 & 12 & 12 & 12 & 12 & 12 & 12 & 12 & 12\\
5 & 5 & 5 & 5 & 5 & 5 & 5 & 5 & 5 & 5 & 5 & 5 & 5 & 5 & 5 & 5\\
13 & 13 & 13 & 13 & 13 & 13 & 13 & 13 & 13 & 13 & 13 & 13 & 13 & 13 & 13 & 13\\
6 & 6 & 6 & 6 & 6 & 6 & 6 & 6 & 6 & 6 & 6 & 6 & 6 & 6 & 6 & 6\\
14 & 14 & 14 & 14 & 14 & 14 & 14 & 14 & 14 & 14 & 14 & 14 & 14 & 14 & 14 & 14\\
7 & 7 & 7 & 7 & 7 & 7 & 7 & 7 & 7 & 7 & 7 & 7 & 7 & 7 & 7 & 7\\
15 & 15 & 15 & 15 & 15 & 15 & 15 & 15 & 15 & 15 & 15 & 15 & 15 & 15 & 15 & 15\\
8 & 8 & 8 & 8 & 8 & 8 & 8 & 8 & 8 & 8 & 8 & 8 & 8 & 8 & 8 & 8\\
16 & 16 & 16 & 16 & 16 & 16 & 16 & 16 & 16 & 16 & 16 & 16 & 16 & 16 & 16 & 16
\end{bmatrix}
$$

其示意图如图 8.9 所示。

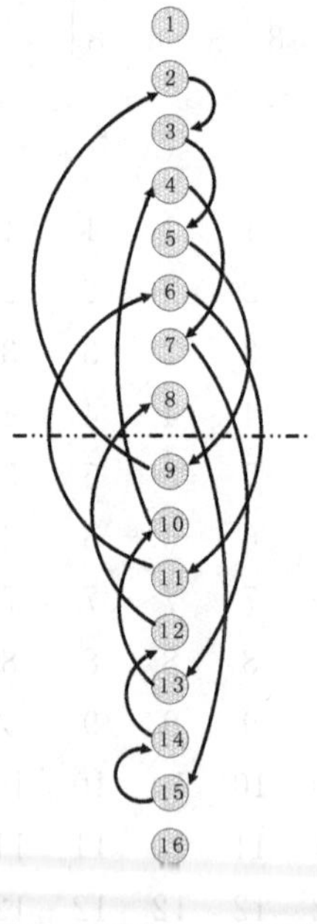

图 8.9 例 8－3 示意图

首先，需要说明的是，与实例相对应的示意图中弧形箭头方向表示目标矩阵行排列顺序变换的方向，图中圆圈中的序号则表示目标矩阵的行。例如，③和⑤分别表示目标矩阵的第三行的所有元素和第五行的所有元素；一个弧形箭头从③指向⑤，这表示与置换矩阵 $\boldsymbol{R}_N$ 相乘后目标矩阵第三行的所有元素转到第五行的位置；而又有一个弧形箭头从④指向

⑦，则表示目标矩阵与置换矩阵 $\boldsymbol{R}_N$ 相乘后其第四行的所有元素转到第七行的位置(可参看文中对应的实例)，与置换矩阵 $\boldsymbol{R}_N$ 相乘后目标矩阵的行变换顺序以此类推。

从例 8-1、例 8-2 和例 8-3 中可以看出，$\boldsymbol{R}_4$、$\boldsymbol{R}_8$、$\boldsymbol{R}_{16}$ 等置换矩阵并没有使这些目标矩阵的元素产生变化而生成新的元素，其作用仅是变换与之相乘的目标矩阵 $\boldsymbol{F}_4$、$\boldsymbol{F}_8$ 和 $\boldsymbol{F}_{16}$ 的行的排列顺序，而且这些变换的行排列顺序也都有一定的规律可循。

2. 目标矩阵的排列规律及 $\boldsymbol{R}_N$ 的具体形式

通过观察与分析图 8.7 至图 8.9，可以看出目标矩阵行排列的变换有如下规律：

(1) 目标矩阵首行和最后一行的排列顺序没有发生变换。

(2) 对于目标矩阵前半段的行，从第二行往行数递增方向开始变换这些行的排列顺序，第一次变换，向行数递增方向转到相邻行的位置；第二次变换，向行数递增方向转到前次行的隔行位置；第三次变换，向行数递增方向转到前次行的隔行位置，以此类推，直至完成目标矩阵前半段行的行排列变换为止。

(3) 对于目标矩阵后半段的行，从倒数第二行往行数递减方向开始变换行的排列顺序，第一次变换，向行数递减方向转到相邻行的位置；第二次变换，向行数递减方向转到前次行的隔行位置；第三次变换，向行数递减方向转到前次行的隔行位置，以此类推，直至完成矩阵后半段行的行排列变换为止。

此外，事实上通过 MATLAB 软件相关的矩阵分析也能证明当编码长度 $N=32, 64, 128, \cdots$ 时，与 $\boldsymbol{R}_{32}$、$\boldsymbol{R}_{64}$ 和 $\boldsymbol{R}_{128}$ 等置换矩阵相互作用的目标矩阵，它们所产生的变化以及各行的排列顺序的变换也都符合以上所总结的规律。根据目标矩阵的这些行排列变换规律以及相关的矩阵运算知识，可以推断出 $N\times N$ 阶置换矩阵 $\boldsymbol{R}_N$ 的具体形式：

$$\boldsymbol{R}_N=\begin{bmatrix} 1 & 0 & 0 & \cdots & & 0 & 0 & & \cdots & 0 \\ 0 & 0 & 0 & \cdots & 0 & 1 & 0 & & \cdots & 0 \\ 0 & 1 & 0 & \cdots & 0 & 0 & 0 & & \cdots & 0 \\ 0 & 0 & 0 & \cdots & 0 & 0 & 1 & & \cdots & 0 \\ 0 & 0 & 0 & 1 & \cdots & 0 & 0 & 0 & \cdots & 0 \\ 0 & 0 & 0 & \cdots & 0 & 0 & 0 & 1 & \cdots & 0 \\ & & & & & \vdots & & & & \\ 0 & 0 & 0 & \cdots & 1 & 0 & 0 & \cdots & & 0 \\ 0 & 0 & 0 & \cdots & 0 & 0 & 0 & \cdots & & 1 \end{bmatrix}_{N\times N} \tag{8.14}$$

又由式(8.12)和式(8.13)可得式(8.15)：

$$\begin{cases} \boldsymbol{B}_N=\boldsymbol{G}_N(\boldsymbol{F}^{\otimes n})^{-1} \\ \boldsymbol{R}_N=\boldsymbol{B}_N(\boldsymbol{I}_2\otimes\boldsymbol{B}_{N/2})^{-1} \end{cases} \tag{8.15}$$

将由式(8.14)与由式(8.15)计算出的相应的单个置换矩阵 $\boldsymbol{R}_N$ 进行对比分析，根据置换矩阵 $\boldsymbol{R}_N$ 的逆洗牌操作以及相关的矩阵运算知识，可知上面的推理无误。在与置换矩阵 $\boldsymbol{R}_N$ 右乘的过程中，目标矩阵的元素并没有发生改变，改变的仅仅是目标矩阵的行的排列顺序，而且行排列顺序的变换也遵循一定的规律。生成矩阵中置换矩阵的理论研究有助于极化码相关编码构造的研究，也有利于 2×2 维乃至多维核矩阵的研究。

8.2 极化码的编码和译码

经过信道极化后，一部分信道的信道容量接近于1(比特信道或完好信道)，另一部分信道的信道容量趋向于0(噪声信道)，然后利用这一极化现象构造一个编码系统，使得信息比特通过比特信道传输，固定比特则在噪声信道上传输。当编码长度足够大时，极化码的译码性能理论上可达信道容量。本章的极化码译码算法主要有SC译码算法、SCL译码算法和CRC-SCL译码算法。

8.2.1 极化码的编码

最初介绍的极化码是一种基于2×2维核矩阵的非系统线性分组码，即非系统极化码。非系统极化码如其他线性分组码一样可以通过系统编码转换为系统码，即系统极化码。基于3×3多维核矩阵的极化码同样有系统极化码和非系统极化码之分。

1. 极化码的编码矩阵及构造方法

前文介绍过与极化码编码相关的编码矩阵，极化码的编码矩阵主要是生成矩阵以及具有比特反转作用的置换矩阵 $\boldsymbol{B}_N$ 和具有逆洗牌作用的置换矩阵 $\boldsymbol{R}_N$。将式(8.11)中的源码字 u_1^N 和 N 阶生成矩阵 $\boldsymbol{G}_N$ 拆分成两部分，即 $u_1^N=(u_A, u_{A^c})$ 和 $\boldsymbol{G}_N=(\boldsymbol{G}_N(A), \boldsymbol{G}_N(A^c))$，式(8.11)可改写为

$$x_1^N=u_A\boldsymbol{G}_N(A)\oplus u_{A^c}\boldsymbol{G}_N(A^c) \tag{8.16}$$

式中，$\boldsymbol{G}_N(A)$ 和 $\boldsymbol{G}_N(A^c)$ 都是生成矩阵的子矩阵，分别由信息集合 A 和信息集合的补集 A^c 中的指数所指定的行组成。例如，矩阵 $\boldsymbol{G}_N(A)$ 包含数组 $(\boldsymbol{G}_N(i))$，$i\in A$ 的所有元素。集合 A 被称为信息集合，是因为集合 A 中的元素对应着信道容量逼近于1的信道的标号。若令源码字中的信息比特 u_A 为自由变量，且固定信息集合 A 和源码字中的固定比特 u_{A^c}，则式(8.16)变成了一个从源码字中的信息比特 u_A 到码字 x_1^N 的映射 $u_A\mapsto u_A\boldsymbol{G}_N(A)+\boldsymbol{c}$，其中 $\boldsymbol{c}\overset{\text{def}}{=}u_{A^c}\boldsymbol{G}_{A^c}$ 是一个固定向量。这就是所谓的由参数 (N, K, A, u_{A^c}) 决定的 $\boldsymbol{G}_N$-陪集码。其中，K 表示编码维度，即信息块长，决定信息比特 A 的大小，即 $i\in A$，$A|=K$。例如，给定一个参数(8，4，{1，2，6，8}，(1，0，1，0))，则有编码映射：

$$x_1^8=u_1^8\boldsymbol{G}_4$$

$$=(u_1, u_2, u_6, u_8)\begin{bmatrix}1&0&0&0&0&0&0&0\\1&0&0&0&1&0&0&0\\1&1&0&0&1&1&0&0\\1&1&1&1&1&1&1&1\end{bmatrix}+(1, 0, 1, 0)\begin{bmatrix}1&0&1&0&0&0&0&0\\1&0&1&0&1&0&1&0\\1&1&0&0&0&0&0&0\\1&1&1&1&0&0&0&0\end{bmatrix}$$

令自由变量 $u_A=(u_1, u_2, u_6, u_8)=(1, 1, 1, 1)$，则码字 $x_1^8=(0, 1, 0, 1, 1, 0, 1, 1)$。

极化码的 N 阶生成矩阵经过简单的线性变换，可转换为RM码相应的生成矩阵。在编码构造方法上，这两者比较相似。极化码和RM码的区别在于信息位的选取，也就是依据什么方式来传输信息比特，RM码选择生成矩阵中汉明重量比较大的位置来传输信息比特，

极化码则选择信道容量比较大的信道来传输信息比特，因此，极化码存在信道挑选问题。信道挑选的关键在于制定一个选择信息集合 A 的高效规则。不同类型的信道需要不同的构造方法。对于 AWGN 信道，极化码的构造方法主要有蒙特卡罗构造方法、密度进化构造方法和高斯近似构造方法。蒙特卡罗构造方法复杂度低、精度不高；密度进化构造方法可以减少失真，但复杂度较高；高斯近似构造方法介于两者之间，这也是极化码构造中最常用的方法。

2. 极化码的系统编码和非系统编码

前文中如式(8.11)和式(8.16)那样的编码方式为非系统编码，这里就不再赘述了。这样编码的极化码被称为 NSPC(非系统极化码，Non-Systematic Polar Code)。最初介绍的极化码便是这类非系统线性分组码，这也是标准形式的极化码。这类极化码在 SC 译码算法下易受到差错传播的影响，任意的分组码可通过系统编码转换为系统码，而 NSPC 也能够转换为 SPC。

系统极化编码的方式有多种，但被系统编码后的 NSPC 未必能保持原有的低复杂度特性；从性能这一方面来说，系统编码的极化码也不一定能优于非系统编码的极化码。下面介绍的是两种在保证误帧率性能不变的情况下保留低复杂度特性的极化码的系统编码方法，即系统极化编码。

为了便于设计极化码各种可能的系统编码方法，在式(8.16)定义的基础上把码字 x 和生成矩阵的子矩阵 $\boldsymbol{G}_N(A)$ 均拆分成两部分，即 $x=(x_B,\ x_{B^c})$ 和 $\boldsymbol{G}_N(A)=(\boldsymbol{G}_N(AB),\ \boldsymbol{G}_N(AB^c))$。集合 B 是集合 $\{1, 2, \cdots, N\}$ 的任意一个子集，发挥着和信息集合 A 在式(8.16)中一样的作用，也被称为指数集合。集合 B^c 表示集合 B 的补集。可以将式(8.16)写为

$$x_B=u_A\boldsymbol{G}_N(AB)+u_{A^c}\boldsymbol{G}_N(A^cB) \tag{8.17}$$

$$x_{B^c}=u_A\boldsymbol{G}_N(AB^c)+u_{A^c}\boldsymbol{G}_N(A^cB^c) \tag{8.18}$$

式中，$\boldsymbol{G}_N(AB)$ 也表示生成矩阵的子矩阵，包含数组 $\boldsymbol{G}_N(i,\ j)$，$i\in A$，$j\in B$ 的所有元素。$\boldsymbol{G}_N(AB^c)$ 等其他的生成矩阵的子矩阵也如此表示。x_B 表示码字 x 中仅包含信息比特的部分，它发挥着 u_A 与在非系统编码方法中携带信息比特一样的作用。正如前文所述，源码字 u 中的非信息比特部分 u_{A^c} 是固定的。就一个已知的参数对为 $(A,\ u_{A^c})$ 的极化非系统编码器而言，如果式(8.17)和式(8.18)能够在可能的取值中建立一个一一对应的关系，那么就存在一个参数对为 $(B,\ u_{A^c})$ 的极化系统编码器。换句话说，非系统极化码经过这样的系统编码后，能够转换成可保留原有低复杂度特性的系统极化码。

类似地，若使得信息集合 A 和信息集合 B 具有相同数目的元素并且生成矩阵的子矩阵 $\boldsymbol{G}_N(AB)$ 是一个可逆矩阵，那么存在一个参数对为 $(A,\ u_{A^c})$ 的非系统极化码，它能够通过系统编码方法转换成一个参数对为 $(B,\ u_{A^c})$、可保留原有低复杂度特性的系统极化码。目前，将非系统极化码转换成系统极化码还有其他的编码方法。例如，极化系统编码的另一种方法就是把 SC 译码器作为系统极化码的编码器，在 BEC 信道上传送码字，x_{B^c} 将会被系统极化码的接收端视为未知的比特并删除，而在极化信道上传送码字，x_{B^c} 将被视作已知的比特并当成信息比特而完整地接收。系统极化码和非系统极化码在编码方式上有所不同，在编码后的处理上也有所区别，如图 8.10 和图 8.11 所示。

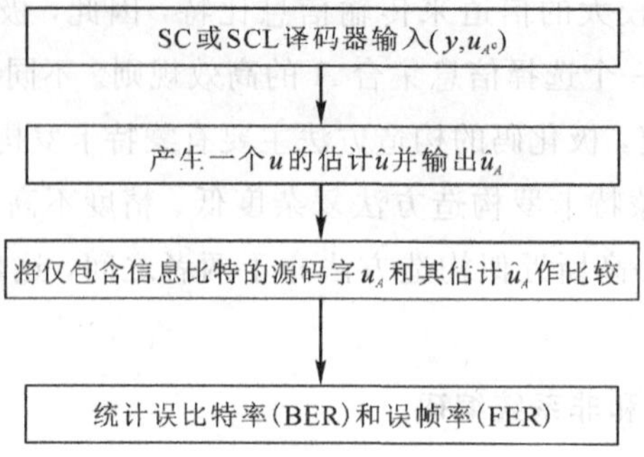

图 8.10 系统极化编码后的处理

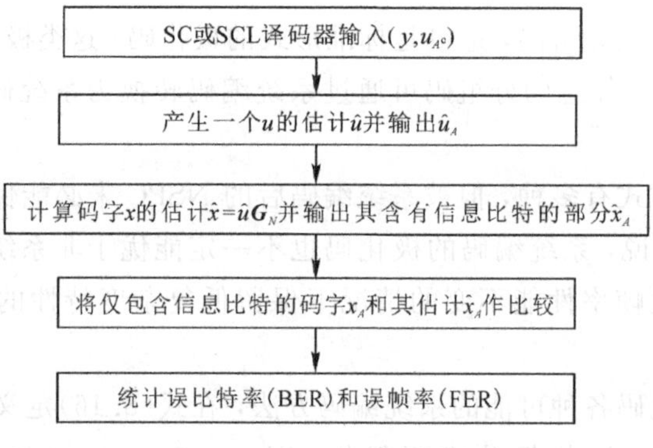

图 8.11 非系统极化编码后的处理

字母 y 表示经过译码器判决后在接收端得到的一组完整的二进制数。固定比特 u_{A^c} 对于系统极化编码和非系统极化编码的译码器都是已知的。如图 8.10 和图 8.11 所示，就非系统极化编码来说，译码器在产生源码字的估计 $\hat{u}$ 和输出其仅包含信息比特的部分 $\hat{u}_A$ 后便停止了；就非系统极化码来说，FER 和 BER 的统计是通过计算和比较 $\hat{u}$ 和 $\hat{u}_A$ 来完成的。对于系统极化编码而言，译码器在产生 $\hat{u}$ 后还需计算码字的估计 $\hat{x}$ 并输出其仅含有信息比特的部分 $\hat{x}_A$；对于系统极化码而言，BER 和 FER 的统计是需要完成 $\hat{x}$ 和 $\hat{x}_A$ 的计算和比较的。

3. 多维核矩阵构造的极化码编码方法

基于 2×2 维核矩阵的极化码只有一种核矩阵形式，即 $G_2=\begin{bmatrix}1 & 0\\1 & 1\end{bmatrix}$。当 $l\geqslant 3$ 时，$l\times l$ 维核矩阵被称为多维核矩阵，$l\in[2, 3, 5, 7, \cdots]$。基于 $l\times l$ 维核矩阵的极化码，其码长类型默认为 $N=l^n$。这些码长类型不同的极化码在结构上是不同的。多维核矩阵 G_l 的核矩阵类型随着 l 的增大而变得更多，基于这样的核矩阵构造的极化码在编码构造上将会更加灵活，有利于打破码长为 $N=2^n$ 形式的限制。对于任意 BDMC 信道，当码长 N 趋向于无穷大，$\beta<1/2$ 且码率 R 小于信道容量 $I(W)$时，极化码 SC 译码下的译码误码率 $p_e(N, R)=o(2^{-N^\beta})$，即 G_2 有指数 1/2；当核矩阵足够大时，这个指数能够任意接近于 1；而且，该指数越逼近于 1，极化码的性能就越好；同时，码长类型为 $N=l^n(l\geqslant 3)$的极化码的合理性已被验证。因此，研究基于多维核矩阵的极化码具有重要意义。

对于多维核矩阵构造的极化码，由于多维核矩阵在编码构造上比较复杂，而且编码构

造的复杂度随着 l 的增大而递增，对于 3×3 维核矩阵构造的极化码，其巴氏参数 $Z(W)$、信道合并和信道分裂后的转移概率 $W_N^{(i)}(y_1^N, u_1^{i-1}|u_i)$ 以及对称信道容量 $I(W)$ 等重要参数的定义和 2×2 维核矩阵构造的极化码的基本一致，可以参考前文，这里就不再赘述了。对于信道极化，码长类型为 $N=3^n$ 的极化码和码长类型为 $N=2^n$ 的极化码的信道合并与信道分裂相似，前者的组合信道合并的示意图如图 8.12 所示。

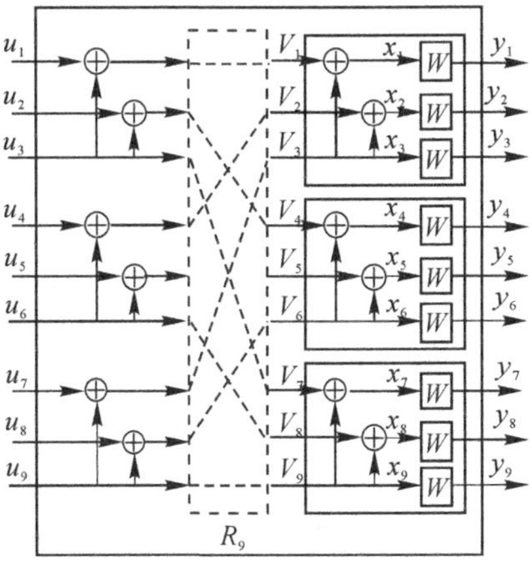

图 8.12　组合信道 W_9

3×3 维核矩阵 $\boldsymbol{G}_3$ 构造的极化码和基于 2×2 维核矩阵 $\boldsymbol{G}_2$ 的极化码，它们之间编码构造方法的不同主要在于码长类型。例如，若信道 W 是 BEC 信道，就前者而言，信道 $W_N^{(i)}$ 的可靠性能够通过递归公式(8.19)计算：

$$\begin{cases} Z(W_{3N}^{(3i-2)}) = 2Z(W_{3N}^{(i)}) - Z^2(W_N^{(i)}) \\ Z(W_{3N}^{(3i-1)}) = Z(W_{3N}^{(i)}) + Z^2(W_N^{(i)}) - Z^3(W_N^{(i)}) \\ Z(W_{3N}^{(3i)}) = Z^3(W_N^{(i)}) \end{cases} \tag{8.19}$$

而对于后者来说，信道 $W_N^{(i)}$ 的可靠性则能够通过递归公式(8.20)计算：

$$\begin{cases} Z(W_N^{(2i-1)}) = Z^2(W_N^{(i)}) \\ Z(W_N^{(2i)}) = 2Z(W_N^{(i)}) - Z^2(W_N^{(i)}) \end{cases} \tag{8.20}$$

对于其他类型的信道，信道 $W_N^{(i)}$ 的可靠性可用密度进化的方法或高斯近似的方法计算。3×3 维核矩阵 $\boldsymbol{G}_3$ 具有 16 种可能的核矩阵类型，而基于这些不同类型的核矩阵的极化码将存在性能上的差异，所以这里需要从这些核矩阵形式中寻找出一个适宜的核矩阵类型。事实上，基于多维核矩阵的极化码都存在这种类似的问题。本章中更好的多维核矩阵类型为

$$\boldsymbol{G}_3 = \begin{bmatrix} 1 & 0 & 0 \\ 0 & 1 & 0 \\ 1 & 1 & 1 \end{bmatrix} \tag{8.21}$$

本章中多维核矩阵构造的极化码相关的译码性能等的分析都是建立在这种多维核矩阵类型的基础上的。

8.2.2　极化码的译码算法

就一个无线通信系统而言，信道编码中的编码和译码是分不开的，都会直接影响到该系统的整体性能，可以说这两者是同等重要的。最先由 Arikan 介绍极化码的编码方法时提

出的译码算法是SC译码算法，之后的科研人员在SC译码算法的基础上研究出许多相关的译码算法。下面主要介绍的是SC译码算法、SCL译码算法和辅助SCL译码算法。

1. SC译码算法

给定一个参数(N, K, A, u_{A^c})决定的$\boldsymbol{G}_N$-陪集码，发送端发送的是源码字u_1^N，而源码字经过转移概率为$W_N(y_1^N|u_1^N)$的信道传输后，接收端收到的信息是y_1^N。同时，源码字中的固定比特部分u_{A^c}是已知的。那么，在已知源码字中的固定比特u_{A^c}、接收端接收的信息y_1^N和信息集合A的条件下，译码便是生成源码字u_1^N的一个估计$\hat{u}_1^N$。又由于固定比特对于译码器是已知的，即可令$\hat{u}_{A^c}=u_{A^c}$，所以译码的工作实际上仅仅是生成源码字中的信息比特部分u_A的一个估计$\hat{u}_A$。SC译码算法利用蝶形算法，并经由递归的形式实行串行译码，SC译码器可以被视为虚拟地拥有N个判决器，而这N个判决器能够根据来自相关节点的似然比值判决出N个源码字的估计$\hat{u}_1^N$。其中，似然值被定义为

$$L_N^{(i)}(y_1^N, \hat{u}_1^{i-1}) \overset{\text{def}}{=} \frac{W_N^{(i)}(y_1^N, \hat{u}_1^{i-1}|0)}{W_N^{(i)}(y_1^N, \hat{u}_1^{i-1}|1)} \tag{8.22}$$

在SC译码器实现过程中，判决器的判决可分为软判决和硬判决，如下式所示：

$$\hat{u}_i=\begin{cases} u_i, & i\in A^c \\ 0, & i\in A \text{ 且 } L_N^{(i)}(y_1^N, \hat{u}_1^{i-1})\geqslant 1 \\ 1, & i\in A \text{ 且 } L_N^{(i)}(y_1^N, \hat{u}_1^{i-1})\leqslant 1 \end{cases} \tag{8.23}$$

(1) 硬判决：当$i\in A^c$时，无论节点的似然值为多少，判决器均判决该估计$\hat{u}_i$为0(固定比特一般设为0)，即$\hat{u}_i=u_i$。

(2) 软判决：当$i\in A$时，若似然值$L_N^{(i)}(y_1^N, \hat{u}_1^{i-1})\geqslant 1$，则判决器判决该估计$\hat{u}_i$为0，否则为1。关于似然值的递归公式为

$$L_N^{(2i-1)}(y_1^N, \hat{u}_1^{2i-2})=\frac{L_{N/2}^{(i)}(y_1^{N/2}, \hat{u}_{1,o}^{2i-2}\oplus\hat{u}_{1,e}^{2i-2})L_{N/2}^{(i)}(y_{N/2+1}^N, \hat{u}_{1,e}^{2i-2})+1}{L_{N/2}^{(i)}(y_1^{N/2}, \hat{u}_{1,o}^{2i-2}\oplus\hat{u}_{1,e}^{2i-2})+L_{N/2}^{(i)}(y_{N/2+1}^N, \hat{u}_{1,e}^{2i-2})} \tag{8.24}$$

$$L_N^{(2i)}(y_1^N, \hat{u}_1^{2i-1})=[L_{N/2}^{(i)}(y_1^{N/2}, \hat{u}_{1,o}^{2i-2}\oplus\hat{u}_{1,e}^{2i-2})]^{1-2\hat{u}_{2i-1}}\cdot L_{N/2}^{(i)}(y_{N/2+1}^N, \hat{u}_{1,e}^{2i-2}) \tag{8.25}$$

利用式(8.24)和式(8.25)可以将长度为N的似然值的计算化简为计算两个长度为$N/2$的似然值，并且以此类推，不断地递归，直到只需计算长度为1的似然值，计算量大大减小。同时，规定长度为1的似然值可以直接计算，即

$$L_1^{(1)}(y_i)=\frac{W(y_i|0)}{W(y_i|1)}$$

为了方便理解SC译码器中的蝶形图以及相关的递归公式，这里给出了节点似然值计算方法的简单示意图，如图8.13所示。L_u、L_l、L_1和L_2分别表示SC译码器蝶形结构中的左上节点、左下节点、右上节点和右下节点。SC译码器是从右至左进行译码的，就是规定必须先得到右上节点L_1和右下节点L_2的似然值，才能够计算左上节点L_u和左下节点L_l的似然值。在图8.13中，四个节点的似然值之间的关系可如式(8.26)和式(8.27)所示。实际上，式(8.26)和式(8.27)分别是式(8.24)和式(8.25)的简化形式。值得注意的是，式(8.27)中的$1-2u$是指数项，这是需要额外计算的，也是使得SC译码算法存在延迟的

主要原因。

$$L_l = \frac{L_1 \times L_2 + 1}{L_1 + L_2} \tag{8.26}$$

$$L_u = (L_1)^{1-2u} \times L_2 \tag{8.27}$$

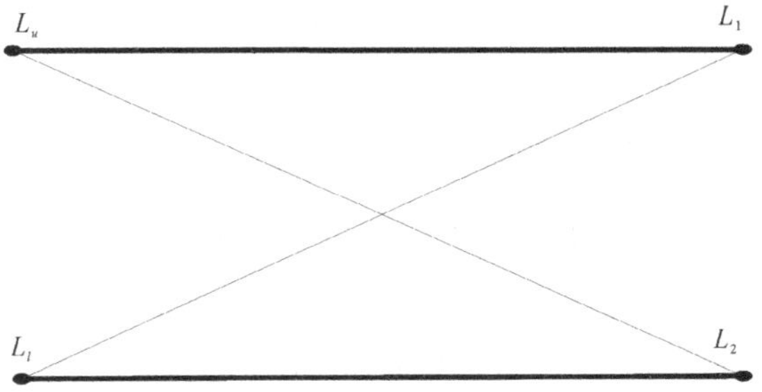

图 8.13　节点似然值的计算

在第 8.1 节中，极化码编码举例时选择的参数为(8, 4, {1, 2, 6, 8}, (1, 0, 1, 0))，译码时也给定译码器参数为(8, 4, {1, 2, 6, 8}, (1, 0, 1, 0))。极化码 SC 译码器在 $N=8$ 时的实现过程如图 8.14 所示。从图 8.14 中可以看出，SC 译码器实现结构和 FFT 蝶形图相似，SC 译码算法复杂度较低。在充分理解图 8.13 中 SC 译码器中节点似然值的计算方法和相关递归公式后，SC 译码算法实现的过程就很容易被掌握了。

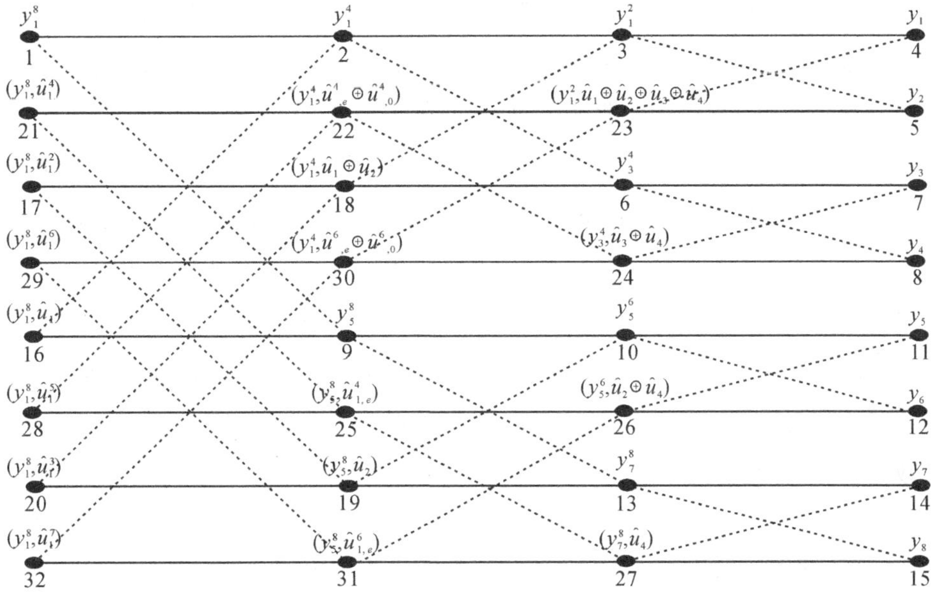

图 8.14　$N=8$ 时 SC 译码器的实现过程

在图 8.14 中，8 个判决器被认为分别虚拟地位于图中左端第一列各节点的左边，译码从判决器 1 激活节点 1 以计算该节点长度为 8 的似然值 $L_8^{(1)}(y_1^8)$开始，节点 1 依次激活节点 2 以得到长度为 4 的似然值 $L_4^{(1)}(y_1^4)$，而要计算似然值 $L_8^{(1)}(y_1^8)$就必须等到获得节点 2 和节点 9 的似然值，似然值 $L_4^{(1)}(y_1^4)$的计算也需要获取节点 3 和节点 6 的似然值，要计算节点 3 长度为 2 的似然值 $L_2^{(1)}(y_1^2)$也必须收到节点 4 的似然值

$L_1^{(1)}(y_1)$和节点 5 的似然值$L_1^{(1)}(y_2)$，而似然值 $L_1^{(1)}(y_1)$和 $L_1^{(1)}(y_2)$都是长度为 1 的似然值，这都是可以用信道转移概率直接计算的。接着，节点 2 激活节点 3，而节点 3 依次激活节点 4 和节点 5；节点 4 和节点 5 是处于信道水平的，即这两个节点的似然值 $L^{(1)}{}_1(y_1)$和 $L_1^{(1)}(y_2)$可以用信道转移概率计算；节点 4 便将似然值向左传递给节点 3 和节点 23；此时，节点 3 还需另一个似然值$L_1^{(1)}(y_2)$，故而激活节点 5，节点 5 也会将似然值 $L_1^{(1)}(y_2)$向左传递给节点 3 和节点 23；节点 3 在获得节点 4 和节点 5 的似然值后就可计算似然值 $L_2^{(1)}(y_1^2)$并将其向左传递给节点 2。值得注意的是，虽然已获得节点 4 和节点 5 的似然值，节点 23 还是无法计算出似然值 $L_N^{(2)}(y_1^2, \hat{u}_1 \oplus \hat{u}_2 \oplus \hat{u}_3 \oplus \hat{u}_4)$，因为此时指数项 $\hat{u}_1 \oplus \hat{u}_2 \oplus \hat{u}_3 \oplus \hat{u}_4$ 还未知，这便是 SC 译码算法有延迟的原因；然后，节点 2 激活节点 6，节点 6 会依次激活节点 7 和节点 8，节点 2 根据来自节点 6 的似然值和节点 3 的似然值计算出该节点的似然值 $L_4^{(1)}(y_1^4)$并向左传递给节点 1；节点 1 激活节点 9，而节点 9 用计算出节点 2 的似然值 $L_4^{(1)}(y_1^4)$的同样方式得出 $L_4^{(1)}(y_5^8)$并将该似然值传递给节点 1；最后，节点 1 根据节点 2 和节点 9 的似然值计算出长度为 8 的 $L_8^{(1)}(y_1^8)$并把该似然值传递给判决器 1，而 u_1 是信息比特，即 $i \in A$，又根据式(8.23)，判决器 1 可判定估计 $\hat{u}_1$ 为何值并将控制权交给位于节点 16 左边的判决器 2。

判决器 2 激活节点 16，节点 16 根据节点 2 和节点 9 的似然值以及估计 $\hat{u}_1$ 计算出 $L_8^{(2)}(y_1^8, \hat{u}_1)$并将该似然值递交给判决器 2，此后节点 16 不再激活任何节点；因为 u_2 也是信息比特，判决器 2 也必须根据 $L_8^{(2)}(y_1^8, \hat{u}_1)$的大小来判决估计 $\hat{u}_2$ 为何值，再把控制权交给判决器 3。判决器 3 激活节点 17，节点 17 依次激活节点 18 和节点 19，进而根据这两个节点的似然值计算出 $L_8^{(2)}(y_1^8, \hat{u}_1^2)$，之后节点 17 不再激活任何节点；因为 u_3 是固定比特，即$i \in A^c$，判决器 3 忽略 $L_8^{(2)}(y_1^8, \hat{u}_1^2)$的大小而强制判决 $\hat{u}_3 = u_3$ 并将控制权交给判决器 4；判决器 4 激活节点 20，而节点 20 不再激活任何节点，便可根据节点 18 和节点 19 的似然值计算出 $L_8^{(4)}(y_1^8, \hat{u}_1^3)$并递交给判决器 4；因为 u_4 是固定比特，判决器 4 忽略节点 20 的似然值而判决 $\hat{u}_4 = u_4$；SC 译码算法就是以这种方式运行，直到判决器 8 获得 $L_8^{(7)}(y_1^8, \hat{u}_1^7)$而判决 $\hat{u}_8$ 为何值时为止。

2. 改进的SC译码算法

前文介绍的 SC 译码算法是极化码最初的译码算法，之后研究人员对该算法进行深入研究并提出了许多改进的算法，其中比较有代表性的是 SCL(Successive Cancellation List)译码算法和 SCS(Successive Cancellation Stack)译码算法，下面介绍的是 SCL 译码算法。在 SC 译码算法中，译码器根据似然值直接判决估计 $\hat{u}_i$ 为何值(0 或 1)，串行译码后只得到一条译码路径，前面译码出现的差错可能会影响到后面的正确译码，从而对极化码整体的译码性能产生不良的影响。在 SCL 译码算法中，译码器并不会直接判决估计为何值，而是依次对信息比特的估计的译码路径一分为二，拆分成 $\hat{u}_i = 0$ 和 $\hat{u}_i = 1$ 两支，固定比特的估计的译码路径则不产生分支，这样就可保留多条译码路径。当路径拆分的数目达到预先设定

的最大门限 L 时，按路径度量值从大到小的顺序只保留 L 条译码路径，L 也被称为搜索宽度；当 $L=1$ 时，SCL 译码算法就等同于 SC 译码算法。图 8.15 表示的是 SCL 译码算法的树状图。

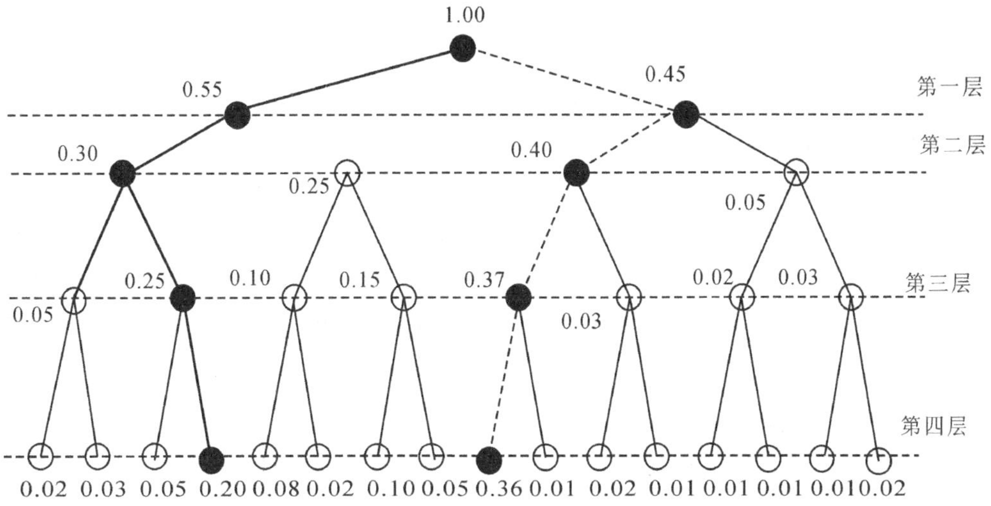

图 8.15 $N=4$ 时含路径度量值的 SCL 译码算法树状图

路径度量表示当前路径所对应的译码序列的概率，为了表示和计算等的便利，一般采取其对数形式：

$$PM(u_1^i)=\ln(\Pr\{u_1^i \mid y_1^N\}) \tag{8.28}$$

在图 8.15 的树状图中，按广度优先的方法从根节点开始对路径层进行扩展，选择译码路径度量值较大的 L 条作为最终的译码序列。若设置 $L=2$，则有一条蓝色实线的路径和一条红色虚线的路径保留了下来，这就是所谓的 L 条候选译码序列，其路径度量值分别为 1.30 和 1.58，最终的译码序列为 $\hat{u}_1^4=\{1, 0, 0, 0\}$。一般来说，$L$ 的取值越大，SC 的译码性能就越好，但 L 的值过大则使得复杂度提高、不便于实际的应用。SC 译码算法是一个局部最优算法，而 SCL 译码算法是整体较优算法，当 $L=2^k$ 时，SCL 算法则变成了整体最优算法，即最大似然算法。

3. 其他辅助 SC 或 SCL 的译码算法

极化码在中短码长上的性能并不理想，SCL、SCS 等改进的 SC 译码算法在一定程度上改善了这一情况，BCH 码辅助 SC 算法、RS 码辅助 SC 算法和 CRC 码辅助 SCL 算法等级联译码方案也同样有利于极化码性能的提升，这里要介绍的是 CRC 码辅助 SCL 算法，记作 CRC-SCL 算法。

CRC 码作为一种差错校验方法，在实际的通信系统中应用非常广泛。CRC-SCL 译码算法和 SCL 译码算法非常相似，所不同的主要是编码前和译码后 CRC-SCL 算法分别需要 CRC 编码和 CRC 译码而已。CRC 编码的步骤为：先用 $x^{(n-k)}$ 乘以信息比特序列 u_A，即在信息比特序列后面附加上 $n-k$ 个 0，接着用 CRC 生成矩阵 $\mathbf{g}(x)$ 除 $x^{(n-k)}\cdot u_A$，得到商 $Q(x)$ 和余式 $r(x)$，然后在 $x^{(n-k)}\cdot u_A$ 后面附加上余式 $r(x)$ 而获取最终的编码序列，即在信息比特序列中加入 CRC 比特；CRC 校验中常用的几种生成矩阵 $\boldsymbol{g}(x)$ 如下：

$$\begin{cases}\text{CRC32}=X^{32}+X^{26}+X^{23}+X^{22}+X^{16}+X^{12}+X^{11}+X^{10}+X^{8}+X^{7}+X^{5}+X^{4}+X^{2}+X^{1}+1\\ \text{CRC24}=X^{24}+X^{23}+X^{18}+X^{17}+X^{14}+X^{11}+X^{10}+X^{7}+X^{6}+X^{5}+X^{3}+X^{1}+1\\ \text{CRC16}=X^{16}+X^{15}+X^{2}+1\end{cases} \tag{8.29}$$

若 CRC 校验位有 m 个比特，则称其对应的 CRC 生成矩阵 $\boldsymbol{g}(x)$ 为 m 位生成矩阵，CRC 译码就是从经过 CRC 编码、SCL 译码后的候选译码序列中选出 m 个 CRC 比特，若 m 个 CRC 比特无误，则表示候选译码序列通过 CRC 校验。CRC-SCL 译码算法最终的结果是输出通过 CRC 校验的、路径度量值最大的候选译码序列，其流程如图 8.16 所示。若不能通过 CRC 校验，则译码输出的是路径度量值最大的候选译码序列。实际上，CRC 校验中生成矩阵 $\boldsymbol{g}(x)$ 的位数及其多项式的选取都有可能对极化码的性能产生影响，这也是未来值得深入研究的内容。

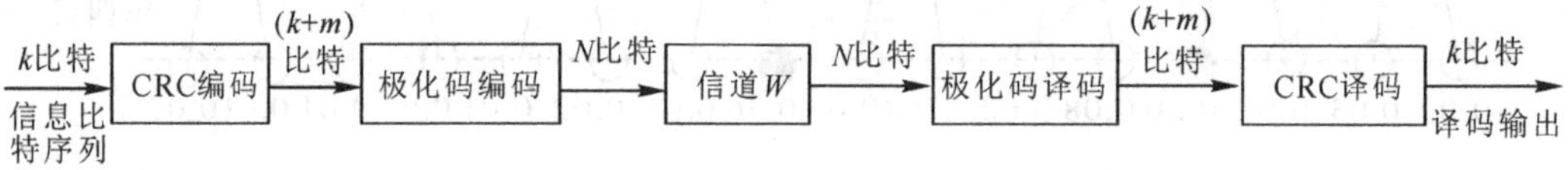

图 8.16 CRC-SCL 译码算法流程

8.3 极化码的性能分析

需要注意的是，极化码的编译码构造是基于信道的，不同的信道条件会对极化码的编译码产生影响，这里的仿真实验是选择在 AWGN 信道下进行的。衡量数字通信系统的质量指标有不少，对于极化码性能优劣的衡量标准，这里参照 Arikan 给出的仿真结果，采用误码率和误帧率这两个重要的指标。误帧率定义为译码后有误的帧数占总帧数的比例。误码率表示在规定时间内差错码元数占传输的码元总数的比例。

8.3.1 SC 译码算法仿真分析

本节在不同的编码长度、编码速率和编码方案等仿真条件下对(串行消除，Successive Cancellotion)译码算法的性能进行分析。这里的仿真条件中极化码是基于 2×2 维核矩阵构造的，即极化码的码长类型为 $N=2^n$。

1. 编码长度对非系统极化码译码性能的影响

非系统极化码(NSPC)的编码构造是基于信道极化现象的，由第 2 章可知，编码长度越长，信道极化的现象就越明显，因而极化码的性能也容易受到编码长度 N 的影响。图 8.17 给出了非系统极化码不同码长、码率均为 0.5 时，在 SC 译码算法下的误帧率性能曲线。符号 E_b/N_0 表示信噪比，其计量单位为 dB。从图 8.17 中可以观察到，在低信噪比区间，编码长度越大，对应的误帧率就越大，即误帧率性能越差；但从整体上看，误帧率随着编码长度的增长而明显降低，即编码长度越大，极化码的误帧率性能就越好。

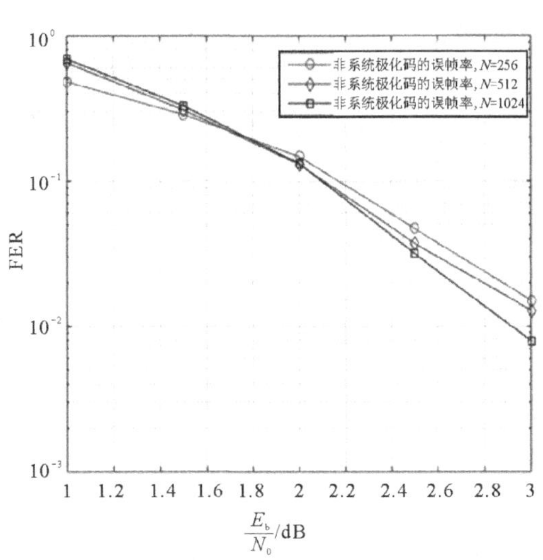

图 8.17　码率为 0.5 时不同码长的 NSPC 的 FER 曲线

图 8.18 给出了非系统极化码码率为 0.5 时不同码长在 SC 译码算法下的误码率性能曲线，从中可以看出，在 $E_b/N_0=1\sim1.4$ dB 时，编码长度越小，对应的误码率性能就稍好些，但在大体上极化码的误码率性能随着编码长度的增长而变得更好。所以，信道极化现象随着编码长度的增长而变得更加明显，因此传输信息比特的信道容量逼近 1 的信道更多，极化码的性能也因而变得更优越。极化码理论上可达信道容量，但编码长度过长，极化码的编译码复杂度就越大。

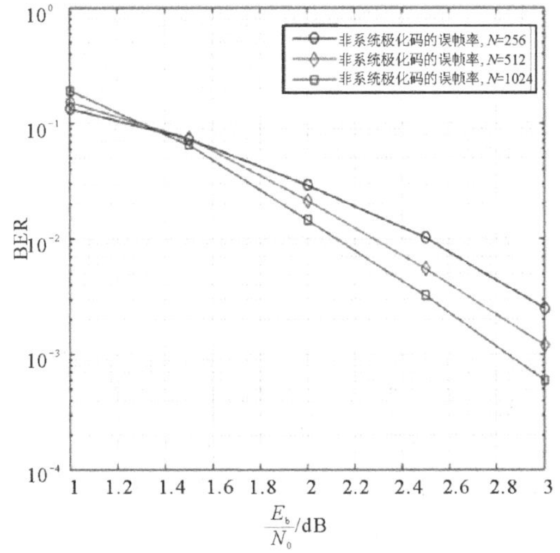

图 8.18　码率为 0.5 时不同码长的 NSPC 的 BER 曲线

2. 编码速率对非系统极化码译码性能的影响

图 8.19 给出的是编码长度 $N=512$，从上往下的码率 R 分别为 0.84、0.50 和 0.36 时非系统极化码 SC 译码所得的误帧率性能曲线，从中可以看出随着码率的减小，非系统极化码 SC 算法的误帧率性能变好了。同样地，图 8.20 也给出了对应的码长为 512 时不同码率

的非系统极化码的误码率性能曲线。三条性能曲线的误码率都分别自上往下逐渐减小，可以看出非系统极化码的误码率性能随着码率的变小而越来越好。图 8.19 和图 8.20 中带有方框的曲线码率为 0.36，带有菱形框的曲线码率为 0.5，带有圆形框的曲线码率为 0.84。

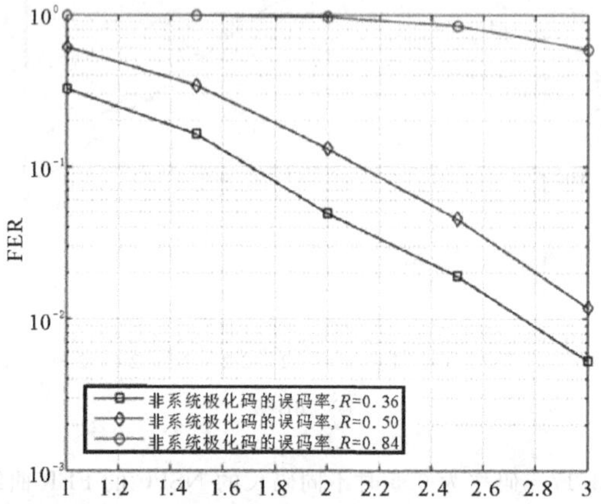

图 8.19　码长为 512 时不同码率的 NSPC 的 FER

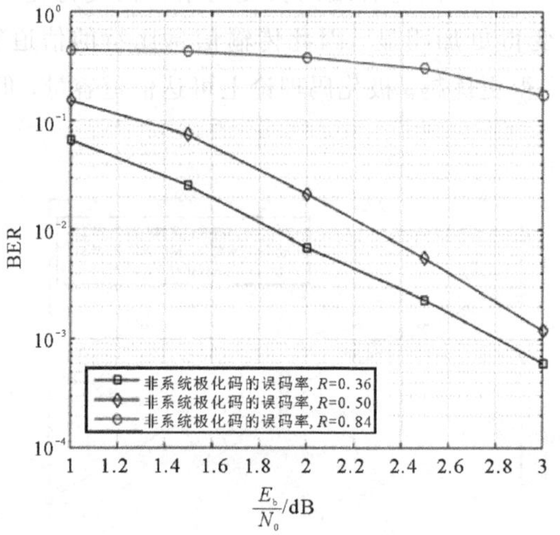

图 8.20　码长为 512 时不同码率的 NSPC 的 BER

码率 R 是信息块长度 K 与编码长度 N 的比值，码率较小，传输信息比特所选择的信道接近信道容量的概率就越大，误码率和误帧率性能也就越好；但码率过小，总传输比特中所包含的信息比特比例也就过小，这并不利于极化码的实际应用；若码率较大，所选择信道接近信道容量的概率则越小，即传输信息比特所选择的信道中会引入较多不好的信道，相应的性能也就会变差。

3. 系统极化码与非系统极化码的性能分析

8.2 节从编码构造、译码后的处理等方面分析了系统极化编码和非系统极化编码之间的联系，这里将在 2×2 维核矩阵构造的极化码的基础上对系统极化码和非系统极化码之间仿真性能的差异进行系统分析。

极化码相关参数的设置如下：选取10000帧，码率$R=0.5$，码长N分别选取为512和1024，采用BPSK调制方式，采用SC译码算法在MATLAB2014b仿真环境中研究NSPC和SPC的BER性能差异。图8.21中带有菱形框的曲线是码长为512的NSPC的仿真结果，带有圆形框的曲线是码长为512的SPC的结果，带有方框的曲线是码长为1024的NSPC的结果，带有星形符号的曲线是码长为1024的SPC的结果。在相应的参数设置下，选取码长$N=512$，码率R分别选取为0.50和0.84，可以得到如图8.22中SPC和NSPC的BER的仿真结果。图8.22中带有菱形框的曲线是码率为0.50的NSPC的结果，带有圆形框的曲线是码率为0.50的SPC的结果，带有方框的曲线是码率为0.84的NSPC的结果，带有星形符号的曲线是码率为0.84的SPC的结果。

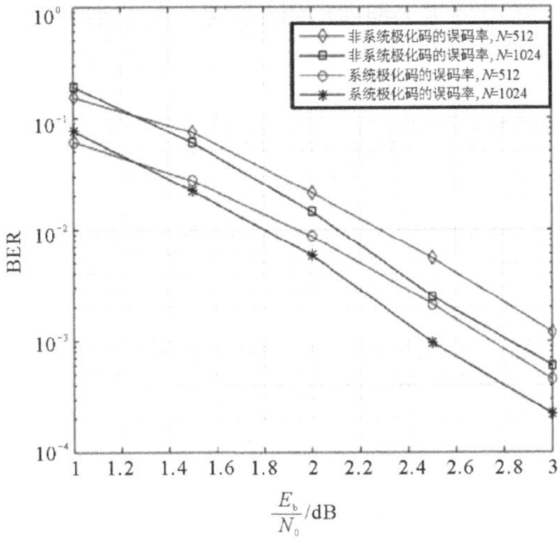

图8.21 码率为0.5时不同码长的SPC和NSPC的BER曲线

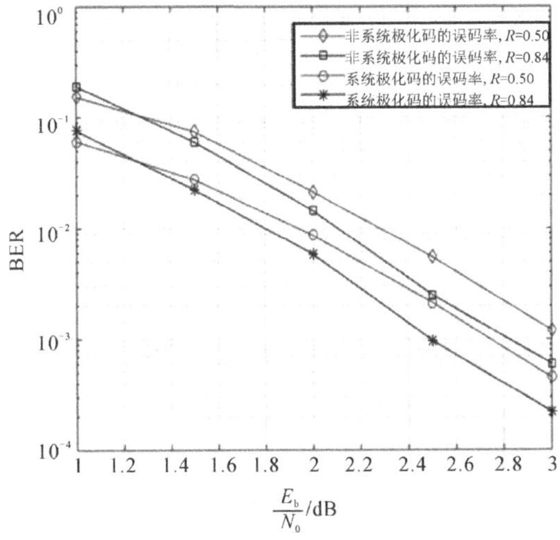

图8.22 码长为512时不同码率的SPC和NSPC的BER曲线

图8.21给出了SPC和NSPC两种码长、码率均为0.5时在SC译码算法下工作的误码率，从中可以看到，SPC相比NSPC具有误码率性能上的优势。例如，当码长为1024时，误码率达到10^{-3}，NSPC的信噪比约为2.8 dB，而此时SPC的信噪比约为2.5 dB，SPC比NSPC获得了0.3 dB的编码增益。从整体上看，SPC和NSPC的误码率都随着码长的增大

而降低。图 8.22 给出了 SPC 和 NSPC 在两种码率且码长均为 512 时的 SC 译码算法下工作的误码率，从中可以看到，SPC 比 NSPC 具有误码率性能上的优势。在码率为 0.5 的情况下，误码率达到 10^{-3}时，系统极化码比非系统极化码也获得了将近 0.3 dB 的编码增益。系统极化码和非系统极化码的误码率都随着码率的增大而变大。

极化码相关参数的设置如下：选取 10000 帧，码率 $R=0.5$，码长 N 分别选取为 256、512 和 1024，采用 BPSK 调制方式，采用 SC 译码算法在 MATLAB2014b 仿真环境中研究 SPC 和 NSPC 的 FER 性能。图 8.23 中带有方形框曲线的码长为 256，带有圆形框曲线的码长为 512，带有菱形框曲线的码长为 1024。在相应的参数设置下，选取码长 $N=512$，码率 R 分别选取为 0.36、0.50 和 0.84，可以得到如图 8.24 中 SPC 和 NSPC 的 FER 的仿真结果。图 8.24 中带有圆形框曲线的码率为 0.36，带有菱形框曲线的码率为 0.50，带有方形框曲线的码率为 0.84。

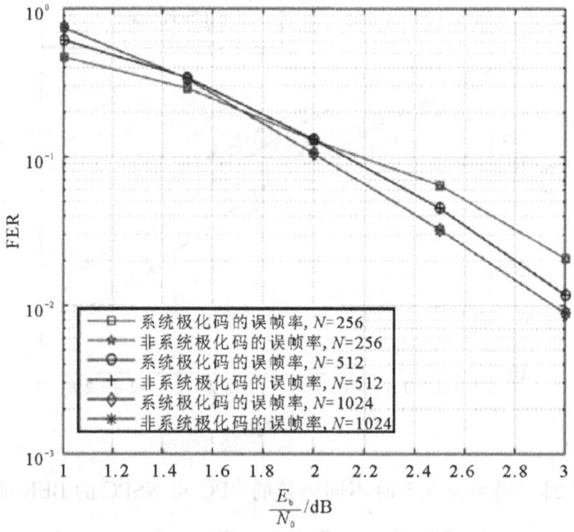

图 8.23 码率为 0.5 时不同码长的 SPC 和 NSPC 的 FER 曲线

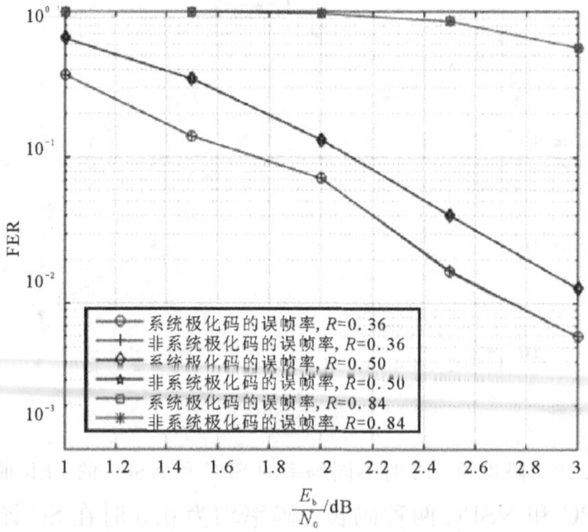

图 8.24 码长为 512 时不同码率的 SPC 和 NSPC 的 FER 曲线

从图 8.23 中可以看出，码率固定时，码长对 NSPC 和 SPC 的 FER 性能的影响基本一致，SPC 和 NSPC 在不同码长上具有几乎相同的误帧率性能，在信噪比较低时码长较短的极化码在误帧率性能上具有优势，但从整体上看，这两者的误帧率性能都随着码长的增大而变得更好。从图 8.24 中可以看出，码长固定时，SPC 和 NSPC 在不同码率上也具有相同的 FER 性能，码率对 NSPC 和 SPC 的误帧率性能的影响几乎相同，码率越低，极化码的性能越具有误帧率性能上的优势。然而，若码率过低，则不利于极化码实际上的应用；码率过大，则极化码的性能就会受到限制。

8.3.2 改进的 SC 译码算法仿真分析

在 8.2 节中，几种改进的 SC 译码算法中主要介绍的是 SCL 译码算法，下面给出 NSPC 在 SCL 译码算法下误码率和误帧率的仿真结果，分别如图 8.25 和图 8.26 所示。参数设置如下：码长 $N=1024$，码率 $R=0.5$，搜索宽度 L 分别设置为 1、2、8 和 16，采用 BPSK 调制方式。在不同的码率和码长等仿真参数下，SPC 和 NSPC 在 SC 译码算法下的性能都受到较大的影响。当极化码这些相关参数改变时，SCL 译码算法对极化码的性能也有类似的影响。在 SCL 译码算法下，候选译码序列得到有效的保留，有利于极化码性能的提升。

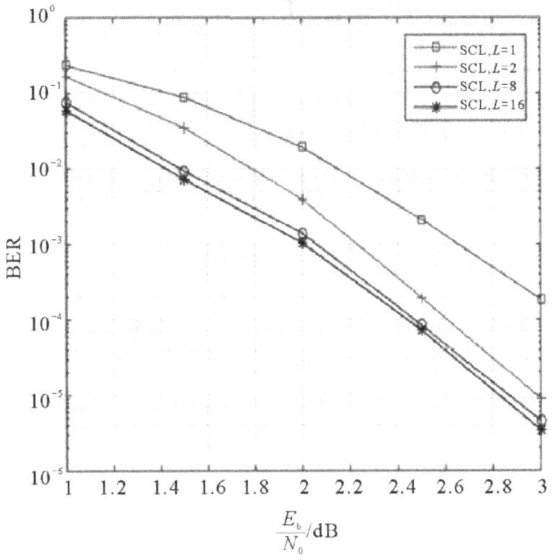

图 8.25　$N=1024$，$R=0.5$ 时 SCL 译码下不同 L 的误码率曲线

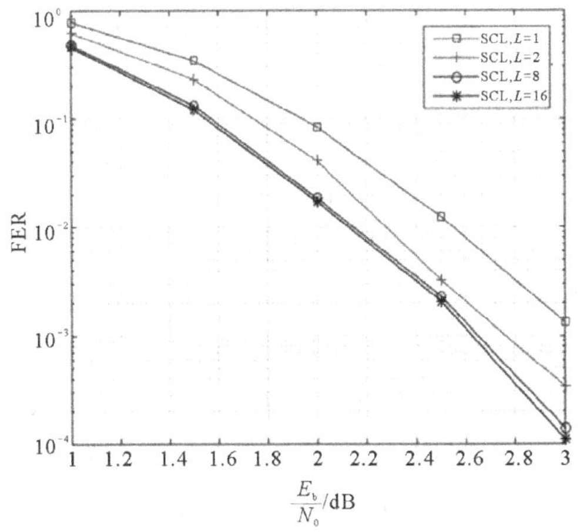

图 8.26　$N=1024$，$R=0.5$ 时 SCL 译码下不同 L 的误帧率曲线

在图 8.25 和图 8.26 中，从上往下分别为搜索宽度 L 依次为 1、2、8 和 16 时 SCL 译码下的误码率和误帧率性能曲线，从中可以看出，随着搜索宽度的增大，极化码的误码率性能变得更好了。搜索宽度 L 为 1 时的 SCL 译码算法相当于 SC 译码算法，即只保留 1 条译码路径，SC 译码器串行译码，根据似然值的大小从 0 和 1 这两个值中选择一个概率较大的，达到了局部最优。比起 SC 译码算法，SCL 译码算法的优势是可以在 L 条保留的候选译码序列中选择最优的译码结果，达到了整体较优；当 $L=2^k$ 时，SCL 译码算法可以达到整体最优。同时，也可以从图 8.25 和图 8.26 中看出，当搜索宽度 L 达到一定的大小时，L 的改变对极化码在 SCL 译码算法下的性能的影响开始减弱。事实上，当搜索宽度 L 为 32 时，极化码在 SCL 译码算法下的性能已经足够接近 ML 算法的性能了；这是因为保留的候选译码序列达到一定数目时，对应的路径度量值间的差距不大，正确译码概率大的候选译码序列比较集中，SCL 译码器会从中选择出一条与正确译码概率相近的译码序列。

8.3.3 其他辅助 SC 或 SCL 译码算法仿真分析

极化码的相关参数设置如下：码长 $N=1024$，码率 $R=0.5$，搜索宽度 L 分别设置为 2、8 和 16，采用 BPSK 调制方式，校验码为 CRC24A，在 MATLAB2014b 仿真环境中研究搜索宽度对非系统极化码 CRC-SCL 译码算法性能的影响，所得误码率曲线和误帧率曲线如图 8.27 和图 8.28 所示。

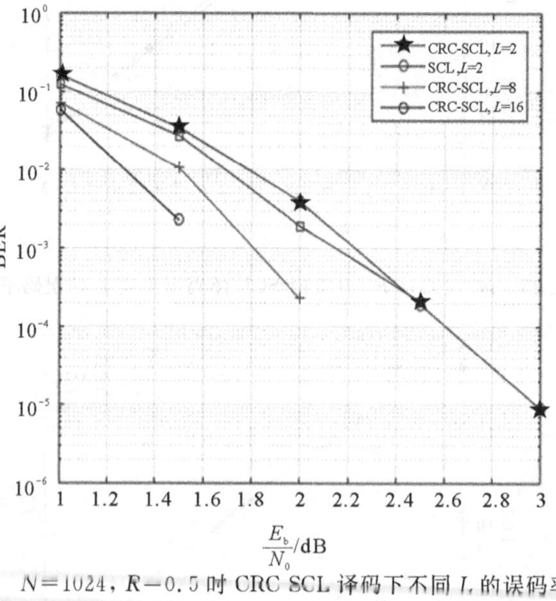

图 8.27 $N=1024$，$R=0.5$ 时 CRC SCL 译码下不同 L 的误码率曲线

从图 8.27 和图 8.28 中都可以看出，当搜索宽度 $L=2$ 时，CRC-SCL 译码算法相比 SCL 译码算法具有误码率和误帧率性能上的优势；随着 L 的增大，极化码在 CRC-SCL 译码算法下的性能变好。例如，在图 8.27 中，当信噪比为 1.8 dB、搜索宽度 L 为 8 时，CRC-SCL 译码算法的误码率达到 10^{-3}，而 CRC-SCL 译码算法在 $L=2$ 时的误码率达到 10^{-3} 时，信噪比约为 2.2 dB，$L=8$ 时的 CRC-SCL 译码算法的性能比 $L=2$ 时的 CRC-SCL 译码算法的性能提升了约 0.4 dB。

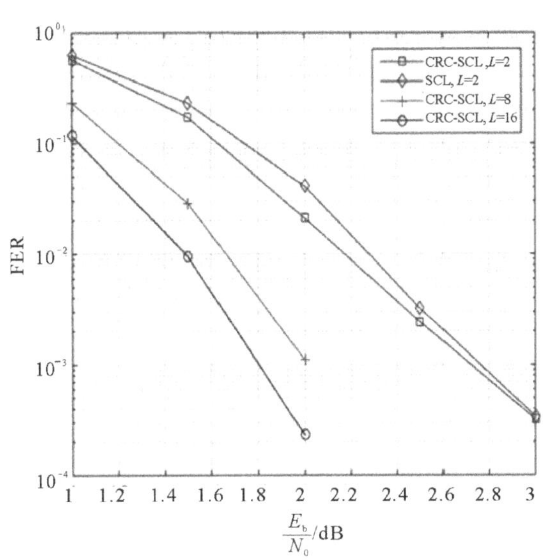

图 8.28 $N=1024$，$R=0.5$ 时 CRC-SCL 译码下不同 L 的误帧率曲线

8.3.4 多维核矩阵构造的系统极化码与非系统极化码性能分析

前文介绍了基于多维核矩阵的极化码的编码方法，也从 2×2 维核矩阵构造的极化码的角度分析了 SPC 和 NSPC 之间的性能差异，下面将之前对 SPC 和 NSPC 的性能分析，从基于 2×2 维核矩阵的极化码转移到基于 3×3 维核矩阵的极化码上。极化码相关参数设置如下：码长 $N=243$，码率 $R=0.5$，采用 SCL 译码算法、BPSK 调制方式，搜索宽度 L 设置为 32，在 MATLAB2014b 仿真环境中研究基于 3×3 维核矩阵的 SPC 和 NSPC 的性能差异。

图 8.29 给出的是 SCL 译码算法下，基于多维核矩阵的极化码在 AWGN 信道下的误码率曲线。从该图可以发现，基于 3×3 维核矩阵的 SPC 相比基于 3×3 维核矩阵的 NSPC 具有 BER 性能上的优势。例如，误码率达到 10^{-3} 时，前者的信噪比约为 2.55 dB，后者的信噪比则约为 2.70 dB，因此 3×3 维核矩阵构造的 SPC 比 3×3 维核矩阵构造的 NSPC 获得了约 0.15 dB 的编码增益。

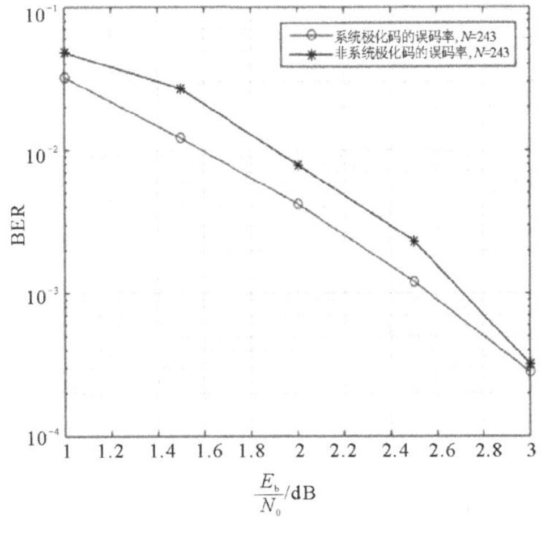

图 8.29 $N=243$，$R=0.5$ 时 NSPC 和 SPC 的 BER 曲线

图 8.30 给出了 3×3 维核矩阵构造的极化码的 FER 曲线，从中可以看出，3×3 维核矩阵构造的 NSPC 和 3×3 维核矩阵构造的 SPC 在 FER 性能上基本是一样的。总之，对基于 3×3 维核矩阵的极化码来说，SPC 和 NSPC 相比，虽然具有基本一致的 FER 性能，但前者具有更好的 BER 性能，SPC 的优越性同样也能体现在码长类型为 $N=3^n$ 的极化码上。

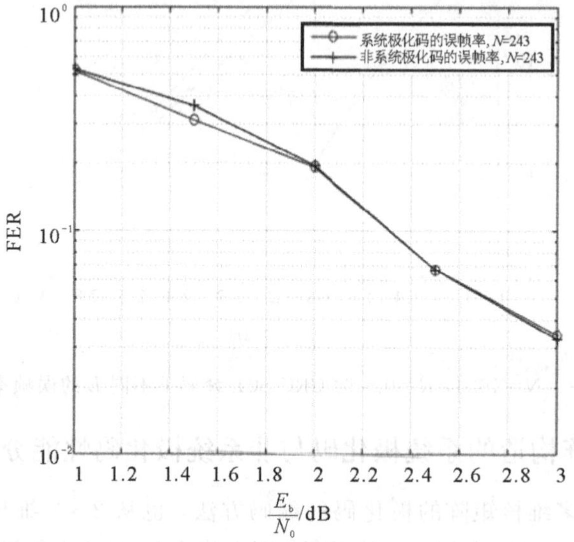

图 8.30 $N=243$，$R=0.5$ 时 NSPC 和 SPC 的 FER 曲线

8.4 极化码性能评估

码长类型不同的极化码间的码长不等性，并不利于其相互间的性能分析。距离谱分析是现有的一种极化码性能评估方法，但步骤较为烦琐且具有不确定性。针对这些问题，本章提出并介绍了一种基于码长近似度的极化码性能评估方法。

8.4.1 基于距离谱的极化码性能评估

距离谱是对分组码的最大似然性性能进行估计的一种强有力的工具，它也可以用来分析极化码性能的趋势以及 SPC 和 NSPC 的性能趋势。下面介绍距离谱相关的基本概念和计算方法并分析对应的性能。

1. 距离谱的概念与计算

为了更好地介绍距离谱，需要引入 WEF 函数和 IOWEF 函数的定义。若给定一个二进制(n, k)线性分组码 C_{code}，其中 n 为码字长度，k 为码字的信息位长，那么码字长度为 n 的线性分组码的 $n+1$ 个元素便可以构成一个集合$\{A_0, A_1, A_2, \cdots, A_d, \cdots, A_n\}$，其中 A_d 表示码字集中汉明重量为 d 的码字的数目。线性分组码 C_{code} 的 WEF 函数可定义为

$$A(Z)=\sum_{d} A_d Z^d \tag{8.30}$$

WEF 函数只能表示码字集的重量分布情况，而该分布可用于相关差错性能界的计算。为了更好地计算线性分组码 C_{code} 的误码率性能的界，式(8.30)可修改为

$$A(M, Z)=\sum_{m, d} A_{m, d} M^m Z^d \tag{8.31}$$

式(8.31)就是 IOWEF 函数的表达式，表示输入重量和输出重量的关系，其中 $A_{m, d}$ 表示输入重量为 m 的信息产生的输出重量为 d 的码字的数目。距离谱可以理解为线性分组码 C_{code} 对应的 WEF 函数和 IOWEF 函数的码字集的重量分布情况。

对基于对数似然值的路径度量，令任意一个路径 $r\in\{0, 1, \cdots, L-1\}$ 和译码层次 $i\in\{0, 1, \cdots, N-1\}$，则新的路径度量值可记为

$$\begin{aligned} PM_r^{(i)} &= \sum_{j=0}^{i} \ln(1+\mathrm{e}^{-(1-2\hat{u}_j[r])\cdot R_N^{(j)}[r]}) \\ &= PM_r^{(i-1)}+\ln(1+\mathrm{e}^{-(1-2\hat{u}_i[r])\cdot R_N^{(i)}[r]}) \end{aligned} \tag{8.32}$$

式中，$R_N^{(i)}[r]$ 表示第 r 条路径的第 i 个信息比特的估计的对数似然值；$\hat{u}_j[r]$ 则表示第 r 条路径的第 j 个信息比特的估计。似然值 $R_N^{(i)}[r]$ 可以通过相关文献的计算方法获得，通过以基于 LLR 的路径度量为依据的 SCL 译码算法，极化码相关的距离谱可以被计算获得，如图 8.31 所示。式(8.32)表示的路径度量和式(8.28)定义的路径度量有所不同，但之前路径度量值的比较可以通过基于 LLR 的路径度量值的比较来完成。

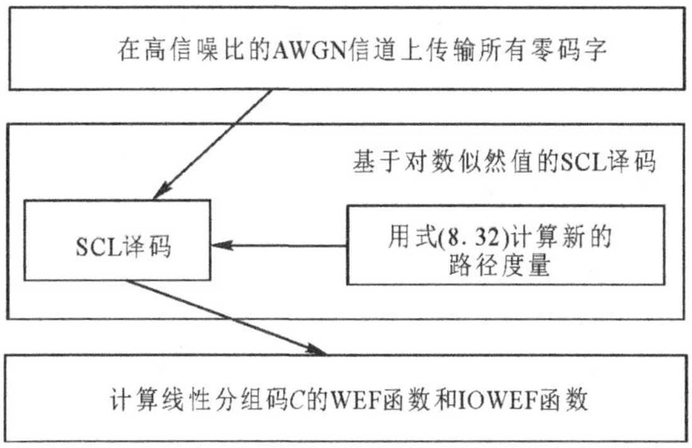

图 8.31 计算极化码距离谱的结构图

基于 LLR 的路径度量的 SCL 译码算法和原来的 SCL 译码算法基本一致，所不同的是对路径度量的定义，前者具体的译码流程如下：

(1) 在译码树状图的每一层，如果当前第 i 个译码的比特属于信息比特，那么每条候选路径便分裂成两条路径。

(2) 在获得似然值 $R_N^{(i)}[r]$ 后，将当前译码的比特和之前的路径度量值代入式(8.32)，然后就可以更新第 r 条路径的路径度量值，通过相似的操作更新所获得的路径。

(3) 如果候选路径的数量大于搜索宽度 L，那么 SCL 译码器会按路径度量值的大小从大到小对这些路径进行排序，选择并保留路径度量值排在前 L 位的路径。

当译码达到第 N 层时，可以获得 L 条路径的信息比特的估计 $\hat{u}_1^N$，而这些生成的估计被编码到码字中，通过计算这些码字的码字重量可以得到 WEF 函数，计算 IOWEF 函数时，要同时考虑这些码字的码字输入重量和输出重量。一般而言，搜索宽度 L 越大，所得到的距离谱越完整，但计算复杂度也随之增大。

2. 与译码错误概率相关的联合界

利用距离谱分析极化码的性能是通过计算差错性能上界来实现的，而利用联合界才能获得差错性能的上界。译码差错事件 ε 的概率 $P_r(\varepsilon)$ 可以通过联合界获得：

$$P_r\{\varepsilon\}=P_r\{\bigcup_d \varepsilon_d\}\leqslant \sum_d A_d Q\left(\frac{\sqrt{d}}{\sigma}\right) \tag{8.33}$$

式中，ε_d 表示事件：汉明重量 $d\geqslant 1$ 的码字比全零码字更接近向量 $\boldsymbol{y}_1^N$，函数 $Q(x)=\frac{1}{\sqrt{2\pi}}\int_x^{\infty}\exp\left(\frac{-t^2}{2}\right)\mathrm{d}t$；$r$ 表示第 r 条路径。通过图 8.31 所示的步骤完成距离谱的计算，获得 WEF 函数和 IOWEF 函数，再将生成的 WEF 函数的相关参数代入式(8.33)，就可以获得极化码的误帧率性能的上界。

在式(8.33)中，小于等于号的左边表示误帧率性能的上界，右边则是对应的联合界，这里的联合界需要和相关的距离谱配合才能得出差错性能的上界。

同时，将从距离谱计算中得到的 IOWEF 函数的相关参数代入式(8.34)，再利用联合界就可以获得极化码的误码率性能的上界。

$$P\{\varepsilon\}\leqslant \sum_d \sum_m \frac{m}{K} A_{m,d} Q\left(\frac{\sqrt{d}}{\sigma}\right)=\sum_d \frac{A_d}{K} Q\left(\frac{\sqrt{d}}{\sigma}\right)\left(\sum_m m\frac{A_{m,d}}{A_d}\right) \tag{8.34}$$

式中，K 表示信息比特的大小。

在式(8.34)中，小于等于号的左边表示误码率差错性能的上界，而右边表示对应的联合界，把从距离谱计算中得到的 IOWEF 函数代入联合界，即可获得误码率性能的上界。

3. 极化码性能的距离谱分析

距离谱分析的参数设置如表 8.1 所示。按照表 8.1 所示，本节给出了极化码性能的距离谱分析的仿真结果。图 8.32 至图 8.35 给出了 SPC 和 NSPC 在不同码长类型下的 BER 和 FER 差错性能的上界。

表 8.1 距离谱分析的参数设置

参数名称	参数大小
编码长度及码长类型	128($N=2^n$)、243($N=3^n$)
码率	0.5
搜索宽度 L	32
信道	AWGN
调制方式	BPSK
极化码	SPC、NSPC

按照图 8.31 中的方法得出生成的 WEF 函数，再根据式(8.33)就能获得 NSPC 和 SPC 的 FER 差错性能的上界，如图 8.32 所示。从图中可以看出，基于多维核矩阵 $\boldsymbol{G}_3$ 的 NSPC 和 SPC 有相同的 FER 性能上界。事实上，根据 8.3 节的仿真结果，这两者也具有相同的误帧率性能。然而，根据距离谱得到的仅仅是误帧率性能的上界，而无法具体地比较极化码两者之间的性能，而且用误帧率性能的上界和其他情形下的误帧率性能作比较也是不合理的。所以从图 8.

32 中仍然无法判断码长类型为 $N=3^n$ 的 SPC 和 NSPC 具有相同的 FER 性能。同时，根据相关的定义，FER 和 BER 无法大于 1，而在图 8.32 中，FER 性能上界却有大于 1 的部分，这恰恰说明通过距离谱分析只能得出极化码差错性能的上界而不是具体的性能。

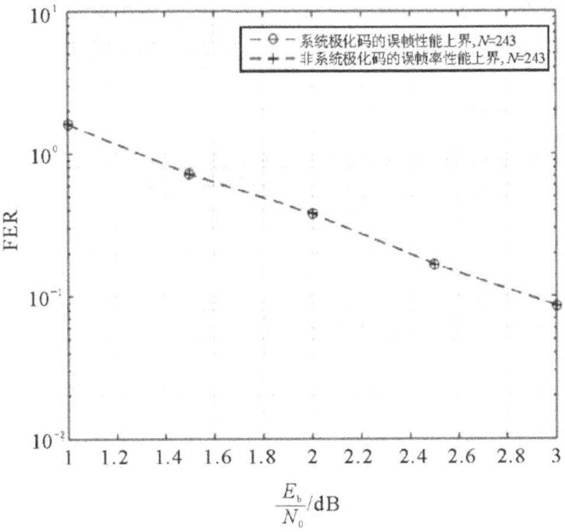

图 8.32 $N=243$，$R=0.5$ 时系统极化码与非系统极化码的误帧率上界

根据图 8.31 计算出的 WFE 函数和 IOWFE 函数以及式(8.34)，可得出极化码 BER 性能的上界。在上述同样的仿真条件下，得出了基于多维核矩阵 $\boldsymbol{G}_3$ 的系统极化码与非系统极化码的 BER 性能上界的仿真结果，如图 8.33 所示。基于多维核矩阵 $\boldsymbol{G}_3$ 的 SPC 的 BER 性能上界要比相应的 NSPC 的低。实际上，基于多维核矩阵 $\boldsymbol{G}_3$ 的 SPC 在 BER 性能上也要优于相应的 NSPC。但是，误码率性能上界相当于对应的误码率的最大值，这具有不确定性，无法确定和比较基于多维核矩阵 $\boldsymbol{G}_3$ 的 NSPC 和 SPC 的误码率性能。例如，在图 8.33 中，当信噪比为 2 dB 时，SPC 的误码率性能上界小于 10^{-2}，而 NSPC 的误码率性能上界大于 10^{-2}，但 NSPC 实际上的误码率也有可能小于 SPC 的误码率。利用距离谱的方法，根据得出的 BER 或 FER 的性能上界，可以大致地分析多维核矩阵 $\boldsymbol{G}_l$ 构造的极化码的性能，如码长类型为 5^n、7^n 的极化码。但是，这种方法并不准确，不能确定极化码相应的 BER 或 FER 具体为多少，无法进行极化码的性能比较。

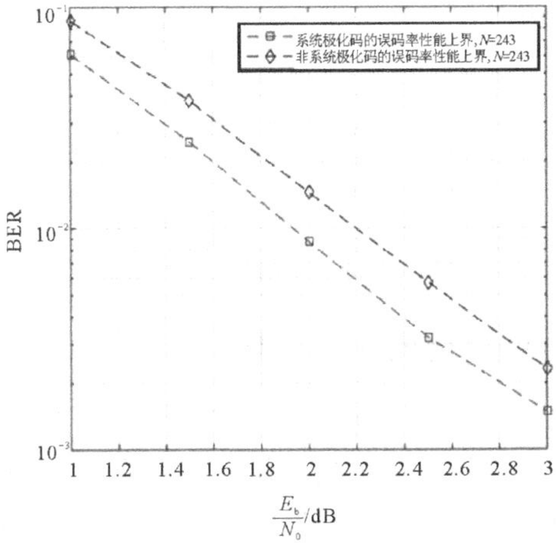

图 8.33 $N=243$，$R=0.5$ 时 SPC 与 NSPC 的 BER 上界

图 8.34 给出了 SPC 与 NSPC 的 FER 上界对比的仿真结果，从中可以看出，极化码实际的误帧率有逐渐逼近 FER 上界的趋势。图 8.35 给出的是 SPC 与 NSPC 的 BER 上界。在图 8.35 中，SPC 的误码率上界曲线低于 NSPC 的误码率上界曲线，这可以大致估计两者的误码率性能，但不能作为比较两者性能的依据。图 8.32 至图 8.35 的仿真结果说明可以用距离谱分析基于 2×2 维核矩阵和多维核矩阵 $\boldsymbol{G}_l$ 的极化码的性能趋势。

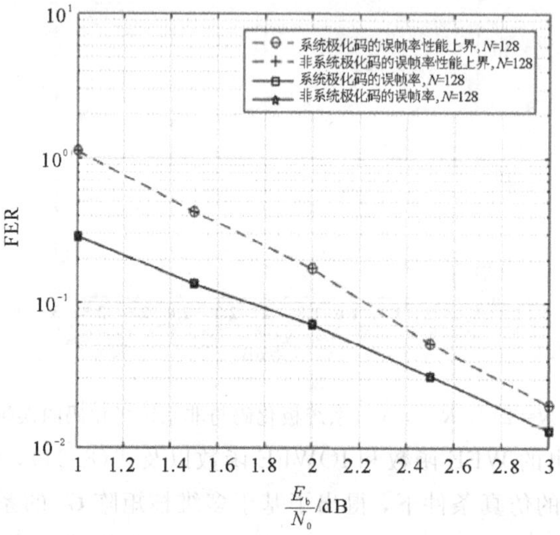

图 8.34　$N=128$，$R=0.5$ 时 SPC 与 NSPC 的 FER 上界

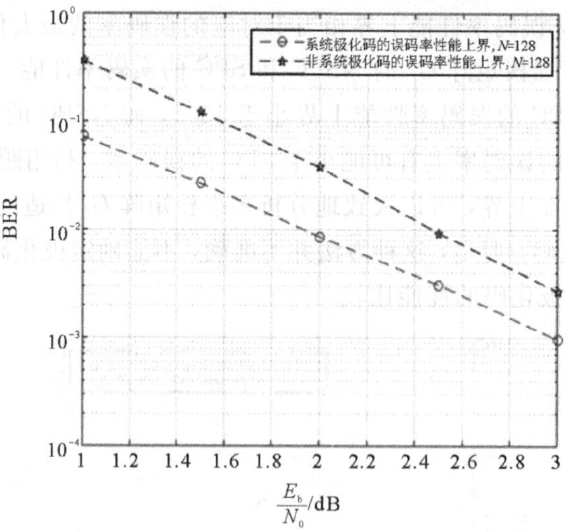

图 8.35　$N=128$，$R=0.5$ 时 SPC 与 NSPC 的 BER 上界

8.4.2　基于码长近似度的极化码性能评估

目前极化码的研究方向主要集中在编码和译码算法这两个方面，极化码的应用研究和硬件实现受到的关注较少，极化码性能评估方法更是如此。当前的极化码性能评估方法主要是用距离谱分析极化码的性能趋势，但根据距离谱分析得出的差错性能上界具有不确定性，无法用于极化码具体的性能比较，距离谱分析的过程也较为繁杂。同时，基于 $l\times l$ 多

维核矩阵$\boldsymbol{G}_l$的极化码被证明的合理性及对应构造方法的提出，使得极化码的码长类型更加多样化，不同码长类型的极化码之间也因为码长的不等性，对自身的性能分析造成不便。多维核矩阵$\boldsymbol{G}_l$构造的极化码及其应用与硬件实现，如码长类型为$N=5^n$、$N=7^n$等的极化码，将得到继续研究与关注，但缺乏一种有效的极化码性能比较方法。针对这些问题，这里将提出一种更加便利的极化码性能评估方法，用于码长类型不同的极化码之间的性能评估与比较。

1. 基于码长近似度的极化码性能评估方法

不同码长类型的极化码之间性能评估的难点在于码长的不等性，如码长类型$N_2=2^n$和码长类型为$N_3=3^n$的极化码之间在码长数值上无法找到最小公倍数，即N_2和N_3在数值上不可能相等，在码长不相等的情况下比较它们相互间的性能优劣是不合理的。这里提出一种基于码长近似度的极化码性能评估方法，该方法经过一些处理后避开了基于2×2维核矩阵$\boldsymbol{G}_2$和$l\times l$多维核矩阵$\boldsymbol{G}_l$的极化码在码长上的不可等性，从而可以简捷地评估码长类型为$N_2=2^n$和码长类型为$N_l=l^n$的极化码之间的性能。

如果要判断两种码长类型不同的极化码之间哪一个的性能更优，则在性能评估之前首先要先设置一个码长阈值$N_f\geqslant1$和一个码长近似度阈值$f\in[0, 1]$，其中规定CLAD(表示来自相同或不同的码长类型的两个码长数值的近似程度)必须大于或等于f，而码长数值N_i和N_j均小于或等于N_f。码长近似度代表两个码长数值的比值，而这两个码长数值可以从不同的码长类型中选取，也可以从相同的码长类型中选取：

$$\text{CLAD}=\frac{N_i}{N_j}\quad(i\geqslant2,\ j\geqslant2)\tag{8.35}$$

式中，$N_j\geqslant N_i$。按照码长近似度的定义，CLAD小于或者等于$1(i=j)$。CLAD越大，两个对应的码长数值的近似程度就越大，当CLAD=1时，两个码长数值等同，属于同一种码长类型，近似程度最高。CLAD作为码长数值相似程度的指标，是本极化码性能评估方法中的主要参数。由于CLAD是重要的参数，这种评估方法被称为基于CLAD的极化码性能评估方法。

其次，从要评估的两种码长类型的极化码中任意选取一种作为模板，再将模板和另一种码长类型的极化码中的码长数值依次用式(8.35)求出一组符合要求的CLAD，即$\text{CLAD}\geqslant f$，$N_f\geqslant N_i$，且$N_f\geqslant N_j$。实际上，每一种码长类型的极化码均可作为模板，而通常选取码长类型为$N_2=2^n$的极化码作为模板，因为这种结构的极化码在码长数值上更加多样化，码长数值间的差值最小。选出模板是为了便于不同码长类型的极化码之间的性能比较，例如，A_{code}、B_{code}和C_{code}代表不同码长类型的极化码；选择A_{code}作为模板，若B_{code}被判定在性能上优于A_{code}，而A_{code}被判定在性能上优于C_{code}，那么可判定B_{code}在性能上优于C_{code}。

最后，从符合要求的一组CLAD中选出一个最佳的CLAD，而此CLAD对应的两个码长数值近似程度较高，被视为相等。在这种情况下，最佳的CLAD所对应的两种码长类型的极化码可以在“码长相等”的条件下进行性能上的比较，因为不同的码率、码长等参数都会对极化码的性能产生影响。

所以，如果一种码长类型的极化码被判定为在性能上优于另一种码长类型的极化码，那么这种判决结果只能被认为是在对应的码长数值范围内有效，有效范围为$[N_i-(N_j-N_i),\ N_j+(N_j-N_i)]$。本极化码性能评估方法是基于码长近似度的，可以用来在一定码长范围内评估不同码长类型的极化码之间的性能优劣。

2. 极化码性能评估方法仿真分析

前文介绍了基于CLAD的极化码性能评估方法，下面将对该性能评估方法进行仿真分析，以基于2×2维核矩阵$\boldsymbol{G}_2$和基于3×3维核矩阵$\boldsymbol{G}_3$的极化码性能比较为例。首先分别设置CLAD阈值$f=0.95$和码长阈值$N_f=3000$，并选择基于2×2维核矩阵的极化码作为模板，那么根据式(8.35)可得出一组比较合理的CLAD，如表8.2所示。

表8.2 码长类型分别为$N_1=2^n$和$N_2=3^n$的一组CLAD

CLAD	码长类型	
	$N_2=2^n$	$N_3=3^n$
0.94	2048	2187
0.71	1024	729
0.70	512	729
0.95	256	243
0.53	128	243
0.63	128	81
0.79	64	81
0.84	32	27

注：表中的一些不必要考虑的CLAD已被忽略。

从表8.2中可以看出，最佳且满足要求的CLAD为0.95，该码长近似度所对应的两个码长数值分别为$N_2=256$和$N_3=243$。256和243这两个码长数值的近似程度较高且满足要求，$N_2=256$和$N_3=243$被视为"相等"，判定的有效范围为[230，269]。在这样的前提下，按照基于CLAD的极化码性能评估方法，便可进行码长类型不同的极化码之间的性能比较。极化码的相关参数设置如下：码率为0.5，码长为243、256，采用AWGN信道、BPSK调制方式，搜索宽度L设置为32，采用SCL译码算法，在MATLAB2014b仿真环境中对码长类型不同的SPC和NSPC进行仿真分析。相关的仿真结果如图8.36和图8.37所示。

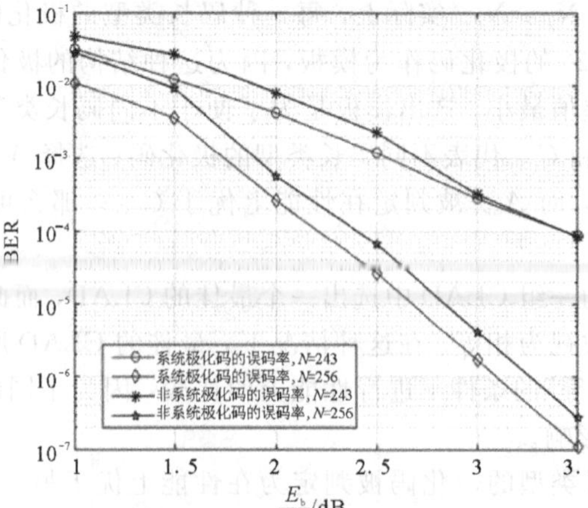

图8.36 CLAD=0.95时不同码长类型的SPC和NSPC的BER性能比较

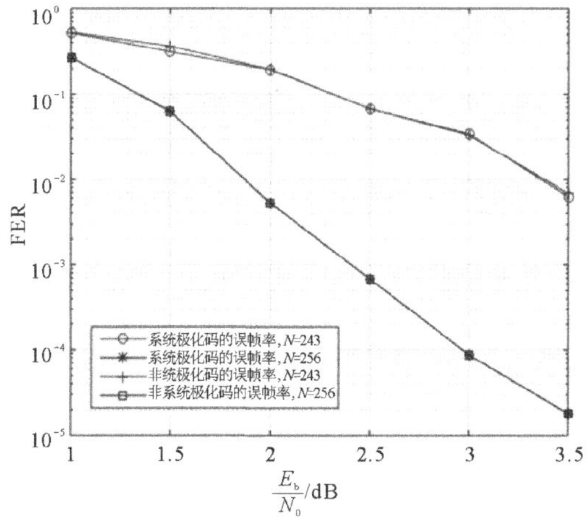

图 8.37 CLAD=0.95 时不同码长类型的 SPC 和 NSPC 的 FER 性能比较

图 8.36 给出了码长类型分别为 $N_2=2^n$ 和 $N_3=3^n$ 的 SPC 和 NSPC 在 SCL 译码算法下的仿真结果。从图中可以看出，码长类型为 $N_2=2^n$ 的 SPC 和 NSPC 分别在 BER 性能上优于码长类型为 $N_3=3^n$ 的 SPC 和 NSPC 的。根据基于 CLAD 的极化码性能评估方法，可以判断在有效范围[230，269]内基于 2×2 维核矩阵 $\boldsymbol{G}_2$ 的极化码在 BER 性能上优于基于3×3 维核矩阵 $\boldsymbol{G}_3$ 的极化码。在图 8.37 中也可以发现，在有效范围[230，269]内码长类型为 $N_2=2^n$的 SPC 和 NSPC 分别比码长类型为 $N_3=3^n$ 的 SPC 和 NSPC 具有更好的 FER 性能。实际上，基于 2×2 维核矩阵 $\boldsymbol{G}_2$ 的极化码相比 3×3 维核矩阵 $\boldsymbol{G}_3$ 构造的极化码具有更好的性能。

当 CLAD 不满足要求或者过小时，根据基于 CLAD 的极化码性能评估方法作出的判断极有可能不符合实际情况。当 CLAD=0.53 时，该 CLAD 所对应的两个码长数值分别为 128 和 243，那么极化码的相关参数设置如下：码率为 0.5，码长分别设置为 128 和 243，采用 AWGN 信道、BPSK 调制方式，搜索宽度 L 设置为 32，采用 SCL 译码算法，在 MATLAB2014b 仿真环境中对码长类型不同的 SPC 和 NSPC 进行仿真分析。相关的仿真结果如图 8.38 和图 8.39 所示。

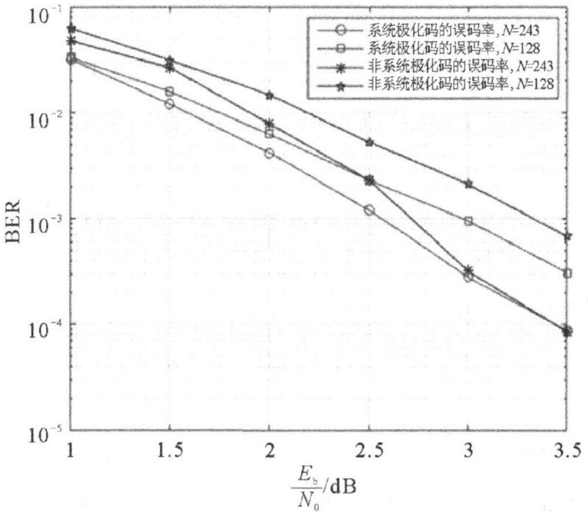

图 8.38 CLAD=0.53 时不同码长类型的 SPC 和 NSPC 的 BER 性能比较

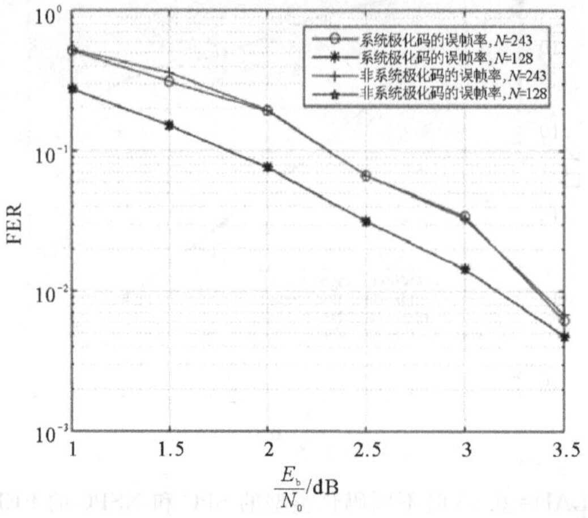

图 8.39　CLAD=0.53 时不同码长类型的 SPC 和 NSPC 的 FER 性能比较

图 8.38 给出了码长分别为 $N_2=128$ 和 $N_3=243$ 的 SPC 和 NSPC 在 SCL 译码算法下的仿真结果。从图中可以看出，码长 $N_3=243$ 的 SPC 与 NSPC 分别在 BER 性能上优于码长为 $N_2=128$ 的 SPC 和 NSPC。此时，如果再根据该极化码性能评估方法进行计算，就将得出这样的判断：在有效范围[13, 358]内基于 3×3 维核矩阵 $\boldsymbol{G}_3$ 的极化码在 BER 性能上优于 2×2 维核矩阵 $\boldsymbol{G}_2$ 构造的极化码。然而，这个判断与实际情况并不符合。根据基于 CLAD 的极化码性能评估方法，在图 8.39 中可以判断，在有效范围[13, 358]内码长类型分别为 $N_2=2^n$ 的 SPC 和 NSPC 比码长类型为 $N_3=3^n$ 的 SPC 和 NSPC 具有更好的 FER 性能。但是，若有效范围过大，也并不合理。总之，CLAD 过小时，不宜用基于 CLAD 的极化码性能评估方法来评估码长类型不同的极化码之间的性能。CLAD 具体为何值时才适合采用基于 CLAD 的极化码性能评估方法，这需要进一步讨论。利用该评估方法评估极化码性能时应尽量选取最大的 CLAD。

本章小结

自信道编码技术发展以来，许多学者一直在研究能够实现理论可达信道容量的编码方案。极化码是一种具有较低编译码复杂度、可达二进制离散无记忆信道对称容量的编码方案，它也是 5G 通信中的控制信道编码方案。最初介绍的极化码是非系统极化码(NSPC)。这类极化码在串行消除(SC)译码下容易受到差错传播的影响，其在中短码长上的性能也并不理想。随着基于 3×3 维核矩阵极化码的出现及其相应构造方法的提出，码长类型为 $N=2^n$ 形式的限制被打破。然而，码长的不等性和距离谱性能分析的不确定性，给码长类型不同的极化码性能分析带来了很大的不便。本章就从这两个关键点入手，研究极化码的编码构造及其理论，仿真分析各种编译码方案对极化码性能的影响。

首先，本章分析了生成矩阵及其组成部分置换矩阵的具体作用和内在机理，并给出了置换矩阵的具体形式和目标矩阵的排列规律，研究了非系统极化编码、系统极化编码和多维核矩阵编码等编码方法。

其次，基于系统极化编码和非系统极化编码等编码方法，仿真分析了各相关参数对极化码的 SC 译码算法及其相应的改进算法和辅助算法等译码算法性能的影响，并在码长类型不同的情况下，研究了基于 $l\times l$ 多维核矩阵的系统极化码(SPC)的性能，系统地分析了 SPC 和 NSPC 的性能差异。仿真结果表明，SPC 和 NSPC 具有相同的误帧率性能，但 SPC 的误码率性能更佳。

最后，本章提出了一种极化码性能评估方法，该方法可根据(CLAD)应用于基于 2×2 维核矩阵和 $l\times l$ 多维核矩阵的极化码之间的性能比较。本章给出了这种性能评估方法的具体实施步骤。仿真结果表明，当 CLAD 足够大时，该评估方法能够有效地评估码长类型不同的极化码的性能。

附　录

附录 A　用户 U_k 覆盖率紧缩下界的证明

证明用户 U_k 覆盖率的紧缩下界。

证明　有 $H_{m,i,k}\sim \mathrm{Exp}(1)$，对于给定的 $x>0$，$\lambda_{m,k}$的互补累积分布表示为

$$
\begin{aligned}
F^{C}_{\lambda_{m,k}} &= E\left[\exp\left(-x\frac{I_{m,k}\,\|U_k\|^{\alpha}}{\beta_k P_m}\right)\right] \\
&= E_{\|U_k\|^2}\left\{E_{I_{m,k}}\left[\exp\left(-x\frac{I_{m,k}\,\|U\|^{\alpha}}{\beta_k P_m}\right)\Big|\ \|U_k\|^2\right]\right\} \\
&= E_{\|U_k\|^2}\left\{\prod_{l=1}^{M}E\left[\exp\left(-\frac{xw_m\,\|U_k\|^{\alpha}}{\beta_k w_m P_m}\times\sum_{l,i:X_{l,i}\in\Phi_l\setminus X_{m,i}}\frac{w_m}{w_l}P_l V_{l,i}H_{l,i,k}\,\|X_{l,i}\|^{-\alpha}\right)\right]\right\} \\
&\overset{(a)}{=} E_{\|U_k\|^2}\left\{\prod_{l=1}^{M}E\left[\exp\left(-\frac{xw_m}{\beta_k P_m}\times\sum_{l,i:X_{l,i}\in\hat{\Phi}_l\setminus\hat{X}_{m,i}}\frac{P_l V_{l,i}}{w_l}H_{l,i,k}\left(\frac{\|\hat{U}_k\|^2}{\|\hat{X}_{l,i}\|^2}\right)^{\frac{\alpha}{2}}\right)\right]\right\} \\
&\overset{(b)}{\gtrsim} E_{\|\hat{U}_k\|^2}\left\{\exp\left[-\pi\,\|\hat{U}_k\|^2\sum_{l=1}^{M}v_l\lambda_l\left(\frac{xw_m P_l}{\beta_k w_l P_m}\right)^{\frac{2}{\alpha}}\times\left(\frac{1}{\mathrm{sinc}\left(\frac{2}{\alpha}\right)}-\int_0^{\left(\frac{\beta_k w_l P_m}{xw_m P_l}\right)^{\frac{\alpha}{2}}}\frac{\mathrm{d}t}{1+t^{\frac{\alpha}{2}}}\right)\right]\right\} \\
&\overset{(c)}{=} E_{\|\hat{U}_k\|^2}\left\{\exp\left[-\pi\hat{\lambda}_{\Sigma}\,\|\hat{U}_k\|^2\sum_{l=1}^{M}\nu_l l_{m,l}\left(\frac{x}{\beta_k}\right)\right]\right\}
\end{aligned}
\tag{A1}
$$

式中，(a)操作表示 $X_{l,i}\overset{\text{def}}{=}w_l^{-\frac{1}{\alpha}}X_{l,i}$，$\hat{U}_k @ w_m^{-\frac{1}{\alpha}}U_k$，$\hat{\Phi}_l @ \{\hat{X}_{l,i}\in R^2:\hat{X}_{l,i}=w_l^{-\frac{1}{\alpha}}X_{l,i}, i\in N_+\}$且$\hat{\lambda}_{\Sigma} @ \sum_{m=1}^{M}w_m^{\frac{2}{\alpha}}\lambda_m$，且$(b)$操作由于第 l 层的有效基站能够准确逼近密度为 $v_l\lambda_l$ 的 PPP 过程，且通过此逼近能够导出紧缩下界，$\|\hat{U}_k\|$ 是从$\hat{U}_k$ 到$\hat{X}_{m,j}$的距离，(c)操作在式(6.25)中给出了具体的定义。

由于用户 U_k 采用 BNBA 方案接入基站，且其是第 k 个最靠近基站的用户，在所有可调度的 K 个用户中，$\|\hat{U}_1\|^2$ 的分布可等效写成

$$
\eta_{m,l}(x)\overset{d}{=}\varphi_l\left(\frac{xP_l}{P_m}\right)^{\frac{2}{\alpha}}\left(\frac{1}{\mathrm{sinc}\left(\frac{2}{a}\right)}-\int_0^{\left(\frac{P_m}{xP_l}\right)}\frac{\mathrm{d}t}{1+t^{\frac{\alpha}{2}}}\right)
\tag{A2}
$$

式中，$\overset{d}{=}$表示分布中的等价，且 $D_K^{\min}$ 是 K 个用户独立同分布中最小的距离。由于距离的无记忆特性，$\|\hat{U}_2\|^2$ 的分布可以等效写成 $\|\hat{U}_2\|^2\overset{d}{=}\|U_1\|^2+D_{K-1}^{\min}$，其中 $D_{K-1}^{\min}$ 表示 $K-1$ 个独立同分布的距离中最小的一个。值得注意的是，$D_K^{\min}$ 和 $D_{K-1}^{\min}$ 是独立的。因此，$\|\hat{U}_k\|^2$ 可以等效写成如下形式：

$$
\|\hat{U}_k\|^2\overset{d}{=}\sum_{j=0}^{k-j}D_{K-j}^{\min}
\tag{A3}
$$

式中，所有的 $D_{K-j}^{\min}$ 都是独立的并且 $D_{K-j}^{\min}\sim \mathrm{Exp}((K-j)\pi\mathring{\lambda}_{\Sigma})$，因此对于任意 $s>0$，有

$$E[\mathrm{e}^{-s\|U_K\|^2}]=\prod_{j=0}^{k-j}E[\mathrm{e}^{-sxD_{K-j}^{\min}}],\ j\leqslant k \tag{A4}$$

其中

$$\begin{aligned}E[\mathrm{e}^{-sD_{K-j}^{\min}}]&=\int_0^{\infty}\mathrm{e}^{-sx}f_{D_{K-j}^{\min}}(s)\mathrm{d}x=\int_0^{\infty}\pi(K-j)\tilde{\lambda}_{\Sigma}\mathrm{e}^{-[s+(K-j)\pi\tilde{\lambda}_{\Sigma}]x}\\&=\frac{(K-j)\pi\tilde{\lambda}_{\Sigma}}{s+(K-j)\pi\tilde{\lambda}_{\Sigma}}\end{aligned} \tag{A5}$$

因此，进一步有

$$E[\mathrm{e}^{-s\|U_k\|^2}]=\prod_{j=0}^{k-j}\left(\frac{(K-j)\pi\tilde{\lambda}_{\Sigma}}{s+(K-j)\pi\tilde{\lambda}_{\Sigma}}\right) \tag{A6}$$

将 $s=\pi\tilde{\lambda}_{\Sigma}\sum_{l=1}^{M}v_l l_{m,l}\left(\frac{x}{\beta_k}\right)$ 代入式(A6)，便可推出式(6.24)中的 $F_{\gamma_k}^{c}(x)$。证毕。

附录 B 当 $\mu\to\infty$ 时，$\rho_{m,k}$ 极限的求解

当 $\mu\to\infty$ 时，求 $\rho_{m,k}$ 极限的解。

解 依正文内容，有

$$\begin{aligned}\rho_{m,k}&=P\left[\left(\beta_k-\theta\sum_{n=0}^{k-1}\beta_n\right)\gamma_{m,k}\geqslant\theta\beta_k,\cdots,\left(\beta_K-\theta\sum_{n=0}^{K-1}\beta_n\right)\gamma_{m,k}\geqslant\theta\beta_k\right]\\&=P\left[\gamma_{m,k}\geqslant\beta_k\max_{l\in\{k,K,K\}}\left\{\frac{\theta}{\beta_l-\theta\sum_{n=0}^{l-1}\beta_n}\right\}\right]\\&=P[\gamma_{m,k}\geqslant\beta_k\theta_{k,K}]\end{aligned} \tag{B1}$$

其中，$\beta_l>\theta\sum_{n=0}^{l-1}\beta_n$ 对于 $l\in\{k,\cdots,K\}$，且 $\theta_{k,K}$ 的定义见式(6.31)。参照附录 A，$\rho_{m,k}$ 可以写成 $\rho_{m,k}=F_{\gamma_{m,k}}^{C}(\beta_k\theta_{k,K})$，再将 $\beta_k\theta_{k,K}$ 代入即得出式(6.30)。同理，当 $\mu\to\infty$ 时，所有的 v_l 收敛于 1，因此，此时所有基站都是有效的，有效基站之间的位置关联性不存在。因此，$\lim\limits_{\mu\to\infty}\rho_{m,k}$ 等同于式(6.32)，是式(6.30)在 $v_l=1$ 时的极限(对于所有 $l\in M$)。

附录 C $C_{m,k}$ 和 $C_{m,K}$ 精确紧缩下界引理的证明

证明 $C_{m,k}$ 和 $C_{m,K}$ 精确紧缩下界引理。

证明 首先，引入一个 x、y、z 的三元函数：

$$\log\left(1+\frac{x}{y+z}\right)=\log\left(1+\frac{x+y}{z}\right)-\log\left(1+\frac{y}{z}\right) \tag{C1}$$

因此式(6.35)中的 $C_{m,k}$ 可以被改写为

$$C_{m,k}=E\left[\log\left(1+\frac{\sum_{n=1}^{k}\beta_n}{\beta_k}\gamma_{m,k}\right)-\log\left(1+\frac{\sum_{n=0}^{k}\beta_n}{\beta_k}\gamma_{m,k}\right)\mid\gamma_{m,k}\geqslant\beta_k\theta_{k+1,K}\right] \tag{C2}$$

对于 a，$b>0$，有

$$\begin{aligned}E[\log(1+a\gamma_{m,k})\mid\lambda_{m,k}\geqslant b]&=\int_0^{\infty}P[\log(1+a\gamma_{m,k})\geqslant x\mid\gamma_{m,k}\geqslant b]\mathrm{d}x\\&=\int_0^{\infty}\frac{P\left[\gamma_{m,k}\geqslant\frac{y}{a},\gamma_{m,k}\geqslant b\right]}{P[\gamma_{m,k}\geqslant b]}\frac{\mathrm{d}y}{1+y}\\&=\log(1+ab)+\int_{ab}^{\infty}\frac{F_{\gamma_{m,k}}^{C}(y/a)}{F_{\gamma_{m,k}}^{C}(b)}\frac{\mathrm{d}y}{1+y}\end{aligned} \tag{C3}$$

然后利用引理 1，令 $a=\dfrac{\sum_{n=1}^{k}\beta_n}{\beta_k}$，$b=\beta_k\theta_{k+1,K}$，得到 $C_{m,k}$，即

$$\begin{aligned}C_{m,k}&=\log\left(1+\theta_{k+1,K}\sum_{n=1}^{k}\beta_n\right)+\int_{\theta_{k+1,K}\sum_{n=1}^{k}\beta_n}^{\infty}\frac{F_{\gamma_{m,k}}^{C}\left(y\beta_k/\sum_{n=1}^{k}\beta_n\right)\mathrm{d}y}{F_{\gamma_{m,k}}^{C}(\beta_k\theta_{k+1,K})(1+y)}-\\&\quad\log\left(1+\theta_{k+1,K}\sum_{n=0}^{k-1}\beta_n\right)-\int_{\theta_{k+1,K}\sum_{n=1}^{k}\beta_n}^{\infty}\frac{F_{\gamma_{m,k}}^{C}\left(y\beta_k/\sum_{n=0}^{k-1}\beta_n\right)\mathrm{d}y}{F_{\gamma_{m,k}}^{C}(\beta_k\theta_{k+1,K})(1+y)}\\&=\log\left(1+\frac{\beta_k\theta_{k+1,K}}{\theta_{k+1,K}\sum_{n=1}^{k}\beta_n+1}\right)+\int_{\beta_k\theta_{k+1,K}}^{\infty}\left[\frac{\eta_k^2F_{\gamma_{m,k}}^{C}(z)/F_{\gamma_{m,k}}^{C}(\beta_k\theta_{k+1,K})}{\left(\beta_k+z\sum_{n=1}^{k}\beta_n\right)\left(\beta_k+z\sum_{n=0}^{k-1}\beta_n\right)}\right]\mathrm{d}z\end{aligned} \tag{C4}$$

因此，利用式(6.24)中的边界条件可得 $F_{\gamma_{m,k}}^{C}(\beta_k\theta_{k+1,K})$ 和 $F_{\gamma_{m,k}}^{C}(z)$，进而可容易地推出式(6.35)中的紧缩下界值。现令 $k=K$，$C_{m,K}$ 推导如下：

$$\begin{aligned}C_{m,K}&=E\left[\log\left(1+\frac{\sum_{n=1}^{k}\beta_n}{\beta_K}\gamma_{m,K}\right)-\log\left(1+\frac{\sum_{n=0}^{K-1}\beta_n}{\beta_K}\right)\right]\\&=E\left[\log\left(1+\frac{\gamma_{m,K}}{\beta_K}\right)\right]-E\left[\log\left(1+\frac{(1-\beta_K)}{\beta_K}\gamma_{m,K}\right)\right]\\&=\int_0^{\infty}\frac{F_{\gamma_{m,K}}^{C}(y\beta_K)-F_{\gamma_{m,K}}^{C}(y\beta_K/(1-\beta_K))}{1+y}\mathrm{d}y\end{aligned} \tag{C5}$$

然后，将式(6.35)中关于 $F_{\gamma_{m,k}}^{C}(x)$ 的紧缩下界形式，其中的 $x=y/\beta_k$，$x=y\beta_K/(1-\beta_K)$，代入上式，便可得到 $C_{m,K}$ 的最终表达式。证毕。

附录 D　$\rho_{m,k}$ 和 $\rho_{m,K}$ 表述方式引理的证明

证明 $\rho_{m,k}$ 和 $\rho_{m,K}$ 表述方式引理。

证明　根据附录 B 的证明，且假设所有的同层无效基站都能协同工作并服从独立同分布的 PPP 过程，有

$$\begin{aligned}
\rho_{m,k} &= P\left[\left(\beta_k-\theta\sum_{n=0}^{k-1}\beta_n\right)\gamma_{m,k}\geqslant\theta\beta_k,\cdots K,\left(\beta_K-\theta\sum_{n=0}^{K-1}\beta_n\right)\gamma_{m,k}\geqslant\theta\beta_k-\frac{S_{m,k}}{I_{m,k}}\right]\\
&\overset{(a)}{=}P\left[\gamma_{m,k}\geqslant\max_{l\in\{k,K,K\}}\left\{\frac{\beta_k}{\left(\beta_l-\theta\sum\limits_{n=0}^{l-1}\beta_n\right)}\times\left[\theta-\frac{S_{m,k}}{\beta_k I_{m,k}}\right]\right\}\right]\\
&\overset{(b)}{=}P\left[\gamma_{m,k}\geqslant\max_{l\in\{k,K,K-1\}}\left\{\frac{\beta_k\theta}{\left(\beta_l-\theta\sum\limits_{n=0}^{l-1}\beta_n\right)}\right\}\right]\\
&= F^{C}_{\gamma_{m,k}}(\beta_k\theta_{k,K-1})\\
&\overset{(c)}{\gtrsim}\prod_{j=0}^{k-1}\frac{K-j}{(K-j)+\sum\limits_{n=1}^{M}v_l l_{m,l}(\theta_{k,K-1})}
\end{aligned}\tag{D1}$$

其中操作(a)中表示的最值逼近是考虑到功率因子约束$\theta\sum\limits_{n=0}^{l-1}\beta_n<\beta_l<1$，$\forall l\in\{k,\cdots,K\}$，操作$(b)$考虑到约束$\beta_l-\theta\sum\limits_{n=0}^{K-1}\beta_n$（如$\beta_l<\beta_K-\theta\sum\limits_{n=l}^{K-1}\beta_n$），操作$(c)$可参见式(6.30)的推导结果。

对于用户K，覆盖率可表示为

$$\begin{aligned}
\rho_{m,K} &= P\left[\frac{\beta_K P_{m,i,K}\|U_K\|^{-\alpha}+S_{m,K}}{\left(\sum\limits_{l=0}^{K-1}\beta_l\right)P_m H_{m,i,K}\|U_K\|^{-\alpha}+I_{m,K}}\geqslant\theta\right]\\
&= P\left[H_{m,i,K}\geqslant\frac{\|U_K\|^{\alpha}(\theta I_{m,K}-S_{m,K})}{P_m\left(\beta_K-\theta\sum\limits_{l=0}^{K-1}\beta_l\right)}\right]\\
&= E\left[\exp\left(-\frac{\|U_K\|^{\alpha}\theta_{K,K}}{P_m}\left(I_{m,K}-\frac{S_{m,K}}{\theta}\right)\right)\right]\\
&= E\left[\exp\left(-\frac{w_m\|U_K\|^{\alpha}\theta_{K,K}}{w_m P_m}\sum_{l,j:X_{l,j}\in\Phi\backslash X_{m,i}}\frac{V'_{l,j}w_l P_l H_{l,j,K}}{w_l\|X_{l,j}-U_K\|^{\alpha}}\right)\right]
\end{aligned}\tag{D2}$$

式中，$V'_{l,j}\overset{\text{def}}{=}V_{l,j}(1+1/\theta)-1/\theta$。由于用户关联性而引发的基站（包括有效基站和无效基站）位置关联性非常弱，通过假设所有$V'_{l,j}$是独立的，进而得出$\rho_{m,K}$具有以下渐进表达式：

$$\begin{aligned}
\rho_{m,K} &\overset{(c)}{\approx} E\left[\exp\left(-\pi\|U_K\|^2\sum_{l=1}^{M}\lambda_l\times\int_1^{\infty}E\left[1-e^{-\frac{\theta_{K,K}w_m P_l V'_{l,j}H_{l,j,K}}{w_l P_m r^{\frac{\alpha}{2}}}}\right]dr\right)\right]\\
&= E\left[\exp\left(-\pi\|\tilde{U}_K\|^2\sum_{l=1}^{M}\left(\frac{w_m P_l}{w_l P_m}\right)^{\frac{2}{\alpha}}\lambda_l\times\int_{\left(\frac{w_l P_m}{w_m P_l}\right)^{\frac{2}{\alpha}}}^{\infty}\left\{v_l E\left[1-e^{-\frac{\theta_{K,K}H}{x^{\frac{\alpha}{2}}}}\right]+\right.\right.\right.\\
&\qquad\left.\left.\left.(1-v_l)E\left[1-e^{\frac{\theta_{K,K}H}{\theta x^{\frac{\alpha}{2}}}}\right]\right\}dx\right)\right]\\
&\overset{(d)}{=} E_{\|\tilde{U}_K\|^2}\left\{\exp\left(-\pi\tilde{\lambda}_{\Sigma}\|\tilde{U}_K\|^2\left[\sum_{l=1}^{M}v_l l_{m,l}(\theta_{K,K})+(1-v_l)l_{m,l}\left(\frac{\theta_{K,K}}{\theta}\right)\right]^+\right)\right\}
\end{aligned}\tag{D3}$$

其中操作(c)中的证明不再赘述，操作(d)可参见$l_{m,l}(\cdot)$和$l_{m,l}(\cdot)$的定义。正文中式(6.42)的获得可参考附录A证明的结果。最后，式(6.41)的结果下降到式(6.43)，是由于随着μ趋于无穷，所有的v_l收敛到1而导致的。证毕。

附录E U_K 吞吐量渐进表达式的证明

证明 U_K 吞吐量渐进表达式。

证明 对于 $\beta_l \in (\theta \sum_{n=0}^{l-1} \beta_n, \beta_K - \theta \sum_{n=0}^{K-1} \beta_n)$，其中 $\beta_K \in (\theta \sum_{n=0}^{K-1} \beta_n, 1)$，参见 ST-NOMA 方案中吞吐量表达推导证明，可知 $C_{m,k}$ 具有以下结果：

$$C_{m,k} @ E\left[\log\left(1+\frac{\sum_{n=1}^{k}\beta_n}{\beta_k}\gamma_{m,k}\right)-\log\left(1+\frac{\sum_{n=0}^{k-1}\beta_n}{\beta_k}\gamma_{m,k}\right) \mid \gamma_{m,k} \geqslant \beta_k \theta_{k+1,K-1}, k \in \{1, 2, \cdots, K-2\}\right] \tag{E1}$$

对于 U_{K-1} 来说，其链路可达速率可写为

$$C_{m,K-1}=E\left[\log\left(1+\frac{\sum_{n=0}^{K-1}\beta_n}{\beta_{K-1}}\gamma_{m,K-1}\right)-\log\left(1+\frac{\sum_{n=0}^{K-2}\beta_n}{\beta_{K-1}}\gamma_{m,K-1}\right)\right] \tag{E2}$$

最后，U_K 的可达速率为

$$\begin{aligned}
C_{m,K} &= E\left[\log\left(1+\frac{\gamma_{m,K}+\dfrac{S_{m,K}}{I_{m,K}}}{\left(\sum_{n=0}^{K-1}\beta_n\right)\dfrac{\gamma_{m,K}}{\beta_K}+1}\right)\right] = \int_0^{\infty} P\left[\frac{\gamma_{m,K}+\dfrac{S_{m,K}}{I_{m,K}}}{\left(\sum_{n=0}^{K-1}\beta_n\right)\dfrac{\gamma_{m,K}}{\beta_K}+1} \geqslant \theta\right]\frac{d\theta}{1+\theta} \\
&= \int_0^{\frac{\beta_K}{\sum_{n=0}^{K-1}\beta_n}} P\left[\gamma_{m,K} \geqslant \frac{\theta-\dfrac{S_{m,K}}{I_{m,K}}}{1-\left(\sum_{n=0}^{K-1}\beta_n\right)\dfrac{\theta}{\beta_K}}\right] d\theta \\
&= \int_0^{\frac{\beta_K}{\sum_{n=0}^{K-1}\beta_n}} \frac{\rho_{m,K}(\theta)}{1+\theta} d\theta
\end{aligned} \tag{E3}$$

其中，$\rho_{m,K}(\theta)$ 表示 U_K 的覆盖率，且在式(6.41)中已给出。因此将式(6.41)结果代入上述证明 U_K 的可达速率即可得出式的表达式。证毕。

附录F 关联事件 $A_m(v_0)$ 表达式的推导过程

给出关联事件 $A_m(v_0)$ 表达式的推导过程。

对于给定典型用户到宏层基站的距离 v_0，关联事件 $A_m(v_0)$ 的表达式为

$$\begin{aligned}
A_m(v_0) &= E_{R_m}\left[1\{P_m R_m^{-\alpha} > P_s R_s^{-\alpha}\} \mid v_0\right] \\
&= \int_0^{\infty} P\left[R_s > \left(\frac{P_s}{P_m}\right)^{1/\alpha} r_m \mid v_0\right] f_{R_m}(r_m) dr_m \\
&= \int_0^{\infty} \left[1-F_{R_s}\left(\left(\frac{P_s}{P_m}\right)^{1/\alpha} r_m \mid v_0\right)\right] f_{R_m}(r_m) dr_m
\end{aligned} \tag{F1}$$

据此，可以简单地表示出典型用户与小基站层的关联事件 $A_s(v_0)$：

$$A_s(v_0)=1-A_m(v_0)$$

缩略语列表

第一代移动通信系统	1G	1st Generation Mobile Communication System
第四代移动通信系统	4G	4th Generation Mobile Communication System
第五代移动通信系统	5G	5th Generation Mobile Communication System
第六代移动通信系统	6G	6th Generation Mobile Communication System
频分多址	FDMA	Frequency Division Multiple Access
时分多址	TDMA	Time Division Multiple Access
码分多址	CDMA	Code Division Multiple Access
空分多址	SDMA	Space Division Multiple Access
单载波频分多址	SC-FDMA	Single Carrier-FDMA
正交频分多址	OFDMA	Orthogonal Frequency Division Multiple Access
第三代合作伙伴计划	3GPP	3rd Generation Partnership Project
国际电信联盟	ITU	International Telecommunication Union
增强移动宽带	eMBB	enhanced Mobile BroadBand
大规模机器通信	mMTC	massive Machine Type Communication
低时延高可靠通信	uRLLC	ultra-Reliable Low Latency Communication
正交频分复用	OFDM	Orthogonal Frequency Division Multiplexing
离散傅里叶变换	DFT	Discrete Fourier Transform
离散傅里叶变换扩展正交频分复用	DFT-S-OFDM	DFT-Spread-OFDM
稀疏码分多址	SCMA	Sparse Code Multiple Access
多用户共享接入	MUSA	Multi-User Shared Access
图样分割多址接入	PDMA	Pattern Division Multiple Access
非正交多址接入	NOMA	Non-Orthogonal Multiple Access
计算传输非正交多址接入	CT-NOMA	Compute Transmission NOMA
选择传输非正交多址接入	ST-NOMA	Selectire Transmission NOMA
连续干扰消除	SIC	Successive Interference Cancellation
滤波正交频分复用	F-OFDM	Filtered-OFDM
基于滤波器组的正交频分复用	FB-OFDM	Filter Bank-OFDM
通用滤波正交频分复用	UF-OFDM	Universal Filtered-OFDM
循环前缀	CP	Cyclic Prefix
低密度奇偶校验码	LDPC	Low Density Parity Check
咬尾卷积码	TBCC	Tail Biting Conventional Coding
时分双工	TDD	Time Division Duplexing
频分双工	FDD	Frequency Division Duplexing

续表一

多址接入信道	MAC	Multiple Access Channel
确认	ACK	ACKnowledgement
否定确认	NAK	Negative ACK
直通通信	D2D	Device-to-Device
增强/虚拟/混合/扩展现实	AR/VR/MR/XR	Argument Reality/Virtual Reality/Mixed Reality/Extended Reality
服务质量/服务体验	QoS/QoE	Quality of Service/experience
人工智能	AI	Artificial Intelligence
信息与通信技术	ICT	Information and Communications Technology
软件定义广域网	SD-WAN	Software Defined Wide Area Network
单输入单输出	SISO	Single Input and Single Output
单输入多输出	SIMO	Single Input and Multiple Output
多输入单输出	MISO	Multiple Input and Single Output
最大比率传输	MRT	Maximum Ratio Transmission
迫零	ZF	Zero Forcing
规则化迫零	RZF	Regularized Zero Forcing
最大比合并	MRC	Maximum Ratio Combining
最小均方误差	MMSE	Minimum Mean Square Error
多输入多输出	MIMO	Multiple Input and Multiple Output
虚拟 MIMO	V-MIMO	Virtual MIMO
LTE 技术的后续演进	LTE-A	Long Term Evolution-Advanced
全球微波接入互操作性	WiMAX	World interoperability for Microwave Access
广播信道	BC	Broadcast Channel
贝尔实验室的分层空时码	BLAST	Bell LAboratories Layered Space-Time
空时分组码	STBC	Space Time Block Code
空时格形码	STTC	Space Time Trellis Code
最小二乘法	LS	Least Squares
均方误差	MSE	Mean Square Error
奇异值分解	SVD	Singular Value Decomposition
最大似然比	ML	Maximum Likelihood
球形译码	SD	Sphere Decoding
基站	BS	Base Station
信道状态信息	CSI	Channel State Information
信干噪比	SINR	Signal to Interference and Noise Ratio
KKT	KKT	Karush-Kuhn-Tucker

续表二

快速傅里叶逆变换	IFFT	Inverse Fast Fourier Transform
空时	ST	Space and Time
空频	SF	Space and Frequency
空时频	STF	Space Time and Frequency
相移键控	PSK	Phase Shift Keying
正交振幅调制	QAM	Quadrature Amplitude Modulation
线性最小均方误差	LMMS	Linear Minimum Mean Squared error
均方误差	MSE	Mean Squared Error
二进位相移键控	BPSK	Binary Phase Shift Keying
正交相移键控	QPSK	Quadrature Phase Shift Keying
最大后验概率	MAP	Maximum A Posteriori
先进移动电话业务系统	AMPS	Advanced Mobile Phone System
全球移动通信系统	GSM	Global System for Mobile communication
通用无线分组业务	GPRS	General Packet Radio Service
宽带码分多址	WCDMA	Wideband Code Division Multiple Access
时分同步码分多址	TD-SCDMA	Time Division-Synchronous Code Division Multiple Access
世界移动通信大会	MWC	Mobile World Congress
射频识别	RFID	Radio Frequency IDentification
无线网络控制器	RNC	Radio Network Controller
误块率	BLER	BLock Error Rate
误比特率	BER	Bit Error Rate
信干比	SIR	Signal to Interference Ratio
功率控制目标	TPC	Target Power Control
通用移动通信系统	UMTS	Universal Mobile Telecommunications System
正交可变展频因数码	OVSF	Orthogonal Variable Spreading Factor
分布式功率控制	DPC	Distributed Power Control
单用户监测	SUD	Single User Detection
机会分布式功率控制	ODPC	Opportunistic Distributed Power Control
射频拉远头	RHH	Remote Radio Head
水平切换	HHO	Horizontal HandOff
垂直切换	VHO	Vertical HandOff
超密集网络	UDN	Ultra-Dense Network
多址干扰	MAI	Multiple Access Interference
脏纸编码	DPC	Dirty Paper Coding
远程射频单元	RRU	Remote Radio Unit
协同多点传输	CoMP	Coordinated Multiple Points transmission/reception
中央处理器	CPU	Central Processing Unit
高性能计算	HPC	High Performance Computing
功率差列表	PLD	Power List of Difference

续表三

泊松簇过程	PCP	Poisson Cluster Process
齐次泊松点过程	HPP	Homogeneous Poisson Point Process
微基站	SBS	Small Base Station
就近基站关联策略	BNBA	Biases Nearest BS Association
单用户 MIMO	SU-MIMO	Single User MIMO
正交多址 MIMO	OMA-MIMO	Orthogonal Multiple Access-MIMO
多用户 MIMO	MU-MIMO	Multi-User MIMO
无线本地网	WLAN	Wireless Local Area Networks
软件无线电	SDR	Software Defined Radio
开放空口	OAI	Open Air Interface
通用软件无线电外设	USRP	Universal Software Radio Peripheral
通用处理器	GPP	General Purpose Processor
正交配对	OPA	Orthogonal Pairing Algorithm
行列式配对	DPA	Determinant Pairing Algorithm
信道状态排序	CSS	Communication State Sorting
贪婪算法	GA	Greedy Algorithm
全局搜索功率分配算法	FSPA	Full Search Power Allocation
分数阶发射功率分配	FTPA	Fractional Transmit Power Allocation
比例公平调度	PFS	Proportional Fair Scheduling
粒子群优化	PSO	Particle Swarm Optimization
载波干扰噪声比	CINR	Carrier Interference and Noise Ratio
多用户调制星座图干扰消除	MCIC	Multi-users Modulation Constellation Interference Cancellation
扩展步行信道 A 模型	EPA	Extended Pedestrian A model
线性规划	LP	Linear Programming
期望最大化	EM	Expectation Maximization
常数模算法	CMA	Constant Modulus Algorithm
非常数模算法	NCMA	Non-Constant Modulus Algorithm
马尔可夫链蒙特卡罗	MCMC	Markov Chains Monte Carlo
符号间干扰	ISI	Inter Symbol Interference
最小均方	LMS	Least Mean Square
角度扩散	AS	Angular Spread
平均到达角	AOA	Angle Of Arrival
平均离开角	AOD	Angle Of Departure
码长近似度	CLAD	Code Length Approximation Degree
非系统极化码	NSPC	Non-Systematic Polar Codes
系统极化码	SPC	Systematic Polar Codes
串行消除	SC	Successive Cancellation